环保公益性行业科研专项经费项目系列丛书

2009 年度环保公益性行业科研专项
项目成果汇编

环境保护部科技标准司 主编

中国环境出版社·北京

图书在版编目（CIP）数据

2009 年度环保公益性行业科研专项项目成果汇编 /
环境保护部科技标准司主编 . -- 北京：中国环境出版社，
2014.12

ISBN 978-7-5111-2117-2

Ⅰ . ① 2… Ⅱ . ①环… Ⅲ . ①环境保护—公用事业—
科技成果—汇编—中国— 2009 Ⅳ . ① X-12

中国版本图书馆 CIP 数据核字（2014）第 248818 号

出 版 人	王新程
策划编辑	丁莞歆
责任编辑	黄　颖
文字编辑	曹靖凯
责任校对	尹　芳
装帧设计	金　喆

出版发行　**中国环境出版社**
　　　　　（100062　北京市东城区广渠门内大街16号）
　　　　　网　　址：http://www.cesp.com.cn
　　　　　电子邮箱：bjgl@cesp.com.cn
　　　　　联系电话：010-67112765（编辑管理部）
　　　　　　　　　　010-67175507（科技图书出版中心）
　　　　　发行热线：010-67125803，010-67113405（传真）
　　　　　印装质量热线：010-67113404

印　　刷	北京中科印刷有限公司
经　　销	各地新华书店
版　　次	2014年12月第1版
印　　次	2014年12月第1次印刷
开　　本	787×1092　1 / 16
印　　张	23.75
字　　数	494千字
定　　价	80.00元

编委会

BIANWEIHUI

序言

我国作为一个发展中的人口大国，资源环境问题是长期制约经济社会可持续发展的重大问题。党中央、国务院高度重视环境保护工作，提出了建设生态文明，建设资源节约型与环境友好型社会，推进环境保护历史性转变，让江河湖泊休养生息，节能减排是转方式调结构的重要抓手，环境保护是重大民生问题，探索中国环保新道路等一系列新理念新举措。在科学发展观的指导下，"十一五"环境保护工作成效显著，在经济增长超过预期的情况下，主要污染物减排任务超额完成，环境质量持续改善。

随着当前经济的高速增长，资源环境约束进一步强化，环境保护正处于负重爬坡的艰难阶段。治污减排的压力有增无减，环境质量改善的压力不断加大，防范环境风险的压力持续增加，确保核与辐射安全的压力继续加大，应对全球环境问题的压力急剧加大。要破解发展经济与保护环境的难点，解决影响可持续发展和群众健康的突出环境问题，确保环保工作不断上台阶出亮点，必须充分依靠科技创新和科技进步，构建强大坚实的科技支撑体系。

2006 年，我国发布了《国家中长期科学和技术发展规划纲要（2006-2020年）》（以下简称《规划纲要》），提出了建设创新型国家战略思想，科技事业进入了发展的快车道，环保科技也迎来了蓬勃发展的春天。为适应环境保护历史性转变和创新型国家建设的要求，原国家环境保护总局于 2006 年召开了第一次全国环保科技大会，出台了《关于增强环境科技创新能力的若干意见》，确立了科技兴环保战略，建设了环境科技创新体系、环境标准体系、环境技术管理体系三大工程。五年来，在广大环境科技工作者的努力下，水体污染控制与治理科技重大专项启动实施，科技投入持续增加，科技创新能力显著增强；发布了 502 项新标准，现行国家标准达 1263 项，环境标准体系建设实现了跨越式发展；完成了 100 余项环保技术文件的制修订工作，初步建成以重点行业污染防治技术政策、技术指南和工程技术规范为主要内容的国家环境技术管理体系。环境科技为全面完成"十一五"环保规划的各项任务起到了重要的引领和支撑作用。

为优化中央财政科技投入结构，支持市场机制不能有效配置资源的社会公益研究活动，"十一五"期间国家设立了公益性行业科研专项经费。根据财政部、科技部的总体部署，环保公益性行业科研专项紧密围绕《规划纲要》和《国家环境保护"十一五"科技发展规划》确定的重点领域和优先主题，立足环境管理中的科技需求，积极开展应急性、培育性、基础性科学研究。"十一五"以来，环境保护部组织实施了公益性行业科研专项项目 234 项，涉及大气、水、生态、土壤、固废、核与辐射等领域，共有包括中央级科研院所、高等院校、地方环保科研单位和企业等几百家单位参与，逐步形成了优势互补、团结协作、良性竞争、共同发展的环保科技"统一战线"。目前，专项取得了重要研究成果，提出了一系列控制污染和改善环境质量的技术方案，形成一批环境监测预警和监督管理技术体系，研发出一批与生态环境保护、国际履约、核与辐射安全相关的关键技术，提出了一系列环境标准、指南和技术规范建议，为解决我国环境保护和环境管理中急需的成套技术和政策制定提供了重要的科技支撑。

为广泛共享"十一五"期间环保公益性行业科研专项项目研究成果，及时总结项目组织管理经验，环境保护部科技标准司组织出版"十一五"环保公益性行业科研专项经费系列丛书。该丛书汇集了一批专项研究的代表性成果，具有较强的学术性和实用性，可以说是环境领域不可多得的资料文献。丛书的组织出版，在科技管理上也是一次很好的尝试，我们希望通过这一尝试，能够进一步活跃环保科技的学术氛围，促进科技成果的转化与应用，为探索中国环保新道路提供有力的科技支撑。

中华人民共和国环境保护部副部长

2011 年 10 月

前言

QIANYAN

环保部门是公益性行业科研专项经费首批试点的 11 个行业部门之一。环保公益性行业科研专项紧密围绕《国家环境保护科技发展规划》的重点领域和优先主题，按照既与国家各类科技计划和科技重大专项有效衔接，又合理区分避免重复的原则，以提高环境监管水平和提供环境管理决策依据为目标导向，重点围绕支撑环境管理的重要政策、标准和实用技术开展应急性、培育性、基础性科学研究。环保公益性行业科研专项主要包括：环保行业应用基础研究；重大环境技术前期预研；环境管理和环境治理实用技术及应急处理技术开发；国家标准和国家环境保护行业标准研究；环境监测监理技术研究。

依照"问题导向、系统设计、创新机制、分期实施、提高绩效"的工作思路，本着服务环境管理的宗旨，环境保护部结合当前中心工作和重点任务进行公益专项项目顶层设计，2009 年共安排 71 个项目开展研究。经过几年的协作攻关，70 个项目通过结题验收，获得了丰硕的研究成果。经统计，截至 2014 年 5 月，该批项目共提交标准、技术规范 171 项，提交政策建议、咨询报告 102 项，取得各级单位应用证明 156 份、授权专利 85 项、发表论文 827 篇、出版专著 67 部。

为集中宣传展示和推广环保公益项目的创新成果，促进成果的交流与转化，进一步发挥科技成果在环境管理中的支撑作用，环境保护部科技标准司组织编制了《2009 年度环保公益性行业科研专项项目成果汇编》（以下简称《汇编》），汇集了 2009 年度 70 个环保公益项目的研究成果，涵盖大气环境与气候变化、土壤与生态环境、环境与健康、环境监测与监控、重点行业污染减排、环境综合管理六个领域。

　　本书由环境保护部科技标准司策划并组织实施，2009 年度 70 个公益项目研究组以及相关领域的同行专家共同编制完成。《汇编》对每个项目的研究背景和研究内容进行了总体介绍，对项目研究成果和成果应用情况进行了较为详细的阐述，在此基础上提出了环境管理建议，希望能够为广大环境科技工作者和管理者提供参考和借鉴。

　　由于时间有限，疏漏与不妥之处在所难免，恳请广大读者批评指正。在《汇编》编撰过程中，得到了财政部、科学技术部和环境保护部相关领导的悉心指导，以及项目承担单位、项目负责人和相关专家的大力支持，在此一并表示衷心感谢！

编　者

2013 年 10 月

目录

MULU

1 第一篇　大气环境与气候变化领域

我国氮氧化物排放特征与排放源动态清单研究 / 2

基于环境影响的中国 NO_x 排放总量控制研究 / 6

我国氮沉降影响及临界负荷研究 / 13

大气重污染过程预测预警模型与量化分级技术研究 / 18

我国大气汞污染排放清单及控制对策研究 / 23

重点城市大气挥发性有机物监测与评估技术研究 / 31

恶臭污染源解析技术及预警系统研究 / 35

国家第五阶段车用汽、柴油有害物质控制标准和控制途径研究 / 41

城市排水系统废气产排污量测算及控制对策研究 / 46

城区外地表风蚀起尘对城市空气质量的影响及关键防治技术研究和示范 / 50

山地区域空气质量监测点位布设技术研究 / 55

燃煤电厂烟气污染控制技术对汞等有害污染物减排规律的研究 / 60

西部干旱区煤烟型城市大气污染成因分析及对策研究——乌鲁木齐市 / 70

中国温室气体时空格局及其气候效应影响研究 / 74

全球气候变化对森林草原交错区的影响评估研究 / 78

气候变化对东北野生动植物影响的评估技术研究 / 84

90 第二篇　土壤与生态环境领域

典型矿山生态恢复技术评估与环境管理研究 / 91

废弃金属尾矿库环境风险评估体系及联合稳定技术研究 / 96

长株潭重金属矿区污染控制与生态修复技术研究 / 102

POPs 农药类污染场地关键修复技术集成与示范 / 107

钢铁企业搬迁遗留场地中有毒有害物质探查 / 112

青藏高原生态退化及环境管理研究 / 118

公路建设项目生态补偿关键技术与机制研究 / 123

草原区煤田开发环境影响后评估与生态修复示范技术研究 / 127

水利工程生态效应与生态调度准则研究 / 137

EM 菌发酵床技术环境安全研究和管理体系研究 / 143

148 第三篇　环境与健康环境领域

污染典型区域环境与健康特征识别技术与评估方法研究 / 149

典型城市机动车大气污染健康影响评价方法及对策研究 / 153

新化学物质生态危害影响预测评价研究 / 158

水源水体中有毒污染物健康效应的测试技术 / 162

典型乡镇饮用水水源有毒污染物风险评估与控制对策研究 / 166

环评中的健康影响评价准则及化学污染因子健康影响评价方法研究 / 172

基于优先控制化学污染物监测数据的健康危害评价技术研究 / 176

珠江三角洲地区电磁辐射对人群健康影响评估研究 / 180

186 第四篇　水环境领域

我国水环境 BTEX 污染的修复限值研究 / 187

高效树脂型吸附剂在有毒有机废水控制技术中的应用研究 / 193

干旱地区内陆大型湖泊生态健康监测评估体系研究 / 199

选矿废水循环利用与稀有金属回收研究 / 204

制药废水对环境微生物影响的环境风险预警技术 / 209

地下水污染风险源识别与防控区划技术研究 / 214

危险废物处理处置场地下水风险暴露评估和分级管理技术研究 / 219

我国近岸海域环境与生态数字化实时管理系统研究与示范 / 225

230 第五篇　重点行业污染减排领域

发酵酒精行业污染减排技术与评估体系研究 / 231

味精工业污染减排技术筛选与评估方法研究 / 235

黄姜皂素行业污染防治技术评估及最佳工艺确定研究 / 240

马铃薯淀粉废水综合利用及污染物减排关键技术研究 / 244

皮革、毛皮加工行业污染防治技术筛选方法及指标体系研究 / 250

啤酒制造业污染防治技术评估体系的研究 / 255

259 第六篇　固体废物与化学品领域

多氯联苯污染控制技术体系研究 / 260

长三角 PBDEs 与 PFOS 污染现状调查及其环境风险评价研究 / 266

养殖业中特征内分泌干扰物的筛选及污染风险控制措施 / 270

城市环境二噁英监测技术规范与快速监测技术研究 / 274

毒杀芬的检测技术及环境检测方法研究 / 278

短链氯化石蜡的分析方法与环境中的含量研究 / 282

环境激素类农药识别方法与风险评价技术研究 / 286

汞生产和使用行业最佳环境实践研究 / 291

废铅酸蓄电池收集、处理和处置管理技术研究 / 296

废干电池污染控制指标体系及技术规范研究 / 301

农村生活垃圾收集处理关键技术研究 / 309

高产量有毒化学品调查及其名录管理技术研究 / 312

317 第七篇　环境监测与监管领域

环保档案信息资源共享框架构建关键技术与示范研究 / 318

我国静脉产业园区布点规划技术研究 / 323

环保投资核算体系优化与绩效评价体系建立研究 / 327

道路交通噪声监测与评价新方法研究 / 332

重点领域环境监测技术体系研究 / 335

挥发性氯代烃混合环境气体标准样品研究 / 339

基于温室气体控制的环境影响评价技术研究 / 343

能源（煤）化工基地生态转型及其环境管理技术研究 / 348

环境影响评价中电磁环境精确测量技术与精确预测系统的研究 / 354

环境 γ 辐射应急监测系统研究 / 362

第一篇
大气环境与气候变化领域

2009 NIANDU HUANBAO
GONGYIXING
HANGYE KEYAN ZHUANXIANG
XIANGMU
CHENGGUO HUIBIAN

我国氮氧化物排放特征与排放源动态清单研究

1 研究背景

国内外科研结果显示，氮氧化物（NO_x）除了作为一次污染物伤害人体健康外，还会产生多种二次污染。NO_x是生成臭氧的重要前体物之一，也是形成区域细粒子污染和灰霾的重要原因，从而使我国珠江三角洲等经济发达地区大气能见度日趋下降，灰霾天数不断增加。近年来，我国总颗粒物排放量基本得到控制，二氧化硫排放量有所下降，但NO_x排放量随着我国能源消费和机动车保有量的快速增长而迅速上升。研究结果还显示，NO_x排放量的增加使得我国酸雨污染由硫酸型向硫酸和硝酸复合型转变，硝酸根离子在酸雨中所占的比例从 20 世纪 80 年代的 1/10 逐步上升到近年来的 1/3。"十一五"期间，NO_x排放的快速增长加剧了区域酸雨的恶化趋势，部分抵消了我国在二氧化硫减排方面所付出的巨大努力。

NO_x排放引起的复合型大气污染越来越严重，NO_x的控制已提到议事日程，如何有效控制NO_x是我国"十二五"期间环保领域的重点工作之一。鉴于NO_x对大气环境的不利影响以及目前NO_x排放控制的严峻形势，国务院发布的《国家环境保护"十一五"规划》要求，"要继续开展NO_x控制研究，加快NO_x控制技术的开发与示范，将NO_x纳入污染源监测和统计范围，为实施总量控制创造条件。"《中华人民共和国国民经济和社会发展第十二个五年规划纲要》首次提出NO_x总量控制目标，要求"十二五"NO_x排放减少 10%。

2 研究内容

（1）电力行业部分

包括火电行业NO_x排放因子实测样本容量和样本分配技术研究、NO_x排放影响因素定量研究、NO_x排放因子确定及结果分析、火电行业NO_x排放量核算及排放特征分析；同时提出火电厂NO_x排放量动态更新方法研究。

（2）机动车部分

通过对南京市城市道路特征分析、城市机动车分类和统计、城市道路车流量统计、城市机动车行驶特征采集与统计、城市车辆行驶循环统计和定义，并结合南京市机动车污染物排放试验研究，利用 IVE 模型的城市机动车排放特性计算，分析不同车型的、不同路型的排放特征。

（3）工业锅炉部分

在实测和实验的基础上研究工业锅炉煤炭燃烧过程中 NO_x 形成与排放规律；全国范围内实施大规模的燃煤工业锅炉 NO_x 排放现场实测，根据实测数据，核算得到不同燃料不同燃烧方式下燃煤工业锅炉的 NO_x 平均产排污系数；研究分析锅炉规模、煤种、燃烧方式等对燃煤工业锅炉 NO_x 产排污系数影响；研究燃煤工业锅炉燃料收到基氮转化率；工业锅炉燃煤的 NO_x 产排污系数的实验核算研究并对 2008 年和 2009 年我国工业锅炉 NO_x 排放量进行了计算。

3　研究成果

（1）电力行业部分

本研究通过实测 67 台机组，收集 141 台机组，考虑到有无低氮燃烧措施、控氮技术的不同组合、燃煤种类及其挥发分、煤粉炉和循环流化床锅炉等，获得 8 种规模机组、4 种煤种、3 种炉型和 5 种控氮技术组合的 NO_x 排放因子（见表 1），其中燃煤机组排放因子 150 个，燃油、燃气排放因子各 2 个。进而依据火电厂的实际情况及活动水平，给出火电行业 2008 年和 2009 年 100MW 及以上机组的排放清单。同时建立了源活动强度动态更新法、污染源增减动态更新法和综合排放因子动态更新法 3 种火电行业 NO_x 排放动态更新方法。

（2）机动车部分

采用跟车试验，确定南京市机动车道路行驶工况路谱。对南京市路谱与其他城市路谱进行对比分析，研究不同地区机动车行驶工况。调研收集南京警示车辆、道路、气象、燃料等相关因素，开展南京市机动车排放影响因素分析。按照国家在用车排放因子测试工况以及南京市机动车行驶工况，分别选择 20～30 辆车进行工况测试比对，确定南京市机动车排放因子修正系数。应用机动车污染源排放模式，在现有研究的国家机动车排放因子基础上，并考虑地区应用的修正系数，进行南京市机动车排放总量测算，建立地区的机动车排放清单研究方法。

（3）工业锅炉部分

通过实测 76 台工业锅炉，收集 300 套数据，考虑锅炉燃料种类、锅炉类型等各种组合，对工业锅炉不同运行工况下的 NO_x 排放情况的实测结果进行收集，在此基础上获得工业锅炉 NO_x 排放因子，并进行排放因子的影响因素分析。

表 1　火电行业煤粉炉 NO$_x$ 排放因子

单位：kg/t

规模等级 / MW	挥发分[①] V_{daf}/%	排放系数 /（kg/t）						
		（无低氮燃烧）+直排	低氮燃烧		低氮燃烧 +SCR		低氮燃烧 +SNCR[④]	
			2005年前	2006年后	2005年前[②]	2006年后[③]	2005年前	2006年后
≥ 750	20% < V_{daf} ≤ 37%	—	—	2.72	—	0.82	—	1.90
	V_{daf} > 37%	—	—	2.03	—	0.61	—	1.42
450 ~ 749	V_{daf} ≤ 10%	13.40	7.95	4.52	2.79	1.36	5.57	3.16
	10% < V_{daf} ≤ 20%	11.20	6.72	3.33	2.35	1.00	4.70	2.33
	20% < V_{daf} ≤ 37%	10.11	6.07	2.77	2.12	0.83	4.25	1.94
	V_{daf} > 37%	6.80	4.08	2.27	1.43	0.68	2.86	1.59
250 ~ 449	V_{daf} ≤ 10%	13.35	8.01	5.39	2.80	1.62	5.61	3.77
	10% < V_{daf} ≤ 20%	11.09	6.65	3.80	2.33	1.14	4.66	2.66
	20% < V_{daf} ≤ 37%	9.70	5.82	3.26	2.04	0.98	4.07	2.28
	V_{daf} > 37%	6.78	4.07	2.30	1.42	0.69	2.85	1.61
150 ~ 249	V_{daf} ≤ 10%	12.80	7.68	—	2.69	—	5.38	—
	10% < V_{daf} ≤ 20%	11.02	6.61	—	2.31	—	4.63	—
	20% < V_{daf} ≤ 37%	9.35	5.61	—	1.96	—	3.93	—
	V_{daf} > 37%	6.57	3.94	—	1.38	—	2.76	—
75 ~ 149	V_{daf} ≤ 10%	12.31	7.49	—	2.63	—	5.24	—
	10% < V_{daf} ≤ 20%	10.97	6.58	—	2.30	—	4.61	—
	20% < V_{daf} ≤ 37%	9.13	5.48	—	1.92	—	3.84	—
	V_{daf} > 37%	6.44	3.86	—	1.35	—	2.70	—
35 ~ 74	V_{daf} ≤ 10%	11.50	6.90	—	—	—	—	—
	10% < V_{daf} ≤ 20%	9.86	5.92	—	—	—	—	—
	20% < V_{daf} ≤ 37%	6.88	4.13	—	—	—	—	—
	V_{daf} > 37%	5.07	3.04	—	—	—	—	—
20 ~ 34	V_{daf} ≤ 10%	10.79	6.47	—	—	—	—	—
	10% < V_{daf} ≤ 20%	8.97	5.28	—	—	—	—	—
	20% < V_{daf} ≤ 37%	6.54	3.92	—	—	—	—	—
	V_{daf} > 37%	5.02	3.01	—	—	—	—	—
9 ~ 19	V_{daf} ≤ 10%	9.70	5.82	—	—	—	—	—
	10% < V_{daf} ≤ 20%	6.78	4.07	—	—	—	—	—
	20% < V_{daf} ≤ 37%	5.14	3.08	—	—	—	—	—
	V_{daf} > 37%	4.93	2.96	—	—	—	—	—

注：①无烟煤：干燥无灰基挥发分 V_{daf} ≤ 10%；贫煤：干燥无灰基挥发分 10% < V_{daf} ≤ 20%；烟煤：干燥无灰基挥发分 20% < V_{daf} ≤ 37%；褐煤：干燥无灰基挥发分 V_{daf} > 37%
② 2005 年前烟气脱硝 SCR 对 NO$_x$ 的去除率取 65%
③ 2006 年后烟气脱硝 SCR 对 NO$_x$ 的去除率取 70%
④ SNCR 对 NO$_x$ 的去除率取 30%

4　成果应用

本项目研究成果为环境保护部污染物排放总量控制司提供了火电行业 NO$_x$ 排放相关的咨询报告：①《我国火电行业 NO$_x$ 减排能力分析及总量控制措施研究》；②《我国火电行业烟气脱硝技术与经济分析》。该咨询报告为国家制定"十二五"火电行业 NO$_x$ 总量减排措施和规划提供重要参考，具有很好的社会效应和环境效应。环境保护部污染物排放总量控制司、环境保护部环境规划院为本课题研究成果出具了相应的应用证明。

江苏省环境保护厅总量处应用本项目研究成果——火电行业 NO$_x$ 排放因子和核算方

法，对江苏省"十二五"火电厂 NO_x 排放进行核查核算，并在此基础上进行总量分配；同时，本项目研究成果——南京市机动车 NO_x 排放因子及排放量测算方法，在江苏省机动车 NO_x 排放量核查中也得到了很好的应用。

国电浙江北仑发电厂应用本课题火电行业 NO_x 排放影响因素定量分析研究成果，依据该厂机组负荷率及时跟踪调整给风量，降低了锅炉低负荷时的空气过剩系数，通过管理手段有效减少了 NO_x 排放量，并节省了排污费，社会效益和经济效益显著。

5 管理建议

（1）对于重点行业排放特征和排放因子研究，只是阶段性成果，随着行业技术的发展、排放标准的更新，建议管理部门每隔 3 ~ 5 年组织相关单位对重点行业排放因子和核算方法进行更新和补充。

（2）"十一五"期间，我国在重点行业的大气污染物控制方面，显得略有失衡，电力行业得到了强有力的重视，而其余高耗能行业则在污染物控制、总量控制等方面没有得到足够重视与对待。建议管理部门继续严格实施电力行业污染控制政策的同时，完善其他非重点行业和部门的 NO_x 控制政策。

（3）加强对企业污染治理措施的监管，确保环保措施稳定达标运行；加强火电行业 NO_x 控制经济政策的支撑作用，进一步扩大脱硝电价试点范围，合理制定脱硝电价补贴，调动企业脱硝积极性。

6 专家点评

该项目针对火电行业 NO_x 排放因子的多种情景，研究提出了燃煤 NO_x 机组、燃油、燃气机组排放因子，核算了我国 2008 年和 2009 年每台（100MW 及以上）锅炉 NO_x 排放清单，分析了多种类型工业锅炉 NO_x 排放因子及其影响因素和南京市机动车 NO_x 排放情况。建立了火电行业、工业锅炉及南京市机动车 NO_x 排放因子和排放量测算方法，提出了 3 种火电行业 NO_x 排放量动态更新方法。项目研究成果在《火电厂污染物排放标准》修订、《燃煤电厂污染防治最佳可行技术指南（试行）》（HJ-BAT-001）、火电厂氮氧化物防治技术政策（环发 [2010]10 号）的编制工作中得到应用。该项目提出的 NO_x 排放因子和核算方法，对未来我国 NO_x 控制具有重要的参考价值和技术支持作用。

项目承担单位：国电环境保护研究院、江苏省环境科学研究院、中国环境科学研究院
项目负责人：朱法华

基于环境影响的中国 NO$_x$ 排放总量控制研究

1 研究背景

NO$_x$ 作为一次污染物本身会对人体健康产生危害，特别是对呼吸系统有危害。1995—2005 年，北京、广州和香港等城市的监测数据显示，NO$_x$/SO$_2$ 比值一直呈现明显增长趋势。NO$_x$ 排放量的剧增使我国城市大气中的 NO$_x$ 污染程度加重。1997—1998 年，北京、广州和上海的 NO$_x$ 浓度年均值均超过国家三级标准。

NO$_x$ 还是臭氧（O$_3$）、细粒子和酸沉降等二次污染的重要前体物。近 10 年来，随着经济的发展和机动车保有量的快速增长，北京市、上海市、广东省广州市和深圳市等城市频繁观测到光化学烟雾污染现象，广州市 2003—2004 年 O$_3$ 最高小时浓度为 0.42mg/m^3，北京市 2000 年 O$_3$ 最高小时浓度为 0.48mg/m^3，均在国家 O$_3$ 二级标准的 2 倍以上。NO$_x$ 也是城市细粒子污染的主要来源。近年来，我国珠江三角洲、长江三角洲以及京津冀地区灰霾持续天数增加，经常导致部分地区机场关闭，造成极大的社会影响和经济损失。

我国颁布的《国家中长期科学和技术发展规划纲要（2006—2020 年）》中的重点领域及其优先主题的环境一节中，明确提出了实施区域环境治理，开展区域大气环境污染的综合治理，大幅度提高改善环境的科技支撑能力的发展思路，并且将突破城市群大气污染控制等关键技术明确列为优先主题。鉴于 NO$_x$ 污染控制的重要性和急迫性，《国家环境保护"十一五"科技发展规划》将区域 NO$_x$ 控制技术及对策列为"十一五"期间要重点解决的环境科技问题之一，明确提出要综合改善城市空气环境质量，研究区域 NO$_x$ 污染物控制技术及对策。

综上所述，我国在过去二三十年中，经历了大规模除尘并已经开始脱硫，颗粒物和二氧化硫排放标准日趋严格，"十一五"期间要求二氧化硫排放总量比 2005 年减少 10%。根据国际上空气污染与控制的经验和历程，未来几年，我国应该进入大规模 NO$_x$ 控制的重要阶段。但是，目前我国国家年度环境公报中还没有 NO$_x$ 的排放状况数据，也缺乏对全国 NO$_x$ 排放状况、环境影响及控制对策系统研究。因此，通过本项目的研究，拟开发出一套基于环境影响、体现多污染物协同控制的 NO$_x$ 污染控制技术方法体系，用于确定全国及重点行业的 NO$_x$ 排放总量控制目标，确定基于环境影响并考虑多污染物协同的全国及重点行业的 NO_x 排放总量控制目标，基于费用比较优化我国 NO_x 排放控制情景和建立控制技术路线图，从而为环境保护部制定 NO_x 控制对策和规划提供科学依据和技术支持，具有重大研究意义。

2　研究内容

本项目的研究从我国 NO_x 排放现状出发，基于全国 NO_x 排放对环境的影响评价，确定全国和重点行业的 NO_x 排放总量控制目标，建立未来 20 年我国 NO_x 排放控制的技术路线图。确定基于环境影响并考虑多污染物协同的全国及重点行业的 NO_x 排放总量控制目标，基于费用比较建立我国 NO_x 排放控制技术路线图，为环境保护部制定 NO_x 控制对策和规划提供科学依据和技术支持。

3　研究成果

（1）开展了 NO_x 排放的环境影响评价

在北京、上海两个城市选取了典型的站点，进行了 NO_x、NO_2、O_3、$PM_{2.5}$ 浓度及化学成分的观测。

崇明站观测项目包括 O_3、CO、NO_x、$PM_{2.5}$、BC 和风向风速、温湿度、辐射、降雨等常规气象参数。2010 年 4 月 1 日到 11 月 30 日，崇明东滩站 $PM_{2.5}$ 的日均值在 0.01～0.15 mg/m^3 变化，平均值为 0.048 mg/m^3。由于崇明站地处远郊，受人为局地污染源排放影响较小，更多是来自区域细颗粒的污染传输。崇明站的监测结果从另一个侧面说明目前长三角地区的细颗粒浓度水平较高，污染呈现明显的区域特征。O_3 在观测期间的小时平均浓度为 33.0 $\mu L/m^3$，变化范围为 0～152.9 $\mu L/m^3$，最大小时值远远超过我国现行的环境空气质量二级标准（93.3 $\mu L/m^3$）。CO 的平均浓度为 436.6 $\mu L/m^3$，变化范围为 13.4～2 655.3 $\mu L/m^3$。NO、NO_x 的平均浓度分别为 0.6 $\mu L/m^3$、7.0 $\mu L/m^3$，最大值分别为 32.0 $\mu L/m^3$ 和 61.8 $\mu L/m^3$。

从北京城区站点的观测数据来看，2000—2010 年，$PM_{2.5}$ 中 SO_4^{2-} 和 NO_3^- 年均浓度存在不同的变化趋势。其中：2000—2005 年，SO_4^{2-} 浓度逐渐由 13.06 $\mu g/m^3$ 升高至 16.82 $\mu L/m^3$，2005—2008 年，SO_4^{2-} 先降低然后升高并稳定地维持在较高水平（16.30 $\mu L/m^3$），2009 年之后呈现大幅度下降。2000—2010 年 NO_3^- 浓度变化总体趋势与 SO_4^{2-} 类似，但相对较平缓：2000—2005 年 NO_3^- 浓度则逐渐由 6.44 $\mu L/m^3$ 升高至 11.27 $\mu L/m^3$，2005—2010 年 NO_3^- 浓度则逐渐降低至 6.36 $\mu L/m^3$，与 2000 年持平。NO_3^- 和 SO_4^{2-} 的质量浓度之比可以判断大气中固定源和流动源的相对贡献大小。2000—2010 年 NO_3^-/SO_4^{2-} 的比值呈现先上升后下降再突升的趋势，比值大小由 2000 年的 0.49 上升为 2004 年的 0.93，再降至 2008 年的 0.60。这一变化体现出北京市采取的一系列大气污染物削减措施对环境空气 $PM_{2.5}$

的影响。例如，为了兑现奥运承诺，实现"2008 年奥运会期间，北京将有良好的空气质量，达到国家标准和世界卫生组织指导值"这一目标，在基准减排措施（第 14 阶段控制大气污染的措施）的基础上，奥运前后北京市先后实施了一系列大气污染物临时减排措施，加强机动车管理，倡导"绿色出行"。这些措施，使得 2008 年 $PM_{2.5}$ 中流动源的贡献大大降低。然而，2008 年之后，随着燃煤设施污染减排政策的不断加强，流动源的贡献日益突出，2010 年 NO_3^-/SO_4^{2-} 比值升至 0.96，说明北京市机动车污染已超过固定源，成为 $PM_{2.5}$ 最主要的污染来源。

通过对 GOME 和 SCIAMACHY 两套卫星数据的分析，给出了中国地区 1996—2010 年的 NO_2 浓度时空变化趋势，并分析了导致该变化的主要因素。图 1 显示了 1996—2010 年卫星观测到的中国中东部地区 NO_2 浓度空间格局变化趋势。如前所述，分析中采用了夏季平均的结果，以使得观测到的 NO_2 浓度高值区能够代表地面 NO_x 排放的高值区。从图中可以看出，过去 15 年间，我国 NO_x 排放在空间上呈明显的扩张态势，表现为原有高值区的范围在扩大，同时随着时间的推移，新的高值区在不断出现。1996—1998 年，NO_x 排放高值区主要集中在华北平原、长三角地区和珠三角地区。而到了 2008—2010 年，在吉林省、辽宁中部、内蒙古地区、山西中北部、陕西关中地区、武汉及周边、成渝地区以及乌鲁木齐等地相继出现了新的排放高值区。而与此同时，原有高值区的排放强度明显增加，华北平原的京津唐、河北中部、山东西部、河南中北部等排放高值区几乎连通成片，长三角排放高值区的范围也在扩大，区域污染的特征日益显著。

由于我国大气污染的区域性特征日趋明显，为改善区域空气质量，国务院于 2010 年转发了环境保护部等九部委发布的《关于推进大气污染联防联控工作改善区域空气质量的指导意见》，要求在"三区六群"等重点区域推进大气污染联防联控工作（后来扩展到"三区九群"，其中"三区"是京津冀地区、长三角地区、珠三角地区，"九群"是辽宁中部城市群、山东半岛城市群、武汉城市群、长株潭城市群、成渝城市群、海峡西岸城市群、山西中北部城市群、陕西关中城市群和新疆乌鲁木齐城市群）。从 2008—2010 年的卫星观测资料来看，"三区九群"基本覆盖了目前 NO_x 排放的高值区域，而 NO_x 高排放区往往代表了经济发达和高能耗地区，因此目前的联防联控规划的范围具有很好的代表性和合理性。然而，河南中部城市群和山东西南部两个高排放区域并没有被包括在规划内；吉林省和内蒙古工业区虽然绝对浓度不是很高，但近年来排放增长迅猛，如不及时在煤炭消费总量及工业结构方面进行调整，很有可能在未来形成新的排放高值区域。因此，在今后进一步的区域污染防治规划中，上述区域应当被列为优先考虑的重点。

在"三区九群"地区，过去十多年间浓度增长最为迅速的区域是京津冀地区、山东半岛和长三角地区，如图 1 所示。通过 NO_2 浓度与人口密度的相关性分析可以看出，2003—2010 年，"三区九群"地区特大城市的 NO_2 浓度增长速度开始放缓，而中等规模城市浓度增加最快。

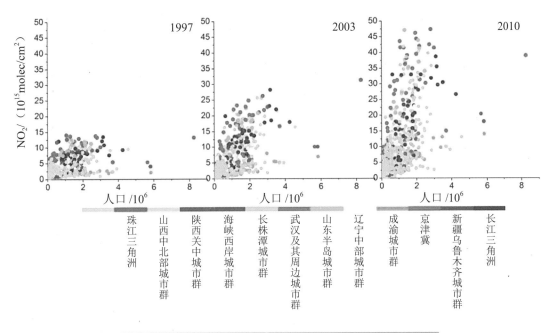

图1　"三区九群"地区 NO_2 浓度变化趋势与人口密度的关系

（每个点代表了 0.5º×0.5º 的网格，彩色点为"三区九群"所在的地区，灰色点为中国"三区九群"以外的其他地区）

（2）建立了多污染物协同的 NO_x 控制规划方法体系

研究基于计算仿真实验结果，分别针对 O_3、颗粒物及其二次无机组分，设计了多次 RSM 实验。通过 CMAQ 模型进行大规模情景的模拟，建立了针对物种、部门、区域三个层次的 RSM 系统，并对 RSM 系统的可靠性进行了验证。在 RSM 的整个模拟时段（2005 年 7 月），北京、上海、广州三个城市均有超过或接近国家标准的重污染日。考虑到城市下风向的 O_3 一般都要比市中心高（在重污染日，北京定陵观测站一般要比市中心高 10% ～ 60%）。因此，为保障 O_3 在整个区域内均达标，研究选择国家 O_3 I 级标准，即 1 小时最大值不超过 $160\mu L/m^3$，近似于 $80 \mu L/m^3$，作为控制目标，要求三个城市在整个模拟时段的每日最大臭氧均低于 $80 \mu L/m^3$。

（3）系统分析我国 NO_x 排放特征及防治基础；编制了重点行业 NO_x 排放清单；并预测了我国未来 NO_x 排放趋势

结合环境统计、污染源普查、卫星遥感以及其他调研数据，分析了我国近 10 年 NO_x 排放变化趋势及 NO_x 空间分布特征，着重分析了电力、机动车、水泥及钢铁行业 NO_x 排放的特点；基于上述分析编制了 2010 年全国重点行业 NO_x 36 km 分辨率排放清单。此外还总结了美国、欧盟及日本 NO_x 控制所取得的成功经验，并从我国 NO_x 排放标准、统计基础、治理技术及管理水平等多方面分析了我国当前开展 NO_x 减排工作所具备的基础及存在的不足。最后基于中长期经济发展及能源消费情景，预测了 2015、2030 年我国 NO_x 排放的总体趋势，分析了未来我国 NO_x 控制所面临的压力。

（4）分析了我国大气环境污染的总体特征及演变历程；基于环境空气质量标准、酸沉降临界负荷及 NO_x 排放的环境效应，设计了我国 2010 至 2030 年中长期空气质量改善目标和酸雨控制目标

总结了我国大气污染特征的演变历程及当前大气污染的总体特征，定量分析了 NO_x 排放引起的 NO_2、$PM_{2.5}$、O_3、酸雨等多重空气污染问题。基于上述分析及宏观判断，设计了基于环境影响的 NO_x 总量控制路线图、分阶段实施步骤及可选的技术途径。此外，结合全国历年酸雨、二氧化硫、二氧化氮及可吸入颗粒物监测数据、部分城市 O_3、$PM_{2.5}$ 试点监测数据及卫星遥感资料，分析了全国、重点区域及重点城市的大气污染现状，并结合《国家环境保护"十二五"规划》、《重点区域大气污染防治"十二五"规划》有关要求，确定了 2015 年近期我国城市空气质量改善目标；依据《环境空气质量标准》（GB 3095—2012），结合大气宏观战略研究提出的中长期空气质量改善目标，设计了 2020 至 2030 年我国城市空气质量改善中长期目标以及酸雨控制目标。

（5）分析了我国近期、远期 NO_x 减排总体思路；通过预测 NO_x 新增量、测算 NO_x 减排潜力，设计出近期、远期 NO_x 总量控制目标情景方案

研究了 2010 至 2015 年近期、2020 至 2030 年远期我国 NO_x 总量减排的总体思路及技术路线。总结了 NO_x 新增量及削减量测算的具体方法，建立了 NO_x 总量控制情景设计的方法学体系。利用上述方法，通过对未来经济发展、能源需求及产业结构的分析，预测了 2010 至 2015 年电力、交通、水泥等重点行业及全国 NO_x 新增排放量和削减量，设计了三个可供选择的 NO_x 总量减排目标情景及控制方案。最后结合我国未来 NO_x 排放趋势及发达国家 NO_x 控制的历程，同时考虑大气环境质量改善的客观需求，提出了我国 2030 年 NO_x 远期控制目标。

（6）定量测算了 NO_x 总量减排的投入成本—环境效果—健康效益；综合评估了 NO_x 减排的成本与收益

基于实际调研数据、已有工程案例及相关研究成果，系统分析了电力行业采用低氮燃烧、SCR、SNCR 技术，水泥行业采用 SNCR 技术的投资及运行成本。从淘汰黄标车、柴油车 SCR 配套工程和提升车用燃油品质三方面对机动车 NO_x 减排的成本进行了分析。基于上述分析测算了我国"十二五" NO_x 总量控制的总投资及运行成本。此外，本研究还利用 CMAQ 空气质量模型定量模拟了"十二五" NO_x 总量控制对改善空气质量（NO_2、$PM_{2.5}$ 年均浓度，N 沉降，O_3 超标小时数）的效果，基于 CMAQ 模拟结果利用 BENMAP 健康效益模型分析了"十二五" NO_x 总量控制所带来的健康收益。最后通过对比 NO_x 总量控制的投入成本与健康收益，综合评估了成本—效益比。

4　成果应用

基于本项目研究成果，开发了基于卫星遥感识别电厂点源排放的技术以及识别各个行政区排放增减状况的技术；获得了"十一五"期间我国二氧化硫和NO_x浓度的演变过程，在全国硫氮排放演变特征分析方面取得重要成果。这些成果和技术方法为国家二氧化硫和NO_x总量减排监管提供了有力的技术支持，为实现国家节能减排目标发挥了作用，产生了显著的环境和社会效益。成果由环境保护部专门编写报告上报国务院领导，成为我国"十一五"二氧化硫总量减排效果评估最关键的第三方科学判据。

环境保护部环境规划院协助总量控制司编制了《"十二五"主要污染物总量控制规划编制指南》（环办 [2010]97 号）（简称《编制指南》）和《"十二五"主要污染物总量减排核算细则》（环发 [2011]148 号）（简称《核算细则》）。《编制指南》对"十二五"NO_x总量控制的总体要求、新增排放量的预测、各行业可选的减排技术、减排潜力的测算、减排项目投资估算等均给出了明确的技术要求及测算方法，已成为环境保护部总量控制司指导全国各地编制"十二五"主要污染物排放总量控制规划的重要文件及技术大纲；《核算细则》明确了"十二五"NO_x年度（半年）核查的具体技术规则，包括新增量测算、重点行业减排量测算及核准规则等。此外，该项目研究成果还在"十二五"重点区域大污染防治规划中得到充分应用。项目的实施为"十二五"环境保护规划、总量减排规划及重点区域大气污染防治规划的编制提供了有力技术支撑。此外，本项目研究成果将为在"十三五"探索基于环境影响的NO_x总量控制模式提供有效技术方法。

5　管理建议

目前我国NO_x总量控制主要考虑经济、技术等因素，减排重点是污染排放大的行业及企业，但在政策设计过程中较少考虑投入成本、环境效果及健康效益等问题。针对当前NO_x总量控制存在的问题，提出以下政策建议：

（1）逐步建立NO_x总量控制的环境效果及健康效益预评估机制，定量评估NO_x总量减排对应的环境效果及健康效益，明确"投入—减排—环境—健康"四者之间的关系。

（2）逐步建立基于环境影响的NO_x总量控制机制，基于空气质量地区差异性及NO_x排放与空气质量的"源—受体"响应关系，设计污染减排策略，制定、分解污染减排目标。

6　专家点评

项目从我国NO_x排放现状出发，基于全国NO_x排放对环境的影响评价，确定了我国重点行业的NO_x排放总量控制目标，建立了未来 20 年我国NO_x排放控制的技术路线图，开发了基于卫星遥感的电厂排放和行政区排放变化状况的识别技术，提出了我国NO_x排放控制的对策建议，完成了项目任务中规定的研究任务和考核指标。

项目研究成果在国家"十二五"总量减排规划与重点区域大气污染防治规划编制以及总量减排监管中得到应用，其中《"十二五"主要污染物总量控制规划编制指南》已成为全国各地编制"十二五"主要污染物排放总量控制规划的重要技术性指导文件；《"十二五"主要污染物总量减排核算细则》为"十二五" NO_x 核算核查提供了重要工具；基于卫星遥感的电厂排放和行政区排放变化状况的识别技术也为 NO_x 总量减排监管提供了重要的技术手段。

项目承担单位：清华大学、环境保护部环境规划院
项目负责人：贺克斌

我国氮沉降影响及临界负荷研究

1 研究背景

酸沉降作为我国面临的最严重也是历史最悠久的区域大气环境污染问题之一，一直是国家环境保护工作的重点。从"七五"开始，国家对这一问题历经20多年的大规模研究，从其来源、成因、影响和控制等方面逐步加深了认识，采取了二氧化硫（SO_2）排污收费、SO_2达标排放、"两控区"的划分以及SO_2总量控制等一系列政策措施，虽然遏制了酸沉降持续快速恶化的趋势，但问题仍未得到根本解决。目前，我国SO_2排放量仍然很高，而且近年来和未来一段时间内NO_x排放量还将快速增长，将部分甚至可能完全抵消SO_2减排的巨大努力。

欧洲对酸沉降控制的成功经验表明，基于临界负荷的削减对策能够在使生态系统得到充分保护的前提下，极大地降低削减的投入。我国原有的临界负荷研究主要针对硫沉降，而"两控区"划分十年来，我国酸沉降形势发生了显著的变化，特别是NO_x的贡献增加，临界负荷中已不能单纯考虑SO_2导致的酸化效应，必须同时考虑NO_x导致的酸化和富营养化效应。此外，我国东西部生态系统类型差异大，南北部气候类型各异，要将临界负荷进一步应用到污染控制对策的制定中，必须针对各地区的实际情况进行更为细致深入的研究。

该项目针对我国氮沉降严重地区的典型态系统研究氮循环过程及氮沉降影响，完善氮沉降临界负荷的确定和区划方法，完成我国酸沉降临界负荷计算和区划，并探索基于临界负荷的总量分配方法，为科学实施NO_x排放控制提供科学依据和重要工具。

2 研究内容

（1）选择典型生态系统（我国西南森林和内蒙古草原）进行氮沉降现场观测，研究氮循环过程并定量氮沉降的影响；

（2）进行临界负荷确定和区划方法研究，完善氮沉降临界负荷的计算和区划方法，确定重要参数的获取方法；

（3）收集和整理临界负荷计算所需的基础数据，包括土壤风化速率、植被吸收速率及其他有关参数等，建立临界负荷基础数据库，绘制重要参数分布图；

（4）进行我国氮沉降临界负荷的计算与区划，完成我国高分辨率的临界负荷分布图，建立临界负荷结果数据库；

（5）建立基于临界负荷的总量分配方法，通过临界负荷建立 SO_2、氮氧化物（NO_x）和颗粒物（通过阳离子沉降的影响）的综合控制对策。

3 研究成果

（1）提出了氮沉降临界负荷的量化模型和区划技术方法

我国土壤类型众多、植被丰富，通过直接观察、试验和现场测量的方法获得氮沉降临界负荷在人力和物力上受到非常大的限制。项目充分调研了国内外酸沉降临界负荷的模型研究方法，考虑我国地域辽阔、土壤类型较多的实际情况，以及临界负荷区划的适应性，结合以往酸沉降研究的经验，提出利用稳定状态质量平衡模型量化氮沉降临界负荷。

氮沉降临界负荷的区划是将临界负荷的计算方法与地理信息系统结合起来，实现临界负荷的区域表现形式，能够从空间上揭示一定区域内临界负荷的分布规律，为区域氮沉降污染的控制服务。临界负荷的区划技术主要包括以下步骤：

1）获取研究地区的各种电子地图，例如植被和土壤地图；

2）确定临界负荷计算所需的参数，如各土壤类型的风化速率、各植被类型的氮和盐基阳离子吸收速率以及临界化学值等，并将所有参数作为属性数据链接到电子地图中；

3）运用 GIS 软件将上述的电子地图转化为描述各参数分布的网格地图；

4）对网格地图进行空间处理和数学运算，生成研究地区的沉降临界负荷图，并绘制其他有关的专题地图。

（2）建立了稳定状态质量平衡法确定酸性化合物临界负荷的完整理论体系，定义了临界负荷函数的概念，给出了基于酸沉降临界负荷的控制曲面图并划分出硫和氮沉降控制区域

硫沉降和氮沉降的临界负荷区划通常采用稳定状态质量平衡法，土壤被看做是一个单层的、均匀混合的反应箱，其高度等于土壤中树根的深度。在稳定状态下，生态系统中存在如下酸度平衡关系：

$$ANC_W + ANC_{EX} = AC_D + AC_U + AC_N + ANC_L$$

式中，ANC 为酸中和容量（有时通称为碱度），定义为溶液中盐基阳离子的总和减去强酸阴离子的总和（以当量计），ANC_W、ANC_{EX} 和 ANC_L 分别是土壤风化、阳离子交换和淋溶产生的酸中和容量（碱度）；AC 为酸度，AC_D、AC_N 和 AC_U 分别为酸沉降、生态系统中氮循环和植物吸收盐基阳离子产生的酸度。以上各通量的单位均为 keq/（$hm^{-2} \cdot a^{-1}$）。

当系统达到稳定，不再发生酸化时，阳离子交换 $ANC_{EX}=0$，土壤风化成为生态系统唯一的长期 ANC 来源。临界负荷为不致使土壤发生酸化的最大酸沉降量，也就等于

$$CL = ANC_W - AC_U - AC_N - ANC_L$$

式中，CL 为临界负荷，ANC_W 为土壤风化产生的酸中和容量（碱度），AC_U 为植物吸收盐基阳离子产生的酸度，AC_N 为生态系统中单循环产生的酸度，ANC_L 为林熔产生的酸中和容量（碱度）。

根据土壤中 S 和 N 元素的质量平衡进一步推导得到临界负荷方程：

$$CL(S)+(1-f_{DE})CL(N)=BC_D-Cl_D+BC_W-BC_U+(1-f_{DE})(N_I+N_U)-ANC_L$$

上式中，下标 DE 和 I 分别表示反硝化和固定，S、N 和 BC 分别表示硫、氮和盐基阳离子（$BC = Ca + Mg + K + Na$）通量，f_{DE} 为反硝化率。$CL(S)$ 和 $CL(N)$ 分别表示硫和氮的临界负荷，BC_D、BC_W、BC_U 分别为盐基阳离子的沉降量、土壤风化产生盐基阳离子的量、植被对盐基阳离子的吸收量，Cl_D 表示 Cl 的沉降量，N_I 和 N_U 分别为长期平均固氮速率和植被吸收氮的量。需要注意的是，上式等号右边各量均表示临界状态时的值，ANC_L 表示临界碱度淋溶。

用稳态法计算土壤硫沉降临界负荷 $CL_{max}(S)$、酸化氮临界负荷 $CL_{max}(N)$ 和营养氮临界负荷 $CL_{nut}(N)$ 的公式分别为：

$$CL_{max}(S)=BC_D+BC_W-BC_U-ANC_{L,crit}$$

$$CL_{max}(N)=N_I+N_U+LC_{max}(S)/(1-f_{DE})$$

$$CL_{nut}(N)=N_I+N_U+LC_{L,crit}/(1-f_{DE})$$

由 $CL_{max}(S)$、$CL_{min}(N)$ 和 $CL_{max}(N)/CL_{nut}(N)$ 三项可确定临界负荷函数，绘制基于临界负荷的酸沉降控制曲面图，根据 N、S 的沉降点不同划分为 5 个区域：无需控制沉降量的区域，S 控制区，S、N 选择控制区，N 控制区，以及 S、N 共同控制区。

（3）基于大量现场测量我国生态系统特性数据的基础上，确定了我国典型地区生态系统的临界负荷，绘制出我国氮沉降临界负荷和超临界负荷区划图，发现氮沉降临界负荷总体呈东南高、西北低的格局

项目通过大量的现场观测和样品分析，实现了氮沉降临界负荷所需的重要参数的本土化，应用这些结果确定了珠江三角洲和南方五个集水区等不同生态系统的临界负荷大小，并进一步绘制出我国氮沉降临界负荷和超临界负荷区划图。

（4）开发出基于氮沉降临界负荷的总量分配方法，进行总量控制分区，提出了区域排放总量目标

开发出了基于氮沉降临界负荷的总量分配方法，其基本思路是根据氮沉降超临界负荷和硫沉降超临界负荷分布状况，将我国划分为若干个区域，在每个区域分别基于减少一定百分比例的超临界负荷面积为原则，提出各区域的长期总量控制目标。

按照上述方法划分出西北区、东北区、华北区、中东区、西南区、华南区，对各分区设定减少 50% 超临界负荷面积目标。在西北区，氮沉降超临界负荷比较严重，在内蒙古中西部、甘肃东部和宁夏西部有全国仅有的氮沉降超临界负荷大面积集中分布区，需在此地区重点进行 NO_x 的减排。从超临界负荷比例的累积分布看，相应氮沉降削减率需达到 50%，建议在内蒙古中西部、甘肃东部和宁夏进行 NO_x 排放总量控制，长期减排目标设定为 50%。东北区（除辽东半岛外）、华北区和中东区，氮沉降超临界负荷情况不严重，未来 NO_x 排放总量不应超过当前排放。在西南区和华南区，氮沉降基本不超临界负荷，可根据环境控制质量要求进行 NO_x 排放控制。

4 成果应用

项目研究成果在环境保护部污染物排放总量控制司的大气污染物总量控制决策中进行了应用，对有关工作起到了重要的支持作用。依据项目完成的我国硫沉降和氮沉降临界负荷区划成果，定量评估了"十一五"期间全国 SO_2 总量控制对遏制酸沉降污染的效果，为"十二五"期间开展 NO_x 的总量控制的必要性提供了重要的证据；利用项目提出的基于临界负荷的排放总量分配方法，为我国中远期大气污染物排放总量目标的确定提供了参考。

5 管理建议

（1）基于生态系统氮临界负荷确定氮沉降控制的区域目标

由于 SO_2 和 NO_x 等酸性气体的减排，特别是 NO_x 的减排需要很高的投入，因此寻求更加经济有效的控制策略在我国当前的形势下显得格外有意义。欧洲酸沉降控制的成功经验表明，基于临界负荷的削减对策能够在保证生态系统得到充分保护的前提下，极大地降低削减的投入。临界负荷的具体应用体现在联合国《长程越境大气污染公约》的"关于进一步减少硫排放议定书"（1994 年）和"关于控制酸化、富营养化和地面臭氧的议定书"（1999 年）中。目前，根据改变酸沉降的形势，欧盟正在计划依据临界负荷对1999 年签订的议定书进行调整，以强化 NO_x 的控制。因此，建议基于研究获得的我国酸沉降（硫和氮）临界负荷，确定区域基于临界负荷的 NO_x 控制目标。

（2）在总量控制中基于氮临界负荷进行总量分配

结合我国氮沉降超临界负荷和硫沉降超临界负荷分布可以将我国分成西北区、东北区、中东区、西南区和华南区，在每个区域分别基于减少一定比例的超临界负荷面积的原则确定长期总量控制目标。项目研究表明，我国西北区的氮沉降超临界负荷比较严重，在内蒙古中西部、甘肃东部和宁夏西部有全国仅有的氮沉降超临界负荷大面积集中分布区，需在此地区重点进行 NO_x 的减排。

（3）NO_x 总量控制与重点区域控制相结合

总量控制对于遏制 NO_x 污染的发展起到了一定作用。但是，总量控制方法不能有效地将污染物排放控制与大气环境质量改善有机地联系起来。我国 NO_x 及其相关污染问题呈现区域特征，尤其是北京、珠三角等城市群光化学烟雾、颗粒物和酸沉降等污染问题十分突出。因此有必要着重加强这些地区 NO_x 污染的区域控制。为了有效地改善这些大城市地区的空气质量，必须开展城市尺度空气质量模拟和控制费效分析，找出导致大城市地区 NO_x 相关污染的主要因子，并制定可行的 NO_x 排放削减措施。

（4）加强对燃煤电厂和机动车尾气排放 NO_x 的控制与治理

我国 NO_x 控制的重点领域是控制燃煤电厂排放 NO_x 的总量。我国发电厂每年排出的 NO_x 占全国排放总量的比例高于 30%，进行 NO_x 总量控制，减少火电厂 NO_x 排放是重要途径，建议制定严格的火电厂 NO_x 排放浓度标准。另外，应该加强汽车尾气排放 NO_x 的控制。我国机动车数量逐年激增，机动车对于 NO_x 排放的贡献也随着加大，由于机动车尾气管高度低，污染物排放属于超低空排放，其环境浓度分担率更高。因此，控制汽车尾气 NO_x 的排放，对改善城市的环境质量至关重要。

6　专家点评

该项目系统研究了我国氮沉降临界负荷的量化模型和区划技术方法，建立了氮沉降临界负荷确定的方法；通过长期现场观测，获得了对我国森林和草原生态系统氮循环过程和氮沉降影响的认识，并确定了氮沉降临界负荷研究所需的参数资料；绘制了我国氮沉降临界负荷和超临界负荷区划图，提出了基于氮沉降临界负荷的总量分配方法，获得了我国氮沉降的重点控制区域和区域排放总量目标。项目成果在大气污染物总量控制工作中得到应用，为"十二五"和中远期开展 NO_x 的总量控制提供了科学依据，还可对我国各地方相关部门制定大气酸沉降、氮沉降和硫沉降控制目标提供基础数据和重要技术支撑。

项目承担单位：北京大学、清华大学
项目负责人：王雪松

大气重污染过程预测预警模型与量化分级技术研究

1 研究背景

随着经济飞速增长，城市化进程不断加快，机动车保有量大幅增加，我国大气污染的趋势没有从根本上得到遏制，已由单一煤烟型污染转化为煤烟型与光化学污染并存的复合型污染。近几年京津冀、珠三角、长三角地区每年出现灰霾现象的天数超过100天，在不利的气象条件下，区域性的灰霾持续时间长达 5～10 天，浓度超标严重。我国大气环境污染发生频率之高、影响范围之大、污染程度之重，已成为制约我国社会经济发展的瓶颈之一，严重威胁到人民群众的身体健康和生态安全。

大气重污染过程的形成受多种因素影响，形成机制十分复杂。目前世界发达国家现行的业务化预报系统大多是在当地的地理、气象、污染特征等基础上研究建立起来的，而我国的地理位置、气象与下垫面条件、地域污染排放特征等均与国外各预报系统的使用条件存在很大差异，发达国家普遍应用的预报方法应用于我国城市大气污染预报时存在许多问题，具有一定的局限性。自我国启动空气质量预报发布业务以来，我国的空气质量预报水平得到了很大的发展。但是，对于大气重污染过程的预测预报仍存在较大误差。

本项目在充分收集重污染过程与气象要素、天气背景及区域污染源资料的基础上，对区域重污染过程的发生、发展及消散机制进行深入研究，同时建立区域大气重污染过程诊断识别与预测预警技术，并最终研究建立对环境危害程度的量化分级方法。这不仅对改善环境质量、提高人民健康生活水平具有重要意义，也可为环境管理部门提供快速的预测和综合分析结果，便于其制定防控预案、采取防治措施，从而减轻由重污染造成的严重损失。

2 研究内容

针对当前区域大气重污染问题的日益严重化和现行预报手段的局限性，本项目以区域性 PM_{10} 重污染为核心展开相关研究，以华北地区为目标区域进行示范应用。本项目在充分收集重污染过程与气象要素、天气背景及区域污染源资料的基础上，建立区域相关资料数据库。通过对区域污染物传输与重污染气象特征的研究，得到了北京及周边地区常驻性污染物输送通道。同时利用天气型诊断分析和统计方法，对形成重污染的天气形势及其演变趋势进行综合分析，在基于对大气重污染过程污染特征与区域敏感性分析的研究基础上，建立了区域大气重污染过程预测预警技术方法，研究建立对环境危害程度的量化分级方法。并以华北地区为目标区域进行技术应用示范。

3　研究成果

（1）利用大气颗粒物样品采集测试分析结果，研究得到重污染和非重污染时段的颗粒物化学成分特征，以及颗粒物的行业来源贡献定量化

本项目在北京、石家庄、唐山三地设置大气采样点，对 PM_{10}、$PM_{2.5}$ 进行采集，得到上千个颗粒物采集样品，捕捉到多个中度污染及重污染过程。同时对监测样品进行元素成分分析、离子成分分析和有机碳元素碳成分分析。基于测试结果分析得到重污染与非重污染时段的颗粒物化学成分特征。分析结果表明：静稳型污染过程二次组分比例高，为 54.98% ～ 61.95%，二次有机物、硫酸盐、硝酸盐和铵盐均有不同比例的增加。可见静稳型重污染时段更易发生二次转化、导致二次组分的累积。该项目采用因子分析法等源解析方法对上述大气采样点重污染时段 $PM_{2.5}$ 进行来源解析。研究结果表明，在重污染时段，北京 $PM_{2.5}$ 主要来源为机动车、燃煤及工业过程、无组织扬尘等，石家庄为燃煤及工业过程、无组织扬尘、机动车等，唐山为冶金建材、燃煤及其他工业无组织扬尘、居民生活、机动车等。该研究成果已被河北省环境保护厅采用，为河北省制定区域大气重污染控制与大气环境质量改善方案提供了重要科技支撑和科学理论依据。

（2）建立了区域敏感性筛选识别技术方法

本项目基于气象流场诊断分析与环境数值模拟相结合的方法建立了区域敏感性筛选识别技术方法。并利用该方法分别对重污染和非重污染时段影响北京及周边地区的敏感地区进行了识别筛选。识别结果如下，位于距离中心城区不同半径距离的第一到第六级别上，敏感性最高的地区分别为：原宣武区（第一级）、原崇文区（第一级）、大兴区北部（第二级）、海淀区（第二级）、顺义区（第三级）、大兴区南部（第三级）、怀柔区（第四级）、延庆县（第四级）、保定市（第五级）、石家庄市（第六级）。计算结果表明，在重污染时段，排放相同污染物的情况下，上述地区对北京市的 PM_{10} 浓度贡献较大。本项目研究得到的重污染敏感地区识别结果已被北京市环境管理部门采用，应用于北京市"十二五"环境规划编制，为大气环境能源规划以及污染控制规划方案的制定提供了重要科技支撑。

（3）建立了目标城市的区域 PM_{10} 输送路径的技术方法，识别区域污染物的传输规律和特征

为深入了解区域污染成因提供科学依据，本项目利用该技术方法对以北京为目标中

心的华北地区进行主要污染物输送路径的识别。结果表明，影响北京的污染物输送路径主要有源自山西东部和河北南部，经由河北省到达北京的西南输送路径；源自蒙古及内蒙古地区到达北京的西北输送路径和源自北部山区的偏北和东北输送路径；其中西南输送路径的出现频率最高。

（4）基于大量空气质量与天气型资料，对易造成大气重污染的主要地面天气型进行了识别诊断

本项目分析了多年空气质量时间序列与气压系统演变趋势的关系，研究结果表明：高压均压、相继出现的低压系统以及锋区，与空气污染指数的上升阶段、峰值阶段和下降阶段逐一对应。环境过程和气压系统之间的关系为：① API 在上升阶段主要受到高压均压和相继出现的低压系统的影响；② API 处于峰值阶段时，主要受锋区前部的低压后部形势场控制；③ API 值的下降阶段，主要受到高梯度气压系统的影响控制，见图 1。

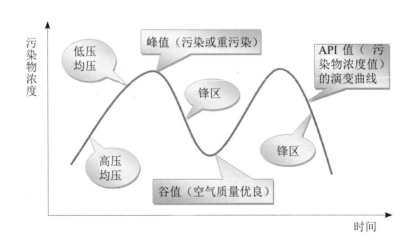

图 1 环境过程与气压系统演变对应示意图

（5）利用聚类分析、逻辑判别、逐步回归等统计分析方法，建立了大气重污染预测系统，实现了重污染的自动诊断与空气质量的自动化定量预测

本研究以大气重污染过程污染级别为研究对象，基于大气颗粒物大气重污染过程污染特征和污染形成及消散规律研究结果，研究空气质量与气象条件等预报要素之间的关系。在此基础上，选取上万组有效数据，分别针对不同污染程度、不同天气类型，利用聚类分析、逻辑判别、逐步回归等统计分析与数值模拟相结合的方法，建立了大气颗粒物大气重污染过程污染预测方法，实现对大气颗粒物大气重污染过程污染的自动诊断与定量预测。本研究建立的大气重污染预测系统的结构示意如图 2 所示。

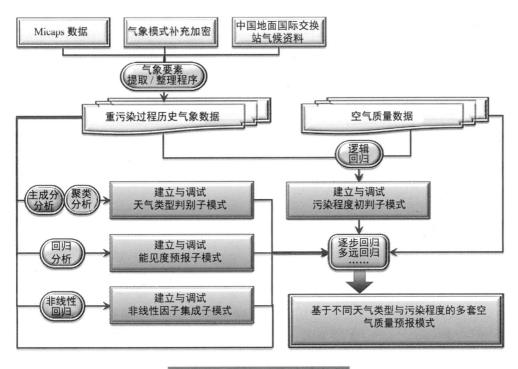

图2 大气重污染预测系统结构图

为检验本方法对大气重污染过程的预测效果，本研究应用该预测方法对 2000 年至 2011 年中 2 800 余个时次的污染数据进行"模拟性预报"。预测值与监测数据的对比分析结果表明，本方法对空气污染指数为 200 以上天气的报出率可达到 60% 以上，其预测效果与网站发布的预报值相比有较大改善，见表 1。

表1 本技术方法与发布预报值准确率对比

	报出率		误报率	
	API > 200	API > 250	API > 200	API > 250
现行发布预报值	43.9%	35.6%	35.1%	26.7%
本技术方法预报值	60.0%	75.9%	28.5%	29.6%

4 成果应用

（1）本项目得到的重污染敏感地区识别结果，已被北京市环境保护科学研究院采用，应用于北京市"十二五"环境规划编制，为大气环境能源规划以及污染控制规划方案的制定提供了重要科技支撑；

（2）$PM_{2.5}$ 主要来源及重污染时段污染特征的研究成果，已被河北省环境保护厅采用，为河北省制定区域大气重污染控制与大气环境质量改善方案提供了重要科技支撑和科学

理论依据;

（3）本项目已形成《大气环境高浓度污染预测预警与量化分级方法技术规范（建议稿）》，并提出相关对策建议，形成《研究成果简介与对策建议》，均已提交环境保护部科技标准司。

5 管理建议

（1）建议增加环境空气质量监测点位。鉴于空气质量数据对于建立大气环境高浓度污染预测方法的重要性，建议增加环境空气质量监测点位的布设，特别是大气颗粒物污染严重的地区，以获取更详细的污染数据，增加统计预测方法的样本量，提升高浓度污染预测效果。

（2）建议加强与气象相关部门的合作。鉴于气象相关部门在气象预报方面的业务基础与技术优势，建议加强与气象部门的紧密合作，特别是气象数据与气象预报技术方面的共享力度，从而为空气质量预测提供数据支持与技术保障。同时，加强空气质量预报部门专业预测预报队伍的建设，培养专业预报人才，提升预报能力。

（3）建议增加预测技术方法的应用试点。建议增加大气环境高浓度污染预测技术方法的应用试点，一方面为当地预报业务提供重污染天气预测参考，另一方面可促进该技术方法在实际应用中的调整与完善，提升预测效果，尽早实现大气环境高浓度污染预测预警技术的业务化运行。

6 专家点评

（1）项目提供的资料与数据翔实、完整，符合项目验收要求。

（2）项目在调查收集重污染过程与气象要素、天气背景场、空气质量数据及区域污染源资料的基础上，建立了相关区域资料数据库。对典型时段大气颗粒物样品进行采集测试，分析了大气重污染与非重污染过程的污染特征，区域性重污染过程与污染物输送、天气型和多气象要素的关系，实现区域大气重污染过程的自动化诊断识别与可视化，建立了大气重污染过程预测与量化分级技术，提交了《大气颗粒物高浓度污染预测技术规范（建议稿）》。项目完成了任务书规定的各项研究任务和考核指标。

（3）项目研究成果已应用于河北省区域大气重污染控制与大气环境质量改善方案的制订和北京市"十二五"环境规划的编制。

项目承担单位：北京工业大学、北京市环境保护监测中心、中国气象科学研究院
项目负责人：程水源

我国大气汞污染排放清单及控制对策研究

1 研究背景

汞在环境中的迁移扩散能力很强,汞污染是一个全球性的环境问题。我国是汞的生产、使用和排放大国,燃煤、有色金属冶炼、水泥生产等领域是大气汞污染主要来源。随着经济的发展,我国大气汞排放日益增长、汞污染形势十分严峻。联合国环境规划署(UNEP)评估我国 2005 年人为源大气汞排放量为 825.2t,占全球人为源直接排放总量的 42.85%,使我国政府面临着巨大的国际压力。而目前我国尚没有国家层面的大气汞排放清单,对大气汞的排放和控制对策尚缺乏系统的研究,由于缺少管理所需的基础研究工作,国家并没有针对燃煤电厂等大气汞排放源的控制措施和管理机制。因此,迫切需要研究我国各类大气汞排放源的排放特征、编制大气汞排放清单、提出典型行业大气汞污染控制措施和对策建议,为环境保护部开展汞污染相关国际谈判,尽快制定和实施适合国情的汞污染控制对策,应对汞污染这一日益受到关注的环境问题提供强有力的技术支持。

2 研究内容

本项目主要包含以下四个方面内容:

(1)选择典型污染源,对其排放的废气中不同形态汞的排放因子和所使用的燃料、原料以及灰渣中汞含量进行测试,得出我国典型污染源大气汞排放特征。

(2)建立人为源大气汞排放清单的编制方法和技术,依据典型污染源大气汞排放因子和活动水平数据,建立我国人为源大气汞排放清单。

(3)选择典型行业开展除尘、脱硫、脱硝等常规大气污染治理技术的脱汞效率及投资和运行成本分析,专业脱汞技术的脱汞效率及投资和运行成本分析。

(4)对我国燃煤电厂汞排放限值设定的技术原则与方法,燃煤电厂汞排放监控技术体系,大气汞排放控制的管理办法进行研究,提出控制对策建议。

3 研究成果

（1）创新了复杂烟气环境中汞含量采样和分析测试方法，得出了我国典型大气汞排放源不同形态汞排放特征和排放因子，完善了我国煤炭汞含量数据库

针对我国固定源高温、高硫、高尘的复杂测试环境，对美国 30B 法和 OH 法两种烟气汞含量测试方法进行了改良，建立了手动监测与在线监测相结合的烟气汞排放测试方法，首次在燃煤电厂开展了烟气汞排放在线监测，通过大量实测和调研，获得了燃煤电厂、工业锅炉、锌冶炼、汞冶炼、水泥生产、垃圾焚烧等典型大气汞污染源的排放特征和排放因子。通过大量实测，补充完善了我国燃煤汞含量和锌矿石中汞含量的基础数据，建立了更详尽的我国煤炭汞含量数据库，为我国大气汞排放量计算提供了更加完善的基础数据。

（2）建立了基于实测的我国人为源大气汞排放清单，得出了大气汞排放的行业分布以及主要行业分形态汞排放量

建立了我国大气汞排放源 2000 年、2005 年和 2010 年的活动水平数据库，将我国大气汞排放源分为燃煤源和非燃煤源，其中燃煤源包括电力、工业、生活、其他，非燃煤源包括有色金属冶炼、钢铁冶炼、建材、垃圾焚烧、生物质燃烧、汞使用、燃油、火化和殡葬。基于活动水平数据库，运用基于大量实测得出的分行业大气汞排放因子，得出我国人为源大气汞排放清单（表 1）以及主要行业分形态汞排放量（图 1）。结果显示：2010 年我国大气汞排放量为 791t，其中燃煤源和非燃煤源大气汞排放分别占人为源大气汞排放总量的 46% 和 54%，燃煤电厂、工业锅炉、锌冶炼、水泥生产等行业是我国主要大气汞排放行业。

表 1　我国人为源大气汞 2000 年、2005 年和 2010 年排放量

	2000 年	2005 年	2010 年
汞排放量 / 万 t	353.91	558.03	791.13

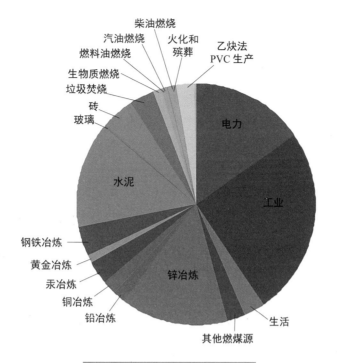

柴油燃烧
汽油燃烧
燃料油燃烧
火化和殡葬
生物质燃烧
垃圾焚烧
乙炔法PVC生产
砖
玻璃
电力
水泥
工业
钢铁冶炼
黄金冶炼
锌冶炼
汞冶炼
铜冶炼
铅冶炼
生活
其他燃煤源

图1 我国分行业大气汞排放量

（3）研发了活性炭喷射装置、溴化钙添加装置，建立了燃煤中添加溴化钙、活性炭喷射和现有污控设施联合脱汞技术，研究提出了我国典型行业大气汞污染控制措施和对策

基于大量实测和调研，得出了燃煤电厂现有脱硝、除尘和脱硫技术的协同脱汞效率；总结了利用现有大气污染控制技术和装置、改进现有的大气污染控制技术以及活性炭喷射等新型汞污染控制技术为主要燃煤电厂大气汞控制技术的脱汞效率和应用前景；研发了活性炭喷射装置、溴化钙添加装置，首次在我国燃煤电厂开展了燃煤中添加溴化钙、活性炭喷射和现有污控设施联合脱汞实验，证实了溴化钙对燃煤烟气中元素汞的强氧化性以及活性炭对烟气汞的捕集能力，得出了不同溴煤比、不同浓度活性炭喷射情况下与现有烟气治理设施的联合脱汞效率，建立了入炉煤添加溴化钙和活性炭喷射与现有污控设施协同脱汞技术。基于实测和文献调研，分析研究了工业锅炉、锌冶炼、水泥生产、垃圾焚烧以及汞冶炼等主要行业的主要大气污控技术以及专门脱汞技术的脱汞效率，提出一系列分行业汞污染控制治理对策建议。

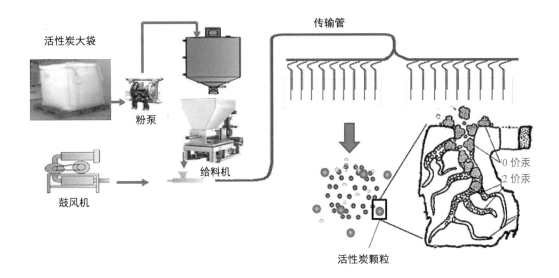

图 2 活性炭喷射装置及实验原理示意图

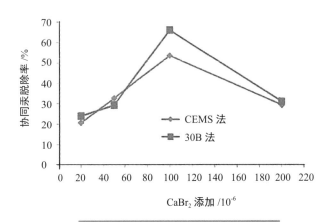

图 3 不同浓度溴化钙添加的效果比较

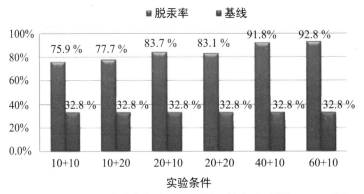

注：10+10 表示实验条件为 10kg/h 的活性炭同时添加 10×10^{-6} 的溴化钙，以此类推。

图 4 活性炭与溴化钙的联合脱汞效率（除尘后）

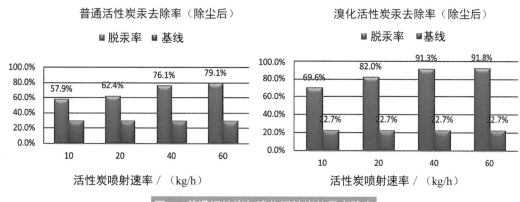

图 5　普通活性炭与溴化活性炭的汞去除率

（4）研究提出了燃煤电厂汞排放限值、烟气汞污染监控工作的分阶段建议以及我国大气汞排放控制的管理办法和控制对策建议

基于我国燃煤电厂装机容量和耗煤量、燃煤中汞含量、不同大气污染控制措施的协同脱汞效率，测算了我国不同类型燃煤电厂的烟气汞浓度水平，结合我国燃煤电厂大气污染控制的现状和未来发展趋势，提出分阶段的燃煤电厂汞排放限值建议。分析比较了OH 法、30B 法以及在线监测等目前主要燃煤烟气汞监测方法，对燃煤电厂烟气汞污染排放监控工作提出分阶段性建议。针对我国大气汞污染防治现状，参照国外管理经验，结合我国经济、技术发展水平，提出了我国大气汞排放控制的管理办法和控制对策建议。

4　成果应用

本研究选择典型燃煤电厂、工业锅炉、锌冶炼、汞冶炼、水泥、垃圾焚烧等典型大气汞排放源开展烟气汞排放特征实测，结合文献调研，提出了相关行业污染源大气汞排放特征和排放因子，补充完善了我国燃煤汞含量和锌矿石中汞含量数据，基于以上数据估算了我国大气汞污染排放量。项目组将估算的我国大气汞排放量提交环境保护部汞公约谈判组，为我国参与国际汞公约谈判提供重要技术支持。项目建立了烟气汞排放测试方法，开展了典型污染源大气汞控制措施研究，比较了现有大气污染控制措施以及新开发的汞去除工艺的脱汞效率，研究提出了燃煤电厂大气汞污染控制对策建议，通过现场培训和示范，为环境保护部燃煤电厂汞污染控制试点工作提供了有力的技术支持。

本项目研究建立的手动监测与在线监测相结合的烟气汞排放测试技术，于 2009—2012 年成功应用到三河电厂，基于大量实测，得出了该厂烟气汞排放特征以及现有脱硝、除尘和脱硫技术的大气汞污染控制效果，为该厂成功开展燃煤电厂汞污染控制试点工作提供强有力的技术支持，促进了全国燃煤电厂汞污染控制试点工作的顺利开展。2012 年本项目研发的燃煤中添加溴化钙和 FGD 联合脱汞技术成功应用到三河电厂，取得了很好的脱汞效果，为进一步开展燃煤电厂汞污染控制试点奠定了良好的基础。

5 管理建议

（1）开展汞排放基数及其环境影响调查，摸清我国大气汞污染底数

实施大气汞排放控制必须摸清我国汞实际排放情况。美国和欧洲在燃煤电厂大气汞控制方面研究较早，拥有自己的一套手动监测和在线监测方法，并对污染源进行了大量实测。而我国在此方面起步较晚，尽管已经对燃煤电厂等重点污染源进行了一定数量的测试，但总体来说，我国大气汞排放行业的测试数量偏少，导致我国大气汞排放清单的不确定性很大。因此，开展系统、全面的汞排放基数和环境影响调查将为决策者更加准确地了解我国大气汞污染现状提供重要依据。

（2）重点防治燃煤电厂、有色金属冶炼、水泥生产等大气汞污染领域

汞法炼金等工艺虽然对我国汞的历史排放有所贡献，但随着我国逐渐取缔和淘汰落后工艺及产能工作的开展，该工艺已经淡出我国主要大气汞污染排放源的名单。同时，随着我国能源消费的迅速增长，以及能源生产对煤炭的依赖，燃煤所产生的大气汞排放基数大、占比也在不断提高。有色金属冶炼以及水泥行业的生产过程中除了需要消耗大量的燃煤之外，原料矿石本身也含有一定的汞，这些汞在生产过程中也将释放到大气当中。这些能源使用和工业生产的结构特点决定了我国大气汞污染物排放主要以燃煤电厂、有色金属冶炼和水泥生产为主的现状。因而，上述重点领域的大气汞污染防治工作将是大气汞污染防治的重中之重。

（3）按照燃煤电厂大气汞排放水平的差异，进行分类控制

将燃煤电厂分为低汞排放水平、中汞排放水平和高汞排放水平三种类型。其中低汞排放水平是指燃煤烟气经过脱硝、除尘和脱硫后汞排放浓度较低（$<10\ \mu g/m^3$），能够稳定达到国家排放标准，这种情况下企业可直接利用现有大气污染控制技术和装置，采用协同脱汞的方式控制大气汞污染；中汞排放水平是指燃煤烟气直接利用现有除尘、脱硫和脱硝等大气污染控制技术后能达标排放，但是排放浓度较高（$10\sim25\ \mu g/m^3$），这种类型的电厂须对现有大气污染控制工艺和装置加以改进，以提高汞的脱除率，减少排放量；高汞排放水平是指燃煤烟气直接利用现有大气污染控制技术后超标或接近超标（$>25\ \mu g/m^3$），则需在保留现有大气污染控制技术的基础上采用新型的大气汞污染控制技术专门进行高效脱汞，以满足大气汞排放标准的要求。

（4）建立燃煤电厂汞排放监控技术体系

我国最新颁布的燃煤电厂大气污染物排放标准修订稿提出了燃煤电厂烟气汞排放限值，但相应的标准监测方法体系尚不健全。因此，借鉴发达国家的经验，对燃煤电厂烟气汞污染排放监控工作提出分阶段性建议。① 2013—2015 年，以电厂汞排放监测为基础，展开燃煤电厂烟气汞排放调查。在进口监测仪器的基础上进行探索，开发出适用于我国

燃煤电厂类似 30B 的固体吸附剂采样、分析技术并推广应用。② 2015—2020 年，在燃煤电厂烟气汞排放监测和调查的基础上，修订和编制我国燃煤电厂烟气汞排放测试方法标准，验证国内外在线汞监测仪的可靠性、稳定性，制定烟气中汞排放在线监测技术规范，制定更为可行的排放标准限值。③ 2020 年以后，建立和完善烟气汞手动监测和在线监测相结合的燃煤电厂烟气汞排放监控体系。

（5）加强汞污染控制技术研究，建立汞污染控制研究中心

继续加强脱硝、除尘和脱硫等现有大气污染控制技术的协同脱汞研究，同时选择典型污染源，基于其实际工况、汞排放情况等基础数据，开展燃煤电厂大气汞控制技术研究，开发出适用于我国燃煤电厂情况的大气汞控制技术。建立汞污染控制研究中心，该中心需联合具有共同目标的科研院所、大学、企业等主体聚集在一起，通过广泛合作和资源共享，形成合力，探索建立产学研用相结合的科研、技术创新机制，形成我国燃煤电厂汞排放测试和控制技术从研发、技术转化到产业化的互动平台。建立完备的燃煤电厂汞排放测试技术，研制适合中国国情的燃煤电厂汞排放监测装备，加强对已有和新建燃煤电厂中烟气汞排放的监控，全面掌握中国燃煤电厂烟气汞排放特征、规律及排放清单，积极开展燃煤电厂烟气脱汞新工艺、新材料和技术装备的研发，提供适合中国国情的燃煤电厂烟气脱汞技术、方案及汞减排策略，为环境保护部汞污染控制的战略性决策提供合理化建议。

（6）完善法规标准，加强宣传引导，提升相关人员对大气汞污染防治的科学认识

当前我国大气法、环境空气质量标准、大气污染排放标准等法规标准中关于大气汞的规定尚不完善，不能适应我国大气汞污染防治的需要，因此，急需完善法规标准，使得大气汞污染防治工作有章可循；为了有效监控我国大气汞污染状况以及变化趋势，要加强队伍建设，对环境监测和监察人员开展专业培训，并提高大气汞监测装备水平；开展广泛的环境宣传教育活动，充分利用世界环境日、地球日等重大环境纪念日宣传平台，普及大气汞污染防治知识，提升全民防治意识，积极宣传大气汞污染防治的重要性和紧迫性，加强舆论监督。

6　专家点评

该项目创新了复杂烟气环境中汞含量采样和分析测试方法，建立了手动监测与在线监测相结合的烟气汞排放测试方法，首次在燃煤电厂开展了烟气汞排放在线监测，获得了燃煤电厂、工业锅炉、锌冶炼、汞冶炼、水泥、垃圾焚烧等典型排放源的不同形态汞排放特征和排放因子，完善了我国煤炭汞含量数据库。建立了基于实测的我国人为源大气汞排放清单，得出了大气汞排放的行业分布以及主要行业分形态汞排放量。研究了现有大气污染控制技术、改进技术以及新型技术的脱汞效率和应用前景，研发了活性炭喷

射装置、溴化钙添加装置，建立了燃煤中添加溴化钙、活性炭喷射和现有污控设施联合脱汞技术，提出了我国分行业大气汞污染控制措施和对策建议。研究提出了燃煤电厂汞排放限值、烟气汞污染监控工作的分阶段建议以及我国大气汞排放控制的管理办法和控制对策建议。项目研究成果在环境保护部燃煤电厂汞污染控制试点中得到应用，并为国际汞公约谈判提供了重要的数据与技术支持。项目研发的烟气汞测试技术和控制技术，建立的大气汞排放清单，提出的燃煤电厂大气汞排放限值、大气汞排放控制的管理办法和控制对策建议，既有创新性又有实用性，对于我国今后进一步深入开展大气汞污染防治工作具有十分重要的意义。

项目承担单位：中国环境科学研究院、清华大学、浙江大学、中国科学院地球化学研究所、中国科学院东北地理与农业生态研究所

项目负责人：薛志钢

重点城市大气挥发性有机物监测与评估技术研究

1 研究背景

近年来我国城市地区发生光化学烟雾和 $PM_{2.5}$ 高浓度污染事件激增，大量研究显示，挥发性有机物（VOCs）是环境大气中光化学反应的"燃料"，是近地面臭氧和二次有机气溶胶生成的重要前体物，VOCs 及其光化学产物也对人体健康有重要影响，甲醛、苯、1,3-丁二烯和氯乙烯已经被国际癌症研究机构列为一类致癌物，而芳香烃类化合物可能会对人体呼吸系统和大脑造成损伤。

挥发性有机物一般是指饱和蒸汽压较高、沸点较低、分子量小、常温状态下易挥发的有机化合物。大气中 VOCs 包括上百种的化学组分，有关 VOCs 的分析和监测也具有很大的难度，一方面 VOCs 在时间和空间上的变化非常大，另一方面，大气中 VOCs 的来源繁多，而且不同地域之间差异显著。我国目前还没有国家层次对大气 VOCs 污染状况的研究，对大气 VOCs 的来源研究尚处于刚刚起步的阶段。《环境空气质量标准》中并没有相对应的物种，导致环境大气的挥发性有机物的标准出现真空，后续管理制度缺失。为此，通过研究提出了我国挥发性有机物监测技术和污染评估技术的对策建议。

2 研究内容

本项目建立和完善了对我国城市大气臭氧和二次有机颗粒物生成具有关键作用的化学组分的测量方法，包括烷烃、烯烃、芳香烃以及含氧挥发性有机物。并针对这些化合物的测量开展比对实验，其中对碳氢化合物与国际先进实验室进行比对实验，并建立全过程的质量控制和质量保证（QA/QC）体系，保障测量结果的准确可靠，从而形成了对我国 VOCs 监测方法的指南。本研究首次在全国 47 个城市开展大气 VOCs 的同步的空间分布的测量工作，共采集了四次共 188 个全空气样品，分析其浓度水平和化学组成的空间分布和时间变化规律，并计算了臭氧生成潜势和颗粒物生成潜势，识别了影响臭氧和 SOA 生成的关键活性组分。收集和整理了机动车尾气、燃料油挥发、煤炭燃烧、生物质燃烧、涂料和溶剂、石油化工、工业等关键污染源大气 VOCs 化学组成，形成了我国大气 VOCs 源成分谱。在此基础上利用污染来源解析模型，对我国 47 个城市大气 VOCs

进行源解析，计算各类污染源对该城市的贡献情况。进一步分析和估计不同城市和区域大气 VOCs 来源的特征和差异。另外，本研究基于区域观测数据，计算了我国人为源 VOCs 的排放量，利用物种对比值法和受体模型探讨了主要污染源对 VOCs 的贡献，并分析了主要来源的贡献率在空间上的差异。最后，基于以上的研究结果，本研究提出我国大气 VOCs 监测物种的建议。

3 研究成果

（1）建立和完善了我国大气 VOCs 检测分析方法

本研究首次在全国 47 个城市开展大气 VOCs 的同步的空间分布的测量工作，共采集了四次共 188 个全空气样品。建立和完善包括 CO 和 CH$_4$ 在内的 100 多种 VOCs 关键化学组分的测量方法。并针对这些化合物的测量开展比对实验，建立全过程的质量控制和质量保证（QA/QC）体系，保障测量结果的准确可靠，从而形成了对我国 VOCs 监测方法的指南。

（2）获得 47 个城市大气 VOCs 时空分布特征

我国 47 个城市非甲烷总烃（NMHCs）的体积分数为（27.63±15.51）×10$^{-9}V/V$，这一浓度水平与英国伦敦 1996 年 1—12 月的均值（30.5×10$^{-9}V/V$）相当；全国 47 个城市的 NMHCs 均值要远低于美国 20 世纪 80 年代中期的水平，这说明我国与 20 世纪发达国家的浓度水平相当。从城市环境大气 NMHCs 日变化特征来看，总 NMHCs、烷烃、烯烃、芳香烃以及乙炔都表现出明显的日变化特征，早晚交通高峰时出现浓度高值。全国 47 个城市夏、秋两次 NMHCs 外场观测的数据也呈现出显著的日变化特征，上午 9：00 样品中的总 NMHCs 体积浓度要明显高出 13：00 的浓度水平。

（3）评估我国城市大气 VOCs 物种的化学活性

大气中 VOCs 种类繁多，而且活性差异较大，因此本项工作在大气 VOCs 观测结果的基础上，利用目前国际大学化学的最新成果，计算和分析我国 47 个城市大气 VOCs 的臭氧生成能力（OFP）和颗粒物生成能力（AFP），识别出对我国 47 个城市大气臭氧和二次有机颗粒物（SOA）生成具有主要作用的 VOCs 组分。结果发现，OH 消耗速率、OFP 与总 NMHCs 的体积浓度呈现良好正相关关系。但 OH 消耗速率以及 OFP 的主要贡献者却存在一定的异同，对 OH 消耗速率贡献最大的物种依次是异戊二烯、乙烯、1,3-丁二烯、丙烯以异丁烯。对 OFP 贡献最大的物种依次是乙烯、甲苯、间/对 - 二甲苯、丙烯以及 1,3- 丁二烯。SAOP 则使用了气溶胶生成潜势的参数乘以 VOCs 浓度来衡量，芳香烃组分累积含有较高的气溶胶生成潜势值，甲苯、苯、乙苯以及二甲苯对二次气溶胶的形成有着重要影响。

（4）形成我国大气 VOCs 源排放特征

结合以往对机动车、汽油挥发、家庭/工业燃煤、石油化工、溶剂类挥发和生物质燃烧等开展的研究基础，在近 100 种物种分析测量的基础上建立这些排放源的 VOCs 排放特征成分谱，并与国际和国内其他城市的 VOCs 成分谱进行比较分析，识别我国大气 VOCs 组分的源示踪分子，建立和完善各类 VOCs 源的成分谱库。通过建立我国典型 VOCs 污染源排放成分谱，并与其他国家或地区源成分谱特征比较可知，不同城市地区 VOCs 排放主要源类别、VOCs 排放过程与途径存在着差异，污染源排放特征不尽相同。因此，识别不同城市地区排放源差别，建立与地区排放源特色相一致的本地化源谱，将有利于提高地区大气 VOCs 来源解析的准确性，以期为政府环境保护部门正确制定 VOCs 防治决策提供保障。

（5）开展了城市大气 VOCs 污染的来源分析

通过 CMB 源解析结果发现：机动车尾气是我国 47 个城市大气中 NMHCs 最重要的来源，所占比例变化范围为 16.87%～58.82%，平均值为 32.40%，北京、广州、成都三个城区交通量较大，汽车尾气所占比例相对较高。涂料以及溶剂挥发是除汽车尾气排放外的另一类重要的 NMHCs 来源，47 个城市的平均贡献量为 16.20%±9.26%。汽油挥发的贡献变化范围是 1.84%～21.0%，平均值为 9.5%。工业源的贡献范围 6.90%±5.09%，工业源在苏州、温州、兰州等部分城市所占比例较大。最大时，工业源的贡献值可达 23.45%。LPG 的相对贡献范围为 0.81%～12.80%，广州 LPG 的使用较多，其 LPG 的贡献可达 12.8%。

（6）进行我国大气 VOCs 排放量的估算

本研究基于 VOCs 与 CO 的区域观测数据计算了我国人为源的 VOCs 排放量，结合我国 47 个城市的 VOCs 来源解析结果，比较已有的全国人为源 VOCs 排放清单。主要结论有：根据环境大气中 VOCs 与 CO 的比值以及 CO 的排放清单计算我国人为源 VOCs 的年排放量为 178 000～22 530Gg，观测结果为清单结果的 0.95 倍。根据观测获得的空间分布差值得到我国 NMHCs 排放强度最高的地区出现在三个重大区域：以京津塘和山东为中心的华北地区，范围一直延伸到长江流域；以珠三角为中心的广东省；以成渝为中心的西南省市。

4　成果应用

所形成的评估城市污染特征技术指导了济南和苏州等地的环境保护部门开展相应的城市污染评估工作，并为全国各城市的大气 VOCs 污染评估提供了示范。

（1）项目完成专著《城市大气挥发性有机物测量技术》，为大气挥发性有机物的监测技术提供了很好的规范指南；

（2）依托于项目研究成果，形成了《我国城市大气 VOCs 监测技术方法和质量控制和保证》建议稿；

（3）研究成果可以为我国环境保护标准《环境空气挥发性有机物的测定方法》（HJ 644—2013）提供分析技术标准的修订，在空气质量标准制定工作中起到了重要的技术支撑作用。

5 管理建议

我国目前环境污染控制的重点是区域复合大气污染，因此应建议地方监测部门增加大气 VOCs 的监测项目，与此同时，应该加强本项目与地方部门的合作，培养和培训更多的大气 VOCs 的专门人才。在常规监测方面，应吸取美国、欧洲、日本和我国台湾和香港地区在常规的空气质量检测中 VOCs 操作的经验，在重点区域加强大气超级站的建设。突出抓好与地方环境保护部门大气 VOCs 的监测技术需求对接，上级环境保护部门应及时分批汇总各地监测站的技术需求，核实后讨论并汇总针对我国城市大气 VOCs 监测分析技术的适用性，根据当地监测站条件因地制宜地开展各项 VOCs 监测工作，从而推动当地大气 VOCs 污染评估和来源分析的能力。对于没有条件开展大气 VOCs 全物种监测的城市和地区，综合考虑当地浓度高、活性强、生成臭氧和二次有机气溶胶的潜势大的物种，有重点地进行监测分析。与此同时，进一步制定、修改、完善我国现有的环境大气 VOCs 控制标准，将适时出台的项目成果转化为政策导向，增强与企业的合作，集中力量调查我国大气 VOCs 的源排放，推动当地监测部门开展有效的污染源监测，从而带动项目实施，为我国开展 VOCs 排放源的控制工作提供更好的导向。

6 专家点评

（1）项目完成国家 47 个重点城市大气 VOCs 浓度水平和关键 VOCs 物种的化学组成测量。收集整理 100 多种机动车、燃料油挥发、煤炭燃烧、餐饮、生物质燃烧、化工等关键污染源大气 VOCs 化学组成，形成我国大气 VOCs 源排放特征报告。完善了大气 VOCs 污染特征和来源解析的技术方法，达到了预期的目标。

（2）项目为大气挥发性有机物的污染解析工作提供了必要的基础数据支撑。所形成的评估城市污染特征技术指导了济南和苏州等地的环境保护部门开展相应的城市污染评估工作，并为全国各城市的大气 VOCs 污染评估提供了示范。

项目承担单位：北京大学、苏州工业园区环境监察大队、济南市环境保护监测站
项目负责人：邵敏

恶臭污染源解析技术及预警系统研究

1　研究背景

恶臭污染具有低浓度、多组分、突发性等特点，由于人体嗅觉异常灵敏，多数恶臭污染物往往在痕量级别就可以被人感知。据统计，恶臭污染已成为仅次于噪声的典型扰民污染，恶臭污染事件呈现快速增加趋势，引起我国各级环境管理部门的高度重视。当前，我国恶臭污染情况十分复杂，一方面涉及恶臭污染的行业众多，石油炼制、化工、制药、橡胶、造纸、喷涂、食品加工、畜禽养殖、污水处理厂、垃圾填埋场等工厂企业在生产过程中均有可能排放具有异味的物质；另一方面，由于城市化进程的加快，原有城市规划和布局的不合理，导致工业区和居住区相互交错，功能区划分不明显，使得恶臭污染问题突出。因此，开展恶臭源解析技术及预警系统研究，解决如何在恶臭污染中快速、准确地获得恶臭污染物来源行业、主要恶臭组分、影响范围及变化趋势等信息问题，对于科学地掌控突发性恶臭污染状况，有针对性地进行防治至关重要。

项目在对国内恶臭污染形势分析和典型恶臭污染企业调研的基础上，基于当前我国恶臭环境管理的迫切需要，开展了典型行业恶臭污染排放特征调查、恶臭污染源解析方法、恶臭预警管理系统构建等研究，使今后环境管理部门面对恶臭污染问题时，可以通过系统、完整的源解析方法和相应的数据信息系统，迅速、有效地进行污染防控。项目有助于提高我国环境监管能力和水平，保障人民群众的切身利益，维护社会的和谐稳定；同时可为制定区域恶臭污染控制对策及区域环境空气质量改善提供技术支持；理论上可为区域大气复合污染研究提供方法学上的支持，为我国恶臭污染物排放标准的再修订提供依据。

2　研究内容

（1）针对恶臭污染的特殊性，总结分析了国内外恶臭采集技术与方法，并从典型行业恶臭物质本身特点出发，提出了新的恶臭污染监测技术方法；

（2）选取污水处理、垃圾处理、石油炼化与制药四类典型恶臭行业，开展了恶臭排放特征解析研究，建立了动态、开放式恶臭信息数据库；

（3）以天津华苑居住区与大港城区等典型区域为例开展区域恶臭污染调查，明晰了区域恶臭污染现状，为受体恶臭源解析奠定了基础；

（4）针对区域恶臭污染物溯源困难等问题，开展了恶臭源解析技术研究，并建立了区域恶臭污染事故诊断程序；

（5）项目利用地理信息系统（GIS）组件与恶臭污染预警应急模型相结合，并以天津市为例，开发了基于 GIS 的恶臭污染源识别与预警管理决策系统平台。

3 研究成果

（1）建立了恶臭污染监测技术方法

项目依托环境保护恶臭污染控制重点实验室丰富的研究经验和雄厚的科研实力，在原挥发性有机物分析的基础上成功实现了恶臭样品的低温浓缩解析条件及气相色谱 - 质谱联用仪的分析条件的优化，建立了新的恶臭污染监测技术方法，实现一次进样就可对近 120 种各类恶臭物质同时进行定性定量分析，且绝大多数物质的检出限可达 1×10^{-9}（V/V），极大地提高了恶臭样品的分析检测效率。目前这一检测技术方法在国内处于领先水平，为制定我国污染源恶臭监测技术规范奠定了基础。

（2）建立了污染源恶臭信息数据库

项目以典型污水处理厂、垃圾处理场、石油炼化厂以及制药厂为例，分析总结了典型企业的恶臭污染物排放特征，并建立了重点污染源的恶臭信息数据库，主要包括特征恶臭污染物、恶臭指纹谱图和恶臭成分谱图等。研究突破了传统的线性思维，着眼于整体宏观规律性特征的分析，首次提出了恶臭指纹谱图等概念以及构建方法。恶臭指纹谱图从宏观上可以直观反映出恶臭源排放的恶臭物质及其这些物质之间的内在相关协同伴生关系，是污染源内在特征的外部表现，从而为恶臭污染源识别提供重要技术依据，能够有效提高恶臭污染源的识别效率与准确程度。

（3）建立了恶臭污染源识别程序与方法

项目针对区域恶臭污染物来源识别困难等问题，建立区域恶臭污染源识别的程序与方法，核心技术为"特征污染物 + 指纹谱图"模式识别。研究首次将多元统计方法中的模糊聚类模型应用于恶臭污染源指纹谱图的识别，提取恶臭指纹谱图中反映不同样本在化学成分和含量上有差异的信息特征，将信息特征转化为计算机能够接受的数量化矩阵，借助于计算机强大的数据处理能力，快速准确地求出样品与周边污染源之间的亲疏关系，从而确定恶臭污染物的来源。研究为恶臭污染事故诊断分析、定性恶臭污染物来源提供了一种新的技术与方法。研究结果表明，该方法对恶臭源的识别准确、有效，实用性强，具有较高的推广价值。

（4）构建了基于 GIS 的恶臭污染源识别及预警管理系统

地理信息系统 (GIS) 等先进信息技术应用，已成为环境保护领域的研究热点。项目将 GIS 组件与恶臭污染预警应急模型相结合，以天津市为例，在重点恶臭污染源调查和恶臭信息数据库建立的基础上，开发了基于 GIS 的恶臭污染源识别与预警管理决策系统平台。研究成果对预防或减少恶臭污染的发生，实现恶臭污染应急管理的快速、高效、科学决策等有着重要意义。本研究首次在国内建立了基于 GIS 的恶臭污染源识别及预警管理系统，系统的构建对于全国各大城市开展恶臭污染源的管理具有重要的示范作用，对我国其他环境污染事故应急管理也具有参考借鉴意义（图 1、图 2）。

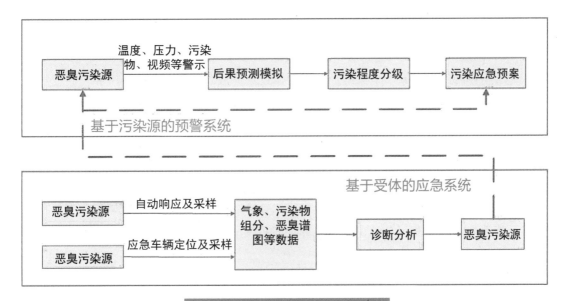

图 1 恶臭预警应急系统应用技术路线

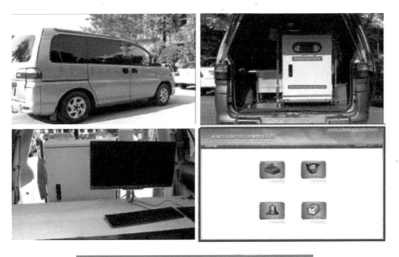

图 2 恶臭预警应急车及车载源解析分析设备

（5）其他成果

项目发表论文 15 篇，其中中文核心期刊 7 篇，SCI 收录 2 篇，EI 收录 2 篇；已公开出版专著 3 部；申请发明专利 1 项，获实用新型专利 2 项；获得软件著作权 2 项。

4 成果应用

（1）项目研究成果已经被《恶臭污染物排放标准》（修订 GB 14554—93）征求意见稿所采纳，为我国恶臭污染物排放标准的再修订提供了翔实的数据支持；

（2）依据项目研究成果，项目负责人提交了多项恶臭污染管理建议，其中《关于将恶臭污染控制纳入国家"十二五"规划的建议案》成功写入《国民经济和社会发展第十二个五年规划纲要》，并纳入《国务院关于加强国家环境保护重点工作的意见》和环境保护部《"十二五"时期全国污染防治工作要点》；

（3）项目成果可广泛应用于我国污染源管理、监测分析、应急调查等相关环境保护领域。已被天津市环境监察总队、苏州工业园区环境监察支队、天津市环科检测技术有限公司、天津市环境应急与调查中心、天津滨海新区市容环保局等单位应用。项目首次建立了基于 GIS 的恶臭污染源识别及预警管理系统，对于全国各大城市开展恶臭污染管理具有重要的示范作用；

（4）在项目研究成果形成的概念设计和实践的基础上，项目承担单位参与申报的国家重大科学仪器设备开发专项项目《恶臭自动在线监测预警仪器开发及应用示范》成功获得科技部批准，项目总经费达 4 100 万元，目前项目进展顺利；

（5）在项目研究基础上，由项目承担单位天津市环科院牵头，联合天津大学等企事业单位，共同组建了"恶臭控制产业技术创新战略联盟"，促进高等院校、科研院所、企业在恶臭控制领域的产学研合作，推动我国恶臭检测、恶臭治理、恶臭环境管理等方面的科技、产业的快速发展。

5 管理建议

（1）制定《全国恶臭污染防治规划》、《重点区域恶臭污染防治规划》等相关规划。近年来，随着经济建设和社会发展步伐的加快，我国恶臭污染整体形势日益严峻，引起我国政府的高度重视。《国家中长期科学和技术发展规划纲要（200—2020 年）》明确提出"重点开发区域环境质量监测预警技术，突破城市群大气污染控制等关键技术，开发非常规污染物控制技术"；《国民经济和社会发展"十二五"规划纲要》要求"建立健全区域大气污染联防联控机制，控制区域复合型大气污染""加强恶臭污染物治理"；环境保护部《"十二五"时期全国污染防治工作要点》进一步要求"加强恶臭、餐饮油烟污染治理，解决突出的扰民问题"。恶臭污染的污染防治工作已刻不容缓。为全面落实党中央和国务院相关环境保护政策方针，建议制定《全国恶臭污染防治规划》、《重点区域恶臭污染防治规划》等相关规划。

（2）完善恶臭环境标准体系。环境标准是环境管理的核心。目前我国仅有恶臭污染物排放标准，恶臭标准体系急需完善。建议加强恶臭污染控制立法建设，细化有关条款，明确监管对象、部门职责、法律责任等具体事项和措施，制订恶臭质量标准，建立适合我国国情的恶臭标准体系。

（3）组建恶臭治理行业协会或全国性产业联盟，加大恶臭污染防治知识的宣传和培训力度，帮助公众科学地认识恶臭污染物以及相关治理知识。同时，建立适宜的交流平台，积极开展国内外恶臭防治新技术、新设备的调查研究，组织技术交流、推广，指导企业选择适宜的治理技术，促进环境与经济社会的可持续发展。

（4）制订行业恶臭污染防治技术规范。由于污染源恶臭污染防治技术及重点各异，因此，有必要针对不同行业尤其是污水处理、畜禽养殖屠宰、生物制药、精细化工、石油化工等重点行业臭气进行污染治理示范工程研究，建立处理技术规范。对于一般服务业（如餐饮业等）的恶臭污染防治则应建立适当的脱臭装置技术评价与评估细则，促进我国恶臭防治技术水平的提高。

（5）大力推广应用恶臭污染源识别与预警应急管理系统。当前我国各地纷纷出台突发环境污染事故应急预案，不过这些预案大多是组织指挥体系、预警机制、应急响应、后期处理等方面的指导原则，尚缺少典型行业、企业、敏感区域部位的具体应急预案。建议推广应用本项目研究成果，构建区域恶臭污染源信息数据库和恶臭污染预警管理系统，提高区域恶臭监管能力和水平。

（6）开展恶臭自动采样与动态监控技术研究。恶臭污染具有瞬时性，捕集有效样品是当前恶臭污染管理的突出难题。建议研发区域恶臭污染动态监控技术，实现对区域恶臭污染的动态监控，提高恶臭污染防治的时效性。

（7）加大恶臭科技投入力度。和其他环境领域相比，我国恶臭污染研究成果少，研究基础仍很薄弱。建议国家相关部门加大对恶臭科技的投入力度，加强恶臭研究重点机构的能力建设。

6　专家点评

项目针对污水处理、垃圾处理、石油炼化、制药等恶臭污染重点行业，建立了行业恶臭监测分析方法和污染源恶臭信息数据库，首次提出了区域恶臭污染识别程序方法，构建了基于GIS的恶臭污染源识别与预警管理决策系统，研发了车载便携式恶臭快速监测及源解析分析设备与软件系统，并在天津市环科检测技术有限公司、苏州工业园区环境监察支队、天津滨海新区市容环保局等单位应用。对预防或减少恶臭污染的发生，实现恶臭污染应急管理的快速、高效、科学决策等有着重要意义，对全国各大城市开展恶臭管理具有重要的示范作用，对我国其他环境污染事故应急管理也具有参考借鉴意义。项目研究成果也对《恶臭污染物排放标准》（GB 14554—93）再修订提供了数据支持。

项目承担单位：天津市环境保护科学研究院
项目负责人：包景岭

国家第五阶段车用汽、柴油有害物质控制标准和控制途径研究

1 研究背景

车用燃料是汽车排放污染的源头，控制汽车排放污染应将车辆和车用燃料作为一个整体进行考虑。轻型汽车第四阶段排放标准已于 2011 年 7 月 1 日开始实施，第五阶段轻型汽车排放标准正在制定，计划于"十二五"期间实施，北京市也在考虑提前实施国家第五阶段轻型汽车排放标准。更严格排放标准的制定、发布和实施对车用油品品质提出了更高的要求。

然而，车用油品国家标准发布实施严重滞后排放标准实施的进度，满足排放标准要求的车用油品供应不足，已经成为制约机动车污染减排的瓶颈。制定车用油品有害物质控制标准，研究车用油品有害物质控制途径，对于引领石化行业产业升级，指导炼化企业组织生产和供应满足排放标准要求的车用油品，促进车用油品环境管理体制机制转变具有重要意义。

2 研究内容

（1）调查我国市场上车用汽油和柴油的使用情况，在各地区采集车用燃料样本，测试分析主要有害物质的含量和环保指标；

（2）通过整车台架和发动机台架测试，开展主要有害物质和环保指标对汽车和发动机排放影响研究；

（3）通过整车台架和发动机台架测试，重点研究市售高烯烃、芳烃车用汽油和高多环芳烃柴油对实施国家第五阶段机动车排放标准的影响；

（4）提出符合我国国情的车用汽油和柴油有害物质控制指标，提出国家第五阶段车用汽、柴油有害物质控制标准建议稿；

（5）调研我国石化行业在车用汽油和柴油有害物质控制技术方面的现有水平和提升潜力，设计多种有害物质控制水平的提升方案并进行费用 - 效果分析，提出车用燃料有害物质控制途径。

3 研究成果

（1）完成《车用汽油有害物质控制标准（第四、五阶段）》、《车用柴油有害物质控制标准（第四、五阶段）》初稿、征求意见稿、送审稿和报批稿，此两项标准已于2011年2月14日正式发布并于2011年5月1日起施行；"北京市车用汽油、柴油地方标准"征求意见稿中引用了《车用汽油有害物质控制标准（第四、五阶段）》、《车用柴油有害物质控制标准（第四、五阶段）》，国家标准化管理委员会也在加紧制定国家第四、五阶段车用汽油、柴油标准，石化行业也开始依据《车用汽油有害物质控制标准（第四、五阶段）》、《车用柴油有害物质控制标准（第四、五阶段）》要求计划技术改造和升级；

（2）通过广泛调研和问题梳理，提出《关于国家车用油品环保品质问题的对策建议》，已报送环境保护部科技标准司并得到环境保护部领导批示；

（3）完成了《机动车船用燃料和添加剂环保管理规定》送审稿，已提交环境保护部污染防治司；

（4）项目研究成果在各大媒体广泛报道，形成了良好的舆论氛围；

（5）在典型地区采集车用汽柴油样品118个并进行有害物质含量分析；

（6）完成了6种不同有害物质含量、5种不同车用汽油清净性水平车用燃料的200辆次底盘测功机台架和发动机台架试验，判断了车用汽油烯烃、芳烃含量、清净性对排放的影响；判断了车用柴油硫含量、多环芳烃含量对排放的影响；

（7）发表论文6篇，其中SCI 1篇，EI 2篇，核心期刊2篇，会议论文1篇。

（8）形成国内外车用燃料有害物质控制相关政策法规标准调研报告和我国石化行业车用燃料有害物质控制技术调研分析报告各一份。

4 成果应用

（1）本项目提出的标准已经在2011年5月1日正式实施。标准中规定的指标前置于全国石油产品和润滑剂标准化技术委员会负责制定的油品产品标准。"北京市车用汽油、车用柴油"征求意见稿引用了本标准中的有害物质控制标准。

（2）汪纪戎2012年政协提案中根据本项目研究成果提出：建议完善相关环境法律法规，把油品质量纳入环境防治轨道，在《中华人民共和国大气污染防治法》（以下简称《大气法》）修订草案中，把油品有害物质和环保指标纳入环境管理，这一举措强化环境保护部门在制订燃料标准和实施车辆及燃料标准方面的权威性。项目支持编制的车用汽、柴油有害物质控制标准、《机动车船用燃料和添加剂环保管理规定》建议稿等内容，有效充实了在《大气法》修订案中关于车用燃料有害物质控制标准、车用燃料环保管理、车用燃料添加剂环保管理等内容。项目开展的各项工作，持续应用于《大气法》修订背景梳理、数据支持和相关条款起草等方面；针对油品质量升级中的过渡期制定具体可行的过渡实施方案；建立与完善油品质量标准的制定机制和表决机制；2013 年 3 月，增补 10 位环保、汽车、高校石化分标委委员；建立油品质量标准的部门协调机制，明确各方责任；出台经济激励和税收调节政策（此政策在最新的《国务院关于加强环境保护重点工作的意见》中已有所体现），促进油品升级。

（3）项目在全国范围内开展了车用汽、柴油有害物质含量调查，比较全面掌握了国内油品质量情况，为车用油品环境管理提供了第一手数据。

（4）项目提出的"关于国家车用油品环保品质问题的对策建议"在车用油品环境管理和国家标准制定机制中得到应用。建议中提出的"结合当前实际情况，采取分步分区方式，在重点地区率先推进满足排放标准的车用油品供应"，在"全国大气污染防治行动计划"中得到体现；建议中"将车用油品有害物质环境管理水平纳入地方政府环保政绩考核，调动和发挥地方对车用油品有害物质监管的积极性"在"'十二五'机动车NOx 总量减排核算细则"中已有明确规定。

（5）大量媒体宣传报道，社会关注度高。30 家以上国内外媒体进行过深入报道：人民政协报、财经、财新传媒、第一财经日报、南方周末、经济参考报、1039 交通台、华尔街时报、纽约时报、路透社等。

5　管理建议

（1）尽快完成修订、发布和实施《大气法》，为开展车用油品有害物质环境管理提供法律依据。此次《大气法》的修订为车用油品有害物质环境监管提供了法律依据，从科学发展观的角度明确了车用油品有害物质与汽车排放标准之间关系，明确了车用油品有害物质控制标准的指导地位，明确了环保、工商、质监和成品油销售主管部门在车用油品有害物质监管中的职责。尽快完成修订，发布和实施《大气法》将从根本上破解车用油品有害物质环境监管的诸多难题，理清各部门之间职责，为开展车用油品有害物质环境管理扫清障碍。因此，建议尽快发布实施修订的《大气法》，加强车用油品有害物质环境管理。

（2）制定并尽快发布《机动车船用燃料和添加剂环境管理规定》，使车用油品有害物质环境管理具有可操作性。为具体落实和细化《大气法》中关于车用油品有害物质环境管理的条款，应尽快制定并由国务院发布《机动车船用燃料和添加剂环境管理规定》。明确和细化车用油品有害物质环境监管的对象、各部门职责、各方义务、监管指标、环节、程序、机构、法律责任等具体事项和措施。

（3）针对满足国四、国五排放标准车用油品有害物质控制指标欠缺，实施国四、国五排放标准时车用油品有害物质控制无据可依问题，建议尽快制定并发布国家"车用汽、柴油有害物质控制标准（中国第四、五阶段）"，为石化行业技术进步和组织生产提出具体要求，为地方实施国四、国五排放标准组织供油提供具体指标指导，为国家开展车用油品有害物质环境管理提供技术依据。

（4）成立"国家车用油品有害物质环境监管中心"，谋划国家车用油品有害物质环境监管体系和队伍建设。《大气法》修订稿、国家《机动车船用燃料和添加剂环境管理规定》、"车用汽、柴油有害物质控制标准（中国第四、五阶段）"顺利发布实施后，"十二五"、"十三五"以及未来更长时期内车用油品有害物质环境管理需求将十分巨大。由于环境保护部门此前未开展过车用油品有害物质环境管理，从中央到地方，没有一个完整的监管体系和队伍，机构、技术力量、人员等均比较薄弱。因此，建议参照美国和日本的经验，依托环境保护部有关单位成立"国家车用油品有害物质环境监管中心"，在中央层面上率先建立车用油品有害物质环境监管技术支持机构，通过开展全国性的车用油品有害物质环境监管和地方试点，逐步完善监管能力、体系和队伍建设，为今后开展车用油品有害物质环境监管打下基础。

（5）结合当前实际情况，采取分步分区方式，在重点地区率先推进满足排放标准的车用油品供应。建议在汽车排放污染问题突出的"三区"、"六群"重点区域加大力度推动满足该地区汽车排放标准的车用油品供应，对于满足国四排放标准车用油品，要确保重点区域不迟于排放标准实施时间供应，对于满足国五排放标准车用油品，要积极引导石化企业在重点区域提前供应，在全国范围内按时供应。采取重点突出、分步分区的方式，缓解汽车排放污染控制和车用油品供应之间的矛盾，改善重点区域的汽车排放污染。

（6）将车用油品有害物质环境管理水平纳入地方政府环保政绩考核，调动和发挥地方对车用油品有害物质监管的积极性。地方政府在推动环境管理进程中发挥了巨大的作用，特别是"一把手"重视的情况下，推动力量很大。目前已成功提前实施国四排放标准，提前供应满足国四排放标准车用油品的北京、上海以及珠三角等地区的实践经验都表明与地方政府推动作用密不可分。建议将车用油品有害物质环境管理水平纳入地方政府政绩考核，例如在城考、创模、年度业绩等考核中加入车用油品有害物质环境管理成绩，充分调动和发挥地方政府在车用油品有害物质环境管理中的推进作用，形成合力，促进车用油品质量提升。

6 专家点评

该项目通过对典型地区车用汽、柴油样品的分析，获得了汽、柴油中多种有害物质含量数据，总结了全国各地区油品污染物含量分布规律。并且进行了部分油品清净性的模拟实验，通过对不同油品中多种有害物质和不同车用燃油清净剂的发动机和整车台架实验，研究了车用燃料中有害物质和清净性对排放的影响，并提出了"车用汽油有害物质控制标准（第四、五阶段）"、"车用柴油有害物质控制标准（第四、五阶段）"、"机动车船用燃料和添加剂环保管理规定"（建议稿）等。最后经过科学严谨的分析取证，提出了合理可行的政策法规及市场管理建议。项目研究成果在"北京车用汽油、车用柴油"征求意见稿中被引用了有害物质控制标准，对汽车油品有害物质与排放控制科学方面起到良好的示范作用。该项目研究成果是对《大气法》修订的必要补充。对于建立燃料油品质管理体系，也起到促进作用。项目所提出的车用燃料有害物质控制指标与控制途径对开展联防联控，有效控制我国城市和城市群大气污染有着重要意义。

项目承担单位：中国环境科学院、中国汽车技术研究中心

项目负责人：岳欣

城市排水系统废气产排污量测算及控制对策研究

1 研究背景

城市排水系统是城市污水与雨水的收集、输送、处理和排放等工程设施以一定方式组成的总体，维系着城市的正常运转，而且与人们的生活息息相关。然而，城市排水系统的作用不仅仅只是一个收集和输运系统，同时也是一个巨大的生化反应器，城市排水系统中存在大量高活性的微生物，污水中的微生物不断发生着增殖、适应及选择等物理、化学和生物过程，并在原污水中不断诱导出活性很强的微生物群落，使污水中的有机物持续地发生降解。污水中有机物持续降解过程也是城市排水系统中废气持续产生的过程，有机污染物的好氧或厌氧生物降解都会产生温室气体二氧化碳（CO_2），厌氧条件下，污水中有机质分解在甲烷菌作用下产生 CH_4，含有蛋白质的生活污水由硫酸盐还原菌分解产生毒性气体 H_2S，细菌分解污水有机质中的氨基酸还会产生 NH_3，同时在有机质分解过程中还会产生一些挥发性有机气体如碳氢化合物、含氧烃类等。这些气体一方面会腐蚀污水管道设施或其他污水处理设备，缩短其使用寿命，造成严重的经济损失；另一方面在运行和维护中发生气体泄漏，极易引起爆炸或是中毒伤亡事故的产生；再者有些气体溢出到空气中，会加剧温室效应。这些有害气体严重影响人们的日常生活和生命健康。

本项目以我国典型城市生活污水排放系统废气的产生与排放为研究对象，建立我国典型城市生活排水系统废气产排污系数，不仅是对原有污染源普查工作的延伸，还是对现有城市废气源清单的又一补充；本研究还针对政府间气候变化专门委员会（IPCC）给出的城市生活排水系统中 CH_4 排放系数开展验证研究，为我国在国际温室气体排放研究上的发言权提供基础支持。

2 研究内容

本项目以我国典型城市生活污水排放系统废气的产生与排放为研究对象，针对该废水排放系统的废气排放开展以下研究：

（1）开展典型城市生活排水系统废气产生、排放特征研究，系统分析城市生活污水排放系统废气的组成及其形成的影响因素；

（2）初步建立基于可获取统计量 [如污水中化学需氧量（COD）降解浓度] 的城市生活排水系统废气产排放系数，采用现场实测与实验室模拟相结合的研究方法构建特征废气排放量核算方法，计算典型城市生活污水排放系统废气产排污量；

（3）总结城市生活排水系统废气排放对城市局地大气环境污染的贡献；

（4）在研究取得的有关数据资料的基础上，依据研究城市现有的经济、技术状况，提出针对典型城市生活污水排放系统废气源污染控制与治理的对策。

3　研究成果

项目研究紧密围绕任务目标和考核指标开展工作，取得了大量阶段性研究成果，分别为：得出昆明、广州和兰州典型城市生活污水排水系统废气产排规律及排放因子确定方法；结合污染源普查数据建立了一套排水系统废气污染物排放系数及排放量计算方法；开展了典型城市生活污水排放系统废气对城市大气环境的影响评估；提出了针对典型城市生活污水排放系统废气源污染控制与治理的对策。

（1）得出典型城市生活污水排水系统废气产排规律

城市排水特征废气的产排具有时段性，体现在一天之内的用水高峰期和低峰期，一周之内工作日和周末的区别，在用水高峰期时段，各种特征废气的产排要明显高于用水低峰期时段；这主要与居民用水量有关；下雨天气对排水系统中特征废气的产排有影响，尤其是合流制排水系统影响更大；排水管道中跌水的存在增大检查井内污水的水流紊动，有利于微生物的厌氧降解反应，导致排水系统中废气的产排增大；特征废气在化粪池的产生和排放占主要比例；影响生活污水在排水系统中生化反应产气的主要因素有停留时间、有机物浓度、pH 值和水温，影响其排放进入城市大气环境的主要因素则是水力湍流程度。

（2）得出特征废气产排因子确定方法

为了与 IPCC 的数据进行对比分析，并具有通用性，所以对产排污系数的计算采用污水中 COD 降解量来计算，通过大量的现场实测得出典型城市各个功能区不同季节排水系统（化粪池和检查井）生活污水降解 1g COD 所产生和排放的特征废气量，即各个功能区特征废气的产排系数，根据各个季节每个功能区排水量的不同，采用权重因子法得出典型城市排水系统中特征废气产排污系数。采用此方法得出中国城市生活污水排水系统特征废气 CH_4 的产排系数与 IPCC 温室气体清单指南中的建议值比较，由 IPCC 指南提供的 CH_4 的最大产生系数为 $0.25gCH_4/gCOD$，化粪池 CH_4 排污系数为 $0.125gCH_4/gCOD$。此系数与兰州的产排污系数最为接近，IPCC 提供的产污系数是兰州产污系数的 3.6 倍，排污系数是兰州产污系数的 10.7 倍；IPCC 提供的 CH_4 排污系数是昆明化粪池排污系数的 43 倍；是广州化粪池排污系数的 33 倍。兰州城市排水系统 CH_4 和 CO_2 产排污系数要明显高于其他两个城市。

（3）建立了一套排水系统废气排放量计算方法

根据产污系数集合污染源普查数据计算典型城市生活污水排水系统特征废气年均排放量，废气排放量计算是排放系数乘以生活污水在排水系统中所降解的 COD，其中每个城市由于排水体制不一样导致污水中 COD 降解率有所不同。

（4）提出了典型城市生活污水排放系统废气源污染控制与治理的对策

结合典型城市生活污水排水系统废气产排规律，针对城市排水系统废气产排提出以下控制对策：设计好适当的水流流速；减小进出管道之间的落差；提高污水排水系统中氧气含量，勤于清掏淤泥。

项目研究过程开展了大量调研及试验工作，取得了丰硕的研究成果，发表研究论文 11 篇，申请发明专利一项。

4 成果应用

（1）首次采用实测法建立了典型区域城市分功能区生活排水系统特征废气产排污系数及排放因子确定方法，以单位 COD 表示的特征气体产生和排放系数较之与其他水质指标表示产排系数相关性较好且满足统计学要求。项目研究建立的城市生活污水排水系统废气排放量测算方法，对准确量化排水系统中废气排放量提供了一套科学方法，为建立城市温室气体（CH_4、CO_2）清单排放研究提供数据支撑。

（2）利用箱式模型评估城市生活排水系统 CH_4 和 H_2S 废气排放对城市大气环境的影响，计算城市生活污水排水系统中特征废气 CH_4 和 H_2S 污染物平衡浓度，结合相关的质量标准或排放标准评价对大气环境的影响，结果表明城市排水系统中所排放的温室气体 CH_4 和恶臭气体 H_2S 对区域影响较小，局部影响较大。

（3）系统调研了国内外针对城市排水系统废气的控制措施，结合典型城市生活污水排水系统废气产排规律，针对城市排水系统废气产排提出以下控制对策：加强日常维护、建立健全相关法律法规；设计适当的水流流速；减小进出管道之间的落差；提高污水排水系统中氧气含量，勤于清掏淤泥。

5 管理建议

（1）尽管城市生活排水系统废气排放对城市区域大气环境影响较小，但是恶臭（H_2S 及其他废气）和可燃性气体（CH_4 为主）引发的人群健康与安全问题应引起管理部门重视，纳入管理范畴，并建立相应标准。

（2）通过本项目研究发现，典型城市生活排水系统废气产排污系数差异性较大，在使用此排放系数时，不宜全国采用一个数，亦谨慎简单引用 IPCC 的排放系数，建议各个城市单独测算。

（3）本项目获取典型城市生活排水系统废气产排污系数的方法，可以在其他城市开展此类研究工作中使用。

（4）本项目提出的昆明和兰州城市排水系统中每100m管道污水COD沿程衰减系数（昆明：0.007～0.086gCOD/100m，平均值为0.037gCOD/100m；兰州：0.002 5～0.084gCOD/100m，平均值0.038gCOD/100m）具有统计学意义，建议在核算中可以作为参考。

6　专家点评

该项目研究建立了城市生活排水系统废气产排污系数的核算方法，建立了2套模拟城市生活排水系统废气产排规律研究实验装置，估算了昆明、广州和兰州三个城市生活排水系统废气的产排放量，并评估了其排水系统废气对三个城市大气环境的影响。研究成果已在典型城市得到应用，可为我国城市排水系统废气产排污量的测算提供技术支持。

项目承担单位：环境保护部华南环境科学研究所、昆明理工大学、华南师范大学、兰
　　　　　　　州交通大学
项目负责人：金中

城区外地表风蚀起尘对城市空气质量的影响及关键防治技术研究和示范

1 研究背景

环境空气颗粒物达标是环保工作面临的长期而艰巨的任务,《2011年中国环境状况公报》显示,我国PM_{10}年均值为$0.025 \sim 0.352 \, mg/m^3$,主要集中分布在$0.060 \sim 0.100 \, mg/m^3$。如果采用《环境空气质量标准》(GB 3095—2012)二级标准(PM_{10}限值为$0.070 \, mg/m^3$)衡量,那么2011年将有很多城市不能达标。环渤海地区处于半湿润半干旱地区,春季(干)旱(多)风同期形成了地表风蚀的气象条件,又恰逢该地区城市周边(春季)量大面广的季节性裸露农田、河滩地和裸露盐碱地形成了风蚀的地表条件,这是造成环渤海地区地表风蚀严重的主要因素。地表风蚀起尘对城市空气颗粒物PM_{10}的贡献率通常在$20\% \sim 60\%$,可见地表风蚀起尘是造成城市空气颗粒物污染超标的主要因素之一。然而,当前,我国关于地表风蚀型开放源类污染控制的研究相对于工业点源和交通流动源来说,仍然处于起步阶段,不能有效支撑我国对于城区外地表风蚀起尘的控制和管理。

本项目针对我国环渤海地区旱风同期、土壤风蚀污染严重的特点,研究开发土壤风蚀尘预测模型软件系统、集成开发保护性耕作技术和生态环保型抑尘剂,并进行应用示范,为我国开展土壤风蚀尘预测和控制提供科学技术支撑和示范。对于有效防治土壤风蚀污染,保障环境空气质量达标,实现社会、经济与环境的可持续发展具有重要意义。

2 研究内容

辨识与筛选影响地表风蚀起尘的关键因子。研究地表风蚀尘起尘机理。建立大气扩散模型、受体模型、同位素断代溯源相结合的受体受损解析技术,获得地表风蚀尘对城市空气颗粒物的贡献率。开发适合我国国情的地表风蚀尘预测模型及软件。研发与集成地表风蚀尘控尘技术、示范及示范效果评估。建立地表风蚀型开放源类管理技术体系。

3 研究成果

(1) 研发了我国现存第三个可移动式风蚀风洞及其辅助设备

风蚀风洞是开展时空尺度特征的土壤风蚀定量化研究的必备工具。项目根据风蚀理论、风洞设计原理、风洞模拟大气边界层的相似理论，提出了可移动式风蚀风洞设计的空气动力学准则和设计条件，设计了 NK-1 型可移动式风蚀风洞及大气边界层模拟装置。该风洞设计风速 $0.3 \sim 20$ m/s，连续可调，风洞各段之间易于连接和分离，便于野外测试时的移动和运输。利用转角设计形成具有向上 $20°$ 仰角的气动结构，避免了动力段向上偏置产生的非对称性，风洞各段的对称结构设计有效降低了流动能耗，风洞结构更趋紧凑。所设计的大气边界层模拟装置（湍流涡发生器）能模拟复现自然界中大气边界层风场条件，生成对数风速，并通过了室内风洞实验验证。为配合风洞采样，研发了一款适合采集跃移及部分悬移运动颗粒、结构简单、造价便宜、操作方便、基本符合可移动式风蚀风洞实验要求的集沙仪。已经获得实用新型专利 2 项，发表 2 篇 EI 论文。

（2）开展了土壤风蚀尘采样规范研究

土壤风蚀尘采样方法直接影响大气颗粒物来源解析成分谱研究和源解析结果的可靠性。项目从样本容量、采样时间、采样位置、采样深度、采样记录等几个方面编写了土壤风蚀尘采样技术及其规范。

（3）开展了土壤风蚀起尘影响因素与机理研究

辨识与筛选影响地表风蚀起尘的关键因子，通过分析不同地表土壤机械组成、土壤有机质、土壤 $CaCO_3$ 和表层（$0 \sim 5$ cm）土壤含水量的差异，计算出裸地的土壤可蚀性最强，棉花留茬地最弱。通过土壤风蚀起尘量与各风蚀因子间关系研究，得出在不同表层土壤含水量下，各高度土壤风蚀量之和与风速间符合指数关系，各风速土壤风蚀量之和与高度间呈幂函数关系，土壤风蚀量与表层土壤含水量间存在明显的指数关系。在不同植被覆盖度下，各高度土壤风蚀量之和与风速间符合指数关系，$6 \sim 66$ cm 高度范围内土壤风蚀量与高度间呈高阶多项式关系，土壤风蚀量与地表植被覆盖度间存在幂函数关系。在不同残茬高度下，各高度土壤风蚀量之和与风速间符合线性关系。地表植被覆盖越大，作物残茬高度越高，越可有效降低土壤风蚀量，提高土壤抗风蚀能力。

（4）对中心城区颗粒物影响估算技术集成（受体受损解析技术研究）

土壤风蚀起尘对城市空气质量的量化影响是学术界难题。项目组从三个方面进行了该研究。首先以文献资料和野外实验为基础，结合天津市和黄河三角洲实测土壤数据及气象数据分别估算天津市郊区、黄河三角洲地区土壤风蚀模数、风蚀量、释尘模数和释尘量，并通过 GIS 软件平台结合气象资料估算各个方向和各个区县土壤风蚀起尘对天津市中心城区和东营中心城区的定量影响。其次，通过采集天津市城市降尘、天津市郊区不同条带上的不同土壤剖面的土壤和作为本底的天津市八仙山自然保护区的土壤，尝试性引入以 ^{137}Cs 同位素为主的同位素示踪技术估算了土壤风蚀起尘对天津市城市降尘的贡献。最后，通过 CMB 受体模型方法和大气颗粒物"二重源解析"技术开展了天津市和东营市大气颗粒物来源解析工作，得到了不同采样期间的土壤风蚀起尘对城市空气颗粒物的贡献。

（5）风蚀型开放源预测模型及其软件系统 NKWEPS1.0 的开发和应用

针对美国风蚀预报系统（WEPS）模型软件一次只能预测一个田块的土壤风蚀起尘量的局限性及我国当前地表风蚀预测模型欠缺及相关开发滞后等问题，研究了美国 WEPS 预测模型的结构、参数体系及各参数体系之间的关系，结合遥感影像和试验数据，建立了土壤风蚀起尘量模型软件体系 NKWEPS1.0，通过输入本地数据，可实验数据参数本地化，并在天津和东营（黄河三角洲地区）进行了示范应用，估算了 2009 年天津市全年、分阶段郊区土壤风蚀起尘量及其指向天津中心城区的 PM_{10} 的量，估算了 2009 年黄河三角洲地区（以东营市质心为中心的半径为100km的区域）土壤风蚀起尘对东营城区的影响，得到了较满意的结果。为了推广使用该软件，申请了软件著作权并编写了软件使用手册。

（6）土壤风蚀尘控制技术集成与示范

①通过对传统翻耕地表和不同留茬高度、不同地表覆盖度的土壤风蚀起尘风洞实验，研究得出：覆盖度 26%、秸秆茬高 30 cm 的地表的风蚀量仅为传统耕地的 23% 左右，继续增大茬高和覆盖度并不会使风蚀量有明显的减小，因此建议在天津地区推行保护性耕作时参考茬高定为 30 cm、覆盖度定为 26%；提出了保护性耕作技术效果评估程序和指标体系及其评价方法，并在天津市大港区进行了问卷调查，对不同耕作模式进行了效果评估，集成提出了保护性耕作技术使用方法和注意事项。②研发了抗风蚀能力强、保湿性良好、水稳性较强、具有良好的抗冻和耐高温性能、抑尘效率高、成本低廉、无二次污染的生态友好型抑尘剂，编写了该抑尘剂使用方法和注意事项。所研发集成的保护性耕作技术和生态环保型抑尘剂已在示范区进行了示范应用，取得了良好效果。

4 成果应用

（1）项目研发的 NK-1 型可移动式风蚀风洞及其辅助设备已在本项目的实施过程中发挥了巨大作用。

（2）项目开发的土壤风蚀尘控制技术在天津市进行了示范应用，初步建立了大港区苏家园示范区，取得了可喜成果。

（3）项目根据源解析结果提出的管理对策在天津市和东营市环境保护规划中得到了应用，为相关规划的编制提供重要参考。

（4）向环境保护部提交了《土壤风沙尘采样规范（建议稿）》、《我国防治农田土壤风蚀起尘的耕作技术和对策建议》、《抑尘剂使用问题及对策》等文件，为相关管理工作提供科技支撑。

（5）开发的土壤风蚀尘预测模型软件 NKWEPS1.0 在天津和东营的研究中得到了应用，取得了满意的结果。

5　管理建议

（1）**加强土壤风蚀尘源排放清单估算工作**

建议使用 NKWEPS1.0 软件来对我国北方土壤风蚀严重地区开展广泛的预测预报研究，准确估算土壤风蚀起尘量，并建立排放清单，从而让环境管理部门及时了解我国土壤风蚀的严重程度和对城市空气颗粒物污染的贡献水平，为颗粒物总量控制和减排服务。

（2）**大力推广土壤风蚀型开放源生态控制力度**

建议大力推广使用保护性耕作技术和生态环保型抑尘剂等生态控制技术来控制土壤风蚀起尘，真正起到改善环境、保护人群健康和促进农业生产的目的。

（3）**高度重视**

长期以来，环境保护部门高度重视对工业点源的管理与控制工作，而对于土壤风蚀型开放源类重视不够。因此，各级环境保护部门，宜针对各地区的气象条件、土地利用现状、土壤类型和经济发展水平等特点，提出针对性的管理对策，并严格实施。

（4）**部门联动，加强土壤风蚀型开发源管理工作**

土壤风蚀型开放源量大面广，涉及环境保护、农林业等多个管理部门，管理难度大。因此，建议环境保护部门与农业部门、林业部门等部门联动，加强对土壤风蚀型开放源的管理工作，促进环境保护与经济社会共赢。

（5）**加强基础科研工作**

土壤风蚀型开放源的相关研究刚刚起步，宜加强包括土壤风蚀型开放源起尘机制机理、排放因子和起尘量预测模型、对城市中心城区影响估算技术、生态友好型控尘技术等在内的基础科研工作，为土壤风蚀型开放源的有效管理与控制提供科技支撑。

（6）**修订土壤环境监测技术规范**

针对缺乏土壤风蚀尘采样规范的现状，适时修订土壤环境监测技术规范，从土壤风沙尘样本容量、采样时间、采样位置、采样深度、布点采样方法、采样记录等几个方面进行研究修订，从而使不同研究所得数据具有可比性。

6　专家点评

项目研制了可移动式风蚀风洞及其辅助设备，通过风洞试验研究了地表风蚀型开发源的起尘机理和对中心城区的影响估算方法，开发了地表风蚀型开放源起尘预测模型软件及其参数系统 NKWEPS1.0，集成研发了保护性耕作技术和生态环保型抑尘剂，并进行了 300 亩地的综合技术集成示范。项目研究成果在《东营市"十二五"环境保护规划》和《天津市"十二五"大气污染控制目标制定和措施方案》的制定过程中得到成功应用。项目研发的风蚀型开放源控制技术、预测模型软件系统 NKWEPS1.0 对土壤风蚀型开放源排放清单编制、防治技术选择具有重要的参考价值和技术支撑作用。

项目承担单位：南开大学、天津市环境监测中心、中国农业科学院农业资源与农业区
　　　　　　　划研究所
项目负责人：姬亚芹

山地区域空气质量监测点位布设技术研究

1 研究背景

环境空气监测的目的是如何用尽可能少地监测点位数据，完整、准确地反映某区域的整体环境空气质量，因此具有代表性的监测点位的选择是准确表征空气质量状况和环境污染程度的决定性因素。现有资料表明，绝大多数的环境空气质量监测点位布设方法和技术规范主要是从全国大多数平原城市的特点出发而制定的，对城市的功能区分布、人口密度和点位布设条件进行了较详细的规定，而关于山地区域空气质量监测点位布设的具体要求甚少。我国是一个多山的国家，山地面积约占全国国土面积的 2/3，山地城镇约占全国城镇总数的一半。山地城市有着与平原城市显著不同的地形地貌和气象特征，污染物扩散条件和城市功能区分布等也不尽相同，现有的《环境空气质量监测规范（试行）》中环境空气质量监测网点位的设置部分暂未单独对山地区域空气质量监测点位的布设提出要求。

本项目在分析研究山地区域空气质量监测点位布设技术方法的基础上，选择重庆市主城区和贵阳市两个典型山地型城市作为研究对象，采用统计分析、数值模拟和现场实验相结合的方法，对山地区域空气质量监测点位布设的技术方法进行筛选，论证布点技术方法在山地城市的适用性；并通过对现场实验结果进行数理统计分析和数值模拟的对比分析，利用反演验证手段，调整并完善山地城市空气质量监测点位布设技术方法。最后，研究编制山地城市空气质量监测点位布设及优化的技术指南。

2 研究内容

（1）调研全国城市环境空气质量监测点位布设的数量、类型及调整，分析研究山地城市空气质量监测点位布设的技术方法，并对其进行筛选和优化组合。

（2）采用网格法布设监测点位，利用被动扩散监测技术测定环境空气中二氧化硫（SO_2）和二氧化氮（NO_2），应用聚类分析法、地统计学法、等浓度线法和 Calpuff 空气质量模型模拟等方法研究重庆市和贵阳市环境空气监测点位的布设与优化。

（3）严格按照空气监测点位设置的技术要求，提出重庆市和贵阳市环境空气质量监测点位布设与优化方案，并验证所选方法和点位布设方案的科学可行性。

（4）根据研究方法和结论，提出山地城市空气质量监测点位布设的相关程序，编制

《山地城市空气质量监测点位布设技术指南（建议稿）》。

3 研究成果

本项目通过现场实验和模型模拟等技术方法，研究了重庆市主城区和贵阳市两个典型山地城市的环境空气质量监测点位，并提出相应的点位布设及优化方案。在归纳总结典型山地城市研究案例的基础上，提出山地城市空气质量监测点位布设的相关程序，编制了《山地城市空气质量监测点位布设技术指南》，并拟出版专著《山地城市空气质量监测点位布设技术与方法》，为全国各级山地城市从事环境空气质量监测的管理和技术部门提供参考。

项目研究得出山地城市空气质量监测点位布设的程序步骤如下，具体工作程序如图所示。

（1）确定研究区域范围，并收集当地相关研究资料和数据

在对山地城市空气质量监测点位布设之前，收集当地地形、气象、污染源及历史空气质量数据等相关资料，掌握研究区域的自然地理概况和社会经济发展规划，为确定监测点位提供一定的筛选机制。同时，统计研究区域的废气污染源，对源类型进行分类（点源和面源），为利用模型模拟提供一定数据基础；对历年的空气质量监测数据进行分析，结合同期的气象数据，获得历年来研究区域的空气质量变化趋势，评价山地城市的空气质量现状，并分析空气质量的未来发展变化规律。

（2）筛选合适的采样分析技术，在研究区域进行网格化布点监测并予以方法验证

根据当地相关研究资料和数据，筛选出符合当地经济水平、地理状况、人力物力等诸多情况的被动扩散采样技术，按照环境空气质量监测点位布设要求进行网格布点监测采样。在选择被动采样监测方法时，需要考虑采样便捷性，由于被动监测实验主要用于在城市内通过网格布点后进行大量挂片式监测，以获取城区各地点的环境空气质量水平，因此监测实验的频次、工作强度等成为方法选择的重要考虑因素。同时，被动采样所得到的数据可用于与同期城市环境空气质量自动监测点位数据的比对和验证，评价所选方法的可靠性。

（3）利用聚类分析方法研究山地城市环境空气质量监测点位与数量

利用城市空气质量网格挂片监测数据，选择将两种聚类分析方法（层次聚类法和划分聚类法）相结合的方式，首先通过凝聚分层聚类确定最佳聚类数和初步聚类结果，然后采用 K-Means 快速分类方法，对每一小类进一步进行聚类。聚类后的结果按照各点位所在区域的功能区划、地理位置等因素进行综合分析，用于优化城市环境空气质量监测点位。优化后的结果还需要进一步验证，如果优化点位所测浓度能代表城市的平均浓度（偏差在 10% 以内），则认定该优化点位方案合理。

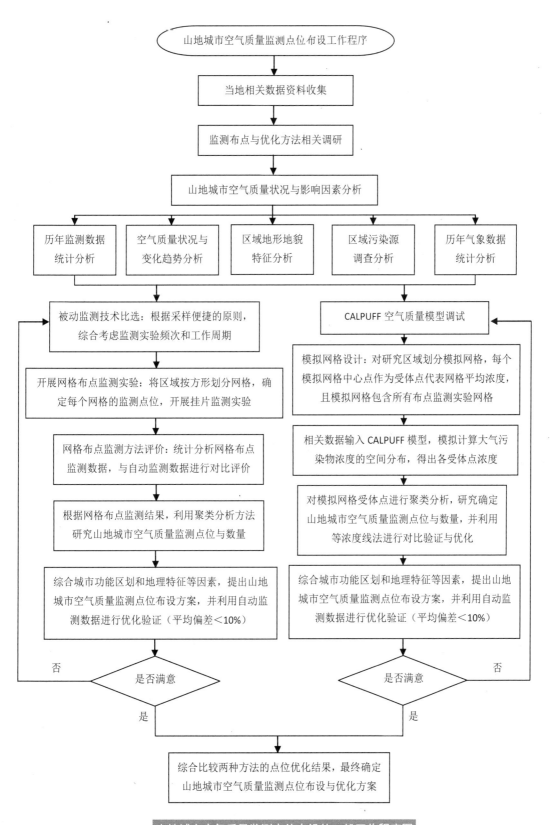

山地城市空气质量监测点位布设工作程序

当地相关数据资料收集

监测布点与优化方法相关调研

山地城市空气质量状况与影响因素分析

| 历年监测数据统计分析 | 空气质量状况与变化趋势分析 | 区域地形地貌特征分析 | 区域污染源调查分析 | 历年气象数据统计分析 |

被动监测技术比选：根据采样便捷的原则，综合考虑监测实验频次和工作周期

开展网格布点监测实验：将区域按方形划分网格，确定每个网格的监测点位，开展挂片监测实验

网格布点监测方法评价：统计分析网格布点监测数据，与自动监测数据进行对比评价

根据网格布点监测结果，利用聚类分析方法研究山地城市空气质量监测点位与数量

综合城市功能区划和地理特征等因素，提出山地城市空气质量监测点位布设方案，并利用自动监测数据进行优化验证（平均偏差＜10%）

CALPUFF空气质量模型调试

模拟网格设计：对研究区域划分模拟网格，每个模拟网格中心点作为受体点代表网格平均浓度，且模拟网格包含所有布点监测实验网格

相关数据输入CALPUFF模型，模拟计算大气污染物浓度的空间分布，得出各受体点浓度

对模拟网格受体点进行聚类分析，研究确定山地城市空气质量监测点位与数量，并利用等浓度线法进行对比验证与优化

综合城市功能区划和地理特征等因素，提出山地城市空气质量监测点位布设方案，并利用自动监测数据进行优化验证（平均偏差＜10%）

否　是否满意　是

否　是否满意　是

综合比较两种方法的点位优化结果，最终确定山地城市空气质量监测点位布设与优化方案

山地城市空气质量监测点位布设的一般工作程序图

（4）选择 Calpuff 空气质量模型进行空气污染物的区域网格化模拟，优化得出山地城市空气质量监测点位与数量

利用 Calpuff 空气质量模型系统，将研究区域进行受体网格化，模拟污染物浓度随时间的空间分布。采用网格受体聚类分析或等浓度线等方法进行代表性点位的选取，并依据不同山地城市特征对空气质量监测点位进行总体优化布局，同时还需要考察所选监测点位平均浓度与区域的整体平均浓度是否较一致，偏差在 10% 以内。

（5）对比不同方法的点位优化结果，确定山地城市空气质量监测点位的优化布设方案

将网格实测数据聚类分析和 Calpuff 模型模拟的优化结果进行对比，再根据研究区域的实际情况，结合当地地形地貌、经济发展、功能区划等诸多因素最终确定山地城市环境空气质量监测点位的位置和数量。

4 成果应用

本项目以重庆市和贵阳市两个典型山地城市为研究对象，开发和提出的监测布点和优化方法均应用于"十二五"期间重庆市和贵阳市环境空气质量监测布点优化，并取得理想的效果。在重庆和贵阳两地急需解决的环境监测技术问题和环保重大决策中急需回答的科学与政策问题方面，研究工作发挥了重要作用。

本项目获得的成果提交给环境保护部科技标准司，作为其组织编制我国现阶段山地城市环境空气质量监测布点优化规范的技术支撑，并建议通过环境监测技术业务、国家和地方各级环境保护规划、战略环境影响评价等工作，向我国山地城市各级环境保护部门积极推广应用本项目成果，以引导或指导山地城市各级环境监测站合理科学地进行自动监测点位的调整和优化。

5 管理建议

（1）山地城市空气质量监测布点问题的研究是一个复杂的系统工程，一方面因为山地城市的类型各不相同，每种类型的山地区域城市又有其不尽相同的特征；另一方面，山地城市空气质量状况与变化趋势受地形地貌、气象气候等多重因素影响，因此不论是通过布点实验实测，还是通过空气质量模型进行计算分析，都需要投入相当大的人力、物力和时间。由于本课题研究仅局限于以重庆和贵阳两个典型山地城市作为研究对象，因此建议采用推广应用的方式，广泛开展不同山地城市及区域性的空气质量监测点位布设与优化研究。

（2）项目研究提出了山地城市空气质量监测点位布设的相关程序，并编制了《山地城市空气质量监测点位布设技术指南》，建议将该研究成果纳入并完善《环境空气质量

监测规范（试行）》的相关内容。

6　专家点评

　　该项目综合运用现状调研、网格化布点实测、数理统计及模型模拟等研究方法，研究了重庆市主城区和贵阳市两个典型山地城市的环境空气质量监测点位，并提出相应的点位布设及优化方案，在"十二五"空气质量监测点位工作中得到了应用。通过总结归纳提出了山地城市空气质量监测点位布设的相关程序，编制了《山地城市空气质量监测点位布设技术指南》。该项目的研究，对解决山地区域和平原地区数据可比性的问题；及保证空气监测点位代表性和数据真实可靠，从而提高数据分析的准确性、针对性，为环境管理提供技术支撑的目标明确性具有重要意义；同时，项目研究成果对于《环境空气质量监测规范（试行）》的补充完善具有重要参考价值和技术支撑作用。

项目承担单位：重庆市环境监测中心、中国环境监测总站、贵阳市环境监测站
项目负责人：翟崇治

燃煤电厂烟气污染控制技术对汞等
有害污染物减排规律的研究

1 研究背景

煤炭是我国最主要的一次能源，2011 年全国煤炭总消耗量约 35 亿 t，其中约 50% 用于燃煤电厂，约为 18 亿 t；火电占我国发电总量的 70％以上。煤炭的直接燃烧不仅排放烟尘、SO_2 和 NO_x 等常规污染物，而且煤中 Hg、F 等有害微量元素在锅炉内高温条件下，经过一系列复杂的物理化学过程产生气态（挥发或形成超细微粒）、固态（飞灰、底灰或炉壁沉积、结渣与玷污）等非常规污染物排放，对生态环境和人类健康构成了严重危害。

目前人们对燃煤电厂大气污染物 SO_2、NO_x 和烟尘污染物关注得较多，而对 Hg、F 等有害的微量元素造成的污染以及相应的控制技术研究得不够深入，缺少制定这些污染物的排放标准的研究基础。因此本项目开展了不同煤种、不同燃烧工况和不同控制技术等对燃煤电厂 Hg、F、Cl、As、Pb、Cd 和 Mn 有害污染物排放特征影响的研究，为将来燃煤电厂进行多种污染物控制技术的实施、制定我国的汞减排政策、提出汞等有害污染物排放控制方案等提供合理化建议，进而对实现以较少的社会成本达到大幅度削减多种污染物排放的目的具有重要的意义。

2 研究内容

项目调查、评估和验证我国燃煤电厂现有的烟气污染物控制技术对 Hg、F、Cl、As、Pb、Cd 和 Mn 7 种有害污染物的控制效果，确定汞等有害污染物的排放去向及排放量，掌握燃煤电厂烟气控制技术对汞等有害污染物的减排规律，测算现有烟气污染物控制技术对汞等污染物的减排效果和成本。

具体的研究内容如下：

（1）烟气污染控制技术对汞等污染物减排效果测试；

（2）飞灰、底灰或炉壁沉积（结渣与玷污）中汞等污染物的分布研究；

（3）汞预测模型和预测软件的开发；

（4）我国燃煤电厂汞等有害污染物排放量测算；

（5）烟气污染物控制技术对汞减排效果的经济性分析；

（6）专门脱汞技术成本估算。

3 研究成果

项目通过大量的实验研究，确定并完善了烟气、燃煤和飞灰等样品中 Hg 等污染物含量的测试分析方法，如表 1 所示，并对 40 家燃煤电厂进行现场测试。

表 1 样品检测分析方法

样品名称	需要分析的污染物	样品类型	分析方法	分析仪器
燃煤	F，Cl	固体	高温水解 - 离子色谱法	美国戴安 ICS-2000
	Hg		直接分析法	Lumex RA 915-32 汞分析仪 / DMA-80
	Pb，Cd，Mn		国标 GB/T 16658—2007	Varian710 ICP-AES
飞灰	F，Cl	固体	高温水解 - 离子色谱法	美国戴安 ICS-2000
	Hg		直接分析法	Lumex RA 915-324 分析仪
	Pb，Cd，Mn		国标 GB/T 17140—1997	Varian710 ICP-AES
脱硫石膏	F，Cl	固体	高温水解 - 离子色谱法 / XRF	美国戴安 ICS-2000
	Hg		直接分析法	Lumex RA 915-32 汞分析仪
	Pb，Cd，Mn		国标 GB/T 17140—1997	Varian710 ICP-AES
底渣	F，Cl	固体	高温水解 - 离子色谱法	美国戴安 ICS-2000
	Hg		直接分析法	Lumex RA 915-32 汞分析仪
	Pb，Cd，Mn		国标 GB/T 17140—1997	Varian710-AES ICP
脱硫废水	F，Cl	液体	离子色谱法	美国戴安 ICS-2000
	Hg		ICP-AES-HG	Lumex RA 915-32 汞分析仪
	Pb，Cd，Mn		ICP-AES	Varian710 ICP-AES
烟气	F，Cl	气体	M26A	美国戴安 ICS-2000
	Hg		OHM	Varian710 ICP-AES-HG
	Pb，Cd，Mn		燃煤烟气中不同形态重金属检测法（专利申请号：201310085532.5）M29	Varian710 ICP-AES

（1）烟气污染控制技术对汞等污染物减排效果测试

1）烟气污染控制技术对汞减排效果

通过对湖北、内蒙古、贵州和天津等省、直辖市、自治区的燃煤电厂烟气污染控制技术对大气汞减排规律的实测研究以及文献调研，结果表明：除尘器的汞脱除效率主要取决于烟气中 Hg_p 所占比例，煤粉炉静电除尘器的协同脱汞效率为 10% ～ 80%，平均值约为 28%。略高于美国燃煤电厂电除尘器的协同脱汞效率 24%，这可能是因为我国燃煤中灰分含量明显高于美国，增加了烟气 Hg_p 比例。布袋除尘器的平均协同脱除效率为 50%。湿法脱硫装置的总汞协同脱除效果为 10% ～ 80%，平均脱除效率约为 45%。目前我国电厂烟气净化装置 70% 为静电除尘 + 湿法石灰石—石膏法脱硫法，这种组合的总汞协同脱除效果为 30% ～ 80%，平均为 60%（图 1）。

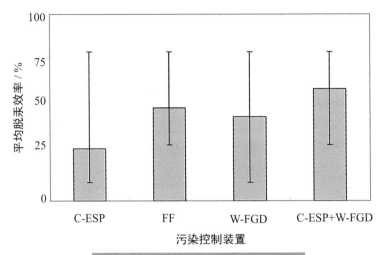

图 1　烟气污染控制装置对汞的减排效果

同一种常规污染物控制装置对汞的减排效果变化范围很大，这主要是因为汞协同的脱除过程受到多种可变因素影响，因而极其复杂，其脱除效率很大程度上依赖于烟气汞的形态分布和污染物控制装置操作条件。由于我国燃煤电厂的燃烧器类型比较单一，以煤粉炉为主；并且煤粉锅炉运行条件（如锅炉负荷、过量空气系数和燃烧温度等）比较相似，因此我国燃煤电厂锅炉烟气中汞的形态分布主要受到煤中汞、卤素、灰分及其成分影响。

综上所述，燃煤电厂污染控制技术对大气汞减排效果主要取决于三类影响因素：①煤质情况（包括煤中汞、卤素、灰分及其成分含量）；②常规污染物烟气控制装置操作条件；③锅炉运行条件（包括锅炉负荷、过量空气系数和燃烧温度等）；并且影响程度依次减弱。

2）烟气污染控制技术对氟和氯的减排效果

电站煤粉锅炉燃煤 F 和 Cl 的释放率高，锅炉出口烟气中氟和氯化物主要以 HF 和 HCl 的形式存在，HF 和 HCl 分别占气态氟化物和氯化物的比例在 90% 以上；颗粒态 F 所占比例明显高于颗粒态 Cl。

除尘器和石灰石 / 石膏湿法脱硫装置对烟气中 F 和 Cl 污染物具有协同脱除作用，尤其是石灰石 / 石膏湿法脱硫装置。除尘器主要是脱除烟气中颗粒态 F 和 Cl，协同脱除效率达到 90% 以上；布袋除尘器的脱除效率略高于静电除尘。除尘器对中烟气总氟化物的脱除效率范围为 19.50% ～ 36.59%，总氯化物脱除效率为 12.29% ～ 19.86%。石灰石 / 石膏湿法脱硫装置对烟气中 F 和 Cl 污染物的平均脱除效率分别为 94.19% 和 95.22%。SCR

脱硝装置对烟气中氟和氯化物分布的影响需要进一步研究。

3）烟气污染控制技术对铅的减排效果

通过对内蒙古、贵州、上海和湖北四个省、自治区和直辖市的 30 万和 60 万机组主力机型 6 台有代表性的电站锅炉进行了燃煤电厂烟气污染控制技术对大气铅排放影响的实测研究，结果表明，锅炉原烟气中铅主要以 Pb_p 为主，平均比例高达 88.17%，并且原烟气中颗粒态铅比例与煤中氯含量具有正相关性。静电除尘和石灰石—石膏湿法脱硫组合可脱除烟气中铅的 95.96%，而循环流化床炉内干法脱硫与静电除尘组合的平均脱除效率为 96.31%，布袋除尘和石灰石—石膏湿法脱硫的烟气净化装置组合则可脱除烟气中 97.16% 的铅；SCR 对烟气中铅的影响有待进一步研究。

（2）飞灰、底灰或炉壁沉积（结渣与玷污）中汞等污染物的分布

1）燃煤电厂汞的迁移转化

通过对 10 台不同类型、不同煤种、不同燃烧方式以及控制技术锅炉所产生的飞灰、底灰或炉壁沉积（结渣与玷污）、脱硫灰渣中汞等的含量测试分析（图2），结果表明，尽管燃煤锅炉燃用的煤种、炉型及污染物控制设施等都有差异较大，汞在典型燃煤锅炉产物中分布具有一定的规律性。总体来看，汞在底渣中含量比例相当少，煤粉炉的底渣中汞所占比例在 0.6% 以下。仅循环流化床锅炉，其底渣中汞所占比例为 1.11%，这是由于循环流化床锅炉燃烧过程中汞的释放率低于煤粉炉。主要由于煤中灰含量、碱含量及卤素元素含量的差异，飞灰中汞所占比例变化较大，在 15.31% ～ 70.63%。煤中的汞有8.31% ～ 40.78% 转移到脱硫石膏中，而脱硫废水中汞所占比例相对较低。随烟囱排入大气中汞的比例为 17.63% ～ 64.79%，平均为 42.51%。

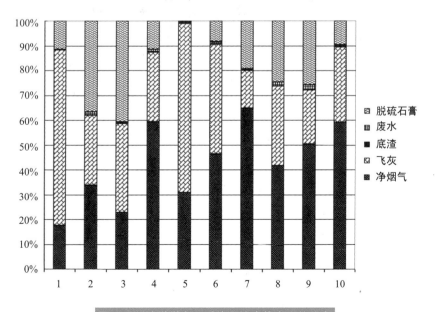

图2 测试燃煤电厂系统最终产物中汞的分布

2）燃煤电厂氟和氯的迁移转化

4 家燃煤电厂 6 台锅炉的实测结果表明，燃煤中 F 和 Cl 经过燃烧和烟气净化装置后，迁移转化到脱硫废水、灰、渣及脱硫石膏中（图 3）。渣中 F 和 Cl 所占比例都较低，分别为 0.83% ～ 3.37% 和 0.35% ～ 3.01%；燃煤中 13.45% ～ 33.80% 的 F 转移到飞灰中，飞灰中 Cl 的比例为 6.46% ～ 15.00%，低于 F 在飞灰中的比例。由于石灰石 / 石膏湿法烟气脱硫工艺对烟气中 Cl 和 F 的脱除机理不同，F 和 Cl 表现出不同的迁移转化规律。燃煤中 59.60% ～ 79.66% 的 F 转移到了脱硫石膏中，脱硫废水中 F 的比例为 1.20% ～ 2.00%；而煤中大部分的 Cl 转移到了脱硫废水中，占 68.88% ～ 77.31%；脱硫石膏中 Cl 的比例仅为 9.19% ～ 15.95%。净烟气中 F 和 Cl 的比例较低，仅有 2.04% ～ 5.00% 的 F 和 2.21% ～ 5.54% 的 Cl 排入大气中。虽然排入大气中氟和氯化物所占的比例较低，但是由于我国燃煤电厂耗煤量大；因此排入大气中 F 和 Cl 污染物的总量，以及其对空气质量的影响不容忽视。

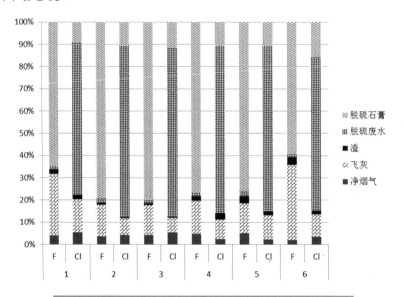

图 3　测试燃煤电厂净烟气及燃煤副产物中 F 和 Cl 的分布

3）燃煤电厂铅等重金属的迁移转化

通过文献调研和实测结果表明，我国燃煤中重金属平均含量的高低顺序依次为：Mn>Pb>Cr>As>Cd>Hg。其中煤中 Mn 的平均含量最高，而 Hg 的平均含量最低，Mn 平均含量是 Hg 平均含量的约 1 000 倍，这决定了燃煤电厂各种重金属产生量存在显著的差异。但是这些元素在煤中的赋存形态不同，且各元素的化学性质也不同，因此在煤燃烧过程中表现出不同的迁移转化规律，造成大气各重金属排放特征、水平和排放量也存在明显差异。

6 家燃煤电厂实测结果表明，煤中铅等重金属经过燃烧后释放到烟气中，只有非常少量的残留在低渣中，其释放率大小的顺序为：Pb>Mn>Cd。并且研究表明循环流化床锅炉的重金属释放率明显低于煤粉炉。烟气中大部分的铅等重金属吸附于飞灰，铅等重金属转移到飞灰中的比例顺序为 Pb>Mn>Cd，比例高达 70% 以上。转移到脱硫石膏和脱硫水中的量较少，但与镉和铅不同，脱硫水中的锰所占的比例较高，平均值达到了 7.2%。经过烟气净化装置后，实际排入大气中铅的比例较少。

（3）我国燃煤电厂汞等污染物排放量测算

1）我国燃煤电厂汞排放量测算

采用公式（1），对我国燃煤电厂 2011 年、2012 年和 2020 年大气汞等污染物排放量的估算，结果如图 4 所示。我国燃煤电厂 2011 年各省、自治区和直辖市大气汞排放量如表 2 所示。

$$Q = E \cdot F \cdot Y \cdot \sum_{i=1}^{n} \eta(1-P) \tag{1}$$

式中，Q 为大气汞等污染物排放量；E 为燃煤电厂煤炭年耗量；Y 为汞等污染物的释放率，一般按 0.99 计算；F 为煤炭中的平均汞等元素含量；η 为某种电厂烟气净化设备组合在全国电厂中所占比例；P 为此类电厂烟气净化设备组合对大气汞等污染物的脱除率。

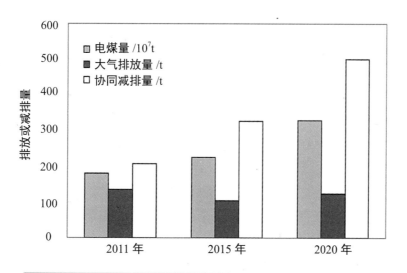

图 4 燃煤电厂大气汞排放量估算及现有污控措施的汞协同减排量

表 2　2011 年各省、自治区、直辖市燃煤电厂大气汞排放量估算值

省份	排放量 /t	省份	排放量 /t
北京	0.81	湖北	6.79
天津	1.40	湖南	3.97
河北	5.68	广东	9.74
山西	6.37	广西	3.46
内蒙古	9.59	海南	0.54
辽宁	4.34	重庆	1.65
吉林	2.94	四川	6.11
黑龙江	2.67	贵州	4.98
上海	2.51	云南	5.2
江苏	8.95	西藏	0.12
浙江	7.75	陕西	3.14
安徽	4.06	甘肃	3.51
福建	4.75	青海	1.82
江西	2.31	宁夏	2.36
山东	8.69	新疆	2.73
河南	6.80	全国	135

随着我国燃煤电厂的烟气脱硝装置的安装和运行，2011—2015 年，虽然燃煤量增加了 25.44%，但大气汞的排放量却降低了 23.70%。随着燃煤量的持续增加，2020 年我国燃煤电厂大气汞的排放量增加到了 124 t，但比 2011 年还是降低了。协同减排量从 2011 年的 208 t 提高到 2020 年的 501 t。烟气脱除的汞转移到飞灰、底渣和脱硫石膏等燃煤副产物中，目前大部分脱硫石膏和飞灰中汞的含量已超过我国原煤中汞的平均值，并且远高于土壤中汞背景值。预测 2020 年将有 501 t 汞主要迁移至粉煤灰和脱硫石膏中，这会造成脱硫石膏和飞灰中汞的含量比目前高 10% ～ 20%，如不妥善处理，将存在潜在的环境风险。因此，需要深入开展稳定化处理及回收利用的研究。

2）我国燃煤电厂铅、镉和锰排放量测算

通过公式（1）及大气铅等重金属的排放因子估算得到我国燃煤电厂 2011 年大气铅等重金属排放量列于表 3 中。由此可见，我国燃煤电厂大气铅等重金属排放量是值得关注的。尤其是大气铅和锰的排放量都高于大气汞的排放量，如果不加以控制，将影响我国人民群众的身体健康。

由于实测电厂数量有限，因此此排放量估算值具有一定的不确定性。

表3 2011年燃煤电厂大气铅、镉和锰的排放量估算值

重金属名称	排放量/t	偏差/t
铅	1 010	500
镉	8	6
锰	2 053	1 100

（4）汞预测模型和预测软件的开发

通过借鉴国外人工神经网络建立火电厂锅炉烟气汞排放预测数学分析模型的成功经验，采用误差反向传播（B-P）的计算方法将锅炉燃烧方式、脱硫脱硝除尘装置、燃煤成分和烟气排放温度等参数作为输入神经元向量，将锅炉出口烟气中气态汞的浓度作为输出神经元，建立燃煤电厂汞排放预测的数学模型，在此基础上开发汞排放的预测软件。

利用对我国40组燃煤烟气汞形态分布的测试数据，从中选出80%数据用于对神经网络模型进行训练，剩下的20%数据用于模型预测并检验模型的正确性。研究结果表明，①用GA遗传算法对BP神经网络的初始权值和阈值进行优化，使得网络模型能够迅速找到全局范围内的最优解，克服了基于梯度下降法的BP网络收敛速度慢、严重依赖初始权值和阈值、易陷入局部最优解等缺点。②用SCG算法改进的BP神经网络比基于梯度下降法的BP神经网络收敛速度快，预测精度高，适用于大样本数据的训练和预测。③建立的基于遗传算法与BP算法相结合的神经网络模型在预测燃煤烟气中汞的形态分布时具有可行性。

（5）烟气污染物控制技术对汞减排效果的经济性分析

目前全球燃煤大气汞排放控制方法包括燃烧前控制、燃烧中控制和燃烧后控制，针对这些汞控制技术，从技术的建设成本和运行成本两个方面对控制技术进行成本估算。并列举了NETL和美国政府问责办公室（GAO）对活性炭喷射技术的成本测算。采用煤质因素、工况因素、脱汞后的副产物以及对燃煤电厂运行的影响等要素作为技术选择要素；并对吸附剂喷射技术、多污染物控制技术和烟气控制技术协同脱汞技术进行了经济性分析。

研究结果表明，烟气污染物脱除装置协同脱汞技术将是目前我国燃煤电厂大气汞污染控制的最切实可行的技术。这种技术几乎没有成本，却能有效控制大气汞污染，具有很好的环境、经济和社会效益。

项目组已经发表研究论文23篇。发明专利8个，其中两个已经授权。培养相关领域的硕士研究生5名，博士研究生3名。项目为环境保护部参加国际汞公约谈判提供了有力的技术支撑，并为目前正在开展的燃煤电厂大气汞污染控制试点工作中代表性电厂的

选择以及实施方法的确定提供了科学依据。

4 成果应用

项目研究成果为环境保护部制定汞减排政策、开展燃煤电厂大气汞污染控制试点，参加汞公约谈判提供了技术支撑。

项目关于燃煤电厂铅的迁移转化规律及大气铅排放量测算的研究成果，为 2012 年 5 月广东省清远市连州市星子镇发生儿童血铅超标事件的处理提供了一定的科学依据，并指出进一步开展燃煤电厂铅排放研究的必要性。

项目的研究成果表明，我国燃煤电厂大气汞的污染控制主要以协同控制为主，需要低成本的零价汞氧化技术为支持。这为中国环境科学院在大气汞污染控制技术研究领域提供了研究方向，并申报获得了中央级公益性科研院所基本科研业务专项课题"生物质作为脱硝剂减排工业锅炉 NO_x 技术研究（2013KYYW01）"，开展生物质材料中氯元素对汞的协同减排方面的研究；且申报获得了"863"子课题"钙基工业固废制备脱硫剂及脱硝固废再生技术与示范（2012AA06A11）"，子课题中开展了造纸含氯肥料对汞氧化及其脱除方面的研究，为降低电厂大气汞排放的控制成本提供了技术支持。并申报获得了科技部科研院所技术开发研究专项基金"工业锅炉硫硝汞联合脱除及副产物资源化技术（2013EG166140）"课题，开展燃煤工业锅炉多污染物协同控制技术中汞的协同减排方面的研究。同时成功获得了火炬计划项目"燃煤热电锅炉烟气硫硝汞资源化装置（2013GH061651）"和院改革专项"高浓度有机废物、NO_x 与 Hg 协同减排集成技术研发（2011GQ—21）"课题，达到了公益项目成果既为环保部管理服务也为科研服务的目的。

5 管理建议

通过对国外汞控制法规、政策和标准等管理政策的调研，并结合我国燃煤电厂汞等污染物的实际情况，总结了我国燃煤电厂大气汞等污染物排放的控制需求和面临的问题。并在此基础上，提出了以下我国燃煤电厂大气汞污染控制对策建议。

（1）将燃煤电厂作为优先控制行业，从排放浓度和排放总量两方面加以控制。

（2）加强排放监测能力，继续摸清底数、建立我国典型燃煤机组排放清单。重点开展监测试点工作，准确掌握燃煤电厂大气汞排放的第一手数据。

（3）通过燃煤电厂脱汞示范，提出燃煤电厂汞污染防治最佳可行技术和经济政策的建议。制定污染防治技术政策、污染防治最佳可行技术导则、脱汞工程技术规范等技术指导文件。

（4）进行燃煤电厂汞污染防治最佳可行技术下的情景分析，预测汞的减排量及减排成本，分阶段提出可行的汞减排目标；完善相应的政策、法规和标准。并随着我国的控汞进程，适时修订排放标准，科学确定大气汞的排放限值。

（5）加强监督管理能力建设，提高执法监督水平，改善管理的基础设施和条件。

针对目前我国燃煤电厂铅等重金属污染控制存在的问题和污染物排放现状，提出以下控制对策建议。

加强排放监测能力，可借鉴国外燃煤烟气中铅等重金属的标准方法，开发适合我国国情的燃煤烟气监测方法，并制定监测标准。继续摸清底数，建立我国典型燃煤机组排放清单。重点开展监测试点工作，准确掌握燃煤电厂铅等重金属排放的第一手数据。①加大监督执法和处罚力度，坚决杜绝企业非法偷排现象。②提高电厂能效和维护水平，降低供电煤耗，从而减少铅等重金属污染物的排放。③系统开展我国煤中铅等重金属含量水平、迁移转化规律以及周边人群暴露途径及水平等基础科学研究工作。通过掌握典型地区电厂铅等重金属排放与环境铅等重金属浓度关系，为电力布局提供依据。④进一步提高烟气除尘效率，尤其是细粒子。积极研发 $PM_{2.5}$ 和 PM_{10} 等细粒子控制技术，减少铅等重金属排放，达到控制大气铅等重金属排放目的。⑤加强粉煤灰、脱硫工艺水和脱硫石膏的无害化处理，消除对周围环境的影响。⑥待时机成熟，制定相应的法规和标准以控制燃煤电厂铅等重金属污染。⑦加强燃煤电厂铅等重金属污染的宣传工作，提高防护意识。

6　专家点评

该项目研究建立了适合我国燃煤电厂烟气特点的汞检测分析技术，提出了烟气污染控制技术对汞等有害污染物减排规律，建立了汞等污染物减排预算模型，测算了我国燃煤电厂汞等有害污染物排放量，估算了我国及京津冀、长三角、珠三角等典型地区汞排放量、单位面积汞排放量和减排量，为环境保护部制定汞减排政策，开展燃煤电厂大气汞污染控制试点，参加汞公约谈判提供了技术支撑。

项目承担单位：中国环境科学研究院、国电环境保护研究院
项目负责人：张凡

西部干旱区煤烟型城市大气污染成因分析及对策研究——乌鲁木齐市

1 研究背景

我国西部干旱区主要包括新疆、青海、甘肃、宁夏、内蒙古和陕西六个省（区），由于年降雨总量小，降雨日数少，西部干旱区对大气污染的湿清除能力明显不足；又加之诸如塔克拉玛干沙漠、巴丹吉林沙漠等不利下垫面的影响，沙尘气溶胶污染现象较频繁，使得西部干旱地区的大气污染特征和治理对策相对东部地区有很大的不同。本研究以乌鲁木齐市为例，研究西部干旱区煤烟型污染城市的大气污染成因及其控制对策，可以为西部干旱区其他城市的大气污染防治提供经验。

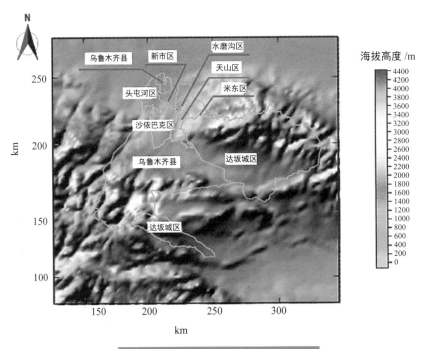

图1 乌鲁木齐市行政划分（示意图）

乌鲁木齐市包括七区一县，其行政划分如图1所示。现有监测资料表明，乌鲁木齐市的年总雨量仅为200～300mm，年总降雨日数不足100天，冬季采暖期以煤烟型污染为主，春季沙尘气溶胶污染频繁；乌鲁木齐市环境空气质量一直以来都无法达到国家环境空气质量标准，特别是冬季大气污染十分严重，因此乌鲁木齐市大气污染成因分析及对策研究重要而急迫。

本研究在建立乌鲁木齐市及周边城市大气污染源排放清单的基础上，以大气环境质量加密观测的实验研究与空气质量模型模拟分析相结合，研究乌鲁木齐市大气污染成因；以情景分析与空气质量模型模拟分析为主研究提出能源结构调整、优化产业布局、科学规划城市建设的建议，以期达到彻底改善乌鲁木齐大气环境质量、为西部干旱区其他城市的大气污染防治提供经验的目的。

2　研究内容

通过测定重点固定污染源常规大气污染物排放因子、联合采用分部门燃料消耗的排放因子法及统计数据，自下而上建立了乌鲁木齐市 2010 年大气污染物排放清单；通过大气污染现状与特征分析、大气污染与气象条件的相关性分析、大气污染源对空气质量影响分析及大气污染加密观测，揭示了乌鲁木齐市大气污染的成因及重污染期间大气污染物的传输规律；利用各类污染源对敏感点浓度贡献的传输矩阵及最佳实用减排技术的减排潜力分析与线性规划相结合测算了乌鲁木齐市的大气环境容量；利用区域环境承载力的相对剩余率模型进行了环境承载力分析；确定了近期基于技术的大气污染物控制对策及能源结构调整、优化产业布局、科学规划城市建筑的建议。

3　研究成果

（1）建立了乌鲁木齐市及昌吉市大气污染物排放清单

通过分类研究乌鲁木齐市大气污染源构成、现场测试重点固定污染源常规大气污染物排放因子、采用分部门燃料消耗的排放因子法及统计数据，自下而上建立了乌鲁木齐市及昌吉市 2010 年大气污染物排放清单。该清单的编制为西部干旱区城市大气污染物排放清单的编制起到了方法学上的指导作用，是乌鲁木齐市大气污染成因分析的基础。

（2）进行了乌鲁木齐市大气污染成因分析，揭示了重污染期间大气污染物的传输规律

通过大气污染现状与特征分析、大气污染与气象条件的相关性分析、大气污染源对空气质量影响分析及大气污染加密观测，在分析乌鲁木齐市大气环境质量达到国家环境质量标准的严峻性的基础上，揭示了乌鲁木齐市的大气污染主要是来自燃煤的局地污染，冬季燃煤污染源对大气污染物浓度的贡献接近 70%；地势起伏悬殊，坡降落差大，冬季静风出现频率高、大气辐合流场的出现，稳定层结和逆温层的频繁出现也是造成大气污染的主要原因。

（3）掌握了乌鲁木齐市各类及各区县污染源对大气污染物浓度的贡献水平

利用空气质量模式定量分析了乌鲁木齐市各类及各区县大气污染源对大气污染物浓

度的贡献水平，确定了采暖期和非采暖期电力、工业（采掘、建材、石化、冶金、其他工业排放）、供暖、生活面源及机动车五类污染源对乌鲁木齐市铁招、监测站和收费所三个国控监测站点的平均浓度贡献的传输矩阵。为乌鲁木齐市能源结构调整、煤炭总量控制等主要大气污染防治对策的制定提供了基础数据库。

（4）确定了乌鲁木齐市的大气环境容量

根据近 11 年乌鲁木齐市采暖期和非采暖期大气污染物浓度的统计数据分配乌鲁木齐市采暖期和非采暖期大气环境质量标准值，测算乌鲁木齐能够满足控制技术要求的采暖期和非采暖期的大气环境容量。利用各类污染源对敏感点浓度贡献的传输矩阵及污染减排最佳技术减排潜力分析与线性规划（LINGO）相结合的方法确定了乌鲁木齐市分季节的大气环境容量（一次污染物），如表 1 所示，对乌鲁木齐市以大气环境容量为约束条件发展经济有指导意义的同时，这种简单易行确定大气环境容量的方法可以推广到其他城市。

表 1   2010 年大气环境容量计算值

单位：万 t

容量类型	季节	SO_2	NO_x	PM	容量类型	季节	SO_2	NO_x	PM
可控容量	采暖期	3.6	4.1	2.3	客观容量	采暖期	5	4.5	3.2
	非采暖期	2.9	3.9	2		非采暖期	6	4.7	3.4
	年	6.5	8	4.3		年	11	9.2	6.6

注：所谓可控容量亦即近期污染控制技术、管理措施到位的情况下，达标瓶颈污染物（本研究为 PM）达到空气质量标准下的排放量时的活动水平对应的各类污染物的排放量；可控容量下瓶颈污染物以外的其他污染物的大气环境浓度小于等于其达到空气质量标准对应的排放量亦即客观容量。

（5）提出了乌鲁木齐市污染源合理布局和城市建设科学规划建议方案

通过抬高地形的方式利用空气质量模型研究了乌鲁木齐市城区建筑布局对空气质量的影响，将建筑布局问题转化为地形抬高问题：对 1、4、7、10 月份而言，乌鲁木齐市城六区任何一个区的地形抬高均会造成 SO_2、NO_x 和 PM_{10} 总平均浓度的增加；任何一个城区地形抬高之后，均会对自身的污染物平均浓度的增加造成最大的影响；综合考虑 3 种污染物浓度变化情况，可以得出水磨沟区最不利于建筑高层建筑，沙依巴克区建筑高层建筑对空气质量的影响最小。仅考虑城区建筑布局对空气质量影响时，优先建筑高层城区顺序为：沙依巴克区、头屯河区、新市区、天山区、米东区、水磨沟区。

4   成果应用

（1）本研究成果对乌鲁木齐市大气污染防治对策的制定，特别是制定冬季大气污染控制措施提供了量化的科学依据。本项目主要参与单位乌鲁木齐市环境保护科学研究所依据本研究的前期研究成果于 2010 年 2 月独立编制了《乌鲁木齐市冬季大气污染防治实施方案》。期待本研究的最终研究成果中的大气环境容量的测算方法及污染源布局和建筑布局的建议被当地环境保护部门采纳，发挥本项目的应有作用。

（2）本项目研究成果将以《西部干旱区煤烟型城市大气污染成因分析及对策研究——乌鲁木齐市实证研究》为题目出版图书，以期达到相应的宣传和扩大本研究成果的目的。

5　管理建议

（1）针对地方环境问题的研究课题，以地方科研力量为主或者吸取地方科研力量并及时与当地环境保护部门沟通是加快项目进程、提升项目成果价值的有效途径；

（2）本项目结束后，课题组成员将继续凝练课题成果，发表研究论文，建议项目管理方在项目验收后的一两年内对项目的后续成果进行统计，作为此类项目一个最终评价的依据；

（3）根据本研究结果，目前乌鲁木齐市除了 O_3 和 CO 不超标外，其他污染物均超过空气质量标准，且由于近年乌鲁木齐市机动车保有量的迅速增加，在冬季已经呈现出了改善乌鲁木齐市大气环境质量难度加大；

（4）建议乌鲁木齐市在应用本项目提出的利用各类污染源对敏感点浓度贡献的传输矩阵及各类污染减排最佳技术减排潜力分析与线性规划（LINGO）相结合确定城市动态大气环境容量（一次污染物）的方法确保乌鲁木齐市大气污染物浓度年均值达标的同时，开发新的工具指导乌鲁木齐市各种污染物日均值的达标率。比如再开发适合乌鲁木齐市的 PLAM 模式，在完善新疆地区大气污染物排放清单的基础上，利用空气质量复合模式，模拟分析动态大气环境容量下的日均浓度和年均浓度达标状况等。

6　专家点评

该项目揭示了乌鲁木齐市大气污染的成因及重污染期间大气污染物的传输规律，掌握了乌鲁木齐市各类及各区县污染源对大气污染物浓度的贡献水平，建立了乌鲁木齐市及昌吉市大气污染源排放清单，初步确定了乌鲁木齐市的大气环境容量，提出了乌鲁木齐市污染源合理布局和城市建设科学规划建议方案及乌鲁木齐市应对大气污染的政策建议，完成了任务书规定的研究任务和考核指标。

项目研究成果在《乌鲁木齐市冬季大气污染防治实施方案》中得到应用，对我国煤烟型污染城市大气污染防治工作提供较好的借鉴和指导作用。

项目承担单位：清华大学、乌鲁木齐市环境科学研究所、新疆维吾尔自治区环境保护
　　　　　　　科学研究院、乌鲁木齐市气象局
项目负责人：许嘉钰

中国温室气体时空格局及其气候效应影响研究

1　研究背景

　　大量的观测和研究表明，自工业革命以来，由于人类活动的影响（如毁林、农业活动和化石燃料的燃烧等）造成全球温室气体排放量和浓度的持续增加。由此引起的全球气候变化是当今社会经济可持续发展所面临的最严峻挑战之一。

　　中国作为世界上人口最多的发展中国家，面临着温室气体减排的巨大压力。由于温室气体地面观测站点较为稀少，不能通过地面观测直接满足温室气体浓度计算的需要，利用卫星搭载的新型传感器反演出不同类型的温室气体浓度，是目前国内外温室气体研究主要的发展趋势。在遥感反演算法上已有很多研究进展，但尚未建立面向业务化运行和行业部门推广应用的体系化的遥感反演算法。因为缺少我国自主的温室气体监测方法体系，一些主要温室气体的数据不得不使用国外科学家计算的数据。这些数据往往缺少我国本地的验证，不能切实反映我国的实际情况，造成我国在应对气候变化的国际谈判中非常被动，极其不利于维护国家利益。

　　基于以上需求，本项目确立的总体目标为：①利用定量遥感反演，获取和分析大尺度的二氧化碳（CO_2）、甲烷（CH_4）等我国主要温室气体浓度和分布格局；②研究温室气体格局变化及其所导致的气候系统中温度和降水的格局变化；③研究建立获取温室气体分布格局及其气候影响分析的关键技术方法；④基于温室气体遥感监测的技术方法研究，开展 CO_2、CH_4 应用示范研究。

2　研究内容

　　（1）主要温室气体反演算法研究。基于多源遥感数据，利用基于前向模型的人工神经网络方法等，研究 CO_2、CH_4 等 6 类主要温室气体的适用于行业应用的高效遥感反演算法。

　　（2）我国温室气体浓度和分布格局研究。研究多种传感器反演数据及多种分辨率反演数据的融合技术方法。对反演数据进行融合，得到在空间上连续的高精度的温室气体浓度和分布格局，初步分析主要温室气体的变化。

（3）温室气体的气候效应影响研究。基于遥感反演获得的温室气体分布数据，综合分析温室气体与温度、降水等气候要素之间的关系。

（4）温室气体遥感典型监测应用示范研究。研究温室气体遥感监测的数据、算法、模型、软件等的集成技术和方法。构建主要温室气体遥感业务应用原型系统，开展CO_2、CH_4遥感监测应用示范研究。

3　研究成果

（1）中国温室气体总柱浓度反演与格局分析。利用人工神经网络方法，依据WDCGG、TCCON和AGAGE等全球站点的温室气体浓度观测资料与AIRS卫星观测资料，直接构建非参数统计模型定量估算CO_2、CH_4、N_2O、H_2O、氟氯碳化物类（CFC-11/12）和O_3等6类（7种）温室气体浓度，计算得到2005—2010年全球和中国的陆地上空7种温室气体浓度数据。本项目自主研发了"温室气体柱浓度遥感反演自动处理系统"，可以简单快速地对CO_2和CH_4温室气体浓度在全球任意TCCON观测站点及全球同类遥感数据产品进行验证对比。对比显示，两者在时间变化上显示出良好的一致性。

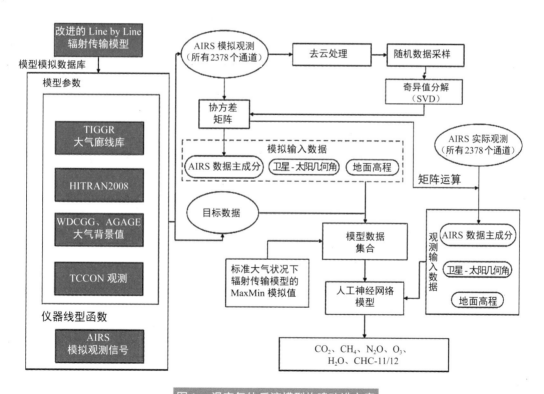

图1　温室气体反演模型构建改进方案

（2）温室气体本底资料的获取与分析。引入生态和气象研究领域的本底大气观测方法，提出一种便捷快速的温室气体本底浓度采样方法。该方法需要的设备简单，便于携带，能够快速完成采样。2011—2012 年，利用该方法，自西向东分别在处于我国三大阶梯的青藏高原东北缘、秦巴山区、长江中下游平原湖泊区，选择不同类型的土地覆盖下垫面开展了地面采样实验，获得 144 组一手的实测数据。实测数据与反演结果对比显示，实测数据与反演数据趋势吻合，数据精度较优。

（3）中国温室气体气候效应影响研究。通过对温度与 7 种温室气体柱体浓度的相关性分析，可以发现，除了 N_2O 和水汽柱体浓度与温度变化之间表现为正相关之外，其他 5 种温室气体柱体浓度与温度之间在全国大部分地区（东部、西部以及东北部）都表现出负相关，但是这些温室气体与温度相关的机理是各异的，比如 CO_2 是因为夏季植被释放而冬季植被吸收，O_3 是由于吸收辐射加热大气从而影响温度等。通过对降水与 7 种温室气体柱体浓度的相关性分析，可以发现，对于 CO_2 和 CH_4，其柱体浓度与降水之间整体上呈现正相关的格局，在西部干旱地区相关性更强。

（4）温室气体遥感监测业务应用示范。自主开发的原型系统实现了单日全国 CO_2/CH_4 反演及专题图制作（仅需 5 分钟），遥感产品生产与专题图制作实现海量自动化处理，支持大批量卫星数据的自动化遥感反演及专题制图，操作过程简便、自动化程度高。专题图制作可根据业务需求灵活设置和根据业务应用需要，对专题制图的区域、时段、产品、图例等进行灵活设置。目前该软件系统已经在中国华北等区域开展温室气体监测应用示范。

4 成果应用

本项目通过联合攻关构建了主要温室气体遥感监测应用原型系统，将是环境保护部卫星中心"环境空气质量遥感监测运行系统"的组成部分，直接为环境保护部门开展气候变化相关管理工作提供技术支持。

（1）利用遥感监测原型系统能够生产全国范围内日温室气体产品，通过该产品，能够方便地获取全国温室气体的空间格局。这对评价我国各省市的温室气体排放情况有直接的指导作用。

（2）本项目研究可以为环境保护部门建立与温室气体卫星遥感相对应的地面站点监测体系提供站点布局建议，提高温室气体遥感和地面监测的能力。

（3）目前，空气质量标准采用的地面监测数据，卫星遥感反演温室气体技术的实现，有助于卫星遥感监测空气质量标准与地面标准的统一及实现。

（4）利用卫星遥感手段对温室气体进行大尺度监测，研究成果还有助于了解温室气体在全球气候变化过程的作用，全面掌握我国温室气体的时空分布和格局，为提高我国在国际温室气体谈判方面的话语权提供有力的技术支持。

5　管理建议

（1）完善并推广温室气体遥感监测软件系统。由于温室气体遥感监测软件系统功能涉及知识面较广，包含遥感、地理信息系统、环境科学、地理统计学、大气模式同化和数据库技术等，各功能之间相互交叉、相互渗透，在系统的开发环境选择中，必须要兼顾到对这些学科内容的融合处理和集成。未来将通过应用实验，不断优化完善温室气体遥感监测软件系统，并开展推广应用。

（2）加强温室气体遥感监测应用示范的真实性检验。目前国际上温室气体遥感反演原始数据较多，数据获取难度相对较小，基本能够满足全国范围内的温室气体应用示范工作。但由于我国温室气体监测缺少与遥感反演可对比的地面监测数据，目前很难对温室气体反演算法的准确性进行有效的验证。下一步，将利用地面监测数据、地基雷达等数据进一步加强该方面研究。

（3）为了更好地将结果应用于污染减排、总量控制等环境管理工作，建议今后加强温室气体柱浓度与污染排放量之间关系的研究。

6　专家点评

该项目自主研制了 CO_2、CH_4、N_2O、水汽、氟氯碳化物（CFC-11 和 CFC-12）和 O_3 7 种温室气体遥感反演算法，具有创新性。基于项目组研究的算法，利用遥感卫星数据尝试估算了 2005—2010 年 7 种温室气体柱浓度，生成了温室气体分布的逐月、逐季空间分布图。针对我国区域主要温室气体的格局、趋势及与温度、降水的相关性进行了探讨分析。构建了 CO_2、CH_4 等温室气体遥感估算原型系统，并在环境保护部卫星环境应用中心业务化系统中进行试应用，在我国华北等区域开展了应用示范，可为我国温室气体减排等决策提供参考。

项目承担单位：中国科学院地理科学与资源研究所、中国科学院青藏高原研究所、环
　　　　　　　　境保护部卫星环境应用中心
项目负责人：孙九林

全球气候变化对森林草原交错区的影响评估研究

1 研究背景

气候变化问题已成为当今国际环境、政治与外交斗争热点。我国生态环境十分脆弱，生态功能极易受到气候变化的负面影响，这对生态环境保护和国际履约带来严峻挑战，因此系统开展气候变化对典型生态系统的影响及其适应对策的研究，对于保护生态环境，适应气候变化不利影响，维护国家生态安全等都具有十分重要的现实意义。

生态交错区是陆地生态系统对全球气候变化与人类干扰活动响应最为敏感的地段。森林草原交错区属于典型的生态交错区，不仅是森林生态系统与草原生态系统在时空尺度上激烈变化的生态过渡区和生态敏感区，而且具有重要的生态服务功能。

呼伦贝尔森林草原交错区属于温带森林草原交错区的主体部分，对维护东北三省水源涵养功能，保护区域生物多样性，构建国家北方生态安全屏障均具有重要作用。然而，自20世纪50年代以来，由于自然灾害和人为因素的影响，天然林被过度采伐、草地退（沙）化、河流水量减少、湖泊干枯等生态问题日益严重，严重威胁生物多样性和下游生态安全。因此，以呼伦贝尔森林草原交错区为主要研究对象，针对生态交错区边际效应明显、环境异质性高、时空变化明显、生物多样性丰富以及生态敏感性强等特点，开展全球气候变化背景下的森林草原交错区动态变化和环境脆弱性评价，对深入研究区域气候变化和人类干扰对陆地生态系统的影响具有重要作用，而且也对科学评价森林草原交错区生态环境现状，揭示区域生态问题的成因及其发生与发展机制，制定科学、合理的防治与恢复措施都具有积极意义。

2 研究内容

（1）提出呼伦贝尔森林草原交错区的界定方法和生态系统健康评价方法，阐明区域主要生态环境问题及其成因、压力，确定呼伦贝尔森林草原交错区分布范围；

（2）以研究区近60年的气候资料为基础，分析研究区气候变化特征，以及极端天气和气候事件的变化趋势，阐述呼伦贝尔森林草原交错区气候演变规律；

（3）对典型植物群落的优势物种和敏感物种进行人工模拟气候变化条件下的生理生

态研究，揭示气候变化背景下森林草原交错区物种的响应。以此为基础，确定呼伦贝尔森林草原交错区对气候变化响应的定量评估；

（4）评估该区域植被气候变化影响的适应程度，对该区域的多种生态建设措施效果进行模拟并提出区域生态系统应对气候变化的可能技术方案。

3　研究成果

（1）科学界定了呼伦贝尔森林草原交错区的范围

系统总结前人研究成果，突破性地综合了基于群落的森林草原交错区界定方法和基于景观的森林草原交错区界定方法。采用游动分割窗技术判定呼伦贝尔森林草原交错区边界及宽度，从白桦＋山杨郁闭林到草甸草原，交错区植被可划分为三层，即白桦山杨或黑桦郁闭林－白桦疏林灌丛交错区、白桦疏林灌丛－林缘灌丛草甸交错区、林缘灌丛草甸－草甸草原交错区，宽度 490～520m。其中，北部额尔古纳交错区源头区域宽度约490m，南部鄂温克旗境内交错区宽度约520m。

（2）深入分析了呼伦贝尔森林草原交错区的主要生态环境问题

针对研究区的生态系统明显退化的趋势，详细分析了区域草地退化与沙化的情况，结果表明，20 世纪 50 年代，呼伦贝尔草原各类沙化草地面积仅占草原可利用面积的0.18%，退化区域仅表现在居民点、家畜饮水点、河流及湖沼周边等扰动强烈区域。但是，随着呼伦贝尔草原大面积农耕活动、过度放牧等人为经济利用强度的不断增加，现阶段的草原家畜载畜量超过可承载放牧量的 1 倍以上，沙化草地面积所占比例上升到了18.48%。区域的景观结构破碎化程度逐渐加大，但变化趋势由强烈逐渐趋于平缓，这与当地同期产业政策调整有较大关系。

（3）多种尺度定量评估了气候变化对森林草原交错区的影响

本研究针对呼伦贝尔森林草原交错区的生态环境特征，从植物物种、群落、生态系统、景观四种尺度上分别开展研究。在植物物种尺度上，通过野外现场的试验和观测，分析人工气候模拟条件下交错区典型植物的生理生态响应，设定不同的二氧化碳（CO_2）浓度梯度，测定各个物种的 CO_2 响应曲线；在群落尺度上，采用样线法沿垂直于等高线的方向从林内向林外布设，间隔固定距离布设样方，调查植被物种的组成、高度、盖度、密度和频度，采用游动分割窗技术分析样带上植被群落的分布差异；在生态系统尺度上，在主要生态系统类型草地的退化方面，考量气候变化对该区域生态系统的影响，主要通过分析潜在产草量和现实产草量之间的差异，以草地退化度作为评价依据来对典型区的草地生态系统进行退化评价；在景观尺度上，以卫星遥感数据为基础，通过遥感和 GIS手段获取研究区的景观动态数据，采用景观生态学的方法分析 1988—2010 年的主要景观类型面积转移、景观格局指数的生态学含义、景观格局变化动态度模型和景观格局空间变化模型。

（4）建立了遥感与地面验证相结合的监测方法，编制完成"森林草原交错区植被生态系统高光谱定量遥感方法"

针对以往草原遥感监测精度低、系统应用普及面窄等问题，运用光谱辐射仪测定地面植被高光谱数据，与植被覆盖度散点关系，估算植被覆盖度的地面光谱模型和 Modis 光谱模型，建立 ASD NDVI 和 Modis NDVI 回归关系模型，经数据反演，达到差异极显著（$P<0.01$）水平，模型精度达到 85% 以上，为交错区的生产力监测、草原退化监测、生态服务功能评估等确立了一种精度相对较高的生态监测方法。

（5）构建了气候变化对森林草原交错区影响的监测指标体系

见下表。

森林草原交错区监测指标体系

目标层	准则层		指标	指标单位	指标标识	数据来源
森林草原交错区生态监测指标体系	非生命系统	地貌	海拔高度	m	A_{11}	国家 1：25 万 DEM 高程图
			地貌类型	—	A_{12}	
			坡度	°	A_{13}	
		气候	年均温	℃	B_{11}	国家气象科学数据共享中心 http://cdc.cma.gov.cn
			≥10℃积温	℃/a	B_{12}	
			年均降水量	mm	B_{13}	
			无霜期	d	B_{14}	
		水资源	地表径流量	$m^3/(km^2 \cdot a)$	C_{11}	实地监测
			地表水资源量	m^3/a	C_{12}	统计年鉴数据
			地下水资源量	m^3/a	C_{13}	
		水环境	COD	mg/L	D_{11}	环境统计数据
			氨氮	mg/L	D_{12}	
		土壤环境	土壤类型	—	E_{11}	国家 1：100 万土壤类型图
			土壤质地	—	E_{12}	实验室分析测定
			土壤有机碳含量		E_{13}	
			土壤 N、P、K 含量	%	E_{14}	
			土壤容重	g/cm^3	E_{15}	
	生命系统	群落特征	物种数量	种/m^2	F_{11}	实地调查/遥感数据分析获取
			重要种所占比例	%	F_{12}	
			种群密度	株/m^2	F_{13}	
			地表凋落物量	g 干物质/m^2	F_{14}	
			草层高度	cm	F_{15}	
			草群盖度	%	F_{16}	
			森林覆盖率	%	F_{17}	
			地上生物量	g/m^2	F_{18}	

目标层	准则层		指标	指标单位	指标标识	数据来源
森林草原交错区生态监测指标体系	生命系统	生态系统	各类生态系统面积	km²	G_{11}	遥感影像解译获取
			净初级生产力（NPP）	g/m²	G_{12}	
			斑块数量	个	G_{13}	
			斑块面积	km²	G_{14}	
			斑块连通度	—	G_{15}	
	社会经济系统	社会系统	人口数量	万人/km²	H_{11}	统计年鉴
			草食家畜饲养量	绵羊单位	H_{12}	
			自然灾害发生率	%	H_{13}	
			恩格尔系数		H_{14}	
			城镇化率	%	H_{15}	
		经济系统	GDP	万元	I_{11}	
			牧民人均纯收入	万元/人	I_{12}	
			农牧业增加值所占比重	%	I_{13}	
			工业增加值所占比重	%	I_{14}	
			服务业增加值所占比重	%	I_{15}	
			矿产资源开采率	%	I_{16}	

（6）采用气象数据结合树木年轮的方法分析了区域气候时空演变

针对研究区域周边气象站点的数据起始于50年代的情况，为从更长时间序列上分析区域的气候变化情况，应用树木年轮学和树芯分析技术，通过采集树木年芯，建立长时间樟子松树轮宽度年表，分析呼伦贝尔地区的气候变化与树木生长的关系，并利用树轮宽度年表重建呼伦贝尔地区近200年来的气候变化，分析气候变化特征。

（7）分析了主要人类生产活动对交错区生态系统的影响

随着社会经济的发展，人类的各项生产经营活动也越来越多地影响着呼伦贝尔森林草原交错区的生态系统，分别从草原农耕、围栏措施、草原载畜量、农牧业发展、森林资源采伐、矿产资源开发、能源重化工基地建设、农垦行为等方面逐一考量了人类活动对森林草原交错区生态系统的影响。

（8）提出了切实可行的交错区生态保护建议

在气候变化背景下，为切实可行地保护呼伦贝尔森林草原交错区的生态环境，需要合理规范人类的各项生产经营活动，首先需要从区域的角度出发构建合理的交错区生态安全格局，制定出森林草原交错区生态安全格局方案，在整个森林草原交错区域实施生态系统管理，此外还需要建成森林草原交错区新型农牧业产业体系以减轻人口对土地的直接压力，在生态环境保护中要突出科技和监管在恢复区域生态服务功能中的作用，并且完善区域生态补偿机制。

（9）发表学术论文 21 篇，其中 SCI 收录 4 篇，EI 收录 4 篇，中文核心 13 篇，出版专著 1 部

4 成果应用

在项目实施的过程中，已完成的部分成果已被地方得到应用，并得到了地方环境保护部门和环境监测部门以及环境科学研究院所等单位的应用证明。目前，主要示范推广区域包括：内蒙古自治区、呼伦贝尔市、鄂温克旗、根河市和额尔古纳市。

项目成果对环境管理起到的支撑作用主要表现为：①项目提出的"气候变化对呼伦贝尔森林草原交错区影响的监测指标体系"和"森林草原交错区植被生态系统高光谱定量遥感方法"为当地环境监测提供了可量化的方法，并且可操作性强，是开展生态环境监测与保护的重要依据；这 2 项成果将提交环境保护部生态司支持其开展技术管理。②项目形成的呼伦贝尔森林草原交错区生态环境基础数据库为我国"东北重要生态功能区保护规划"编制提供了重要技术支撑，推动了"东北地区四省（区）区域生态环境保护合作"的开展。③项目关键技术成果已凝练成科技论文、论著等，丰富了全球气候变化背景下森林草原交错区响应研究的理论体系，为进一步预测未来林草交错区时空动态变化提供了理论基础。

5 管理建议

本项目通过专家咨询、地方论证等方式对"气候变化对呼伦贝尔森林草原交错区影响的监测指标体系"和"森林草原交错区植被生态系统高光谱定量遥感方法"等相关规范进行了修改完善，进一步提高了指标体系、评估方法和评估流程的可操作性和实用性，并积极配合环境保护部完成该指南的颁布和发行，以利于生态文明建设的规范化管理。

建议进一步扩大评估的范围，评估气候变化对森林草原交错区草地产草量的影响，评价气候变化对交错区草地退化的影响，并推广该方法，用于指导交错区的生产活动和生态保护。继续做好本项目成果的推广，特别是在北方森林草原交错区的大面积推广，为该类型区域的生态环境改善提供技术支撑。

国家管理部门应加大对森林草原交错区这一生态环境脆弱区域的监管力度，积极参与该区域的跨境生态环境保护和研究工作，有助于提升我国的国际地位和影响力。

6 专家点评

该项目以呼伦贝尔森林草原交错区为研究区域，研究了呼伦贝尔森林草原交错区分布范围及主要生态问题，开展了研究区域气候演变规律研究，分析了呼伦贝尔地区近200 年来的气候变化过程，构建了研究区域气候变化的响应的监测与评估指标体系，建

立了森林草原交错区生态系统要素与气候要素关系数据库，提出了呼伦贝尔森林草原交错区适应气候变化的对策建议。项目研究成果可为指导我国森林草原交错区环境管理提供参考依据，已在内蒙古自治区国家重点生态功能区保护规划中得到应用，并在地方环境监测站和农林牧业生产管理部门得到推广应用。

项目承担单位：中国环境科学研究院、环境保护部南京环境科学研究所、内蒙古图牧吉国家级自然保护区管理局、呼伦贝尔市辉河国家级自然保护区管理局、呼伦贝尔学院

项目负责人：冯朝阳

气候变化对东北野生动植物影响的评估技术研究

1　研究背景

全球气候变化已成为不争的事实。联合国政府间气候变化专门委员会（IPCC）在第四次全球气候变化评估报告中明确指出：气候系统变暖是毋庸置疑的。近 100 年（1906—2005 年）地球表面气温上升了 (0.74±0.18) ℃。在全球气候变化的大背景下，中国的气候也表现出明显的变化。近 100 年来中国年平均地表气温明显增加，升温幅度为 0.5～0.8℃，比同期全球平均升温幅度略高。

气候变化对全球生态系统，特别是对陆地生态系统产生了深刻的影响，进而影响到物种的物候与物种的分布。这给未来生物多样性的保护提出了新的挑战。因此，未来气候变化对物种分布的影响与预测一直是人们关注的热点问题之一。

近 50 年（1961—2010 年）来，我国东北地区升温非常显著，增温率为 0.41℃ /10a，气候暖干化趋势明显。有研究表明，气候变化已经对东北地区的生态系统和物种造成了一定的影响。为系统评估未来气候变化对东北地区野生动植物的影响，从而为气候变化背景下生物多样性的保护和管理工作提出对策建议，开展了本项目的研究。本项目选择东北地区典型的森林植物兴安落叶松、白桦、红皮云杉，典型草原植物贝加尔针茅、大针茅、克氏针茅以及典型湿地鸟类丹顶鹤、白枕鹤、灰鹤等物种，利用现有的生态位模型，并通过自主创建新的随机模型和算法，开展了未来气候变化情景下物种分布的影响和预测研究。在此基础上提出了我国生物多样性保护适应气候变化的对策。

2　研究内容

本项目首先开展了我国东北地区的历史气候变化时空特征和趋势分析。气候分析的资料来源于中国气象局所辖的该区域内 269 个气象观测站的资料，时间为 1961—2010 年。

采用国家气候中心提供的由全球气候模式与区域气候模式 RegCM3 嵌套在 A1B 情景下的未来气候变化预估数据，对模拟结果进行了"数学降尺度"、进一步插值至 1km×1km（0.008 421º×0.008 421º）网格上；然后，整理出最高温度、平均温度、最低温度、降水、湿度、风速、蒸发量和净辐射强度 8 种要素 / 变量的逐年逐月数据；结合物种地理分布、土地利用分类等基础数据，利用国际上常用的最大熵模型 MAXENT，模拟预测了东北地区典型的森林植物兴安落叶松（*Larix gmelini*）、红皮云杉（*Pinus koraiensis*）、白桦（*Betula platyphylla*）和典型的草原植物贝加尔针茅（*Stipa baicalensis*）、大针茅（*Stipa grandis*）、克氏针茅（*Stipa krylovii*）在未来 100 年地理分布的变化趋势。

本项目选择典型的湿地鸟类丹顶鹤（*Grus japonensis*）、白枕鹤（*Grus vipio*）、灰鹤（*Grus grus*），利用最大熵模型 MAXENT 模拟预测了鸟类繁殖地在未来气候变化情景下的变迁，并同时利用了多种气候模式进行比较，包括全球气候模式 CCMA、CSIRO、HADCM3 以及区域气候模式 RegCM3。

本项目还自主研发了物种地理分布与气候因子关系的随机预测数学模型及算法，采用基于模糊邻近关系的分层聚类和信息融合技术开展气候因子的提取。该模型能描述出物种的最适应分布气候区、次适应分布气候区和可适应分布气候区，并可通过用现代物种地理分布资料与现代气候资料进行检验。

最后，在气候变化对典型野生动植物影响评估的基础上，分别提出了东北森林、草原、湿地生态系统适应气候变化的对策，并进一步提出了我国生物多样性保护应对气候变化的对策。

3　研究成果

（1）开展了我国东北地区气候变化的时空特征与趋势分析

本项目首先开展了我国东北地区的历史气候变化时空特征和趋势分析。气候分析的资料来源于中国气象局所辖的该区域内 269 个气象观测站的资料，时间为 1961—2010 年。气候因子包括：平均温度、平均最高温度、平均最低温度、降水量、平均相对湿度、平均风速、蒸发量。分析显示，近 50 年来，东北地区的年平均温度、年均最高温度、年均最低温度呈显著上升趋势；年降水量呈不显著下降趋势；年相对湿度呈显著下降趋势；风速呈显著下降趋势。近 50 年来，我国东北地区的暖干化趋势明显。

（2）开展了我国东北森林区、草原区、湿地区典型野生动植物地理分布变迁研究

本项目对东北地区广泛分布的森林主要建群树种与重要用材树种兴安落叶松（*Larix gmelini*）、红皮云杉（*Pinus koraiensis*）、白桦（*Betula platyphylla*），我国东北草原区草甸草原的建群种贝加尔针茅（*Stipa baicalensis*）、大针茅（*Stipa grandis*）和典型草原建群种克氏针茅（*Stipa krylovii*），以及东北湿地重要珍稀濒危候鸟丹顶鹤（*Grus japonensis*）、白枕鹤（*Grus vipio*）、灰鹤（*Grus grus*）等典型野生动植物的地理分布进行了地理空间分布的历史资料收集，开展了馆藏标本采集记录查阅，并辅以必要的野外调查，系统整理了这些物种的地理分布的数据，并在 GIS 系统下进行栅格化，作为模型参数和气候变化影响评估的基础。

（3）开发了气候因子与物种地理分布特征的预测模型

本项目首先选择国际上常用的最大熵模型 MAXENT，利用物种地理分布、土地利用分类等基础数据，筛选温度、降水、辐射、蒸发等一系列气候因子作为模型参数，采用全球气候模式和区域气候模式的嵌套预估出未来气候变化情景，模拟出直至 21 世纪末上述物种地理分布的变化趋势。

本项目还自主开发了物种地理分布与气候因子关系的随机预测数学模型及算法，采用基于模糊邻近关系的分层聚类和信息融合技术开展气候因子的提取。该模型能描述出物种的最适应分布气候区、次适应分布气候区和可适应分布气候区，并可通过用现代物种地理分布资料与现代气候资料进行检验。

（4）对东北地区未来气候变化对物种地理分布的影响进行了模拟预测

本项目的主要工作即是利用全球气候模式和区域气候模式对东北地区的兴安落叶松、红皮云杉、白桦，贝加尔针茅、大针茅、克氏针茅，丹顶鹤、白枕鹤、灰鹤等典型物种进行 2020 年、2050 年、2080 年等未来年份气候变化情景下地理分布变迁的模拟（图 1）。总体结果显示：未来气候变化情景下，这些物种的潜在适生分布区明显北移，适生区域收缩并破碎化。在模型模拟得到的未来气候变化情景下物种的气候适生区结果基础上，进一步研究了野生动植物对气候变化的适应性和风险。

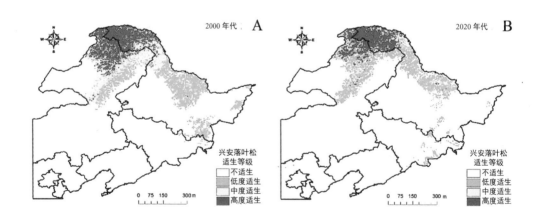

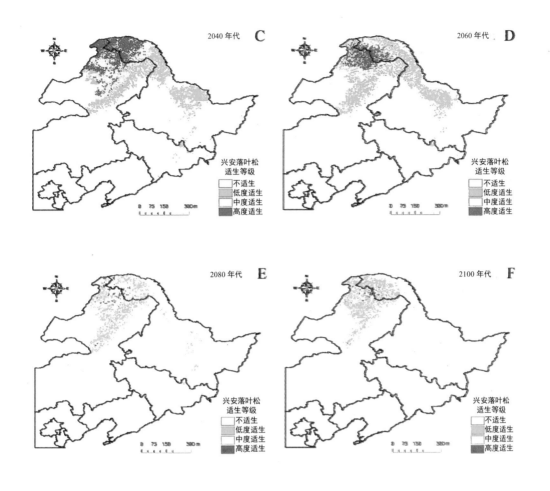

图1　兴安落叶松各时期适宜分布区模拟图

（5）提出了生物多样性保护适应气候变化的对策

在气候变化对典型野生动植物影响评估的基础上，分别提出了东北森林、草原、湿地生态系统适应气候变化的对策，并进一步提出了我国生物多样性保护应对气候变化的对策；包括系统监测生物多样性对气候变化的响应，评估脆弱性；建立物种迁徙走廊，调整保护区边界，使物种能主动迁移到更适生的区域，降低气候变化影响；针对气候变化将引起一些物种濒临灭绝风险的情况开展遗传保护技术研究；保护、恢复和重建物种栖息地及生境，加大生物多样性关键区保护等。

4　成果应用

（1）本项目的研究成果已经应用到《中国生物多样性保护战略与行动计划（2011—2030年）》（2010年9月国务院批准发布）的编制中，为制定未来20年我国生物多样性保护应对气候变化的战略任务和优先行动提供了科学依据。

（2）本项目的研究成果还应用于中国政府参与联合国《生物多样性公约》下"生物

多样性与气候变化"议题的谈判中，为确定生物多样性保护应对气候变化的谈判立场起到了重要作用。该项目组成员也参与了公约的谈判工作，为维护国家利益做出了贡献。项目的研究结论目前正用于编制《中国履行〈生物多样性公约〉第五次国家报告》。

5 管理建议

我国是世界公认的生物多样性大国，生态系统类型和物种资源丰富多样。气候变化对我国生物多样性的影响日益凸显。近几十年来，由于经济快速发展，资源过度开发，生态破坏严重，许多物种的栖息地已经严重退化或破碎化，这给物种适应气候变化带来了巨大的压力。针对我国生物多样性保护应对气候变化的需求，提出以下对策建议：

（1）系统监测生物多样性对气候变化的响应，评估脆弱性。监测物种、栖息地和气候变化相关因子，建立生物多样性适应气候变化监测预警体系，系统评估气候变化对生物多样性的影响，确定脆弱性，提高国家生物多样性保护适应气候变化的整体能力。

（2）加强生物多样性就地保护。在自然保护区管理目标和战略中考虑适应气候变化；针对气候变化对物种局地影响脆弱性增加，加强物种就地保护，增强物种在原分布区适应能力。为对气候变化影响脆弱的珍稀濒危物种建立自然保护区。

（3）建立自然保护区网络，扩大非保护区型保护地范围，增强生物多样性弹性，提高适应能力。建立物种迁徙走廊，使物种能主动迁移到更适生的区域，降低气候变化影响。

（4）调整保护区边界。在未来气候变化中，植被分布会发生剧烈变化，保护区内的保护对象也会相应的发生迁移。为了保证这些保护对象的保护目标能够实现，保护区的边界也应进行相应的调整。应将气候变化作为压力因素，纳入保护规划的方法体系中，调整和更新保护区边界。

（5）开展迁地保护研究。建立濒危物种繁育基地，加强珍稀濒危物种繁育工作，扩大珍稀濒危物种种群数量，开展物种驯化，增强自然适应能力。针对气候变化将引起一些物种濒临灭绝风险，开展遗传保护技术研究，建立物种遗传保护对策。

（6）严格控制狭域分布物种和特有物种栖息地的开发利用，并在其原有栖息地的基础上，尽可能扩大其栖息地面积，同时应适当进行迁地保护扩大种群数量。

（7）增强控制有害生物能力。针对气候变化将使病虫害增加和外来入侵物种扩散的影响，加强有害生物控制。

（8）保护、恢复和重建物种栖息地及生境，加大生物多样性关键区保护。针对气候变化对物种栖息地的不利影响，进一步保护、恢复和重建退化与散失栖息地。在生物多样性热地区和关键区，进行集成性适应保护。

（9）加强退化生态系统的恢复与重建。退化生态系统更易受气候变化影响。通过种植适应性的先锋物种，人工启动演替，配置优化结构的群落，逐步恢复植被。根据可恢复性与重要性，可优先开展退化严重和重度脆弱的生态系统的恢复与重建示范项目，遏制生态恶化的趋势，研究不同类型陆地生态系统的适应模式，并进行全国性的推广应用。

（10）针对气候变化将增加灾害发生频率和强度，建立生物多样性保护防御灾害体系。加快构建生物多样性对极端气候事件风险的应急预案体系和响应机制，进一步完善应急预案的启动机制。针对生物多样性受到环境污染、土地利用活动和气候变化的共同影响的情况，加强生物多样性保护力度，减少其他不利影响，增强适应能力。

（11）不断完善相关法律管理体系，制定国家生物多样性应对气候变化的战略与行动计划。加大资金投入，推动应对气候变化的行动。

6　专家点评

该项目采用全球气候模式和区域气候模式的气候情景预估数据，利用生态位模型对东北地区森林、草原和湿地的 9 种典型野生动植物开展了未来气候变化情景下地理分布变化的模拟研究，构建了气候变化对物种分布影响评估的技术体系，提出了适应气候变化的相关对策建议。项目成果已应用于《中国生物多样性保护战略与行动计划（2011—2030 年）》的编制和《生物多样性公约》中有关"生物多样性与气候变化"议题的谈判，为管理部门提供了有效的技术支持。

项目承担单位：环境保护部南京环境科学研究所、国家气候中心、内蒙古畜牧科学院
　　　　　　　草原勘察设计所、中国科学院沈阳应用生态研究所
项目负责人：张称意

第二篇
土壤与生态环境领域

2009 NIANDU HUANBAO
GONGYIXING
HANGYE KEYAN ZHUANXIANG
XIANGMU
CHENGGUO HUIBIAN

典型矿山生态恢复技术评估与环境管理研究

1 研究背景

近年来，我国经济保持了平稳发展的良好势头，但是经济快速发展也付出了巨大的资源环境代价，能源和矿产资源被大量消耗，在许多矿山开发中产生了环境污染与生态破坏问题。矿区生态环境的恶化不仅影响了当地人民群众正常的生产生活，还制约了社会经济的可持续发展。

党和国家领导人高度重视矿山环境保护和矿山生态环境恢复治理工作。时任总书记的胡锦涛在 2003 年中央人口资源环境工作座谈上指出："积极探索矿山环境恢复治理新机制。"温家宝总理、曾培炎副总理多次做出重要批示，要求建立和完善有偿使用自然资源和恢复生态环境的机制。2006 年 2 月，财政部、国土资源部、原国家环保总局联合发布了《关于逐步建立矿山环境治理和生态恢复责任机制的指导意见》，要求各地根据本地实际，在试点的基础上按照基本恢复矿山环境和生态功能的原则，提出矿山环境治理和生态恢复目标及要求。

《国家中长期科学和技术发展规划纲要（2006—2020 年）》明确提出，重点开发岩溶地区、青藏高原、农牧交错带和矿产开采区等典型生态脆弱区生态系统的动态监测技术，建立不同类型生态系统功能恢复和持续改善的技术支持模式，构建生态系统功能综合评估及技术评价体系等。我国自 20 世纪 90 年代后开始重视矿山生态恢复，经过二十几年的研究，已在生态恢复技术方面取得了较多的成果并在工程实践中取得了很好效果。矿山生态恢复即对采矿引起退化的矿区生态系统，通过重整地形和表土，采取植被和其他适宜的土地利用方式，恢复其生态平衡的过程。

本项目在深入调查分析矿山生态环境现状的基础上，选择不同类型、不同地域、不同开采方式和开采阶段的典型矿山，重点对矿山环境治理与生态恢复的技术进行评估，研究矿产资源开发生态恢复保证金制度，促进矿山环境治理与生态恢复机制的建立，强化矿山环境管理，对维护矿区生态安全、社会经济协调发展具有重要意义。

2 研究内容

（1）矿山生态环境分类调查研究

选择典型矿山进行重点调查研究。通过深入调查，分析评价当前不同类型典型矿山主要生态环境问题、表现方式和发展变化，揭示矿山生态破坏、环境污染现状等问题。

（2）矿山生态恢复技术调查研究

开展典型矿山生态恢复技术的分析、进行矿山生态环境质量评估以及矿山环境污染与生态破坏损失评估。对当前国内不同矿山类型生态恢复措施的技术和方法进行综合评估。同时，开展矿山生态恢复保证金制度的调研和分析。

3 研究成果

（1）建立了矿山生态恢复技术评估体系

依据文献检阅和大量实地调研，对我国不同类型矿山生态环境问题及其形成原因进行了分析，总结出不同类型矿山主要的生态环境问题及其特征，并通过对矿山生态恢复治理效果进行现场评估，分析研究生态恢复治理措施的可行性。以此为基础，并根据当前矿山环境管理的需求，形成了《矿山生态环境保护与恢复治理技术规范（试行）》（HJ 615—2013）。本规范为我国矿山生态恢复治理提供了技术参考，同时也为矿山生态恢复技术评估提供了重要依据。

（2）构建了矿山生态环境质量评估体系

在对我国矿山生态环境评价研究进展进行分析与总结的基础上，对矿区环境质量评价、矿山地质环境质量评价、矿山生态环境评价、矿山环境影响评价等进行了评价内容、评价方法、评价要素的对比与分析。以此为基础，提出了典型矿山生态环境质量评估的理论框架，构建了评价指标体系，确定了评价方法。评价指标体系分为生态质量指标和环境质量指标两大类三个层次。并选取 16 个典型矿山，进行了矿山生态环境质量评估。

（3）开展了矿山环境污染和生态破坏损失评估

通过建立矿山生态破坏与环境污染损失评估理论指标体系，以河南省栾川县露天钼矿开采为例，运用遥感和 GIS 技术，结合野外调查、资料收集，从矿山生态环境维护成本、生态恢复与环境治理费用、生态破坏造成农林生产损失、生态服务功能损失、环境污染造成农作物减产损失和环境污染造成人体健康损失 6 个方面，动态评估了研究区 2005—2009 年的矿山生态破坏和环境污染损失。分析指出有效的环境管理与恢复治理措施可以大幅度减少生态环境破坏，同时降低环境污染对人体健康造成的损失。

（4）提出了基于生态恢复保证金制度下的典型矿山环境管理对策

分析了我国矿山环境立法概况、矿山环境保护制度、矿产资源开发的税费政策等，指出我国的环境保护有关法律法规中很多涵盖了矿山环境的保护内容,但在专项矿山环境保护法中依然空白;我国矿山环境保护制度主要有矿山生态环境保护规划制度、"三同时"制度、土地复垦制度、环境影响评价制度、污染物集中处置制度等,在矿产资源开发环境保护中起到了十分重要的作用。我国矿产资源开发主要涉及环境保护的税费包括资源税、矿产资源补偿费、两权(探矿权、采矿权)价款、森林植被恢复费、水土保持补偿费、矿山环境治理恢复保证金等,这些税费多数属于专项基金,在矿山环境治理恢复中发挥了重要作用,但这些税费分属不同部门管理,各部分资金单独使用,不能形成合力,在同一个矿区难以发挥整体效益。

通过对我国主要矿产资源开发省份的调研,重点对我国矿山环境治理恢复保证金制度进行了研究,从保证金制度的提出、保证金制度确立的基础、保证金制度的主要内容、保证金实施的现状及效果、保证金实施中存在的主要问题等分别进行了分析与阐述。针对当前保证金实施中的主要问题,以其自身理论应达到的功能和目标为准则,提出了完善我国矿山环境治理恢复保证金制度的政策建议。

4 成果应用

(1)该项目研究成果为环境保护部发布"关于印发《矿山生态环境保护与恢复治理方案编制导则》的通知(环办[2012]154号)"提供了技术支撑,规范了矿山开采至闭矿阶段生态保护、治理与恢复的要求,提升了矿山生态环境监管能力和水平。

(2)以项目调研资料为基础,以项目研究成果为依据,根据环境保护部自然生态司的要求,起草了《关于加强稀土矿山生态保护与治理恢复的意见》(环发[2011]48号)、"关于落实矿山生态环境恢复治理责任机制的通知(草案)"等文件。提出了"关于加快完善我国矿山环境治理恢复保证金制度的建议"等政策建议,以切实促进保证金制度在矿山环境治理恢复中的重要作用。

(3)编制发布了《矿山生态环境保护与恢复治理技术规范(试行)》(HJ 651 — 2013),从矿山生态保护、排土场生态恢复、采空区生态恢复、尾矿库生态恢复、矿区大气污染防治、矿区水污染防治、塌陷区恢复治理、矸石场恢复治理、矿山污染场地治理等方面规定了生态恢复与环境治理的技术要求,为我国矿山生态保护与恢复治理提供了技术依据。

5 管理建议

(1)加快建立和完善矿山生态环境恢复治理保证金制度

矿山生态环境恢复治理保证金制度是为保护矿山环境,督促矿山企业认真履行"谁开发谁保护,谁破坏谁赔偿,谁污染谁治理"义务而制定的一项矿山环境保护政策。矿山生态环境恢复治理保证金主要用于解决矿产资源开发过程中造成的生态破坏与环境污染问题。

各地要按照"企业所有、政府监管、专款专用"的原则，要求矿山企业在地方财政部门指定的银行开设保证金账户。根据保证金的预缴标准不低于矿山生态环境保护与恢复治理费用的原则，严格按照《矿山生态环境保护与恢复治理方案》（以下简称《方案》）中的预算费用收缴保证金。保证金纳入企业成本，并按相关规定使用。

（2）切实落实矿山企业的责任

企业对矿山生态环境的保护与恢复治理负有不可推卸和永久的责任。矿山企业应委托具备相应资质的技术服务单位，依照《矿山生态环境保护与恢复治理方案编制导则》（另行发布）的要求编制《方案》，并按批准的《方案》中的预算费用缴纳保证金。《方案》原则上五年为一个编制和实施期，并依据国家相关的政策要求适时进行修订。矿山企业应严格按照《方案》及时实施生态环境保护与恢复治理任务，按时完成恢复治理工作。

（3）切实落实地方政府的责任

根据《环境保护法》的相关规定，地方政府对本地生态环境负总责。地方政府要与矿山企业签订矿山生态环境恢复治理目标责任书，确保矿山生态环境恢复治理保证金制度贯彻落实和恢复治理工作责任到位。

各级地方政府要制定《矿山生态环境保护与恢复治理规划》，统筹本地区矿山生态环境保护与恢复治理工作。对不属于企业职责或责任人已经灭失的矿山环境问题，以地方政府为主根据财力区分重点逐步解决。政府要协调各有关部门，分工负责，共同促进矿产资源开发生态环境责任机制的建立和不断完善，并将矿山生态环境保护与恢复治理工作纳入政府目标管理的重要内容，作为衡量各级政府和相关责任人员工作成效的重要依据。

（4）切实落实环境保护主管部门的责任

矿山生态环境保护与恢复治理是我国环境保护工作的重要组成部分，关系到矿区社会经济可持续发展和环境保护目标的实现。各级环境保护部门要高度重视，充分认识这项工作的重要性及紧迫性，切实肩负起矿山生态环境监督管理的历史使命。各级环境保护部门应按照要求严格监督管理，落实责任制，切实把这项工作抓实抓好，取得实效。

1）建立矿山生态环境年审制度。环境保护行政主管部门应对矿山企业生态环境进行动态管理，通过实施严格的生态环境年审制度，监督检查矿山企业履行生态环境保护与恢复治理的责任。年审内容包括矿山生态环境保护与恢复治理方案编制与实施情况、矿山生态环境恢复治理保证金缴纳情况、环评与"三同时"制度执行情况及矿山生态环境质量状况等。

2）加强对矿山生态环境恢复治理保证金制度的监管。环境保护行政主管部门应将《矿山生态环境保护与恢复治理方案》作为新建、改（扩）建矿山项目环评审批和生产矿山生态环境年审的前置条件以及上市公司环保核查的重要内容。环境保护行政主管部门负责组织对《方案》进行论证及审核，对矿山企业生态环境恢复治理进行评估和验收。经评估达不到恢复治理方案要求的，企业缴存的保证金充抵矿山生态环境恢复治理的资金，环境保护行政主管部门有权通过招标形式委托第三方机构利用企业缴存的保证金进行恢复治理。环境保护行政主管部门负责《方案》编制单位的培训、考核、认定与发证（可另行规定）。

3）加强矿山环境监测与评估。加强矿山生态环境监测、监管和评价能力建设，建立和强化生态环境监测和评价队伍。规范监测技术方法，完善监测体系，研究制定矿山生态环境监测、恢复治理和综合评估等相关标准，定期对矿产资源开发生态破坏和环境污染以及恢复治理情况进行监测评估，并发布监测评估结果。

4）加强矿山环境执法监察。环境保护行政主管部门要按照有关法律法规，严格执行矿产资源开发环境影响评价制度和"三同时"制度，定期对矿山生态环境保护与恢复治理工作进行监督检查，及时掌握恢复治理情况。要建立健全矿产资源开发生态环境执法监察制度，切实加大监督执法力度，依法纠正和查处矿产资源开采活动中的违法行为，情节严重的依法追究其刑事责任。

6 专家点评

该项目通过对典型矿山生态恢复技术调查与评估，基本阐明了不同区域、不同类型矿山生态环境的主要问题，初步建立了典型矿山生态恢复技术评估体系和典型矿山环境质量评估体系，提出了矿山环境污染和生态破坏损失评估体系理论框架和完善我国矿山环境治理恢复保证金制度的政策建议。

项目研究成果为环境保护部《矿山生态环境保护与恢复治理方案编制导则》的通知（环办[2012]154号）、《关于加强稀土矿山生态保护与治理恢复的意见》（环发[2011]48号）、《矿山生态环境保护与恢复治理技术规范（试行）》（HJ 651—2013）的编制提供了技术支持，为指导我国矿山生态环境恢复治理提供了重要参考依据。

项目承担单位：环境保护部南京环境科学研究所、中国科学院寒区旱区环境与工程研究所

项目负责人：张慧

废弃金属尾矿库环境风险评估体系及联合稳定技术研究

1 研究背景

有色金属工业在推动国民经济发展的同时，也带来一系列严重的生态环境问题。尾矿库是指筑坝拦截谷口或围地构成的用以堆存金属、非金属矿山进行矿石选别后排出尾矿的场所，是维持矿山正常生产的必要设施，但也是矿山的重大危险源和污染源。裸露尾矿由于风蚀、水蚀严重影响周边居民的生活，污染农田，引起牧草、农作物和地下水重金属含量增加，危及公众健康。

尾矿库是金属矿山最常见并且最难恢复的矿山废弃地，发达国家对金属尾矿库污染治理与环境管理技术研究起步较早，因经济条件优越、环境质量要求严格，尾矿库生态恢复一般采用覆土与隔离覆土植被法，但这类方法投入太大、表土不易获得，发展中国家包括中国在内甚少沿用该类方法。传统的尾矿库稳定技术主要集中在物理稳定方法和化学稳定方法，稳定效果差。新兴的植物稳定技术利用植物的机械固定作用和根系吸附的根际沉淀实现尾矿的长期稳定，降低重金属的生物有效性。然而，由于尾矿废弃地物理结构不良、养分缺乏、金属毒性大等因素，一般植物难以生长。因此，在对废弃金属尾矿库开展环境风险评估的基础上，开展金属尾矿联合稳定技术筛选与集成已成当务之急。

本项目拟在国内外金属尾矿库环境管理和生态恢复技术调研的基础上，开展金属矿山生态环境现状调查和金属尾矿库污染模拟研究，构建尾矿库环境风险评估体系，开展尾矿库重金属污染联合稳定技术筛选与集成，为加强废弃金属尾矿库的环境管理、实现尾矿库重金属污染环境风险最小化提供科技支撑。

2 研究内容

通过文献调研，结合已有工作基础，选取华南地区和长江中下游地区，调查典型金属矿山重金属污染现状，确定重金属污染程度的优先序，开展尾矿库重金属污染模拟研究。

开展基于对应分析法的废弃金属尾矿库原位监测点优化研究，分析尾矿库重金属污染物的暴露途径、程度及生态毒理效应，借助并修正数字尾矿库数字模型和污染模型，构建废弃尾矿库标准场景的重金属污染环境风险评估体系。

开展典型矿山生态调查，筛选适宜的耐性植物和植物促生菌，开展耐性植物定植技术、苔藓快速定居技术和植物生态配置模式研究，选择相应的基质改良方式，开展尾矿库重金属污染联合稳定技术筛选与集成研究。

通过调研国内外矿山废弃地生态恢复实践，开展尾矿库生态恢复效益评估，编制适合国情的废弃金属尾矿库生态恢复技术规范（建议稿），提出我国废弃尾矿库植被重建和生态恢复的建议。

3　研究成果

项目组通过 3 年多研究，确定金属矿山环境重金属污染分区和尾矿库标准场景，阐明了尾矿库重金属污染机理，应用 FLUENT 软件进行金属尾矿库污染模拟，构建了金属尾矿库环境风险评估体系；筛选了一批金属耐性植物和生态配置模式，研究了金属尾矿库原生演替的土壤学过程，建立了废弃金属尾矿库重金属污染联合稳定技术示范工程，开展了尾矿库生态恢复效益评估，编制了《废弃金属尾矿库植被重建及生态恢复技术规范（建议稿）》，提出了我国废弃金属尾矿库植被重建和生态恢复的建议。

（1）进行了金属矿山环境重金属污染分区和尾矿库标准场景筛选

结合项目组已有研究基础和国内外研究成果，对华南地区和长江中下游地区规模较大金属矿山开展生态环境调查，分析矿山植被状况和重金属污染状况，确定湖南湘潭锰矿小浒尾矿库、湖北铜绿山尾矿库、安徽铜陵杨山冲尾矿库、湖南黄沙坪铅锌尾矿库为标准场景；以矿山生产工序为划分原则，将矿区土壤划分为尾矿污染区、坑道废水污染区、污风降尘污染区、精矿运输污染区，发现尾矿是重金属向环境释放迁移最重要的场所，采矿活动中治理和控制重金属污染重点应放在尾矿污染区。

（2）进行了金属尾矿库重金属污染过程及其数值模拟

将矿山尾矿污染与矿山数值模拟相结合，提出尾矿库重金属污染物迁移的数值模拟方法。应用 GAMBIT 建立三维物理网格模型，在横向方向上应用标准湍流模型、垂直方向应用 Eddy-Dissipation 模型进行污染物迁移转化分析，开展了尾矿库中重金属污染物渗流过程的模拟研究。基于 FLUENT 软件的尾矿坝体渗流污染模拟研究，引入尾矿废水与污染物之间的曳力系数，提出污染物传质速度与废水速度计算公式，进而改进浸润线计算公式，利用 GAMBIT 软件建立了尾矿坝渗流的二维几何模拟模型，模拟废水在其中的流动状态，对比分析污染物在尾矿坝的污染情况。根据相关文献以及 Google 地图上的有关数据，建立了湖北铜绿山尾矿坝的三维网格视图，并应用 FLUENT 软件使尾矿库重金属污染物的污染过程达到数字可视化。

（3）构建了金属矿尾矿库环境风险评价体系

采用对应分析法建立尾矿库样本和污染物之间的关系，确定主监测点和主监测指标，利用污染物之间的相关性，减少监测指标数量。针对不同的污水排放量和地表水类型确定了尾矿库地表水风险评价范围和污染预测线的布设，综合污染荷载风险和污染危害性两方面因素对地表水污染风险进行分析，提出污染载荷风险指数分类标准和污染危害性评价标准以及风险管理措施，建立尾矿库地表水污染风险评价体系。通过超标浓度风险直观地反映最大可信事故的危害及其风险的大小，综合水层固有脆弱性、污染荷载风险、污染危害性三方面因素对地下水污染风险进行分析，提出相应的评价标准（含水层固有脆弱性指数分类标准、事故概率风险指数分类标准、污染载荷风险指数分类标准和污染危害性评价标准）以及风险管理措施，建立尾矿库地下水污染风险评价体系。

（4）筛选了 40 余种适于废弃尾矿库联合稳定技术的金属耐性植物

对安徽、湖北、江苏的七个铜矿区进行生态调查，通过室内试验筛选出 16 种铜耐性植物（女娄菜、杠板归、酸模、垂序商陆、苎麻、茵陈蒿、海洲香薷、鸭跖草、狗尾草、蝇子草、头花蓼、酸模叶蓼、水蓼、滨蒿、蚤缀、瞿麦）。对云南、广东、湖南的五个铅锌矿区进行生态调查，筛选 16 种耐铅锌植物（滇白前、翻白叶、魁蒿、细叶芨芨草、穗序野古草、毛蕊花、香青、阿墩子龙胆、滇紫草、苦荬菜、粉花蝇子草、龙胆、细蝇子草、小驳骨、小寸金黄、苎麻）。对湖南、广西、贵州三个锰矿区进行生态调查，筛选 15 种锰耐性植物（垂序商陆、商陆、土荆芥、酸模叶蓼、狗芽根、灰灰菜、杠板归、空心莲子草、蕨、芦竹、苨草、葎草、柔毛委陵菜、紫茉莉、一年蓬）。在此基础上，深入开展耐性植物的金属元素富集特性及耐性机理研究，初步发现了金属元素在植物体内的结合形态、分子形态和亚细胞分布状况。

（5）建立了一套苔藓快速繁殖与大面积快速定居技术

筛选出黄色真藓、侧立藓和日本曲尾藓三种生长迅速且对铜有较高耐性的苔藓；苔藓生物结皮室内试验研究表明，添加 0.25% ～ 1% 海藻酸钠能显著促进苔藓生物结皮的形成和生长，与对照相比，结皮生物的叶绿素含量、氮含量和生物结皮的抗雨水侵蚀能力明显提高；苔藓在尾矿大面积快速定居试验结果表明，黄色真藓混合腐熟牛粪表面撒播，并喷施 0.5% 海藻酸钠和覆盖约 0.5cm 厚的尾沙，苔藓盖度在 3 个月内能达到 15% 左右；采集尾矿周围苔藓结皮与正常土壤和牛粪按照重量比例 1：2：1 混合撒播在覆土层，撒播量 500 ～ 800kg/ 亩，覆盖稻草并施无机肥料；6 个月以后苔藓盖度达到 20% 以上，14 个月以后达到 50% 以上。

（6）进行了金属矿尾矿库灌 - 草 - 苔藓组合配置模式研究

以铜陵市朝山村铜尾矿五个系列为研究对象，探讨金属尾矿原生演替的土壤学过程。在安徽铜陵铜尾矿区建立了面积为 15 亩的联合稳定技术中试示范，通过基质改良，覆盖废弃农田表层土壤，改善尾矿营养条件，引入土壤种子库和土壤微生物，并进行了不同耐性植物物种组合实验， 开发一个成功且高效的铜尾矿库植被恢复模式，即：①基质改良，栽培重金属耐性先锋物种；②尾矿表层覆盖 1 cm 厚度的废弃农田表层 10cm 土壤；③撒播本地种和豆科植物种子，进行灌—草联合修复模式的搭配；④ 覆盖稻草。通过对灌—草—苔藓生态配置方式的恢复效果进行了效益评估，苎麻＋金鸡菊＋黄色真藓、苎麻＋五节芒＋黄色真藓、苎麻＋狗牙根＋黄色真藓和苎麻＋紫花苜蓿＋黄色真藓等四种植物生态配置方式植被盖度均可达到 90% 以上，地表径流造成的重金属流失及通过风扬等途径造成的重金属扩散的控制效果分别达到 95% 和 99% 以上。

（7）进行了金属尾矿库重金属联合稳定技术及生态恢复效益评估

通过 10 余年的长期研究，发现尾矿库植被重建的关键是改善裸露尾矿库小环境。在湘潭锰矿建立 30 亩的中试示范基地，发现垂序商陆＋酸模叶蓼＋杠板归、土荆芥＋灰灰菜＋狗牙根、芦竹＋一年蓬＋狗芽根、狗牙根＋土荆芥＋酸模叶蓼等四种植物生态配置模式植被盖度可达 98% 以上。狗牙根耐性极强，可以作为尾矿库植被重建的先锋植物，在较短时间内实现裸露尾矿的植被覆盖，改善尾矿库的小环境，提供植物生长必需的基本条件。表层覆土不能降低尾矿库扬尘量，植被恢复区比裸露尾矿库降低 94.64% 的扬尘量；尾矿库的地表径流量：尾矿库覆土区＞裸露尾矿区＞植被恢复区；地表径流金属总量浓度：裸露尾矿区＞尾矿库覆土区＞植被恢复区。尾矿库生态恢复可以明显控制重金属的迁移扩散，减少地表径流和扬尘，而闭库过程的土壤铺覆并不能起到重金属污染控制作用。

（8）编制了《废弃金属尾矿库植被重建及生态恢复技术规范》

该规范适用于废弃金属矿尾矿库的植被重建和生态恢复，规定了废弃金属矿尾矿库的植被重建和生态恢复，尾矿库安全稳定性措施、尾矿库生态恢复适宜性分析、土壤采集与铺覆、土壤改良与培肥、草本植物筛选与定植、耐性植物配置与植物群落构建、尾矿库生态恢复持续性调控、尾矿库生态恢复模式更替、尾矿再利用的生态恢复等技术要求。在此基础上，提出我国废弃金属矿尾矿库植被重建和生态恢复工作的对策建议。

4　成果应用

（1）《矿山生态环境保护与恢复治理技术规范（试行）》的制订

项目研究成果为国内废弃金属尾矿库的重金属污染防治和环境风险管理提供技术支持，部分研究成果已在《矿山生态环境保护与恢复治理技术规范（试行）》（HJ 651—2013）编制中采纳。

（2）锰矿国家矿山公园建设和金属矿尾矿库闭库工程实践

项目研发的"金属尾矿库植被重建和生态恢复技术"已成功应用于锰矿国家矿山地质环境治理和小浒尾矿库闭库工程实践，尾矿库废弃地生物多样性明显提高，植被盖度达 99% 以上。

（3）参加国内外矿山重金属污染防治学术交流

2011 年 5 月作为特邀专家参加环境保护部在湖南株洲市主办的"全国重金属污染防治技术交流会"，2013 年 8 月参加在美国洛杉矶举办的"重金属污染场地修复与环境管理国际会议"并作主题报告，得到国内外同行专家的认可。

5 管理建议

（1）针对金属尾矿库植被重建和生态恢复开展长期定位研究

尾矿库是金属矿山最常见并且最难恢复的矿山废弃地，一般植物难以生长，生态恢复周期很长，而很多工程项目和研究周期相对较短，尾矿库重建植被可能在几年后出现退化甚至重新退化为裸地。因此，需要对金属尾矿库植被重建和生态恢复研究进行长期定位研究，查明尾矿库植被退化的关键因子。

（2）建立金属矿山耐性植物种质库和耐性植物培育基地

针对我国金属尾矿库的重金属污染问题，开展矿冶区生态调查和植物多样性研究，建立金属耐性植物和超富集植物种质资源数据库，保存耐性植物种质资源，研发耐性植物快速定植技术和植物群落构建技术，建立耐性植物培育基地，推动尾矿库植被重建和生态恢复产业化发展。

（3）建立尾矿库重金属污染生态控制野外观测站

废弃尾矿库属于一种特殊的退化生态系统，植被重建周期长，生物群落易退化。尾矿库重金属污染特征复杂，需要建立尾矿库重金属污染生态控制野外观测站，开展基于受体的尾矿库重金属污染环境风险评价方法研究。结合尾矿库受污染土地的复垦方法研究，实现尾矿库重金属污染生态控制技术集成创新。

（4）加强金属尾矿库环境风险评估和生态恢复标准体系建设

我国的金属尾矿库环境管理和生态恢复与发达国家尚存在较大差距，受经济条件限制，有必要开发基于受体的尾矿库重金属污染环境风险评价技术方法，制订《废弃金属尾矿库植被重建和生态恢复技术规范》和生态修复工程监理与验收技术方法，从制度、标准、技术规范等方面为废弃金属尾矿库的环境管理和尾矿库重金属污染环境风险最小化提供创新方法和决策支持。

6 专家点评

废弃尾矿库的重金属污染环境风险评估和联合稳定技术研究具有明显的原创性。项目开展了尾矿库重金属污染特征和重金属污染暴露途径与污染迁移规律研究，提出尾矿库重金属污染物迁移的数值模拟方法，构建了以铅锌矿尾矿库为代表的重金属污染环境风险评价方法，开发了适用于废弃锰尾矿库和铜尾矿库的重金属污染联合稳定技术，编写了《废弃金属尾矿库植被重建及生态恢复技术规范（建议稿）》。项目研究成果已直接应用于《矿山生态环境保护与恢复治理技术规范（试行）》（HJ 651—2013）的制订、锰矿国家矿山公园建设和金属矿尾矿库闭库工程，为加强废弃金属尾矿库的环境管理、实现尾矿库重金属污染环境风险最小化提供了重要的科技支撑作用。

项目承担单位：中南大学、中山大学

项目负责人：薛生国

长株潭重金属矿区污染控制与生态修复技术研究

1 研究背景

　　长株潭地区属于重金属污染密集的典型地区，受到铅、锌、镉、锰、铜、汞、铬等多类重金属元素污染的长期困扰。重金属污染造成该地区土、水与生态环境质量严重下降，导致了植被破坏、水土流失、生物多样性下降和农业、渔业减产等方面的危害，并直接影响该区域的饮食、饮水安全和人体健康。近年来，我国进入环境事件频发期。2005 年广东北江韶关段镉严重超标事件、2006 年湘江湖南株洲段镉污染事件、2009 年湖南浏阳市镉污染事件、2012 年广西龙江镉污染事件是震动全国的四大镉污染事件，其中有两起发生在长株潭地区。长株潭地区重金属污染治理与生态修复任务非常艰巨，急需研发和运用成本低、效率高和可操作性强的新技术，并在运用这些技术的基础上进行科学有效的环境管理。

　　该项目在长株潭污染矿区调查、采样和分析基础上，结合控制和管理方法开展了针对性研究，先后提出了若干技术方法及相关政策建议等。项目成果对促进我国重金属污染矿区的土地生态修复和再利用研究、污染防治和相关政策措施制定，推进生态修复技术体系建设和生态化环境管理，有效应对环境事件和推动"两型"社会建设具有重要支撑作用。

2 研究内容

　　（1）开发重金属污染控制与治理中的生物与生态技术，构建新的含重金属废水生物与生态处理技术体系，用以矿区和矿冶企业排放污水的深度处理。

　　（2）开发重金属污染区生态修复的关键技术，在此基础上建立具有生态修复功能的植物资源库和污染区生态修复示范工程。

　　（3）建立和完善重金属污染区防治指标体系、监测体系与评估体系。

　　（4）构建长株潭重金属污染区的生态化与主流化管理模式，为实现长株潭"两型"社会建设中的生态环境保护目标的决策与实践提供科学依据。

3　研究成果

（1）新的重金属污染区植物修复目标与技术路线

针对传统生态修复技术存在的修复周期长、修复期污染区土地利用价值低、水土流失量大、重金属污染扩散对周边生态环境危害严重等问题，项目组提出了"构建重金属污染区植物群落模式、迅速修复污染区植被与景观，提高植被覆盖率，降低水土流失，恢复退化自然湿地生态功能，控制重金属污染扩散对周边生态环境的影响；在维护污染区生态安全基础上，采用生态—经济型植物提高土壤利用价值，实现经济效益最大化"的技术路线。

基于这一新的技术路线，项目组制定了植物群落优化配置的基本原理、依据与原则，为重金属污染土壤生态修复植物种类筛选和群落配置提供了依据。在矿区植被调查、盆栽试验和示范工程筛选基础上，确定了适用于锰矿和铅锌矿污染区生态修复工程的五大类植物，建立了生态修复植物资源库，丰富了重金属污染环境治理的植物资源。

（2）植物群落模式优化配置技术创新

项目组依照植物群落优化配置的基本原理、依据与原则，在总结示范工程建设和推广应用实践经验的基础上，提出了用于锰、铅、锌污染区生态修复的五大植物群落模式：①污染矿区"用材林＋先锋植物＋景观植物"群落模式。其特点是破碎景观、污染土地修复与土壤生态化利用和环境治理同步进行，同时获得林产品，适合配置在土壤发育较好的矿区废弃地。②污染矿区"工业原料植物＋先锋植物＋景观植物"群落模式。该植物群落适合配置在废弃地集中在山顶表层没有明显的风化、仍呈渣状态、植被稀少或基本上没有植被覆盖的废弃地，迅速恢复植被、修复景观、土地生态修复的同时兼顾产出经济效益。③污染矿区"能源植物＋先锋植物＋景观植物群落"群落模式。该植物群落形成了乔灌草搭配良好的生长结构。在土发育较好、植被覆盖度较大的废弃地构建能源景观型植物群落，在恢复矿区景观、改善生态环境的同时获得能源，实现边际土地能源化利用，扩大能源林种植面积。④工业污染区植被景观修复植物群落模式。该群落模式将景观生态学思想引入工业污染城区景观设计中，强调植物群落的生态效益和景观效益。组建群落由耐重金属胁迫的景观植物构成，组成丰富，乔木层、草本层结构分明，四季色彩丰富多变，实现了废弃地环境保护、恢复治理与创建优美和谐的人居环境相结合。⑤污染区生态拦截净化系统植物群落模式。沿污染区水系建立生态拦截净化系统，是污染区生态修复的一项重要的辅助措施，其目的是控制由于降水带来的污染扩散及对水生态环境的影响。项目组开发的生态拦截净化系统包括土壤渗漏液与径流收集系统和处理系统。生态拦截净化系统的植物种类选择与配置是保证拦截净化效果至关重要的环节。示范工程与推广应用实践证明，项目建立的系统拦截净化效果良好，其出水中所有检测的重金属元素含量都远低于国家规定的排放标准。

（3）污染区根际土壤改良技术

改善污染土壤根际环境是支撑重金属污染区植物群落模式构建的重要措施之一。重金属污染土壤植物生长立地环境差，因此，保证植物成活率和促进植物生长，除了供肥，还需降低土壤重金属的生物毒性。不同污染土壤理化性质以及毒性水平不同，因此必须基于土壤污染程度和肥力水平诊断的结果，合成和施用不同的专用肥。项目组基于林木配方施肥技术成果的原理，针对重金属污染土壤毒性大和养分水平低的问题，开发和应用了重金属污染土壤专用有机菌肥技术，与传统的土壤改良方法不同，本项技术的重点是改善建群植物的根际环境，开发的产品不仅具有供肥、降低根际重金属毒性和改良土壤理化性质的作用，还具有保水和调温的功能。实践证明本项技术应用的效果好、成本效益高。

（4）重金属污染区植物栽培抚育技术创新

按照拟定的生态修复目标，项目组采取了以下栽培抚育措施：①应用专用有机菌肥改良建群植物根际生长环境，提高生态—经济型建群植物成活率和生长率。②密植间种先锋草本和木本植物，迅速恢复植被，提高覆盖率和降低土壤侵蚀模数。③沿污染区边缘种植水土保持能力强植物绿篱，配置景观植物，形成景观型的生态拦截绿化带，控制水土流失，美化环境。④采用修剪抚育方式，维持修复前期土壤植被覆盖率，直到建群植物成林形成自然林下植被。项目组在湘潭锰矿、资兴、冷水江铅锌矿和株洲工业污染区推广应用实践证明，项目技术成果的应用，不仅恢复了植被，促进了污染区植物生长，提高了土地利用价值，还彻底改善了污染区的景观，获得良好的经济、环境与社会效益。

（5）重金属污染区环境管理模式创新

在传统管理模式下，环境管理体制的设计主要遵循要素式管理模式，即针对生态系统的不同要素和生态系统的不同服务功能，将环境管理权分别授予土地、水利、建设、环境保护、林业、农业、渔业、交通、旅游等多个政府部门，而上述部门均有权在各自的管辖和职权范围内独立地进行环境管理。项目组设计的生态化环境管理模式，遵循生态系统方法，将生态系统看做是一个综合的整体，多个政府部门之间的协调管理均属于综合生态系统管理的必不可少的环节。在各部门的综合协调管理活动中，全部管理活动均在谋求人类社会发展的同时充分尊重生态演变规律，并将生态规律作为技术规范加以运用。在生态化的环境管理模式下，政府不再是环境保护的唯一主体，企业、非政府组织、社区、公众等应当参与到环境管理中来。宏观环境管理是地方政府的主要任务，主要解决环境与发展综合决策、落实政府环境责任、加快产业结构调整等重大问题。微观环境管理则以各级环境保护部门为主体，结合地方环境保护工作重点，开展环境规划管理、建设项目环境管理、专项环境管理和环境执法监督等活动，确保环境保护战略、方针、政策、对策和措施的具体贯彻与落实。项目组以长沙市大河西先导区、株洲市清水塘循环经济工业区、株洲市清水塘国际环保产业园、湘潭市鹤岭锰矿作为环境管理模式创新和实践的基地，得到了地方政府部门、科研部门和企业的大力支持，在长株潭"两型"社会建设尤其是长沙市创建生态文明示范城市的过程中发挥出了有益的作用。

4 成果应用

本项目研究成果已经在湘潭锰矿示范地进行了成功应用，在湖南、云南和广东多个地区推广应用，已经获得显著的经济、社会和环境效益。此外，本项目有两项成果入选科技部科技惠民计划成果推广库：①成果名称：重金属污染区生态修复与水环境保护技术模式。归类号：225/ 生态环境领域 / 环境污染与治理：第 536 页。②成果名称：组合人工湿地污水处理技术。归类号：221/ 生态环境领域 / 环境污染与治理：第 166 页。本项目研究提出的技术与管理模式成果可为重金属污染环境治理技术选择提供借鉴与参考，同时也为地方政府和管理部门制定政策方针提供理论与实践参考。

5 管理建议

（1）巩固和完善项目技术成果。利用项目建立的示范工程基地和生物检测点，进一步深入开展示范区生物群落作用功能机制与效益研究，继续监测污染土壤生态拦截处理系统的运行效果，获得长期观察的数据，在此基础上进一步改进工艺，完善重金属污染环境生态修复技术体系模式。

（2）拓展地方管理部门、高校和企业的合作。重金属污染区生态修复是环境科学、生态学和林业科学等多学科的重要领域，我国生态环境保护已经进入面源污染控制的新时期，而面临的主要问题是技术与人才储备不足，政策法规与管理制度不健全。应当进一步拓展与地方管理部门和企业的合作，将建立的示范工程基地和生物监测点作为学科的"产学研"基地。紧密结合地方人才培养的需求，组建一支高水平的重金属污染环境生态修复工程技术的推广应用队伍，采取举办培训班、召开研讨会、现场技术指导等多种形式，为地方培养重金属污染环境治理领域急需的技术与管理人才。

（3）加大技术成果推广应用力度。进一步扩大影响，加强与地方的联系，紧密结合地方生态环境建设的规划与需求，在湖南省重金属污染矿区、冶炼污染场所及全国其他类似地区以点带面逐步扩大技术成果推广应用的面积。

（4）提高环境管理水平。项目成果推广应用的保障是地方政府的重视与支持，这方面存在的相关问题是重金属矿区污染废弃地的归属与管理权责不明。项目实施期间，由于个体户擅自开采等行为，使示范工程区几番遭到破坏。因此，各级政府与管理部门有必要在管理、法规与政策层面上理顺关系，而项目组必须加强与地方部门的合作，争取获得地方政府的重视与支持，以保障项目顺利实施和取得成效。

6 专家点评

该项目通过对湘潭锰矿区重金属污染生态修复技术的研究，筛选出了多种可用于生态修复的植物，建立了生态修复示范工程和生态修复物质资源库，构建了"可渗透反应墙＋吸附＋人工湿地"组合技术。应强化重金属污染区生态修复的评价指标体系的研究内容。项目成果在湖南省郴州等地市得到了推广应用，为重金属污染控制与生态修复提供了技术支持。

项目承担单位：中南林业科技大学、湖南省环境保护科学研究院、湖南省林业科学院、
    湖南九方科技有限公司、清水塘国际环保产业园
项目负责人：吴晓芙

POPs 农药类污染场地关键修复技术集成与示范

1 研究背景

2012 年 2 月，环境保护部通过了《全国主要行业持久性有机污染物污染防治"十二五"规划》（以下简称《规划》）。《规划》以科学发展观为指导，以国民经济和社会发展规划、环境保护规划和《中华人民共和国履行〈关于持久性有机污染物的斯德哥尔摩公约〉国家实施计划》为依据，以全国持久性有机污染物（POPs）污染调查、重点行业二噁英减排战略研究、持久性有机污染物污染场地优先行动计划、全国多氯联苯调查的相关信息为基础，以解决危害人民群众健康的突出环境问题为重点，以优先整治高风险、集中整治重点地区、主要行业和企业污染为主线，着力控制重点行业和地区二噁英类持久性有机污染物排放，解决高风险持久性有机污染物废物和污染场地问题，努力消除持久性有机污染物环境安全隐患，保障人民健康和环境安全。提出了"十二五"期间持久性有机污染物污染防治工作的基本原则、目标和指标，明确了工作重点和优先领域，列出了重点项目、资金需求和来源，提出了相关保障措施。

本项目结合《规划》中"持久性有机污染物污染场地优先行动计划"的技术和管理需求。针对已关闭和搬迁的 POPs 农药企业遗留场地的高污染、高风险问题和 POPs 国际履约工作的管理需求，结合场地特性和工程条件、场地土壤修复目标、修复时限，拟建立我国 POPs 农药类污染场地修复技术体系，构建了 POPs 农药类污染场地土壤修复模式，编制了《POPs 农药类污染场地环境管理规范》、《POPs 农药类污染场地修复技术导则》和《POPs 农药类污染场地修复工程设计规范》。项目成果将直接应用于《规划》中"持久性有机污染物污染场地优先行动计划"，将为保障《规划》中"持久性有机污染物污染场地优先行动计划"的实施和我国 POPs 履约工作的顺利开展提供管理和技术支撑。对于 POPs 履约工作的顺利开展、消除场地环境风险和保障人居环境安全有重要意义。

2 研究内容

（1）POPs 农药污染场地土壤修复模式构建

调研我国 POPs 农药污染场地的分布，原企业的生产历史和现有污染状况，建立

我国 POPs 农药污染场地档案。根据污染场地的规模、污染程度、风险情况等建立我国
POPs 农药污染场地分类管理框架。调研国外 POPs 农药污染场地土壤修复工程案例，分
析 POPs 农药污染场地土壤修复工程的技术方案、运作模式、修复工程投资及运行成本。
结合我国 POPs 农药污染场地的特点，提出我国主要类型 POPs 农药污染场地土壤修复的
总体思路。根据我国主要类型 POPs 农药污染场地土壤修复的总体思路，针对典型 POPs
农药污染场地二次开发利用方式以及存在的环境风险，结合场地利用方式和修复目标，
建立适应我国国情的 POPs 农药污染场地土壤修复模式。

（2）POPs 农药污染场地土壤修复技术体系研究

主要通过调研国外 POPs 农药污染场地土壤修复技术和设备进展，结合典型污染场
地特征，分析 POPs 农药污染场地土壤修复工程的关键技术需求。结合国内外调研的结果，
研究建立我国 POPs 农药污染场地修复技术筛选评估程序、方法和指标体系。根据我国
POPs 农药污染场地修复技术筛选评估方法筛选"最佳可行技术"（BAT），编制《POPs
农药类污染场地修复技术导则》。

（3）POPs 农药类污染场地土壤修复技术集成与示范

选择典型 POPs 农药类污染场地，开展洗脱修复和氧化处理等关键修复技术集成研究，
筛选 POPs 农药污染场地修复"最佳环境实践技术"（BEPT）并进行修复技术应用试点。
针对典型 POPs 农药类污染场地土壤，结合场地土壤关键修复技术和修复目标，研究修
复过程中"二次污染"的防控。研究建立 POPs 农药污染场地修复工程管理和场地风险
管理技术框架，编制《POPs 农药类污染场地修复环境管理规范》。根据示范工程实施过
程中的各种监测和分析结果，对场地修复效果进行技术和经济评价，为 POPs 农药类污
染场地修复和工程管理提供科学、可靠的技术支撑。

3 研究成果

项目结合"持久性有机污染物污染场地优先行动计划"的技术和管理需求。针对已
关闭和搬迁的 POPs 农药企业遗留场地的高污染、高风险问题和 POPs 国际履约工作的管
理需求，结合场地特性和工程条件、场地土壤修复目标、修复时限，建立了我国 POPs
农药类污染场地修复技术体系，构建了 POPs 农药类污染场地土壤修复模式，编制了《POPs
农药类污染场地环境管理规范（建议稿）》、《POPs 农药类污染场地修复技术导则（建
议稿）》和《POPs 农药类污染场地修复工程设计规范（建议稿）》。

（1）《POPs 农药类污染场地修复环境管理规范（建议稿）》

《POPs 农药类污染场地修复环境管理规范（建议稿）》主要由总则、施工现场的环
境管理、施工过程环境管理、环境监理和验收以及附则五部分组成。总则主要说明规范
制定目的、依据、适用范围和术语等内容；施工现场的环境管理包括施工现场一般要求、

施工现场布局要求、总体环境管理要求等内容。施工过程环境管理包括 POPs 污染土壤储存及处置环节一般环境管理要求、一般污染土壤外运环境管理要求、危险废物清运一般环境管理要求、设备清洗一般环境管理要求、建筑物无害化清理环境管理要求、污染土壤外运处置环境管理要求、污染土壤原位处置环境管理要求等内容。环境监理和验收包括 POPs 农药污染场地修复环境监测计划修复工程环境监理、修复工程验收和修复工程完工公告等内容。

（2）《POPs 农药类污染场地修复技术导则（建议稿）》

《POPs 农药类污染场地修复技术导则（建议稿）》主要由适用范围、规范性引用文件、术语和定义、POPs 农药污染场地土壤修复技术筛选、POPs 农药污染场地土壤修复技术评估和 POPs 农药污染场地修复技术体系六部分组成。适用范围：本导则主要规定了 POPs 农药类污染场地修复技术体系的构成、技术筛选的原则和方法。本导则适用于 POPs 农药类污染场地修复技术的筛选与评估。规范性引用文件主要包括引用的标准和相关的规范。术语和定义：主要对污染场地、POPs 农药污染场地、POPs 农药污染场地修复等术语进行了界定。POPs 农药污染场地土壤修复技术筛选主要包括土壤修复技术筛选原则和土壤修复技术筛选方法。POPs 农药污染场地土壤修复技术评估，结合 POPs 农药污染场地修复需求，对可能用于该类场地的修复技术（热脱附技术、淋洗技术、原位化学氧化技术、水泥窑共处置技术、原位气相抽提技术、异位气相抽提技术等）进行评估，包括适应范围、优缺点和应用情况。POPs 农药污染场地修复技术体系主要包括 POPs 农药污染场地建筑物污染无害化清除技术体系、POPs 农药污染场地设备污染无害化清除技术体系和 POPs 农药污染场地土壤修复技术体系。

（3）《POPs 农药类污染场地修复工程设计指南（建议稿）》

《POPs 农药类污染场地修复工程设计指南（建议稿）》包括：适用范围、规范性引用文件、术语和定义、工作程序、污染场地调查、风险评估、修复模式选择、修复工程方案等几部分内容组成。适用范围规定了 POPs 农药污染场地修复工程方案设计的程序、内容、方法和技术要求。适用于 POPs 农药污染场地修复工程方案设计。规范性引用文件主要包括引用的标准和相关的规范。术语和定义：主要对污染场地、POPs 农药污染场地、POPs 农药污染场地修复和 POPs 农药污染场地修复施工现场等术语进行了界定。工作程序主要阐明 POPs 农药污染场地修复工程方案设计主体内容：环境污染调查、风险评估和修复工程设计三大部分。污染场地调查主要包括污染场地调查目的、基本原则、工作内容、采样分析、样品分析与测试和场地调查阶段成果六部分内容。风险评估主要包括风险评估目的、基本原则、危害识别、暴露评估、毒性评估和风险表征六部分内容。修复模式选择主要包括原地修复模式、异地修复模式、异地处置模式、污染阻隔模式、监控自然修复和改变用地方式六种模式，并对每种模式进行了阐述。修复工程方案主要包括危险固体废物处置方案、设施污染无害化清除方案、建筑物污染无害化清除技术方案、设备污染无害化清除技术方案、POPs 农药污染场地土壤修复方案五部分组成。

4 成果应用

项目产出成果《POPs 农药类污染场地修复工程设计指南（建议稿）》中的场地调查、风险评估和修复方案制定等内容已经在江苏八家有机氯农药污染场地、四家有机氯农药污染场地、杭州某农药化工污染场地、南通三家化工污染场地和南京某化工园区退役场地调查与评估中进行了应用和检验。所完成的技术报告得到了地方政府和委托单位的认可，为正确客观认识污染场地风险、科学制定场地修复策略提供了技术支撑。对控制解决我国 POPs 农药类污染场地环境风险提供了理论和范例支撑。

项目产出成果《POPs 农药类污染场地修复环境管理规范（建议稿）》中有关污染场地修复工程监理和环境管理等内容已经在江苏某有机氯农药污染场地修复工程监理和江苏某焦化厂污染场地修复工程监理中得到应用。项目中有关场地管理等内容已经应用于《江苏省"十二五"环境保护与生态建设规划》和《江苏省近期土壤环境保护和综合治理方案（2013—2015）》的编制中。项目成果为江苏省土壤环境保护和综合治理提供了技术支撑。

项目产出成果《POPs 农药类污染场地修复技术导则（建议稿）》中有关修复技术筛选与评估等内容已经为江苏、北京、天津和杭州修复企业开展实际场地污染土壤修复技术可行性试验（中试），包括污染土壤热处理、化学氧化处理、气相抽提和生物处理四大类技术。出具的评估试验报告作为项目招投标重要技术评分标准，已经用于实际工程投标过程中，为地方政府开展场地修复过程中选择合适的修复方案提供了技术支撑。

综上所述，本项目取得的部分研究成果已经用于实际的 POPs 农药类污染场地调查、风险评估、制定修复方案和实际修复工程中，有力地支持了 POPs 国际履约工作。现已完成项目目标，为解决 POPs 农药企业遗留场地的高污染、高风险问题和 POPs 国际履约工作提供技术支持。

5 管理建议

POPs 国际履约领域，除了要解决管理问题，还要解决污染场地治理修复措施问题，包括修复设备的研发、设备系统的集成等工作。目前，存在主要的问题是修复过程的环境管理和修复设备系统的集成。重点要在本领域开展以下工作：

（1）加强相关规范制定，使 POPs 污染场地修复有章可循

杀虫剂类 POPs 废物的环境无害化处置及其污染场地的治理是我国履行 POPs 公约的国家行动计划（NIP）的重要内容。当前，亟须结合我国 POPs 农药类污染场地修复实际

的需求，加快相关导则和规范的立项，进一步规范 POPs 农药类污染场地修复工程的环境管理，使 POPs 农药类污染场地修复有章可循。

（2）加快实用技术研发，使 POPs 污染场地修复有招可用

加快 POPs 农药类污染场地修复实用技术的研发和国外技术的国产化工作，特别是适应我国 POPs 农药类污染场地特点（生产历史时间长，土壤污染老化严重；生产过程环境粗放，场地土壤污染严重；生产过程转产频繁，场地土壤污染复杂；场地距离居民较近，场地环境风险较高）的修复技术，使 POPs 农药类污染场地修复有招可用。

（3）加强修复设备集成，使 POPs 污染场地修复有计可施

加快我国 POPs 农药类污染场地修复设备集成研发，尽快形成适应我国国情的 POPs 农药类污染场地修复装备体系，使 POPs 农药类污染场地修复有计可施。

6　专家点评

项目在对国内外 POPs 农药类污染场地土壤修复技术调研分析基础上，构建了 POPs 农药类污染场地土壤修复技术体系，筛选评估了农药污染场地土壤修复技术并在典型企业进行了集成与示范。编制了《POPs 农药类污染场地修复环境管理规范（建议稿）》、《POPs 农药类污染场地修复技术导则（建议稿）》、《POPs 农药类污染场地修复技术导则（建议稿）》，完成了项目任务书中规定的考核指标和研究内容。

项目成果已在当地环境保护项目与管理工作中得到应用，为 POPs 农药类污染场地修复与环境管理提供了技术支撑。

项目主持单位：环境保护部南京环境科学研究所
项目负责人：张胜田

钢铁企业搬迁遗留场地中
有毒有害物质探查

1 研究背景

随着各地产业结构调整和城市布局"退二进三"战略的实施，很多城市中心区域用地结构发生了很大的变化。重工业企业或生产经营单位搬出城市中心，腾出空间发展第三产业，例如由原来的工业生产区变成商业区、服务业、学校，甚至是居民住宅区。原有企业遗留在土壤和地下水中的有毒有害物质以更大的概率与人体接触，危害人体健康。

钢铁工业是搬出城市中心的主要行业之一。我国各城市基本都有钢铁生产企业，全国近上千家，目前已经搬迁和正在搬迁的有几十家，以首都钢铁集团公司、重庆钢铁集团公司等为首的庞大而生产历史悠久的企业已经全面停产。由于我国工业污染场地环境调查和评估尚处于起步阶段，急需一系列的方法和规范做指导。

欧美等发达国家污染场地调查和场地管理体系比较健全，相关的法案既有一般污染场地调查指南，又有针对特定场地的专门调查导则。例如美国《超级基金法框架下场地调查指南》，澳大利亚《潜在污染土壤场地调查和采样指南》，英国《污染土地初步调查导则》，新西兰《污染土地管理导则 5：场地调查和土壤分析》等。同时，针对一些行业制订有行业场地调查导则，包括石油污染场地、地下储罐、煤气厂场地等调查指南，如加拿大《地上和地下石油产品储罐系统环保守则》，美国马里兰州《住宅区地下储罐泄漏导则》，英国的《建筑物拆卸守则（2004）》等。新西兰还专门制订了《污染土地管理导则系列 A：危险工业活动清单（HAIL）》等危险工业活动清单和特征污染物清单，以利于管理部门对场地污染调查技术的规范和指导。

本研究通过国内外文献调研、钢铁生产环境污染资料收集，分析我国钢铁生产历史、各生产工序生产工艺和各环节可能产生的污染物，参考国内外污染场地调查指南，制订钢铁生产场地调查导则；结合业内专家咨询和现场考察，筛选各工艺各功能区土壤中特征污染物，建立钢铁生产场地特征污染物清单；并对钢铁生产典型案例场地开展现场调查、分析、评价和研究。

图 1 展示了我国正在搬迁的钢铁企业分布。

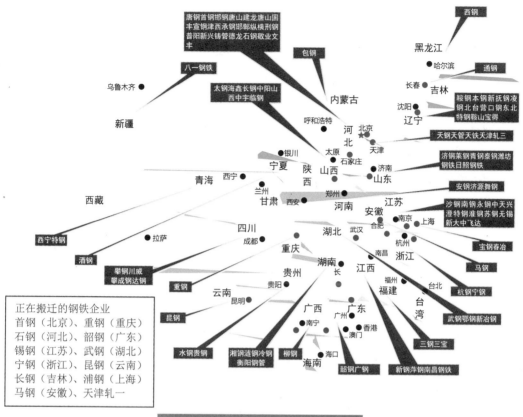

图 1　我国正在搬迁的钢铁企业分布图

2　研究内容

（1）对钢铁生产排污状况报道及对环境造成污染的国内外文献和资料进行调研，分析国内外钢铁生产对环境造成的污染和污染物类型。

（2）分析我国钢铁生产类型、生产工序、生产工艺和排污特征，分析因为原料、辅料、产品等不同给环境造成的不同污染，研究钢铁各生产环节可能产生的污染，以及造成场地污染的来源和途径。

（3）多方征求业内专家意见，包括冶金行业钢铁冶炼生产专家、钢铁生产环保专家、污染场地专家，建立特征污染物及污染区域清单。

（4）调查案例场地土壤环境质量，通过分析比较国内外土壤环境质量标准，对钢铁企业搬迁场地进行环境质量评价。

（5）参考国内外污染场地调查技术规范和导则，结合钢铁生产污染特征，制订我国钢铁生产污染场地调查工作技术导则。

3 研究成果

（1）建立了钢铁生产场地不同功能区特征污染物清单

钢铁联合企业是一个复杂而庞大的生产体系，包含有炼焦、烧结、炼铁、炼钢、轧钢、能源供应、交通运输等环节，各生产环节都有可能产生污染，每个钢铁企业都可能形成一个复杂的污染源（图 2）。通过对钢铁生产排污状况报道、对环境造成污染的国内外文献和资料的调研，综述钢铁生产污染排放和环境污染调查检测结果，在分析国内外钢铁生产对环境造成的污染和污染物类型的基础上，结合钢铁生产工艺分析，确立了钢铁生产各工艺各功能区土壤中特征污染物清单。表 1 为炼焦过程可能产生的污染物及来源。

表 1　炼焦过程可能产生的污染及来源

炼焦工序	污染类别	主要污染物	主要来源
备煤、装煤	煤尘、焦尘	芳烃、酚类、S^{2-}、CN^-、（Hg、As、Zn 和 Cd 等）重金属、PAHs、杂环类化合物、二噁英类（PCDDs/PCDFs、dl-PCBs）	原煤堆场、洗煤厂、精煤堆场、配煤仓、煤破碎机室、各转运站及输送机、装煤孔
	洗煤废水	Cu^{2+}、Mn^{2+} 及 Zn^{2+} 等重金属离子、S^{2-}、CN^-、烃类、酚、石油类物质、喹啉等杂环化合物	
	煤矸石、煤泥	Hg、As、Zn 和 Cd 等重金属、PAHs	
	废气	BaP 等 PAHs、H_2S、CO、SO_x、HCN、NH_3、苯系物、酚类、NO_x、C_nH_m、二噁英类（PCDDs/PCDFs /dl-PCBs）	
炼焦炉生产过程	烟气、荒煤气（泄漏）	BaP 及 AcPy 等 PAHs、H_2S、NH_3、SO_x、NO_x、CO、苯、甲苯、1,2,4- 三甲苯等苯系物、（挥发）酚、HCN、C_nH_m、异戊烷、1- 丁烯及三氯乙烯等 VOCs	焦炉烟囱、焦炉炉体、上升管和桥管连接处
推焦、熄焦、破碎、筛分	烟尘、焦尘	BaP 等 PAHs、二噁英类（PCDDs/PCDFs /dl-PCBs）、重金属	推焦车、熄焦塔、破碎机、筛储焦楼、焦炭转运站
	废气	BaP 等 PAHs、CO、H_2S、SO_2、NH_3、HCN、NO_x、C_nH_m、苯系物、酚类、二噁英类（PCDDs/PCDFs /dl-PCBs）、吡啶类	
	废水	（挥发）酚、CN^-	
荒煤气净化及化学产品回收	废气（含有烟尘）	萘、BaP 等 PAHs、SO_2、CO、H_2S、HCN、NH_3、NO_x、苯系物、（挥发）酚、烃、氟化物	初冷器、机械化焦油氨水分离槽、剩余氨水贮槽、脱酚装置、蒸氨塔、洗萘塔、饱和器、终冷塔、洗苯塔、湿法脱硫塔、粗苯加工、焦油加工
	废水（含有焦油、石油类物质、古马隆废水）	S^{2-}、CN^-、SCN^-、F^-、NH_3-N、酸、碱、砷、苯系物、有机氮类（苯胺）、酚类化合物（苯酚等）、多环芳烃（BaP、萘、蒽等）、含氮、氧、硫的杂环化合物（吡啶、喹啉、吲哚等）及无环化合物	
	焦油渣、脱硫废液、酸焦油、剩余污泥、沥青渣、洗油残渣	苯、萘及芴等 PAHs、石油类	

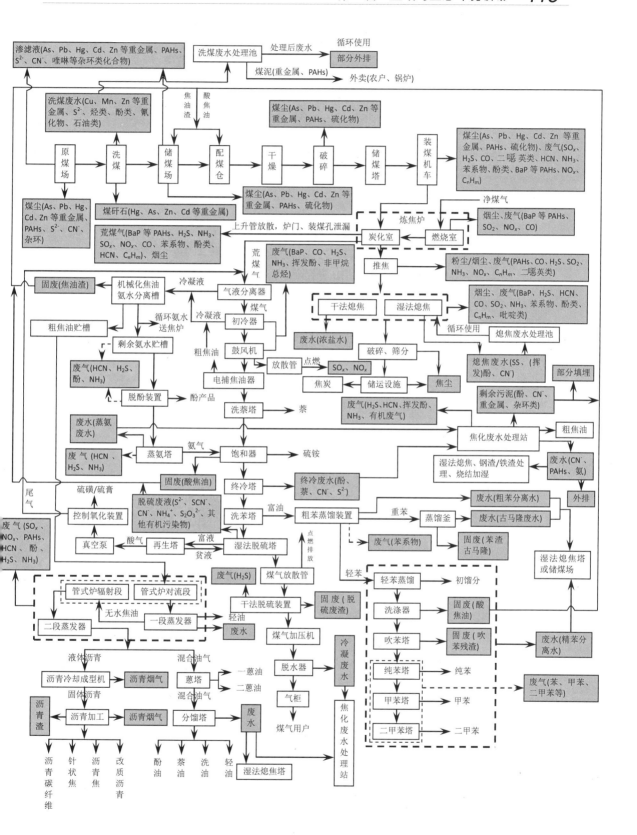

图2　炼焦生产工艺流程及污染产生节点

（2）制定了钢铁生产场地调查工作技术导则

参考国内外污染场地调查技术规范和导则，结合钢铁生产污染特征，多方征求业内专家意见，包括冶金行业钢铁冶炼生产专家、钢铁生产环保专家、污染场地专家，制订了我国钢铁生产污染场地调查工作技术导则（草案）。

（3）开展了案例场地土壤环境质量调查与研究

以首钢和重钢为重点研究对象，调查搬迁场地土壤环境质量，重点调查焦化厂、烧结厂、炼铁厂，污水处理、排放管沟周围，原料、废渣堆场等疑似重点污染区域土壤的环境状况，研究污染物分布规律、污染程度。通过分析比较国内外土壤环境质量标准，对钢铁企业搬迁场地进行环境质量评价。围绕研究内容共发表核心期刊和 EI 论文 7 篇。

（4）开展了钢铁生产工艺研究及排污特征研究

通过分析我国钢铁生产类型、生产工序、生产工艺和排污特征，分析因为原料、辅料、产品等不同给环境造成的不同污染，研究钢铁各生产环节可能产生的污染，以及造成场地污染的来源和途径，重点关注焦化、烧结、炼铁、炼钢、轧钢等工序的各工艺和环节。研究结果表明，生产场地污染物的种类和场地污染范围与钢铁生产流程和生产工艺，以及生产原料、辅料、产品等因素有很密切的关系。建厂时间、生产工艺、所用原料和辅料等，都可以对土壤造成不同的污染。研究过程中，围绕污染物检测和三维荧光表征，申请并获得授权发明专利 2 项，实用新型专利 1 项。

（5）开展了工业污染场地调查方法研究

通过钢铁企业搬迁遗留场地调查和分析，研究了工业污染场地的调查技术和方法，并结合项目研究内容出版专著 2 部："Vocabulary Handbook of POPs-contaminated"和《工业污染场地调查》。

4　成果应用

建立了各工序污染物和污染区域清单，使这类场地的调查更有针对性，制订的钢铁企业搬迁后遗留场地的污染调查技术导则，为钢铁生产场地污染调查提供方法和指导，对其他行业场地调查导则的制订有指导作用，也为钢铁生产污染防治和其他行业生产场地调查提供借鉴和参考。该项目的研究成果"钢铁生产各工序污染物和污染区域清单"和"钢铁企业搬迁后遗留场地的污染调查技术导则"，已被用于一些场地尤其是钢铁生产场地的调查中。包括协助重庆市固体废物管理中心，对重庆钢铁（集团）搬迁原址进行了环境调查；为广东省生态环境与土壤研究所借鉴，对广州钢铁厂搬迁后场地的调查；以及为钢铁主要生产流程污染排放系列标准制定提供参考。成果应用证明 3 份。

目前，各地许多钢铁企业搬迁都面临着搬迁后遗留场地的环境污染调查和风险评估，建议本项目产出的《钢铁生产特征污染物和污染区域清单》和《钢铁生产场地调查工作技术导则》能尽快立项颁布，为钢铁生产场地调查做指导，供其他工业污染场地调查导则的制定借鉴，也为正在新建的钢铁生产污染防治提供依据。同时，加紧研究内容专著的出版，让更多的人了解和掌握场地调查的科学方法，以及钢铁生产造成的污染物种类，更有效地开展环境保护和治理工作。

5　管理建议

在进一步完善《场地环境调查技术规范（征求意见稿）》的基础上，研究和建立行业特征污染物清单，作为《场地环境调查技术规范》的补充，配合《场地环境调查技术规范》，共同指导各种行业污染场地的精准化调查和环境监管。

同时，行业特征污染物清单应结合生产工艺，指出造成的污染环节和污染物种类，有利于采用分区布点和判断式布点采样法，使各行业场地能有针对性地实施调查，降低环境监管成本。

进行搬迁钢铁企业场地调查时，还应明确建厂时间，考虑生产历史，结合生产工艺流程及历史变革，分析和判断污染源，有效地针对污染区域和污染特征开展调查。特别注意调查早期（20世纪90年代前）固化地面以下的土壤层。

企业实施拆除之前，应进行一次专门的调查，以确定潜在的危险，必要时需要确定容器和管道的容积，并通过采样和测试来确定建筑结构是否存在污染。制定和颁布相关企业拆迁规范，加强钢铁企业搬迁的环境监管，实现真正意义上的环保搬迁。

6　专家点评

该项目分析了我国钢铁生产类型、生产工序、生产工艺和排污特征，分析因为原料、辅料、产品等不同给环境造成的不同污染，在充分调研的基础上，结合我国钢铁生产历史，研究和建立了"钢铁生产各工序污染物和污染区域清单"，可作为《场地环境调查技术规范》的补充，共同指导钢铁生产场地的精准化调查和环境监管。项目的研究成果"钢铁生产各工序污染物和污染区域清单"和"钢铁企业搬迁后遗留场地的污染调查技术导则"，已被用于一些场地，尤其是钢铁生产场地的调查，也为钢铁主要生产流程污染排放系列标准的制定提供了参考，得到相关环境保护部门（重庆市固体废物管理中心、中国钢铁工业协会、广东省生态环境与土壤研究所）的认可。

项目承担单位：中国环境科学研究院
项目负责人：刘俐

青藏高原生态退化及环境管理研究

1 研究背景

  青藏高原是我国和亚洲的重要生态安全屏障，它不仅是东半球气候的启动区和我国乃至世界重要的气候调节器，更是我国、南亚和东南亚地区的江河源和生态源。青藏高原生态环境不仅关系到区域内社会经济的可持续发展、人民生活水平的改善以及民族地区政治稳定，而且影响到大江大河的中下游地区及高原周边地区。作为我国和南亚地区的江河源和生态源，青藏高原生态退化直接影响了高原生态系统产流和水源涵养能力。《国家中长期科学和技术发展规划纲要（2006—2020年）》中环境领域第14优先主题"生态脆弱区域生态系统功能的恢复重建"中明确指出，要重点开发青藏高原等典型生态脆弱区生态系统的动态监测技术，建立不同类型生态系统功能恢复和持续改善的技术支持模式，构建生态系统功能综合评估及技术评价体系。因此，开展青藏高原生态现状、变化成因、动态趋势及防治对策的研究，遏制青藏高原生态退化，既是国家中长期科学和技术发展规划的重要目标之一，同时对促进青藏高原及其影响区社会经济可持续发展具有重要意义。

  本项目根据青藏高原不同生态退化类型，选取藏北草原、若尔盖湿地、雅鲁藏布江源区作为典型研究区，以我国具有自主知识产权的环境一号（HJ-1）卫星数据为主要信息源，分别对各典型区生态退化的时空变化进行调查与评估，研究青藏高原生态退化遥感监测与评估技术与方法，分析不同区域生态退化的驱动机制，提出相应的环境管理对策，为青藏高原生态环境综合决策与管理提供技术支持。

2 研究内容

  （1）评估藏北高原草地退化时空特征，构建草地退化遥感监测评价指标与体系。

  （2）开展若尔盖湿地退化遥感监测与评估，评估若尔盖湿地生态服务功能价值变化规律，进行驱动力分析。

  （3）构建雅鲁藏布江源区生态退化遥感监测与评估指标体系，进行风力侵蚀、冻融侵蚀和水力侵蚀等不同类型生态退化时空变化监测，对雅江源区生态状况进行评估。

  （4）对国产卫星HJ-1卫星数据进行深入应用，评价其在青藏高原生态环境监测工作中的应用潜能和性能。

（5）针对自然与人为因素提出青藏高原生态退化恢复与重建的对策和建议，为青藏高原环境管理提供科学依据和技术支撑。

3　研究成果

（1）完成了若尔盖典型区湿地时空演变及其景观格局遥感监测，为若尔盖湿地环境保护和治理提供了空间基础数据支撑

2010 年湿地总面积为 5 273.77 km^2，占区域总面积的 22.92%。主要集中分布在若尔盖县和玛曲县的东南部，在阿坝县和红原县也有小面积的分散分布。其中沼泽地的面积最大，为 4 812.33 km^2，占湿地总面积的 91.25%。1965—2010 年，若尔盖湿地面积总体呈持续减少的趋势，到 2010 年湿地总面积减少了 862.69 km^2，占 1965 年湿地总面积的 14.06%。其中河流和湖泊呈先增加后减少又增加的趋势，水库坑塘呈先增加后减少的趋势，河滩地呈先减少后增加的趋势，而沼泽地呈持续减少的趋势。1965—2010 年，若尔盖高原生态系统格局发生很大的变化，从区域整体来看，农田、草地、城镇和荒漠的面积呈增加的趋势，而森林和湿地的面积呈减少的趋势。

（2）完成了若尔盖湿地生态系统服务功能评估，为若尔盖时期生态安全屏障建设与环境管理提供了决策依据

1965—2010 年若尔盖生态系统服务功能价值的估算表明， 1965 年生态服务价值为 66 174.54×10^6 元 /（hm^2•a），1975 年为 66 107.66×10^6 元 /（hm^2•a），1989 年为 64 878.44×10^6 元 /（hm^2•a），2000 年 为 62 630.84×10^6 元 /（hm^2•a），2005 年 为 62 328.21×10^6 元 /（hm^2•a），2010 年为 62 152.43×10^6 元 /（hm^2•a）。45 年间研究区生态系统服务功能呈持续减少的趋势，且生态系统缺乏弹性。损失的价值主要反映在湿地的萎缩以及草地的退化，期间尽管有些地类对生态服务总价值的贡献呈增加的趋势，但是由于单位面积上的单价较低，不能弥补总价值的损失。

（3）揭示了藏北高原草地退化时空变化特征，并分析了藏北高原气候变化与植被波动的关系，为藏北草地生态补偿和草地管理提供了决策依据

近 30 年（1982—2010 年）来，藏北高原西部北部呈现出好转趋势，而南部东部呈现退化趋势，那曲县退化较为明显。近 30 年来，藏北高原相对湿度呈现增长趋势，降水呈微弱增加，而气温逐渐升高，这可能有利于草地的生长和恢复，这种自然因素造成的草地变化在西部和北部无人区尤其明显；那曲县等东部南部地区人口相对较多，载畜量的增加造成了放牧压力，人为因素较自然因素可能起到更为主导的作用。

（4）开展了雅鲁藏布江源区生态状况评估，为雅鲁藏布江源区国家级生态保护区生态安全屏障建设与环境管理提供了决策依据

1975—2008 年 30 多年间雅鲁藏布江源头区生态状况总体上呈显著的下降趋势。除

普兰县外，其他 3 个县域的生态状况综合指数均呈下降趋势，革吉县和仲巴县出现生态状况降级现象。受气候变化和经济、社会发展的影响，以耕地和建设用地为主的人类干扰增强，生态系统所承受的人口和牲畜压力显著增大，导致雅鲁藏布江源头区低覆盖度草地和劣地扩张，生物丰度、植被覆盖度等指数降低，是该地区生态状况普遍下降的主要原因。

（5）开展了雅鲁藏布江源区风力侵蚀等生态退化时空变化研究，为雅鲁藏布江源区国家级生态保护区生态安全屏障建设与环境管理提供了决策依据

对雅鲁藏布江源区主要生态退化类型监测表明：雅鲁藏布江源区风沙化土地面积 1990 年为 1 281.78 km^2，2000 年为 1 359.7 km^2，2008 年为 1 376.22 km^2。风沙化土地总体呈上升趋势，但增速有所放缓。1990—2008 年，风沙地总面积增加了 94.44 km^2，年均增长率 0.4%；1990—2000 年，风沙地面积共增加 77.92 km^2，年均增长率 0.59%；2000—2008 年，风沙地面积共增加 16.52 km^2，年均增长率 0.15%。丰富的沙物质来源和强劲的风动力条件是源区风沙化土地发生发展的潜在条件，全球气候变暖，气温升高，干燥度增加，是源区风沙化土地进一步发展的重要原因。另外，源区牲畜数量的增加、局部地区的过度放牧以及采矿活动也是造成风沙化土地发展的原因之一。因此应继续加强草地的科学管理，对部分沙化草地应实施围栏封育，同时，对采矿活动进行有效的管理。

（6）全面评价了环境卫星数据在环境监测和管理中的应用性能，为促进环境卫星数据的广泛应用起到了积极推动作用

利用 HJ-1 卫星数据对藏北草地水分含量和若尔盖草地 NPP 进行了估算，进行了风力侵蚀、冻融侵蚀、水力侵蚀和生态状况综合评估信息提取，通过相关性检验和相似研究的比较，表明利用环境减灾卫星数据可以实现对相关参量的定量提取，具有较好的应用潜力。因此，HJ-1 卫星数据作为一个重要的遥感数据源，可以为青藏高原生态环境变化评估提供强有力的监测手段。

4 成果应用

（1）为环境保护部指导青藏高原道路工程建设生态环境影响评价以及青藏铁路格尔木至拉萨段工程环境影响后评价审查提供了重要参考工具。

（2）为西藏自治区环境保护厅开展环境保护工作提供了支持，为开展雅鲁藏布江源区重要生态功能保护区建设方案制定、加强藏北高原退化草地生态保护以及开展西藏生态安全屏障保护与建设提供了重要决策依据和技术指导。

5 管理建议

（1）实行最严格的藏北高原草地生态保护措施，加强环境保护宣传和法制法规建设

藏北高原南部东部的草地退化，主要是由于人口增加、过度放牧，以及道路建设造成的。这充分说明只要有效减小和控制好人类活动的干扰影响，辅以适宜的草地生态保护与建设措施，凭借自然恢复亦能达到较好的效果。因此，建议在藏北高原人类活动密集区实行最严格的草地生态保护措施，从严控制牲畜数量和道路工程影响。同时继续巩固退牧还草工程，结合人工草场建设，修建牧草基地，引进和培育优良牧草品种，提高草地生产量。

加强环境保护宣传和法制法规建设对提升藏北高原草地生态保护水平具有重要意义。藏北高原深处青藏高原腹地，其生态保护与环境管理应以实现可持续利用为出发点，认真践行人与自然和谐发展理念；应大力开展环境保护宣传活动，提高当地牧民和旅游者的生态环境保护意识。同时建立完善的生态补偿机制，制定切实有效的藏北高原生态保护法律法规，加大环境执法力度。

（2）大力推进若尔盖湿地生态建设与环境保护的协同管理，多部门共同推进保护区环境监管工作

目前，不同部门与管理机构已经在若尔盖湿地建立了 7 个不同类型和级别的自然保护区，对若尔盖湿地的保护发挥了重要作用。同时，近年对沼泽地段还实施了围栏保护、禁牧休牧还湿、沙化土地治理、水土保持等措施，对退化湿地进行了恢复和治理，已经取得了明显成效。但是由于自然和人为驱动因素还依然存在，若尔盖湿地仍在继续萎缩、沙化形势依然严峻，部分地区生态退化依然严重。

为有效遏制和治理若尔盖湿地，建议由环保、林业、水利、畜牧等各有关部门组成协同管理机构，理顺保护区管理体制，完善湿地保护的法律法规，不断提高自然保护区的保护管理水平。继续推行天然林资源保护工程、退耕还林工程、退牧还草工程和野生动植物保护与自然保护区建设工程等国家重大生态治理项目等行之有效的生态治理政策。同时在已被排干的原沼泽区将开挖的排水沟重新填平，提高地下水位，使草场或干沼泽积水成为湿沼泽；采取轮牧和围栏养殖方式，减少牲畜量和人类的干扰活动，使湿地的面积和功能逐步得到恢复。

（3）加强雅鲁藏布江源区生态状况遥感监测与评估基础能力建设，为开展区域生态补偿奠定基础

雅鲁藏布江源区至今没有气象、水文等监测站点，自然环境背景数据极为缺乏，科研基础资料更是寥寥无几。应针对草地退化、土地风沙化、水源涵养等不同的生态退化类型进行科学的治理监测评估，充分利用现代高新科技技术，通过加强水文、气象、土壤、植被等生态因子的监测能力建设，拓展与深化环境卫星在青藏高原草地监测中的应用，为退化生态系统恢复与环境治理提供科学、准确的基础数据。

综合考虑生态服务功能约束的草地承载力和区域生态补偿机制，制定雅鲁藏布江源区畜牧业发展与布局规划、面向草地生态保护与建设的畜牧业补贴制度，严格控制牲畜数量，减轻草场压力。结合现行禁牧、休牧、轮牧等分区管理，以及生态安全屏障保护与建设需求，科学划定冬、夏牧场，规范草地功能分区与管理对策措施。在此基础上，为雅鲁藏布江源区生态保护与环境管理提供决策依据与技术支持。

6 专家点评

该项目以藏北高原、若尔盖湿地和雅鲁藏布江源区为研究区域，开展了研究区域的生态退化遥感监测与评估研究，获取了研究区域 30 年的生态退化时空变化信息，构建了生态环境质量评价指标和体系，完成了藏北高原草地光谱特征分析，揭示了无人区和人类活动地区草地退化的不同特点，提出了相应的草地退化治理对策，编写了青藏高原那曲草地、若尔盖湿地和雅鲁藏布江源区生态退化研究报告及生态环境管理对策。项目研究成果为环境保护部开展青藏高原道路工程建设生态环境影响评价和青藏铁路环境影响后评价提供了重要参考依据，同时也为西藏自治区环保厅制定雅鲁藏布江重要生态功能保护区建设方案、加强藏北高原退化草地生态保护提供了决策支持。

项目承担单位：环境保护部南京环境科学研究所、中国科学院寒区旱区环境与工程研究所、辽宁省环境科学研究院

项目负责人：周慧平

公路建设项目生态补偿关键技术与机制研究

1 研究背景

公路是现代化交通的重要组成部分，也是衡量区域国民经济发展水平的重要标志。自 20 世纪 80 年代起，随着社会经济的发展，我国公路总里程从最初的 100 万 km 增长至目前的 370 多万 km，在 20 年中增长了 3 倍，形成了覆盖全国的路网体系，提高了公路运输服务水平，促进了沿线地区的经济发展并取得显著经济和社会效益。但同时公路建设也给沿线生态环境造成了巨大压力，如建设与施工过程对土地资源的占用，使公路沿线耕地和林地减少、植被覆盖率降低；线性构筑物的形成改变地面水流动规律和洪水排泄通道，干扰地面水及地下水流向；公路分割使景观破碎，将自然生境切割成孤立的块状，使生境岛屿化，生物多样性遭到威胁；运营过程的污染物排放与累积也使公路路域环境质量下降，并辐射引发一系列生态环境问题。如何协调公路建设与生态保护的关系，促进公路建设的可持续发展，成为公路建设事业必须考虑的重大问题。

生态补偿是以保护生态环境，促进人与自然和谐发展为目的，根据生态系统服务价值、生态保护成本、发展机会成本，运用政府和市场手段，调节生态保护利益相关者之间利益关系的公共制度。有效实施公路建设项目生态补偿，是促进公路建设与自然和谐发展的重要手段与途径。但由于公路建设行为具有较为显著的时空特性，目前对其行为特征还缺乏有效的表征与度量，针对公路建设项目的生态补偿缺乏严格、科学的技术支撑，其生态服务功能影响如何评估与量化，如何进行生态补偿价值核算，如何因地制宜地选择生态补偿模式，尚需深入研究加以解决。因此，建立完善公路建设项目生态补偿技术体系，是切实解决公路建设与流域生态环境之间矛盾的需要，对促进公路建设项目环境管理技术水平进步具有重要的支撑作用。

2 研究内容

（1）建立公路建设项目生态系统服务功能影响评估流程与技术方法，为公路建设项目环境管理提供前置技术保障。

（2）开发公路建设项目生态补偿定价与核算技术，为公路建设项目生态补偿管理提供技术量化支撑。

（3）开发公路建设项目生态补偿模式与补偿效应评估技术，为公路建设项目生态补偿实施提供环境管理支撑。

（4）建立公路建设项目生态补偿政策框架体系，为公路建设项目生态补偿实施提供政策支撑。

3 研究成果

（1）从公路建设及运营过程对生态系统服务功能的影响特征入手，建立了公路建设项目生态功能影响评估技术方法

从公路建设行为出发，基于其与生态系统的相互作用方式，在时间和空间尺度上，对其行为过程、行为特征进行了度量与表征（表1）。针对公路建设项目的生态功能损益，依据公路建设项目特点及其对区域生态系统的影响，将公路建设项目生态损益驱动过程分为岩土过程生态功能损益、运营过程生态功能损益、景观过程生态功能损益三个过程，分别构建了驱动过程模型，并建立了生态功能损益量化方法。

表1 公路建设行为度量参数

建设行为	参数	单位	时空特性
岩土过程	开挖量	m^3/km	空间特性为主
	填方量	m^3/km	
	弃土量	m^3/km	
景观过程	里程	km	空间特性为主
	曲度	量纲—	
	面积（开挖面宽度、包含桥下面积，不含隧道）	m^2/km	
	路基/桥涵/隧道比	量纲—	
交通量	行政单元内公路里程	km	时间特性为主
	过境断面车流量	辆/年	

（2）依据公路建设项目生态损益驱动特征，建立了公路建设项目生态补偿定价与价值核算方法

从公路建设项目岩土过程、景观过程和运营过程出发，以生态功能补偿价值核算和社会经济价值核算为基础，对其核算方法进行了构建：以土地利用类型变化对其生境变化进行描述，进行生态功能补偿核算；从民众福祉价值核算、业主收益价值核算和政府利益价值核算三个方面，分别建立了量化公式，对公路建设项目社会经济价值进行核算。同时，根据孙鸿烈教授的生态类型分区，以积温和干湿度进行区域空间异质性修正，考虑我国社会经济和生产力发展水平与国外的差异、国内区域差异和城乡差异，依据联合国标准经济分区参数——恩格尔系统进行修正，建立了公路建设项目生态补偿定价方法。

（3）系统建立了公路建设项目生态补偿政策框架体系

针对公路征地范围内的生态恢复措施落实缺乏有效监管的管理缺失，提出了设立生态补偿保证金的政策设计，来保证生态恢复措施的实施效果；针对公路建设项目存在区域生态净损失的管理缺失，提出公路运营期的生态补偿采取以资金—项目补偿方式为主的方法，从运营期受益中设立生态补偿基金的政策设计。此外，还设计了与公路建设项目的各个阶段（规划、工可、设计、建设、验收、运营）的环境管理相对应的生态补偿管理流程（图1）以及政府、民众、业主多方参与的生态补偿监督流程和监督机制，并最终形成了公路建设项目生态补偿管理办法。

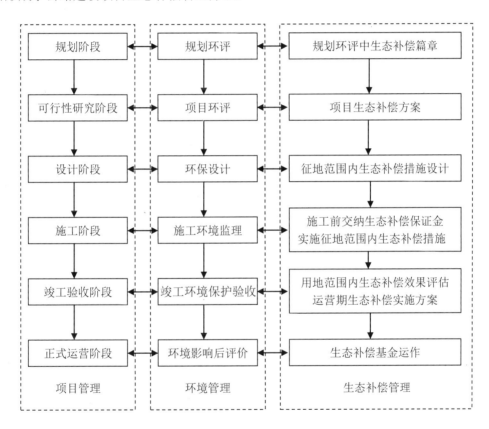

图 1　公路建设项目生态补偿管理流程

4　成果应用

（1）向环境保护部提交《公路建设项目生态补偿技术导则（征求意见稿）》、《我国公路建设项目生态补偿管理问题及对策建议》等文件，为公路建设项目生态补偿技术规范编制提供了技术支持与依据。

（2）依托于项目公路建设项目生态损益评估方法研究成果，为招商局重庆交通科研设计院有限公司在开展公路环境影响评价过程中提供了较好的技术支持。

（3）依托项目成果，上海船舶运输科学研究所在世行贷款安徽综合交通行业改善项目的环境影响评价与改善方案设计过程中，针对性地提出了以定价标准为依据的生态补偿设计方案。

5 管理建议

（1）尽快研究建立公路建设项目生态补偿技术导则，促进公路建设项目的环境管理。针对公路建设项目生态补偿，目前还没有专门性的技术规范，导致生态补偿工作缺乏有效依据。建议尽快建立公路建设项目生态补偿技术导则，对公路建设项目生态补偿基本内容、程序、方法和技术要求进行规范化，指导我国公路建设项目生态补偿工作的规范性、标准性。

（2）建立"政府管制、市场调节、社会参与"的公路生态补偿管理模式。公路建设项目生态补偿直接触及重新调整许多区域（公众）环境和经济利益关系的重大问题，完善有效的管理体制和管理流程是公路建设项目生态补偿顺利进行的保证之一。因此，需要建立起由政府、市场和社会组成的多元化生态补偿机制管理框架；综合运用国家机制与政府组织，市场机制与盈利组织、社会机制与公众组织，发挥政府、市场和公众三种工具的共同作用，推动公路建设项目生态补偿机制的建立。

6 专家点评

该项目从生态功能及社会经济角度出发，研究提出了公路建设项目生态系统服务功能影响评估方法，从岩土过程、景观过程和运营过程角度，建立了公路建设项目生态补偿定价与价值核算方法，并对全国不同生态类型和不同经济发展区域的生态补偿单价基准进行修正，设计了与公路建设项目的各个阶段的环境管理相对应的生态补偿管理流程以及政府、民众、业主多方参与的生态补偿监督流程和监督机制，对公路建设项目生态补偿管理起到了较好的支持作用。该项目提出的公路建设项目生态补偿价值核心方法及政策框架建议，对于完善我国公路建设项目生态补偿技术规范、推动相关政策建立，具有十分重要的意义。

项目承担单位：四川大学、环境保护部南京环境科学研究所、南京大学
项目负责人：辜彬

草原区煤田开发环境影响后评估与生态修复示范技术研究

1 研究背景

随着我国社会经济的快速发展，大大加快了矿产资源的开发建设速度，相应的基础设施建设不断加大，大开发、大建设的浪潮打破了我国大片草原的古朴与宁静。矿产资源开发对周围生态环境和居民生产生活带来巨大影响，露天矿大量的疏干水抽出造成周边地下水位不同程度的下降；煤炭的储、装、运过程中产生的煤尘飞扬对矿区及运输线路两侧草原生态环境的污染，导致草地退化；矿产资源开发运输工程中，都会占用和破坏大面积的草原，改变了草原原有的面貌，破坏土壤结构，形成大面积地表裸露的人工再塑地貌，降低或改变草地生态功能，使草原景观变得不再完整。由于在草原保护生态修复和环境保障方面缺少有力的科技支撑，草原牧区工业的快速发展与草原生态保护的矛盾日渐凸显。脆弱的草原生态由"结构性破坏"演变为"功能性紊乱"，直接影响着牧民生产生活条件，严重地威胁着国家的生态安全和边疆地区的社会稳定。而此类环境问题是长期的综合累积影响的结果，如何进行科学的分析评价尚无完善的体制和方法，应用案例还比较少，还处于起步阶段。

对此，我国政府给予了多方重视："《中华人民共和国国民经济和社会发展第十二个五年规划纲要》第二十五章'促进生态保护和修复'中提出要强化生态保护与治理，加大生态保护和建设力度，从源头上扭转生态环境恶化趋势；《中华人民共和国水土保持法》（以下简称《水土保持法》）第四章：开办生产建设项目或者从事其他生产建设活动造成水土流失的，应当进行治理；《中华人民共和国草原法》（以下简称《草原法》）第六章：经批准在草原上从事开采矿产资源活动的，应当在规定的时间、区域内，按照准许的采挖方式作业，并采取保护草原植被的措施；《中华人民共和国环境保护法》（以下简称《环境保护法》）第三章：开发利用自然资源，必须采取措施保护生态环境。"2011年4月6日，温家宝总理主持召开国务院常务会议，在研究部署促进牧区又好又快发展的政策措施中提出："必须坚持生产生态有机结合、生态优先的基本方针，加快牧区发展，保障国家生态安全，促进民族团结和边疆稳定，推动区域协调发展。"

为使草原牧区工业发展与生态保护达到双赢，针对草原矿区建设、开采、运输过程中存在的生态环境科技问题，急需开展生态修复与环境保护方面的科学研究，解决草原矿区开发人工扰动区水土保育与高效利用、人工再塑地貌植被重建优化配置、矿区资源开发影响区草原保护生态修复（草原生态功能置换）、露天矿疏干水合理利用与调控、矿区开发环境保障等关键技术问题，并从技术层面研究提出完善草原生态补偿机制、促进水土保持返还治理工程的实施及执行《草原法》、《水土保持法》、《环境保护法》过程中严格保护、科学利用、合理开发草原资源的宏观对策。通过与企业联合开展技术集成与示范，构建产—学—研科技研发队伍，打造我国草原矿区生态修复技术研发基地。

本研究属于《国家中长期科学和技术发展规划纲要（2006—2020 年）》中"环境"重点领域，符合"生态脆弱区域生态系统功能的恢复重建"的优先主题；《全国水土保持科技发展规划纲要（2008—2020 年）》中亦将"水土流失区林草植被快速恢复与生态修复关键技术、开发建设项目水土流失防治技术、水土保持新材料、新工艺、新技术"列入了水土保持科技重点研究领域中的关键技术。另外，2002 年 10 月 28 日《中华人民共和国环境影响评价法》颁布，并于 2003 年 9 月 1 日施行。该法首次对规划、建设项目的环境影响提出了后评价（或跟踪评价）要求。该法第二十七条规定："在项目建设、运行过程中产生不符合经审批的环境影响评价文件的情形的，建设单位应当组织环境影响的后评价，采取改进措施，并报原环境影响评价文件审批部门和建设项目审批部门备案；原环境影响评价文件审批部门也可以责成建设单位进行环境影响后评价，采取改进措施。"这对加强我国规划、建设项目环境影响评价管理，健全环境影响评价体系具有重要的作用。但我国现行环境保护管理体制中环境影响后评价还未被普遍应用，目前有关环境影响后评价工作的特点、方法和内容均未成形，也没有形成一套规范化和制度化的环境影响后评价工作程序。因此，开展本项目研究，符合国家有关科技发展规划需求，对于完善草原矿区环境影响后评价和生态恢复重建技术体系，改善草地生态环境、保障草原区生态安全等方面具有重要的科学意义。

2 研究内容

根据课题申请制定研究目标，本课题共有七个方面的研究内容：露天煤矿环境影响后评估基础理论研究、典型案例后评估研究、露天煤矿环境影响后评价技术规范研究、露天煤矿环境影响后评估管理机制研究、生态恢复区生态演替规律研究、露天煤矿土地复垦虚拟现实系统和生态示范区建设研究和草原区土地复垦与生态恢复技术研究。具体内容包括：

（1）露天煤矿环境影响后评估基础理论

①露天煤矿环境影响后评估指标体系研究

参考大量国内外的各种环境影响评价的指标体系，采用相关性分析、系统分析、频度统计等方法对相关要素的环境影响评价及后评估指标进行归一化处理，计算各初选指标之间的相关系数，建立相关系数矩阵，进行相关性分析，根据一定的标准选取独立性较强，能反映某一方面问题的合适指标。利用黑岱沟露天煤矿（情景 1：黄土高原丘陵沟壑区）、胜利西一号露天煤矿（情景 2：锡林浩特草原区）及伊敏露天煤矿（情景 3：呼伦贝尔草原区）三种情景进行指标体系实例验证，并对结果进行评估。通过该指标体系的评价较好地反映三种情景的发展趋势和特点，检验指标体系的代表性、科学性、完备性，并且对该指标的实际运用过程提供操作示范，同时对该指标体系在今后的运用过程提出改进意见。

②露天煤矿复垦区生态环境系统调查与分析

本研究对伊敏露天煤矿、胜利西一号露天煤矿、大唐露天煤矿和黑岱沟露天煤矿及其周边生态环境开展了详细的植被调查工作，共设置各类复垦和天然植被调查样地 172 个，采集样方 284 个。完成了近两年上述地区卫星遥感图像的收集和购置，收集整理了伊敏露天煤矿 2009 年调查样方 18 个，涉及样地 6 个。收集了上述地区 1990 年、2000 年、2010 年三个时间段的卫星遥感图像，并进行解译，以此为基础分析了上述典型案例区的生态环境演替规律，编写了内蒙古草原露天煤矿复垦植被调查报告。

③露天煤矿环境影响后评估理论支撑体系的构建

在对后评估指标体系、典型案例生态系统演替规律分析、露天煤矿开采地下水影响建模分析以及矿区草原生态系统综合健康评价模型分析等研究的基础上，构建以恢复生态学为主线，以环境系统损伤机制和环境系统抵御机制为基石的露天煤矿环境影响后评估理论支撑体系。

（2）案例后评估研究

内蒙古自治区自东向西依次分布着草甸草原、典型草原和荒漠草原三个草原亚带，其中草甸草原与典型草原在维持、促进国民经济生产发展以及保护生态环境，实现国家生态安全等方面起着非常重要的作用。因此，本课题研究选择草甸草原（代表性露天煤矿选在位于呼伦贝尔草原的伊敏露天煤矿，其主体植被类型为大针茅草原）与典型草原（代表性露天煤矿选在位于锡林郭勒草原的胜利西一号露天煤矿，其主体植被类型为本氏针茅草原和位于鄂尔多斯草原的黑岱沟露天煤矿，其主体植被类型为克氏针茅草原）。分析上述三个典型案例经过长期矿业开采活动后对草原生态系统所产生的环境影响。

三个案例报告的主要章节均包括：①总则；②项目概况；③露天矿环境现状与调查；④环境质量现状与评价；⑤环境影响回顾性评价；⑥前评价结论验证性分析；⑦环境保护措施有效性评价；⑧后续开发环境影响预测与分析；⑨环境管理及监测计划执行情况评价；⑩社会调查与评价；⑪改进方案及建议；⑫结论。其中，伊敏露天煤矿的后评估以地下水和生态环境影响后评估为重点和特色；黑岱沟露天煤矿以无地下水，并以特有的林草结合人工生态恢复方法为后评价的重点和特色；胜利西一号露天矿以煤田位于旧河床,地下水文地质条件特殊以及离城市较近,大气环境影响后评价较为突出为特点。

在编制案例后评估报告的同时,将所用到的方法及指标体系等进行总结和提炼,融入《露天煤矿环境影响后评价技术规范》中。

（3）露天煤矿环境影响后评价技术规范研究

本课题首先对现有环境影响评价技术规范及导则体系进行分析,确定了本次环境影响后评价技术规范的框架及思路；然后,通过基于三个后评估案例的现场环境系统调查、监测及历史数据分析研究,针对露天煤矿开采多年已产生的环境影响,综合基础评价的成果,构建了露天煤矿环境影响后评价技术规范。

（4）露天煤矿环境影响后评估管理机制研究

本课题研究分析了现有建设项目环境管理条例和环境管理法规,总结出各条例的相关性和存在的问题,针对后评估的特点,本着进一步完善露天煤矿环境管理体系的目标,确定本次环境影响后评估管理条例的框架及思路；然后,通过对具体案例的环境管理体系的分析发现现有案例煤矿环境管理体制存在的问题,并针对这些问题,在后评估管理条例中提出有针对性的规定给以完善；最后综合编制了《露天煤矿环境影响后评估管理办法》,包括:总则、文件编制要求、文件审查要求、相应的罚则及附则。

（5）生态恢复区生态演替规律研究

本课题基于两年的现场植被调查数据分析了生态恢复区表土质量演替规律,构建了演替模型。选择草甸草原（呼伦贝尔草原）与典型草原（锡林郭勒草原、鄂尔多斯草原）作为研究区域,并在两个草原亚带各自选择具有代表性的矿区作为考察对象,分析矿业开采对草原生态系统的影响和生态演替规律。并采用样线法与样方法相结合卫星影像确定四个矿区及周边草地的考察对象及考察路线。从群落、生态系统及景观三个层次上进行人工生态系统恢复效益评价；其次还讨论了研究区人工生态系统恢复在控制水土流失、美学及科研价值上的效益评价。研究认为,对于矿区人工排土场进行植被复垦,首先要防止废弃地表面的水土流失、水土保持,然后再进行熟化土壤、人工生态系统的构建。因此在优选复垦植被的选择上,植被复垦初期应当选择当地地带性植被建群物种,如针茅属植物、羊草、早熟禾等,待复垦 3～4 年,植被覆盖度达到一定程度,再结合当地气候条件种植乔木和灌木,进行深层土壤的固定。植被恢复是重建任何生态系统的第一步。它是以人工手段促进植被在短时期内得以恢复。但不同的退化生态系统其技术与步骤是不同的。

（6）露天煤矿土地复垦虚拟现实系统和生态示范区建设研究

本研究选择 ESRI 公司的 ARCGLOBE 作为虚拟现实系统的建设平台,以山西平朔露天煤矿为例,构建了露天煤矿生态恢复虚拟现实系统。系统可任意操作,漫游,缩放,旋转，为了浏览整个场景，还可以进行动画制作，按照规定的路线对场景进行自动漫游。并输出成电影格式，在其他视频中进行播放。系统采用排土场的植被数据和 GIS 数据，根据生态恢复区的恢复规律及规划方案，为生态恢复区的建设和技术方法应用提供指导。

另外，研究选择平朔安太堡露天煤矿作为示范区永久样地的建设地点，经过项目组成员赴现场多次调研考察与讨论研究，根据《植物多样性监测规范（试行）（待出版）》，按照不同复垦模式、不同复垦年限、不同地形（边坡、平台等）在示范区选定了 7 块样地，并制定了样地及植被编号规则。同时，选择内蒙古准格尔黑岱沟露天矿为试验基地，围绕黄土高原矿区突出的水土流失、植被退化、土壤退化及景观破坏等生态问题，以水土保持和植被恢复为研究核心，形成矿区土壤退化机理与综合整治、矿区土壤修复与土地资源整合、矿区景观恢复与景观优化调控、矿区水资源综合利用与水土保持四个主要研究方向。在复垦区按照不同复垦模式、不同复垦年限、不同地形（边坡、平台等）选定了 3 个样区，分别为：①矿区土壤退化、修复机理与综合整治试验区；②矿区植被恢复与景观优化调控试验区；③矿区水土保持试验区。每个样区根据实际情况设置了面积不等的样地。

（7）草原区土地复垦与生态恢复技术研究

对山西平朔露天煤矿、内蒙古黑岱沟露天煤矿、内蒙古大唐东二号露天煤矿和内蒙古伊敏露天煤矿的土地复垦与生态恢复技术进行总结，包括"采剥—运输—排弃—造地—复垦"一体化工艺，以及工程复垦与生物复垦技术等。完成了《草原露天矿区土地复垦与生态恢复技术指南》，该指南包括：范围、规范性引用文件、术语和定义、总则、表土剥离、存放与管护、排土场工程复垦技术要求、复垦土地植被重建技术、土地复垦的调查监测与复垦土地的检验和附录 9 部分。

3　研究成果

本研究系统分析环境影响后评价在国内外的研究及发展历程，比较明晰相关概念的基础上，以三个露天煤矿案例为研究实例背景，分析总结了三个案例环境影响后评价的后评估评价指标体系、后评估方法及其理论、后评估模型、后评估管理机制等方面，以草原区露天煤矿项目为重点研究目标，在案例分析总结的基础上构建了环境影响后评估框架、理论支撑体系、方法体系及管理机制。

同时，研究通过了解草原煤田开发生态系统修复技术在国内外的研究进展和发展历程以及对草原煤田开发生态修复限制性因素的分析，结合伊敏露天煤矿、大唐东二号露天煤矿、黑岱沟露天煤矿以及平朔露天煤矿四种案例的生态修复方案及技术分析，系统地提出了草原煤田开发生态修复技术。通过结合草原煤田修复土壤质量以及植被的演替规律，使土地复垦与生态技术相结合，形成了包括"采剥—运输—排弃—造地—复垦"

一体化的草原矿区露天煤矿生态修复技术方法体系。并采用当今最先进的、成熟的、符合国际标准的计算机、网络、数据库及软件开发技术和产品进行了露天煤矿土地复垦虚拟现实系统建设。并通过内蒙古准格尔黑岱沟露天矿及平朔安太堡露天煤矿基地进行了生态修复实验案例分析。

具体研究成果有如下几项：

（1）基于对环境影响后评估本质及特点的分析构建了环境影响后评估的框架，确定了评估的目的、原则、范围、内容、评估主客体、评估重点及技术路线。

（2）以生态学系列理论为核心构建了环境影响后评估的支撑体系：一条主线，一个桥梁，两个基点和两条原则。一条主线：恢复生态学；一个桥梁：生态系统管理学；两个基点：环境系统损伤机制和环境系统抵御机制；两条原则：生态经济学和可持续发展理论。具体包括：恢复生态学、生态系统受损机理、环境污染累积效应、复合污染生态学、生态系统演替理论、生态承载力理论、生态工程设计原理、可持续发展理论、生态经济学、生态系统管理学。

（3）在参考大量国内外环境影响评价指标体系的基础上，采用相关性分析、系统分析、频度统计等方法对相关产业环境影响评价及后评价指标进行归一化处理，计算各初选指标之间的相关系数，建立相关系数矩阵，进行相关性分析，根据一定的标准选取了独立性较强、能反映某一方面问题的合适指标。结合案例分析的成果，遵照《中华人民共和国环境影响评价法》的要求，构建了草原煤田环境影响后评价的一般性指标体系，指标结构包括目标层、约束层、准则层、指标层和变量层 5 个层次。

（4）在后评估案例应用成果的基础上综合参考了多种环境影响评价方法、经济类评价分析方法、数理统计分析方法、地学分析方法等多种类型方法后，总结提炼了一套以趋势分析法、动态分析法、回归分析法、累积预测法等回顾性评价及预测方法为核心的环境影响后评估方法体系。后评估方法体系具有多样性和交叉性，包括定性、定量及半定性半定量多种评价方法。从其功能上，可分为环境影响识别方法、环境现状调查与监测方法、环境质量现状评价方法、环境影响回顾性评价方法、环境影响后评估验证性评价方法。

（5）综合环境影响后评估理论支撑体系、评价框架、评价指标体系、评价方法体系的研究成果，编制了《露天煤矿环境影响后评价技术规范》。

（6）开展了煤田开发环境影响后评价应用研究。以内蒙古典型草原区露天煤矿（伊敏露天煤矿、黑岱沟露天矿、胜利一号露天煤矿）环境影响后评价研究为案例，对煤田开发（露天煤矿）环境影响后评价进行实际应用研究，为今后我国煤田开发环境影响后评价的理论研究与实际应用提供了经验。

（7）提出了完善建设项目环境影响后评估管理机制的建议。根据我国环境影响后评估工作中存在的问题，分别从建立环境影响后评估三级管理体系、选择合适的后评估组织机制、完善后评估运行机制、健全后评估保障机制、强化后评估反馈应用机制、建立后评估监测诊断机制六个方面，提出了加强建设项目环境影响后评估工作的政策和制度建议。并在全面剖析的基础上编制了《露天煤矿环境影响后评估管理办法》。

（8）针对伊敏露天矿开发 30 多年的自然环境及社会经济状况及其变化，结合露天矿开采情况，采用四维空间模型来进行各环境要素的单因素分析，并采用模糊综合数学评价法和层次分析法相结合的方法构建了矿区草原生态系统综合评价模型；并对伊敏露天矿进行了综合生态健康状况评估，分析了其后评估环境影响机理。

（9）基于两年的现场植被调查数据分析了生态恢复区表土质量演替规律和生态系统演替规律，构建了演替模型。选择草甸草原（呼伦贝尔草原）与典型草原（锡林郭勒草原、鄂尔多斯草原）作为研究区域，提出了有针对性的矿区人工排土场植被复垦建议、水土保持方法及植被建群物种等建议；针对不同演替类型完善生态恢复技术方法与方案设计。

（10）选择 ESRI 公司的 ARCGLOBE 作为虚拟现实系统的建设平台，以山西平朔露天煤矿为例，构建了露天煤矿生态恢复虚拟现实系统。为生态恢复区的建设和技术方法应用提供指导。同时，选择平朔安太堡露天煤矿作为研究区，按照不同复垦模式、不同复垦年限、不同地形（边坡、平台等）建设了 7 块样地；在内蒙古准格尔黑岱沟露天煤矿建设了 3 个样区，每个样区根据实际情况设置了面积不等的样地。

（11）对山西平朔露天煤矿、内蒙古黑岱沟露天煤矿、内蒙古大唐东二号露天煤矿和内蒙古伊敏露天煤矿的土地复垦与生态恢复技术进行总结，包括"采剥—运输—排弃—造地—复垦"一体化工艺，以及工程复垦与生物复垦技术等。完成了《草原露天矿区土地复垦与生态恢复技术指南》，该指南包括：范围、规范性引用文件、术语和定义、总则、表土剥离、存放与管护、排土场工程复垦技术要求、复垦土地植被重建技术、土地复垦的调查监测与复垦土地的检验和附录 9 部分。

4　成果应用

（1）在课题进行过程中，帮助神华准格尔能源有限责任公司、华能伊敏煤电有限责任公司、内蒙古大唐国际锡林浩特矿区有限公司三家企业开展了露天煤矿环境影响后评价工作，帮助企业查清了存在的环境保护问题，使煤矿采取有针对性的措施以提高环境污染治理和生态治理的效果，也提高了企业环境管理的水平，为企业的可持续发展提供了更多的潜力。同时通过《环境影响后评价指标体系》在三个案例中的应用，较好地反映了三种情景的发展趋势和特点，检验了指标体系的代表性、科学性、完备性，并且对指标的实际运用过程提供操作示范，对指标体系在今后的运用过程提出意见。

（2）《露天煤矿环境影响后评价管理条例》为环境保护行政主管部门提供了一项管理依据，同时督促项目建设单位对现有环境管理体系和方法进行完善。对于健全环境保护行政主管部门的管理机制，强化其监督管理，强化规划、建设项目的常规和长效管理、保证环境保护行政主管部门动态掌握规划、建设项目的环保现状及创新环境保护管理工作、建设单位对自身环境行为进行自律起到积极促进作用。在内蒙古自治区进行了试点应用。

（3）《露天煤矿环境影响后评价技术规范》的制定对于后评价工作的进行起着促进的作用，对于后评价体制的建立起着基石的作用；同时与目前已较完善的建设项目环境影响前评价的一系列技术规范一起可进一步完善我国环境影响评价技术规范体系。

（4）《草原露天矿区土地复垦与生态恢复技术指南》为环境保护部门、煤矿企业的土地复垦与生态恢复行业标准和企业标准建设提供依据，为《土地复垦技术标准》的修订提供了一定的参考和技术支持，并在四个矿区进行了系统的应用效果分析。

5 管理建议

（1）完善后评价立法工作

各国后评价实践表明，无论何时后评价工作都应得到政府和立法支持，这对于提高后评价运行效率，保证管理的权威性至关重要。所以，加强建设项目后评价工作需要推进后评价工作的制度化、法律化进程，使之成为项目环境管理的必要环节和重要组成部分。目前，尽管随着环境保护立法的不断深入，我国采取了环境影响评价制度、"三同时"制度、竣工验收等制度，但监督的广度、深度是不够的。其主要问题是除了没有健全的法律制度之外，就是没有建立后评价制度，没有确立后评价工作的法律地位。建立环境影响后评价工作制度，尤其是在法律上保证后评价结果的使用机制，把公正、可靠、权威的后评价结果作为类似建设工程决策、建设决策及环境保护决策的重要依据。

（2）加强后评价理论与方法体系建设

由于体制、观念、资金障碍等原因，目前，我国项目环境影响后评价的理论研究进展缓慢，尚未形成完整的理论、方法与应用的指标体系。应组织有关部门尽快研究制定适合各类典型行业的环境影响后评价理论、方法体系，对环境影响后评价的方法、后评价的对象、后评价的内容、后评价所采用的通用参数、后评价遵循的原则以及后评价主体、后评价人员等做出明确的规定。以指导我国项目环境影响后评价工作的开展，以保证环境影响后评价结果的客观性、公正性和权威性，提高后评价结果的反馈利用效率和效益。

（3）明确环境影响后评价的功能

进一步明确环境影响后评价和项目环境影响评价、环境监理、环保竣工验收以及运行期环境保护监管的区别和联系，建立事前审批、过程监督和事后检验的机制，督促建设单位和环境影响评价单位编制实事求是、符合实际的环境影响评价文件，提高环境管理体系整体的效用。

（4）加强研究，开展示范，总结经验

建设项目种类繁多，情况复杂，环境影响后评价客观上也存在多种类型，而且环境影响后评价是环境影响评价工作的继续和深入，比预测评价文件的编制更有深度，因此当前应重点开展示范研究，在总结经验的基础上形成典型行业的后评价技术规范。

（5）提供后评价的资源保障

开展环境影响后评价需要投入一定数量的资源，主要包括后评价人力资源、经费资源以及信息资源。

①确定后评价机构资质

目前我国新建立的后评价机构和一些开展后评价工作的设计、咨询单位，在人才结构、学科构成、工作条件、业务范围以及从事后评价工作的经验等方面，存在较大差异。因此很有必要进一步明确后评价机构的资格认证条件，只有取得认证资格的机构方可开展后评价工作。取得认证资格的后评价机构中要独立设置有关煤炭开采项目环境影响后评价的业务部门，这样才能保证完成后评价的任务，保证后评价结果的水平和质量。

②建立专职后评价队伍

从事后评价工作的机构要具有一定数量的专职后评价工作人员，他们应具有较系统的后评价理论知识，熟悉后评价工作规范，掌握后评价基本方法，能胜任后评价工作的管理和操作等。后评价队伍要具有科学合理的知识结构、学科结构、职称结构和年龄结构。后评价机构还应具有从社会上不同行业和部门聘请权威性专家的条件和能力，并能充分发挥他们的作用，开展后评价工作。聘请外部专家参与，既可以弥补执行机构专职评价人员的不足，满足不同工程后评价对不同专业人员需要的特殊要求，又能给评价带来新观念、新思维，提供不同工程所需要的专业技术知识和经验，同时还可以增强后评价的公正性和可信度，有利于提高后评价机构的声誉。

③提供环境影响后评价经费资源

进行环境影响后评价需要一定的经费投入，其经费的数额视工程规模大小及后评价的要求而不同。建设主体应当来承担这笔经费，所以要加强环境影响后评价工作，建议建设主体在项目环保投资中，能将环境影响后评价经费单列，并根据建设规模和范围大小，明确后评价经费所占工程投资总额的比重，并形成制度化和标准化。这样才能使环境影响后评价工作真正落到实处。

6　专家点评

项目在对干旱半干旱露天煤矿生态恢复技术分析总结和验证的基础上，初步建立了草原区露天煤矿环境影响的后评估理论、方法及指标体系，提出了"露天煤矿环境影响后评价技术规范"、"露天煤矿环境影响后评价管理办法"和"草原露天矿区土地复垦与生态恢复技术指南"建议稿，初步建立了露天煤矿生态恢复虚拟现实系统和矿区土地复垦与生态重建技术方案，开展了"神华集团内蒙古准格尔能源有限公司黑岱沟露天矿环境影响后评估"、"胜利一号露天煤矿环境影响后评估"和"伊敏露天煤矿环境影响后评估"实证研究。

项目承担单位：内蒙古自治区环境科学研究院、中国地质大学（北京）、内蒙古大学、呼和浩特市环境科学研究所

项目负责人：张树礼

水利工程生态效应与生态调度准则研究

1 研究背景

不断兴建的大坝水库在满足人类获取能源、防止洪涝、提高灌溉、改善通航和为城乡供水等各种需求的同时，却对工程建设所在地区乃至整个流域生态系统的稳定和正常发育产生了日益扩大的负面影响。这种负面影响不仅危害流域生态系统的健康发育，而且也殃及现代流域自身开发的可持续性。

世界范围内，大坝正成为影响淡水系统的重要因素（Dynesius, et al., 1994）。针对全球 292 条大河流域大坝工程的影响研究表明（Nilsson, et al., 2006），超过一半（292 条河流中的 172 条）的河流受到大坝影响；这些流域均经历了高强度的灌溉压力，单位水资源量承载的经济活动压力是未受大坝影响河流的 25 倍多。全球范围内库坝工程对流域生态系统的影响范围和强度日趋严重，库坝工程开发正逐步成为流域生态系统变化的重要驱动因子。国内外对流域库坝工程的生态效应已经做了不同程度的研究，同时也在流域水资源开发的约束阈值方面进行了探索。"水利工程生态效应与生态调度准则研究"项目以已基本完成水利工程开发的支流流域为研究对象，通过揭示水利工程的生态效应时空特征及其规律，构建水利工程的生态效应评价技术体系，分析评估水利工程建设运行对流域产生的生态影响，探讨建立流域尺度水利工程开发的生态约束阈值及准则，并制定减缓水利工程不利生态影响的工程调度生态准则，为流域水利工程开发建设与生态化管理提供重要的技术支撑。研究采用典型流域实地调研、"3S"空间分析、指标方法等开展研究。

2 研究内容

围绕研究目标，在系统地分析回顾国内外水利工程生态效应相关研究的基础上，以已经完成水利工程开发的海河流域的白洋淀支流和乌江流域的猫跳河支流为典型流域，通过典型流域的深入调查分析，结合国内流域库坝工程开发引发的生态环境问题，揭示流域库坝工程开发的生态效应规律性特征，并建立流域库坝工程开发的生态效应评价技术体系；基于国内外有关流域水利工程开发建设的对比研究，开展中国水资源综合开发强度阈值和生态约束准则研究；以基本生活需水和基本生态需水刚性满足、兼顾各用水目标需水、依用水目标重要性安排需水优先满足顺序为原则，进行中国水利工程生态调度准则。

3 研究成果

（1）构建了库坝工程的生态效应评价指标体系

流域水利工程开发的生态评价指标数量繁多。本研究直接面对触及生态底线的问题，以此为出发点筛选指标，以确保用少量的指标有效地测度和评价库坝工程引发的关键生态效应，从而使评价指标体系具有较强的可操作性和实用性（表 1）。我国在流域尺度上已有建立的水文监测和水环境监测体系，但对生物多样性监测仍然没有纳入生态管理之中。水利工程生态效应评价指标体系中 4 个水生生物评价指标及其方法的建立，可以为流域生物多样性监测提供技术支持。

表 1   库坝工程生态效应的评价指标体系

生态效应	关键要素	序号	核心指标	序号	备选指标
水文效应	水文情势	1	径流年内分配不均匀系数	1	径流量
		2	极端枯水月流量	2	库容调节系数
		3	生态需水量保证率	3	流速
				4	产卵期生态需水保障率
				5	相对干涸长度
				6	水资源利用率
				7	相对干涸天数
污染生态效应	水环境质量	4	溶解氧	8	化学需氧量
		5	总磷	9	五日生化需氧量
		6	总氮	10	氟化物
		7	高锰酸盐指数	11	粪大肠菌群
				12	重金属元素含量
生物学效应	水生生物	8	鱼类完整性指数	13	特有（稀有）种存活率
		9	生物多样性指数		
		10	生物丰富度指数		

（2）流域水利水电资源综合开发强度阈值分析

构建了流域水资源综合开发强度阈值，突破了传统水资源开发利用程度分析中只计算河道开采水量，不考虑水电站用水量的状况，提出进行河道开采水量与水力发电水量综合计算的开发强度阈值研究。

从国内外的经验以及上述开发环境看，2030 年我国的流域水资源综合开发强度以保持在 35% 左右为宜。其中流域水资源的开发程度大体可在 25%，水电资源的开发程度大体可在 50%（图 1）。按此开发程度计算，2030 年，中国居民生活和工农业用水总量约在 7 000 亿 m³，较之 2008 年提高 27.3%；水力发电装机约在 2.5 亿 kW、发电量 8 500 亿 kW·h，比 2008 年分别提高约 45.0% 和 46.5%（图 2）。

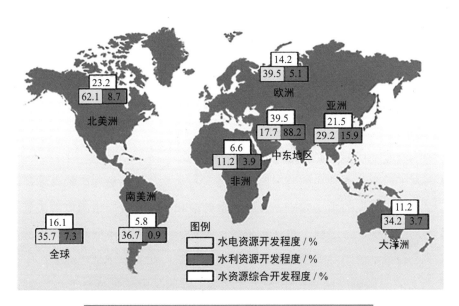

图1　2008年全球水利水电资源开发程度比较（横图）

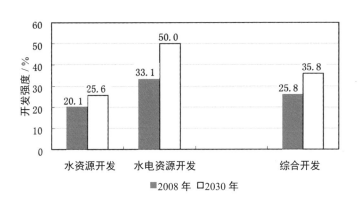

a. 开发强度

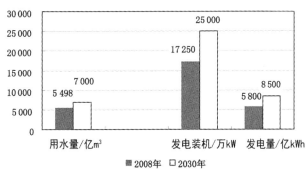

b. 开发状态

图2　我国水资源综合开发强度及状态判断（2008—2030年）

（注：本计算不包括农村小水电）

主要结论：

①中国生存用水资源保障程度低、水电资源保障程度高的流域水资源结构基本特征（中国流域的生存水资源密度为全球均值水平的 82.2%，水电资源的密度则为全球均值水平的 317.6%）。②根据阈值计算，未来（2030 年）中国的流域水资源综合开发强度以保持在 35% 左右为宜。其中流域水资源的开发程度大体可在 25%，水电资源的开发程度大体可在 50%。

（3）中国流域水利工程生态效应敏感性区划

流域水利工程的生态效应敏感度区划选择了与水文、水环境和生物多样性相关的指标，进行库坝工程开发的水文效应、污染生态效应和生物学效应敏感度等级划分。以中国二级流域为基本单元，选择了水文水资源、生物因子、流域本底环境等指标，构成了流域水文效应指数、生物学效应指数和生境效应指数。在此基础上形成了：中国流域库坝工程的水文效应敏感度区划；中国流域库坝工程的生物学效应敏感度区划；中国流域库坝工程的生态本底敏感度区划。把流域分成极敏感区、高度敏感区、中度敏感区、低度敏感区和不敏感区，为我国流域水利工程开发提供了一个生态效应底图。

（4）水利工程生态调度准则

水利工程运行中考虑生态因素，是减轻其生态影响的有效途径。在水利工程运行中，生态保护目标和社会经济目标之间存在冲突，生态保护的各个分目标之间也会存在冲突。生态调度准则旨在协调这些矛盾和冲突。目前，国内水利工程生态调度管理实践方面尚缺少指导准则。实施生态调度，首先需要确定生态环境保护目标，在此基础上，估算生态需水（水量和径流过程）。生态需水确定后，通过工程调度进行实施。同时，实施监测，通过监测结果对调度方案进行适时调整。本项目在提出生态调度总原则的基础上，提出了生态目标设定的准则、生态需水确定准则、工程调度运行准则以及基于监测结果的适时运行调度准则等。

4 成果应用

以本项目构建的流域水利工程生态效应评价技术体系为依据，项目组基于研究结果向水利部水利风景区评审委员会办公室提出了开展水利风景区生态环境监测与评估的建议，该建议已经受到水利部相关部门的重视，项目论证正在进行中。同时还在项目组承担的"水利风景区相关管理标准（草案）"制定中体现了本研究的成果。

流域水利工程生态效应的敏感性分区把我国每条流域划分为不同的生态效应敏感度河段，有助于认识不同河段对水利工程开发的敏感性因子，为开发的生态约束阈值或准则构建及未来流域水利工程开发提供了一个背景和基础，有助于对高度敏感区和极端敏感区的水利工程开发进行有效管控。

项目构建的水利工程生态调度准则可以为水库大坝调度管理部门的生态保护提供技术支持。本研究根据计算结果，为汉江流域安康水电站提出了控制水库下泄径流；根据水库可用水量、用电需求变化和防洪需要进行实时调整的建议。安康水电站发电厂已经准备根据相关研究结果，逐步调整工程调度的计划，实现水电开发与汉江生态保护的协调发展。

5　管理建议

（1）建立流域库坝工程开发的水生态监测技术体系和监测制度

目前我国流域尚未建立水生态系统的监测评估制度，同时也缺少流域水生态系统监测的技术体系。流域水利水电工程开发对水生生物多样性及其栖息地的影响评估缺少长期的观测数据资料。因此，建议在水生生物丰富的流域试行建立水生态观测定位站并定期观测，为此需要加强水生态监测评估指标和方法等技术体系的基础研究。

（2）加强流域水资源综合开发的阈值研究和阈值标准管理

进行流域水利工程开发的环境流量管理和水质管理是保障流域生态健康的基础。无论是已开发或在开发的地区，均应展开有关流域综合开发阈值的研究，并依据流域所在地区的自然环境与人文社会发展需求确立流域水资源综合开发的最大阈值和基本模式；制定流域水资源综合开发域值标准，为流域开发管理提供技术支持。

（3）进一步开展流域开发的生态效应敏感性分区研究

进行流域水利工程开发的生态效应敏感性评价和分区，可以认识和了解不同区域未开发流域对水利水电工程开发的敏感程度，进行敏感度分区，从而对高敏感度地区采取保护政策，达到从根本上保护流域生态环境的目标。为此建议在不同流域尺度开展流域开发的生态效应敏感性评估和分区。

（4）加强水利工程调度管理，实施生态调度制度

通过水利工程的合理调度来保护生态环境目标是维护已开发流域生态环境的重要途径。为此需要加强流域水利工程生态调度管理的科学研究，制定基于流域生态保护目标的工程调度准则和技术规范，建立合理的生态径流下泄方案，以保障河流的健康可持续利用。为此建议各大流域委员会进一步研究具有流域适应性的水利工程生态调度准则，最终形成流域水利工程生态调度的技术导则，为加强水利工程调度管理，推广和实施生态调度制度奠定基础。

6　专家点评

该项目以我国已建水利工程的支流流域为研究对象，选取白洋淀和猫跳河作为北方和南方的典型流域，针对水利工程的流域性生态效应问题，在水利工程的生态效应评价、

生态约束性阈值及准则、生态调度等方面开展研究，完成了项目任务计划。项目构建的水利工程生态效应评价技术体系为流域开发的生态环境监测评估提供了技术支持；项目提出的水利工程生态调度准则可用于引导和规范我国已开发流域的生态适应性管理；项目展开的流域水资源综合开发强度阈值分析和流域库坝工程开发的生态效应敏感性分区研究具有一定的创新性。

项目承担单位：中国科学院地理科学与资源研究所、环境保护部南京环境科学研究所
项目负责人：鲁春霞

EM 菌发酵床技术环境安全研究和管理体系研究

1 研究背景

随着养殖技术的发展，我国畜禽生产能力大幅提高，随之产生的畜禽粪便则带来巨大的生态环境压力。以生猪养殖为例，1 头 90kg 左右商品猪的污染负荷相当于 7 ~ 10 个成年人，而规模化养殖带来的种养分离，又加剧了生猪养殖业的环境污染问题。21 世纪初，微生物发酵床技术开始在我国生猪养殖业中逐步推广应用。该技术的基本原理是将生猪放养在混合有大量微生物的木屑垫料床上，利用微生物的分解能力，快速分解生猪养殖过程中产生的粪尿排泄物，实现猪粪尿就地处理和减量化。日本是最早开展微生物发酵床技术研究的国家，于 20 世纪 70 年代初建立第一个发酵床系统，用于生猪的养殖。目前，该技术已在世界多个国家或地区的畜禽养殖业中得到不同程度的应用，已在我国福建、山东、吉林等多个省份得到较大发展，推广应用遍及全国。作为一种微生物应用技术，几年的实践表明，该技术在减少生猪粪污排放，提高猪场环境质量，改善动物福利等方面效果明显。由于微生物发酵床技术在我国应用时间尚短，缺少必要的环境安全研究，也存在着环境安全监管的缺位。为更好解决微生物发酵床技术环境安全监管滞后于技术应用的问题，2009 年 6 月，环境保护部李干杰副部长主持召开专题会议，研究微生物发酵床技术在养殖业中应用的环境安全问题。

本项目围绕微生物发酵床技术的环境安全性及应用管理，设置了微生物发酵床技术应用现状调查、微生物发酵床技术的环境安全性研究、微生物发酵床技术环境安全管理制度研究三个内容；开展系统研究工作，剖析微生物发酵床技术的环境风险因素，梳理存在的技术和管理问题；并围绕环境保护部门指导和监督农村污染防治，履行生物安全监管等职能，提出对策建议，制订微生物发酵床环境安全管理办法。

2 研究内容

（1）微生物发酵床技术应用现状调查

选择我国代表性地区，开展微生物发酵床技术在生猪养殖业中应用及管理现状调研，了解微生物发酵床技术在我国生猪养殖中应用的实际情况、效果和存在的问题。

（2） 微生物发酵床技术的环境安全性研究

选择不同类型的生猪养殖企业作为监测点，对实际运行的发酵床开展连续监测和分析，包括发酵床垫料、发酵床菌剂以及与普通水泥猪舍的对比研究等；以获得各类相关技术参数，系统开展微生物发酵床技术的环境安全研究，科学认识、评价微生物发酵床技术的环境安全性。

（3） 微生物发酵床技术环境安全管理体系研究

结合我国现有微生物相关环境安全管理办法和环境保护部门生物安全管理职能，研究分析微生物发酵床技术应用的环境安全管理目标、内容、流程，探讨微生物发酵床技术环境安全管理的基本思路和机制，制订有关管理文件，为规范微生物发酵床技术的应用，加强环境安全管理奠定基础。

3 研究成果

（1） 通过实地调查研究，总结了微生物发酵床技术在我国推广应用的现状，分析了微生物发酵床技术的优点和存在的问题

通过对吉林、山东和福建三省的实地调研，结合资料分析，基本掌握了微生物发酵床技术在我国生猪养殖中应用和管理的现状，实地考察了发酵床技术处理生猪排泄物的效果，以及对养殖场及周边环境带来的改善，完成《微生物发酵床技术应用环境安全管理现状调研报告》，对微生物发酵床技术的引进历史、在我国生猪养殖业的应用推广、主要技术优点、存在的各类问题进行了分析总结，并结合调研掌握的情况，指出了开展微生物发酵床技术的环境安全研究和建立健全技术应用管理体系的必要性和重要性。该调研报告已被环境保护部生态司生物安全管理处接受，作为开展微生物环境安全管理的参考依据。

（2） 通过对微生物发酵床猪舍的连续监测、样品分析和研究，形成了微生物发酵床技术环境安全性的基本评价结论，揭示了微生物发酵床技术的环境风险因子处于可以控制的范围内

通过对 4 个生猪养殖企业的发酵床圈舍的连续监测和样品分析，完成 62 个发酵床样品的实验室分析检测，分别基于 16SrRNA 基因序列测定结果和形态学研究结果完成了448 株分离细菌和 457 株分离真菌的鉴定，并对普通水泥猪舍的地面、食槽等部位的细菌总数和大肠菌群数量进行了对比检测分析，获得了大量微生物发酵床技术的重要技术数据，包括发酵床垫料的基本理化参数、发酵床垫料中优势微生物类群分布、动物急性毒性数据以及发酵床垫料中真菌毒素和重金属的蓄积等，结合实地调研了解掌握的情况，完成了《微生物发酵床技术环境安全评价报告》和《微生物发酵床技术环境安全管理对策建议》，形成了微生物发酵床技术环境安全性的基本评价结论，包括：

① 微生物发酵床技术可以有效处理、减量生猪养殖过程中产生的猪粪尿等排泄物，是应对集约化养殖带来的巨大环境污染压力的有效环境技术之一，可以明显改善生猪养殖环境和饲养场周边环境，还具有提高圈舍冬季温度、降低生猪养殖的劳动强度、改善动物福利等优点。

② 微生物发酵床技术作为一种将养殖与粪污处理一体化的技术方法，应用在生猪养殖中，不可避免地存在可能影响环境安全的生物和化学风险因子，包括粪大肠菌群等条件致病微生物、真菌毒素蓄积、重金属蓄积、寄生虫卵等，以及处置不当的废弃发酵床垫料对环境造成的二次污染等，不能忽视其潜在的危害性。虽然在研究过程中，没有从发酵床垫料中发现高致病性微生物。

③ 微生物发酵床技术的潜在环境安全风险和对动物健康的潜在危害，并不高于普通猪舍。通常情况下，微生物发酵床技术在生猪养殖中的应用，包括生猪因翻拱发酵床吃进少量垫料，应不具有对健康动物产生实际危害的可能性。

④ 虽然，对环境安全有影响的多种生物的和化学的风险因子在发酵床使用过程中不断蓄积在垫料中，但是，经过无害化处理的废弃发酵床垫料的潜在环境安全风险和对植物健康的潜在危害，通常并不高于城镇有机垃圾堆肥腐熟产品在农田中使用对环境安全和植物健康的影响和潜在风险。

⑤ 应加强微生物发酵床技术应用的环境安全监督管理，采用正确的技术方法，控制、降低潜在危害风险水平。该技术方法将猪粪尿排泄物的处理整合进生猪饲养圈舍，因此，可能影响环境安全的潜在风险因素的存在不可避免。

⑥ 根据我国现有环保相关技术标准，在正确使用、严格监督管理的情况下，微生物发酵床技术应用过程中存在的、可能影响环境安全的风险因子基本处于可以控制的范围内。

（3）研究制订了《微生物发酵床菌剂环境安全监督管理办法》

完成了《微生物发酵床菌剂环境安全监督管理办法》及编制说明、《微生物发酵床垫料使用环境安全监测技术规范》、《微生物发酵床废弃垫料处置技术要点》等技术政策和技术规范文件的编制。目前，项目组正在环境保护部生态司生物安全管理处领导下，推动监督管理办法的行政批准进程，争取早日发布。监督管理办法和技术规范等发布后，将改变对微生物发酵床技术监督管理无法可依的现状，对规范该技术在畜禽养殖业中的应用，加强环境安全管理，建立长效协调监管机制和管理体系，降低、防范、控制环境和健康风险，保障生态环境安全将起到重要的指导作用。

4　成果应用

（1）依托项目研究成果，向环境保护部提交了《微生物发酵床菌剂环境安全监督管理办法》、《微生物发酵床垫料使用环境安全监测技术规范》和《微生物发酵床废弃垫料处置技术要点》等技术政策和技术规范文件，管理办法发布后，将改变微生物发酵床技术环境安全监督管理无法可依的现状，对降低、防范、控制技术应用的环境风险，保障生态环境安全起到重要的作用。

（2）依托项目开展的实地调研成果，完成并提交了《微生物发酵床技术应用环境安全管理现状调研报告》，分析总结了微生物发酵床技术在我国生猪养殖业的应用推广现状、主要技术优点和存在的问题，指出了建立健全技术应用管理体系的必要性和重要性。

（3）首次取得、掌握了微生物发酵床圈舍的重要技术数据，对微生物发酵床技术的潜在环境风险因素、在畜禽养殖业中应用的环境安全性有了更加深入和全面的认识，将促进微生物发酵床技术的改进、完善，降低环境安全风险，有利于微生物发酵床技术在畜禽养殖业中的推广应用，减少畜禽污染。

5 管理建议

（1）建章立制，加强微生物发酵床技术的环境安全管理

建议在修订、完善的基础上，尽快发布《微生物发酵床菌剂环境安全监督管理办法》，从污染控制和环境安全两个方面明确环境保护部门职能，为地方环境保护部门开展微生物发酵床技术应用管理和后续监管提供指导和依据。

（2）开展微生物发酵床技术的系统研究

围绕技术推广应用过程中存在的问题，以及技术的不断完善发展，积极组织、推动有关科研机构开展系统、深入的技术研究，不断提高微生物发酵床技术的环保效果和环境安全水平。包括：安全、高效微生物发酵床菌剂的研制；疫病规律研究；农村有机剩余物垫料化生产加工技术研究；废弃发酵床垫料的无害化技术研究和资源化利用等。

（3）制订技术标准体系，规范微生物发酵床技术的应用

围绕微生物发酵床菌剂质量标准、不同气候条件的发酵床猪舍设计规范、发酵床垫料管理与环境控制指标、疫病防控措施等关键环节，制订科学、实用、具有较强操作性的技术规范文件体系，为正确使用微生物发酵床技术、控制降低技术应用的环境安全风险提供技术支持。

（4）提高微生物发酵床技术的应用和管理能力

加强对畜禽养殖技术人员的培训，强化环境安全意识，正确使用微生物菌剂，规范处置废弃垫料。提高管理人员对微生物发酵床技术的了解，在科学认知、重视技术本身可能存在的环境安全风险的基础上，积极应用微生物环境技术，解决农村环境污染问题。

6　专家点评

　　该项目研究过程中综合运用微生物分类学、环境微生物、微生物卫生学、分子生态学、动物毒理学等多学科交叉的研究手段，结合微生物发酵床技术在我国推广利用现状的调研结果，开展微生物发酵床技术的环境安全评价研究，首次取得、掌握了微生物发酵床的重要技术数据，总结了技术应用过程中存在的可能影响环境安全的潜在风险因素和风险程度；明确了在正确使用、严格管理的情况下，微生物发酵床技术的环境安全风险并不高于常规猪舍，技术应用过程中产生的可能影响环境安全的风险因子基本处于可以控制的范围内，科学评估了微生物发酵床技术在集约化生猪养殖中应用的可行性。依托项目研究成果，形成了"微生物发酵床菌剂环境安全监督管理办法（报批稿）"等管理和技术文件，为我国微生物发酵床技术应用的环境安全监管提供了技术支撑。

项目承担单位：中国科学院微生物研究所、中国环境科学研究院
项目负责人：周宇光

第三篇
环境与健康环境领域

2009 NIANDU HUANBAO
GONGYIXING
HANGYE KEYAN ZHUANXIANG
XIANGMU
CHENGGUO HUIBIAN

污染典型区域环境与健康特征识别技术与评估方法研究

1 研究背景

伴随着我国社会经济的持续快速发展，我国的环境污染日益严重，近年来，环境污染或污染事故导致的人体健康损害事件不断发生，对人民健康产生了巨大的威胁。20世纪70年代以来，我国环境污染与健康调查工作逐步开展，调查项目日益增多，但调查工作的重点多集中于环境污染调查，大多数与健康损害调查割裂，没有形成有机的统一；即使有少量环境污染与健康结合的工作也是调查地点有限、调查范围偏小，缺乏系统调查；并且采用的环境污染与健康损害识别技术和评估方法也不尽科学，导致调查不够深入，结果缺乏可靠性、准确性和可比性。由于我国环境污染与健康调查的范围、深度和广度还远远不足，甚至很多事件根本没有进行健康损害调查，造成我国环境污染与健康损害的底数不清，基础数据缺乏，致使当前我国环境与健康管理部门在开展科学决策时无据可依，制定环境与健康政策时面临很大困难。因此，迫切需要开展环境污染与健康的相关基础性工作，进行污染典型区域的环境污染与健康综合调查，构建环境污染与健康各要素有机联系的数据库，建立环境污染与健康识别技术与评估方法，为我国环境污染与健康的风险评估和高效管理提供必要的基础数据和技术依据。

2 研究内容

本项目选取兰州示范区、浙江台州电子垃圾污染典型区域和松花江吉林市典型江段作为污染典型区域，开展了环境污染与健康的综合调查；在深入分析调查数据资料基础上，结合国内外研究成果，提出了污染典型区域环境与健康特征识别指标体系，研究并建立了污染典型区域环境与健康特征识别技术与评估方法；构建完成了污染典型区域环境与健康信息数据库基本框架和管理信息系统，形成了"污染典型区域环境与健康特征识别技术规范（初稿）"和"污染典型区域环境污染与将康损害评估方法指南（初稿）"。

3 研究成果

（1）典型污染区域环境与健康特征识别技术

在国内外文献调研和污染典型区域环境与健康调查研究基础上，集成和优化了国内外相关定量表征模型，提出污染典型区域环境与健康特征识别技术，该典型区域环境与健康损害特征识别技术系统地阐述了水环境、大气环境等主要环境污染与健康特征及其相关关系甄别技术的具体方法和关键环节，可为水、气等环境介质中污染物所致健康危害的相关关系诊断提供技术指南。

（2）污染典型区域环境与健康评估方法

在国内外文献调研和污染典型区域环境与健康调查研究基础上，明确了区域环境污染与健康评估的技术路线、主要内容和步骤，集成和优化了国内外相关定量和定性评估方法和模型，提出污染典型区域环境与健康评估方法，该评估方法针对不同环境介质污染及其主要暴露途径所致个体、区域人群健康损害和风险的评估，建立了定量和定性的评估方法，可为我国环境与健康风险管理提供方法学上的技术支持。

（3）污染区域环境与健康特征识别指标体系

结合环境污染对人群损害的特点，提出污染典型区域环境与健康特征指标体系，包含了环境污染特征、人群暴露特征和健康效应特征等主要环境与健康特征指标，所选指标覆盖面大、系统性强，结合典型区域环境健康的特点，具有很强的适用性。

（4）污染典型区域环境与健康基础信息数据库及管理信息系统

污染典型区域环境与健康基础信息数据库及管理信息系统集集成、查询、编辑、管理、计算为一体，集成环境污染物的质量标准、毒性数据、主要生物标志物以及环境人群暴露参数、暴露模型等基础数据，能够实现环境污染水平、暴露水平与健康风险的计算，并且基于 GIS 技术，可以分区、分级和分期地表示出环境污染、健康效应信息和健康风险，用各种专题图和统计图（如饼状图、柱状图等）直观反映区域环境与健康相关信息，并可达到直观比较的效果，为环境污染物的风险预警、评估以及管理提供依据。

（5）污染典型区域环境与健康基础信息数据库框架

污染典型区域环境与健康基础信息数据库基本框架包括两个子库：空间数据库和属性数据库。空间数据库包括点数据、线数据、面数据；属性数据库包括案例现场数据和基础数据。数据库具体内容主要包括两方面信息：案例现场数据和基础数据。案例现场数据包括不同案例现场的背景信息、环境污染物信息、暴露信息以及健康效应信息；基础参数数据包括暴露参数信息、毒性参数信息、生物标志物信息、重点控制污染物信息等，该数据库除了满足环境与健康空间和属性数据的分析以外，还提供了常用的环境污染与健康的基础资料，成为环境与健康风险评估的重要工具，为环境与健康风险管理提供便捷、高效的数据平台。

（6）发表论文 32 篇，其中中文核心 28 篇，SCI 3 篇，EI 1 篇；拟出版专著 1 部（35 万字）

4　成果应用

本项目建立的典型区域环境污染与健康特征识别技术与评估方法已在兰州示范区、浙江台州电子垃圾污染区和松花江污染典型区段三个案例研究区进行了应用示范，为研究区域环境与健康特征识别、评估提供了重要的参考价值。

本项目技术成果对于不同类型的环境污染所致健康损害的主要污染因子和健康效应的判定提供可借鉴的识别技术，为准确评估区域环境污染产生的健康损害提供方法学上的依据。该项目中调查和分析获得的数据可为科学评估该区域环境风险提供第一手资料，也可供同类地区进行环境污染与健康识别和评估参考借鉴，丰富了我国环境保护部门在污染典型区域的环境与健康管理方面的基础数据库。借助该项目所取得的环境污染与健康识别技术与评估方法，管理部门能够对区域环境污染与健康损害状况进行科学判断和评估，了解区域环境污染与健康损害的现状和程度，为环境与健康风险管理、监控预警提供科学的工具；利用该项目构建的环境污染与健康管理信息系统，可适时追踪区域环境污染的健康损害状况，提高我国的环境污染与健康风险管理的现代化水平。

5　管理建议

（1）继续开展污染典型区域的环境与健康特征识别与评估应用研究

本项目研究提出了典型区域环境与健康特征识别的指标体系框架、典型区域环境与健康特征识别技术与评估方法框架，以及部分环境污染与健康特征识别技术、评估方法，并且也在案例研究中进行了应用，但是本项目研究虽选取了三个典型区域，但应用范围比较小，因此，需要继续开展典型区域的相关研究，一方面进行实践检验，另一方面不断深入研究相关关键技术，以在应用中不断补充、修正和完善。

（2）开展环境与健康特征识别与评估技术相关的基础研究

针对突出的环境污染与健康问题，如重金属污染与健康损害、持久性有机物污染与健康损害等问题，在消化已有科研成果基础上，结合典型案例研究，开展环境污染与健康损害综合调查，从环境污染特征调查与识别、人群暴露特征调查与识别、生物监测、健康损害特征调查与识别，以及环境污染与健康损害评估方法、相关关系判断、因果关系判断等方面开展系统的基础研究，集成与开发适合地区具体实际的技术和方法，同时在案例研究中不断修正和完善，为环境与健康损害特征识别与评估技术标准和方法规范的制定奠定科学基础。

（3）环境与健康基础数据库及管理信息平台的建设

由于我国环境污染与健康研究起步较晚，管理基础比较薄弱，使得我国大部分地区环境污染和健康损害信息等基础数据资料十分缺乏，并且不规范，导致对环境污染所致健康危害的现状缺乏全面系统的了解，致使当前环境与健康管理部门依赖基础资料开展科学决策时无据可依，制定环境与健康政策时面临很大困难。目前，环境污染与健康调查工作逐步开展，调查项目日益增多，因此，为了准确掌握我国环境与健康损害的现状，迫切需要建立国家层面的环境污染与健康基础数据库，集合众多项目调查数据并汇入数据库，结合国家环境与健康监测网络建设，最终建立国家"环境与健康管理信息平台"，构建高效率的环境与健康风险管理体系和运行机制，提高我国环境与健康的管理和决策能力。

6 专家点评

项目开展了污染典型区域环境与健康特征识别指标体系、健康损害特征识别技术和健康损害评估方法等研究，并在此基础上构建了"污染典型区域环境污染与健康基础信息数据库及管理信息系统"和"污染典型区域环境与健康基础信息数据库基本框架"，形成了"污染典型区域环境与健康特征识别技术规范（初稿）"和"污染典型区域环境污染与健康损害评估方法指南（初稿）"。

项目在兰州市、台州市和松花江吉林段等研究区域进行了应用示范,为研究区域识别、评估环境与健康特征和损害状况提供了重要的参考价值，也可为我国环境健康管理工作提供支持。

项目研究成果，对于判定不同类型环境污染所致健康损害的主要污染因子和健康效应提供了可借鉴的识别技术，为准确评估区域环境污染产生的健康损害提供方法学上的依据，为今后进一步深入开展环境与健康事件的识别、评估提供科学指导。

项目承担单位：中国环境科学研究院、华中科技大学、中国辐射防护研究院、南开大学、中国科学院研究生院

项目负责人：于云江

典型城市机动车大气污染健康影响评价方法及对策研究

1 研究背景

机动车污染已成为我国大气污染的重要来源。环境保护部发布的《2012 年中国机动车污染防治年报》显示，我国机动车保有量持续快速增长，2011 年，全国机动车保有量增长了 9.2%，全国汽车产、销量分别达到 1 841.9 万辆和 1 850.5 万辆，已连续三年成为世界机动车产销第一大国。与 1980 年相比，全国机动车保有量增加了 30 倍，达到 20 754.6 万辆。2011 年，全国机动车排放污染物 4 607.9 万 t，比 2010 年增加 3.5%，其中氮氧化物（NO_x）637.5 万 t，颗粒物（PM）62.1 万 t，碳氢化合物（HC）441.2 万 t，一氧化碳（CO）3 467.1 万 t。环境监测数据表明，随着机动车保有量的快速增加，我国城市空气开始呈现出煤烟和机动车尾气复合污染的特点，直接影响群众健康。机动车污染已成为我国大气污染的重要来源，是造成灰霾、光化学烟雾污染的重要原因，机动车污染防治的紧迫性日益凸显。

随着我国城市化进程速度的加快和城市机动车保有量的快速增加，机动车所带来的空气污染越来越严重，尾气排放已经成为城市大气污染的主要来源。在 113 个环境空气质量监测重点城市中，1/5 以上城市机动车尾气污染严重，已代替煤烟型污染成为主要污染源，机动车尾气排放不仅导致城市大气环境的严重污染，增加患病率和死亡率，也导致慢性疾病风险的增加。大量的流行病学研究发现，大气污染物与人群心血管疾病和呼吸系统疾病的死亡率、发病率显著相关。在诸多空气污染因素中，来自机动车特征污染物，如 CO、NO_x、PM 等的暴露浓度对人群健康的影响受到密切关注。面对我国日趋增长的城市机动车污染和带来的严重健康问题，需要筛选出可用于评价我国城市机动车污染暴露的评价方法，进而构建出污染物成分与健康评价体系。

该项目通过环境科学、生态学、环境流行病学和毒理学研究，分析典型城市机动车尾气排放和污染规律及特征，区域人群暴露特征，评价机动车尾气污染物不同组分对人群健康的影响作用，建立不同城市机动车尾气污染与人群健康危害的暴露反应关系，确定机动车尾气污染与人群疾病及其死亡的关系；结合我国文献以及本项目的研究结果，提出一套适合我国城市机动车尾气污染对居民健康危害的评价方法，也为环境保护部门评价大气污染健康风险和城市机动车尾气排放控制提供理论依据。

2 研究内容

  （1）典型城市机动车尾气污染对居民健康危害的风险评估；
  （2）我国大气污染健康危害文献的综合评阅和分析；
  （3）典型城市居民机动车尾气污染暴露评价研究；
  （4）典型城市机动车尾气污染居民健康危害的暴露反应关系分析；
  （5）典型城市机动车尾气污染控制与健康关系对策研究。

3 研究成果

  （1）机动车尾气大气污染的评价方法

  针对城市机动车尾气暴露评价方法的要求，以代表性城市大气环境质量监测站观测的多种机动车相关日均大气污染物浓度为基础，依据交通站点、城市站点和郊区背景站点时间及空间上的浓度差估算城市机动车尾气排放对大气污染的贡献率，估算人群对机动车尾气污染的暴露水平，同时以道路距离作为机动车尾气暴露空间差异的替代指标，定量评估机动车尾气暴露对城市整体人群健康的影响。

  1）机动车排放量

  ①基于早高峰污染物浓度和车流量的线性增加特性，建立车流增量和污染物浓度增量之间的关系；

  ②基于所建立的车流量—环境污染物浓度之间的关系，结合全天的车流量变化情况，推算出任一时刻机动车导致的环境污染物浓度；

  ③依据观测的逐小时环境污染物浓度和估算的机动车导致的环境污染物浓度，计算机动车排放对环境污染物浓度的贡献率。

$$f(x) = ax + b$$
$$f(x) = ax^2 + bx + c$$

  2）机动车污染的浓度分担率

  基于重点考虑在区域尺度上机动车形成交通流量对大气污染的贡献，可以从日、周甚至月的尺度上对所有监测数据进行平均，形成最终的机动车污染物分担率。

$$\mu_i = \frac{f_i}{C_i} \times 100\%, (i = 1, 2, \cdots, 24)$$

式中，i 为一天中的第 i 小时；μi 为第 i 小时机动车排放污染的浓度分担率（%）；f_i 为来源于机动车的第 i 小时的污染物浓度（$\mu g/m^3$）；C_i 为第 i 小时的大气污染物浓度（$\mu g/m^3$）。

（2）机动车尾气污染暴露评价方法

1）评价模型

通过对现有机动车尾气暴露评价方法的了解，为度量城市整体人群和城市内部不同空间分布人群的暴露特征，研究中采用了城市平均大气污染物浓度来度量城市整体人群的暴露，采用距道路的最近距离和尾气浓度的空间分布来度量城市内部人群暴露的空间特征。采用评价模型对人群暴露期间的累积暴露、平均暴露、潜在剂量、平均剂量、暴露浓度进行评价。

2）GIS 技术

为了对城市尺度机动车尾气浓度分布进行模拟，本项目开发了基于高斯模式的机动车尾气扩散模拟系统。通过收集路网、机动车流量、排放因子、气象、居民地分布信息，模拟得到了城市区域的机动车尾气浓度空间变化情况。在此基础上，采用 GIS 辅助下的道路距离指标，结合街道人群的空间分布信息，评估人群暴露水平的空间差异性和关联性，实现不同区域道路交通机动车大气污染源、排放量、污染物迁移、扩散、动态变化及人群暴露评价。

（3）健康影响评价方法

时间序列分析：采用时间序列分析的统计分析方法评估机动车污染暴露—效应关系。以每日发病或死亡、空气污染和气象资料通过日期链接，使用广义相加模型（generalized additive model，GAM）进行时间序列方法分析，并调整死亡的长期和季节趋势、气象因素等潜在的混杂因素。

$$logE(Y_t) = \beta\, Zt + DOW + ns(time,df) + ns(temperature,3) + ns(humidity,3) + intercept$$

式中，$E(Y_t)$ 为 t 日居民发病数或死亡数的期望值；Z_t 为在 t 日空气污染变量的向量，指污染物浓度；β 为回归系数；DOW 指反映"星期几"（day of the week）效应的虚拟变量（dummy variable）；ns 指自然平滑样条函数（nature spline function），df 为其自由度，df＝1 时相当于直线变量；time 指日期（calendar time）；intercept 为截距。

利用主成分分析的方法，分析和调整了机动车排放各污染物之间存在的共线性；针对城市内部污染物浓度的空间差异，以道路距离作为机动车尾气排放污染的替代指标，结合发病/死亡人群的空间分布信息，采用空间关联分析技术，解析不同道路距离上健康特征的变化及风险。

4 成果应用

（1）向环境保护部科技标准司提交《环境空气质量标准》（GB 3095—2010）修订建议。

（2）制定了《城市机动车排放空气污染暴露评价方法（初稿）》。

（3）项目研究成果为北京、南京和成都等地区环境监测部门制定机动车尾气污染控制措施和减排目标等工作提供了科学参考。

5 管理建议

（1）城市机动车的控制问题

2012 年北京机动车保有量 510 万辆、成都 300 万辆、南京 170 万辆。从机动车保有量增长趋势上看，北京市在限购之前呈指数增长趋势，南京市机动车呈指数增长，成都市机动车大致呈线性增长。从目前的研究结果来看，北京的机动车保有量已完全趋于饱和，需要严格控制机动车规模，采取提高用车成本、降低机动车使用强度，征收交通拥堵费，分时段分区域限行、扩大差别化停车收费区域等措施。

（2）尾气排放标准问题

目前，世界各国没有专门制定针对城市交通道路环境空气质量的标准，评价中都是利用《环境空气质量标准》（GB 3095—1996）中有关污染物的浓度限值作为评价标准（如监测 CO、NO_x、PM、SO_2、O_3），或者在此基础上根据所评价交通道路实际情况确定评价标准。总结国内外研究成果，本研究中所采取的城市交通道路环境空气质量的评价模式（或技术规范）是基于：从环境空气质量成分，运用数学理论把监测数据与标准进行对比，分析来自于机动车排放和交通环境流量的空气质量状况，评价所选范围内的空气质量级别的归属问题；同时，从人体健康角度出发，评价机动车污染物接触暴露情况以及污染暴露对健康的影响。研究发现，城市交通道路附近空气中，由于受机动车的影响，其 NO_x、CO、PM 等浓度明显高于其他区域，人群处于高暴露水平，污染物浓度受机动车影响大等特殊性。因此，构建并提出一套适用于城市机动车尾气排放或城市道路交通空气质量的评价标准是十分必要的。

（3）大气污染监测指标与城市机动车污染的相关性问题

国家常规环境空气质量监测指标（CO、NO_2、O_3、PM_{10}、$PM_{2.5}$ 和 SO_2）中，其中 CO 与 NO_2 为机动车排放污染物，PM_{10} 和 $PM_{2.5}$ 中的某些成分与机动车尾气排放关系较大，SO_2 主要来自化石燃料的燃烧。建议环境保护部能够考虑将该研究中产生的评价方法列入机动车污染评价体系中。该研究建立的方法尚属建议稿，若要真正在管理中予以应用，需要建立评价方法体系，以技术规范的形式予以发布，以使得该研究成果更加成熟完善，并能够让更多的科研管理人员予以应用。

（4）国控点布设问题

目前，各城市已有多个环境监测站，但针对城市交通道路规划和机动车污染的特殊性，建议加强对机动车尾气的污染防控和风险管理。"十二五"期间，"削减总量、改善质量、防范风险"将成为环境管理的三个着力点。通过 SO_2 和 NO_x 两项约束性指标，可实现空气中"削减总量"的目标，然而，要达到改善环境空气质量、防范机动车大气污染健康风险的目标，选取科学合理的指标和评价方法是环境管理的必然需求。应实现所有城市 $PM_{2.5}$、NO_2、CO、O_3 的常规监测和针对机动车排放监测的交通监测站设置。

（5）健康危害研究

世界卫生组织和各国制修订环境空气质量标准主要基于大气污染前瞻性队列研究的结果，我国尚无针对当前主要机动车大气污染物（CO、NO_x、O_3、NO_2、SO_2、$PM_{2.5}$ 等）的前瞻性队列研究，这对于确定机动车尾气污染物排放限值有一定的不足。建议针对机动车污染危害所导致的疾病开展前瞻性队列研究，这对保护我国居民健康意义重大。

6　专家点评

该项目在调研国内外机动车大气污染健康研究方法的基础上，撰写了大气颗粒物与心血管系统疾病的系统综述和 Meta 分析报告，提出了机动车大气污染的暴露评价方法，提交了典型城市机动车大气污染健康影响评价方法。完成了任务书规定的研究任务和考核指标。该项目研究成果为北京、南京和成都等地区环境监测部门制定机动车尾气污染控制措施和减排目标等工作提供了科学参考。

项目承担单位：中国医学科学院基础医学研究所、中国科学院研究生院
项目负责人：许群

新化学物质生态危害影响预测评价研究

1 研究背景

目前世界上大约有 700 万种化学物质，其中常用化学物质超过 7 万种，并且每年还有 1 000 多种新的化学物质问世。化学品的大量生产和广泛应用产生了区域和全球性的环境和健康危害，化学品污染不再是一个国家、一个区域的问题，已经成为全球性的环境污染，对人类的威胁愈来愈重，我国也面临严峻挑战。

我国的新化学物质环境管理制度刚刚起步，新化学物质的生态危害影响试验技术与评价体系与发达国家相比还有一定的差距。目前，新化学物质生态影响评价主要通过专家评审方法，但专家评估的方法难以对所有化合物做出客观的评价结果。另一方面，随着新化学物质登记数量的增加，如何科学、高效地评估新化学物质的环境危害风险是环境管理领域中的一个重要研究课题。而对新化学物质生态危害影响的判别直接影响到化学物质是否具有环境危害、是否被列入重点控制对象。目前欧盟、美国环保局已经形成了比较完善的化学物质评价管理方法和新化学物质预测技术。

本课题采用量子化学与化学计量学，建立化学物质结构—理化性质预测模型；通过对已知生态危害程度的化学物质的系统分析，建立新化学物质生态危害影响评价预测模型及预评价技术；应用化学品高通量识别筛选评估技术，对新化学物质生态危害排序分类，筛选优先管理的新化学物质名单，从而为新化学物质的环境管理提供技术基础。

2 研究内容

（1）收集国内外已发表实验数据，利用专业数据分析软件将化合物分子结构描述符与理化性质或毒性数据进行相关联系，建立结构—性质预测模型。

（2）选取正辛醇水分配系数（$\lg K_{ow}$）、生物降解、鱼类急性毒性、生物蓄积因子（BCF）四个固有特性为研究对象，采用碎片常数法构建相关的预测模型。

（3）拟定 PBT/vPvB 综合评价标准，研发我国使用的 PBT/vPvB 综合评价程序和 PBT/vPvB 筛选软件，并开展了模型的相关验证。

（4）参照结构分类法，完成收集的化合物分类并建成化学物质环境危害数据库系统。

（5）运用不同计算方法，构建集化学物质环境危害数据库、理化性质预测模型、生态危害参数预测模型、PBT 筛选模型、化学物质危害分类与排序等模块为一体的新化学物质生态危害影响预评价技术和软件。

3 研究成果

（1）化学物质生态危害关键参数预测模型构建

收集有关有机化合物国内外已发表实验数据，构建有机化合物分子结构，计算分子结构描述参数，利用数据分析软件对分子结构描述参数、理化性质及毒性进行数据分析，提取出能反映与所研究理化性质相关的结构描述符。

选取正辛醇水分配系数（$\lg K_{ow}$）、生物降解、鱼类急性毒性、生物蓄积因子（BCF）四个固有特性为研究对象，在基于碎片常数法的基础上，采用不同的建模方法，建立相关的预测模型，为数据库的完善以及生态危害影响预测模型的构建提供支持。

（2）PBT 评估技术及软件的建立

在分析了持久性（P）/高持久性（vP），生物蓄积性（B）/高生物蓄积性（vB），毒性（T）三种危害因素的相关参数基础上，拟定了 PBT/vPvB 综合评价标准。综合解析美国 EPA 和欧盟 PBT/vPvB 评价程序，研发了推荐我国使用的 PBT/vPvB 综合评价程序和 PBT/vPvB 筛选软件，并开展了模型的相关验证。

（3）化学物质环境危害数据库构建

查阅国内现有化学物质数据库，检索欧盟、美国、日本等国家与现有化学物质相关的数据库，以及目前各种国际公约确定的化学物质，完成了化合物资料的收集；对数据进行分析，并参照结构分类法，完成化合物的分类并集成了化学物质环境危害数据库系统。

集成已开发的化学物质理化性质、正辛醇水分配系数（$\lg K_{ow}$）、生物降解、鱼类急性毒性、生物蓄积因子（BCF）等固有特性的预测模型，进一步丰富数据库的功能和用途。

（4）新化学物质生态危害影响预评价技术开发和软件集成

全面解析欧盟、美国环保局对现有化学物质及新化学物质的评价管理方法，我国新化学物质评价体系同 QSAR、美国 PBT Profiler、ChemSTEER、STPWIN 等模型比较，确定适合我国新化学物质的预评价方法。对具有国际公认的、有代表性的生态危害影响等级的化学物质数据客观分析，按照建模的需要处理生成建模所需数据资料，缺乏指标的进行实验室测试分析，得到符合模式要求的数据资料。

筛选生态危害主要评价指标并初步评估生态影响程度，同时获取少数几个主要指标在综合评价中的权重，并依据该权重加权初步得到化学物质的环境影响综合排序。运用监督模式识别方法、判别分析法、决策树和人工神经网络等计算技术，对已知生态环境危害影响类别的化学物质数据进行训练后，建立各自的危害性分类计算模型，比较各分类模型对化学物质生态环境危害分类能力的优劣，选择最佳分类模型对已选化合物和新化学物质加以验证，改进分类算法，建立新化学物质生态危害影响等级评价模型。

在此基础上，对新化学物质评价指标、权重分析、排序及判别分析集成，形成新化学物质预生态危害影响评价技术。

（5）新化学物质生态危害影响预评价软件集成

开发化合物分子碎片识别技术，构建集化学物质环境危害数据库、理化性质预测模型、生态危害参数预测模型、PBT 筛选模型、化学物质危害分类与排序等模块为一体的新化学物质生态危害影响预评价软件。

图 1 新化学物质生态危害预测信息管理系统

（6）项目产出

至 2013 年 7 月，专项组已撰写论文 30 篇，其中发表 25 篇，录用 2 篇，3 篇正在审稿中，获得专利授权 2 项，申请 3 项软件著作权。提出相关标准建议三项："PBT/vPvB 评价标准与筛选程序"、"定量结构—活性关系（SAR）评价导则"、"新化学物质生态危害名录"。

4 成果应用

本项目运用建立的新化学物质生态危害影响预测评估技术，对 2004—2009 年登记申报的新化学物质进行了生态环境危害预测评价排序与分级，初步判别了新化学物质生态危害类别，建立了新化学物质生态危害分类名录。

在化学品测试合格实验室试用了项目开发的新化学物质生态危害影响预测信息管理系统，试用机构一致认为该系统使用流畅，运行稳定，操作简单，同时能够实现化学品缺失信息的查询、预测和确证，以及化学物质生态危害影响程度的初级评估，评估结果合理可信。

5 管理建议

（1）制定专家评审与智能评估相结合的新化学物质生态危害评估体系的总体发展规

划，确立危害智能评估的地位和作用，更新新化学物质生态危害评估程序，为化学物质环境管理制度建设和能力发展提供指引。

（2）推进新化学物质生态危害评估工具的研究与开发，增强新化学物质环境管理技术储备。在参考发达国家或地区的现有智能评估系统的基础上，重点研究本土生态系统、本国危害分类等国际差别化的研究范畴。

（3）加强针对环境高关注物质评估程序的应用研究，提高高危害物质的市场准入门槛。重点研究环境高关注类物质异于一般危害化学品的特殊属性和评估方法，将其评估程序作为新化学物质环境危害智能评估体系建设的重要环节。

（4）构建新化学物质生态危害评估智能平台，促进公众参与。以提高环境管理效率为出发点，以新化学物质生态危害评估为主体，建立新化学物质在线申报、危害评估工具、危险化学品通告等过程一体化的智能管理平台。

（5）建立化学品数据库对开展化学品危害评估、风险评估、监测预警具有重要意义，通过化学品的高通量筛选技术筛选出环境关注类物质，降低环境关注类物质环境的负担。加强化学品 QSAR 和交叉参照模型预测技术，针对法规的要求，发展多指标的模型预测技术，集成化学品固有特性预测软件。开展化学品 PBT、"三致"效应、内分泌干扰效应等重点关注效应的研究。

6　专家点评

项目采用量子化学与化学计量学，建立了多个化学物质结构—理化性质预测模型；通过对已知生态危害程度的化学物质的系统分析，建立新化学物质生态危害影响评价预测模型及预评价技术；应用化学品高通量识别筛选评估技术，对新化学物质生态危害排序分类，筛选了优先管理的新化学物质名单。

项目将计算机化学技术和模式识别技术引入了新化学物质的生态危害影响评价中，集成开发了化学物质环境危害数据库、理化性质预测模型、生态危害参数预测模型、PBT 筛选模型、化学物质危害分类与排序等模块为一体的新化学物质生态危害影响预评价软件。选择的预测技术科学先进，预测过程方便快捷，预测结果合理可信。可用于新化学物质登记评审，化学品筛选研究等领域，支撑化学品的环境管理。

项目承担单位：环境保护部南京环境科学研究所、中国环境科学研究院、环境保护部
　　　　　　　　化学品登记中心
项目负责人：杨永岗

水源水体中有毒污染物健康效应的测试技术

1 研究背景

国家科技发展的中长期规划在环境领域明确提出，重点开发区域环境质量监测预警技术。随着经济发展和化学品的广泛应用，进入环境的微量有毒污染物不断增加，政府和民众对有毒污染物引起的健康问题日益关注，使得由于环境问题导致的健康危害程度的研究成为当前制定和完善新的环境标准，实现科学的环境管理的重要需求。

当前我国环境监测领域主要采用理化分析方法，以水质监测为例，其监测是根据水质标准逐一检测，而大多数水质标准都是套用发达国家标准而制定的。传统的基于理化分析的监测方法存在监测目标相对单一的局限，面对大量出现的新型污染物，单纯依靠化学分析方法开展环境质量评估力不从心，亦无法对多种低剂量长周期效应污染物和复合污染的毒性效应作出评价。因此，为了补充理化监测的不足，发展完整的环境质量评估体系，迫切需要构建基于生物毒性测试的水质评估技术，以形成全方位的环境质量评估体系。

本项目以水源水质健康安全保障为目标，构建一组基于离体生物毒性测试的评价和定性健康风险评价技术，发展相应的评价指标，同时综合集成样品采集、前处理和生物毒性测试技术的质量控制，形成一套生物效应检测技术规范，并选择若干地区水源水进行应用示范。

2 研究内容

根据当前最受关注的致癌、致突变、生殖和内分泌干扰效应，构建一组用于水环境微量有毒污染物快速筛查和定性健康风险评价的离体毒性测试方法和指标体系。该成组毒性测试方法中包括能够反映不同评价终端的遗传毒性和致突变性、能够反映类二噁英物质的 Ah 受体效应和内分泌干扰物效应的重组受体基因测试技术。同时建立各评价方法相配套的样品采集和前处理技术和相应的质量控制方案，形成成套监测技术规范，在监测部门开展应用示范。

3　研究成果

（1）水源水中遗传毒性污染物的生物毒性测试技术规范

针对水源水中遗传毒性污染物，根据其在生物体内不同的作用机理，建立了3项基于离体生物测试的技术规范，包括：

1）水源水中遗传毒性污染物的彗星实验（Comet Assay）检测方法规范（建议稿）

2）水源水中遗传毒性污染物的 SOS/UMU 检测方法规范（建议稿）

3）水源水中遗传毒性污染物的人肝癌（HepG2）细胞微核自动化检测方法规范（建议稿）

上述技术规范解决了单一评价指标难以将不同损伤机理的遗传毒性污染物同步监测评价的难题，实现了对具有 DNA 损伤、DNA 损伤修复、染色体损伤和细胞周期干扰等不同损伤机制的污染物的全方位监测评价。

（2）水源水中内分泌干扰物效应的技术规范

针对水源水中具有不同类型内分泌干扰物效应的污染物，在自行构建重组基因酵母细胞的基础上，建立了10项分别监测评价雌激素、雄激素、孕激素等受体干扰效应的监测评价方法规范。包括：

1）水质雌激素干扰物的测定重组雌激素受体基因双杂交酵母法（申报稿）

2）水质抗雌激素干扰物的测定重组雌激素受体基因双杂交酵母法（申报稿）

3）水质雄激素受体内分泌干扰物的测定雄激素受体基因双杂交酵母法（申报稿）

4）水质抗雄激素受体内分泌干扰物的测定雄激素受体基因双杂交酵母法（申报稿）

5）水质孕激素干扰物的测定重组孕激素受体基因双杂交酵母法（申报稿）

6）水质抗孕激素干扰物的测定重组孕激素受体基因双杂交酵母法（申报稿）

7）水质甲状腺激素干扰物的测定重组甲状腺激素受体基因双杂交酵母法（申报稿）

8）水质抗甲状腺激素干扰物的测定重组甲状腺激素受体基因双杂交酵母法（申报稿）

9）水质维甲酸干扰物的测定重组维甲酸受体基因双杂交酵母法（申报稿）

10）水质抗维甲酸干扰物的测定重组维甲酸受体基因双杂交酵母法（申报稿）

上述技术规范弥补了我国水源水中内分泌干扰物效应的规范化健康效应测试技术的空白，解决了我国水源水中存在不同类型内分泌干扰物的全面监测评价难题。

（3）我国重要水源地遗传毒性效应评估

作为成组遗传毒性测试示范应用，项目从 DNA 和染色体两个水平上筛选和评价了松花江、辽河、长江、淮河和珠江流域16个水源地中有机污染物的遗传毒性。所有的水源都能检测到遗传毒性，其中12个被测水源地水样能够检测到直接 DNA 损伤 / 修复效应，且其中的7个还检测到间接 DNA 损伤 / 修复效应；12个被测水源地水样具有染色体损伤效应，其中 9 个是通过非整倍体途径引起染色体损伤，另外 3 个引起染色体损伤的是通过整倍体途径。所有检测样品中，有 10 个被测水源地水样同时具有 DNA 损伤 / 修复效应和染色体损伤效应，主要分布在长江流域。总体上，六大流域中，除长江流域水源遗传毒性风险相对比较突出外，其他流域水体遗传毒性物质风险尚处于可接受水平。

（4）我国重要水源地内分泌干扰物效应评估

应用重组基因酵母测试评价了辽河、海河、松花江、长江、珠江以及淮河流域 22 个水源地水体有机污染物的内分泌干扰效应。所有水样均存在雌激素受体诱导及抑制效应、甲状腺激素受体抑制效应、雄激素受体抑制效应和孕激素受体抑制效应；但并没有检测到甲状腺受体诱导效应、雄激素受体诱导效应以及孕激素受体诱导效应。与国内外其他地区水源水的健康效应评价数据比较，22 个水源地水中内分泌干扰物的健康风险总体上尚处于可接受水平。六大流域中，长江流域水源内分泌干扰物污染的风险要明显高于其他流域，应该引起重视。

4 成果应用

本项目发展并构建的成组离体生物测试方法，能够快速筛选出水源水复合污染导致的内分泌干扰效应和遗传毒性效应，作为常规化学监测评价的补充手段，对于水源水水质安全保障具有十分重要的意义。同时，以综合效应评价入手，进一步甄别导致健康效应的具体化学污染物，可以为环境管理和控制重点提供科学依据。本项目中所完成的案例研究结果，也充分表明利用健康效应筛选技术可以直接获得关于健康风险的信息，值得推广应用。

尽管经济合作与发展组织和美国环保局都已经有了许多综合毒性效应评价的标准方法和技术规范，我国现阶段尚缺乏全面检测水体污染物毒性效应的测试标准方法和规范化的技术导则。本项目提出了 15 项相关的技术规范能够为我国环保监测部门结合已经发展中的化学监测技术，形成相对完整的监测体系提供技术支持。这些规范可以在环保监测及水质监测相关部门推广应用，缩小我国有毒污染物监测与发达国家之间的技术差距，进一步提高我国有毒污染物监管监测能力，降低环境污染物健康风险水平，保障环境安全。

5 管理建议

以保护人体健康为目标，进一步发展完善健康效应测试技术，形成定性、定量健康风险评价技术方法和指标体系，结合优先污染物监测评价策略，构建多指标监测技术及汇集样品采集、前处理和生物毒性测试技术而形成的集成技术规范，为环境管理部门准确回答水源水质安全问题提供科学数据。

　　为了补充理化监测的不足，迫切需要发展完整的环境质量评估体系，包括构建基于综合毒性和健康效应测试的水质综合评估技术体系，形成全方位的环境质量评估体系。

　　建立符合综合毒性和健康效应测试评价要求的合格实验室认证监管体系，制订完善的管理规范，选择有条件的监测中心（站）筹建一批综合学科的水质分析测试实验室。

　　本项目研究结果发现：六个流域主要水源地中，长江流域水源遗传毒性风险和内分泌干扰效应相对比较突出。因此建议相关部门加强该流域水质监控。但考虑到本项目的研究中只针对流域中有限的采样点和采样频次，缺乏足够的样本代表性和相应的化学分析指标，尚不能准确地回答民众对中国水源水质安全性的质疑。建议环境保护部进一步组织开展中国主要水源地水质健康风险调查，通过生物毒性和化学分析两个方面的综合数据，更加全面地反映我国水源水质现状和存在的问题。

6　专家点评

　　本项目以水源水质健康安全保障为目标，构建了一系列基于离体细胞健康效应测试的评价和定性健康风险评价技术，发展了相应的评价指标，同时综合集成样品采集、前处理和生物毒性测试技术的质量控制，形成了15项能够全方位检测水源水中遗传毒性、内分泌干扰物效应等不同毒性效应的离体生物毒性测试和样品前处理的规范化技术，并在我国辽河、海河、松花江、长江、珠江以及淮河流域22个水源地进行了应用示范，获得了我国不同流域水源水遗传毒性和内分泌干扰物效应的基础数据，并就相关水域的污染状况和控制对策提出建议。通过示范应用可以证明，本项目提出的技术规范可以在环保监测及水质监测相关部门推广应用，能够使我国环保监测部门结合已经发展中的化学监测技术，形成相对完整的监测体系提供技术支持，缩小我国在有毒污染物综合毒性监测与发达国家之间的技术差距，并进一步提高我国有毒污染物监管监测能力，降低环境污染物健康风险水平、保障环境安全。

项目承担单位：中国科学院生态环境研究中心、环境保护部华南环境科学研究所、江苏省环境监测中心、辽宁省环境监测中心站、重庆市固体废物管理中心
项目负责人：王子健

典型乡镇饮用水水源有毒污染物风险评估与控制对策研究

1 研究背景

我国农村地区饮用水水源污染严重，且供水设施普遍简陋、规模较小，以传统、落后的分散式供水为主，自来水普及率低，管理落后，饮水不安全问题突出。农村饮水安全现状调查评估结果显示：全国农村饮水不安全人口 3.23 亿，占农村人口的 34%。其中饮水水质不安全的有 2.27 亿人，占全国农村饮水不安全人口的 70%。由于饮水不安全，有些地区的癌症发病率居高不下。有毒污染物（特别是持久性有机污染物，POPs）亲脂强，水溶性小，且易与有机质、矿物质结合，长久蓄积于生物环境中，难以降解，不但对水生生态系统带来长远危害，并且会通过食物链的传递和放大作用对人体造成慢性中毒以及致癌、致畸、致突变等长期潜在的健康危害。目前，国际上在对水体中常规污染物进行广泛调查和长期监测的基础上，已逐渐把研究重心转向对水体中有毒污染物的监测、迁移转化机制及健康风险评估的研究上，并与水质管理目标相联系，以正确评价水体的污染状况和对人群健康的影响，为水环境的污染控制和治理提供科学依据。由于受采样分析条件的限制，我国很多地区仅能测定常规指标，对饮用水水源中有毒污染物的监测调查很少，乡镇饮用水水源有毒污染物的污染特征及其健康风险评估至今尚未得到系统研究。因此，开展农村地区饮用水的水质调查，了解有毒污染物污染状况，分析污染特征，筛选优控污染物，进行健康风险评价，并提出相应的控制对策，可为农村居民的身体健康和生命安全提供有力的保障。

2 研究内容

通过对我国乡镇饮用水水源已有的普查资料的分析，选择典型区域的典型乡镇饮用水水源地，进行污染源调查、饮用水水源地重金属和有毒有机污染物污染监测和特征分析以及水质评价，筛选优控污染物，开展饮用水水源地环境风险评价；选择 2 个典型水源地深入研究有机物污染对人群健康的影响，并进行污染源指纹示踪溯源技术示范研究。基于上述研究，提出典型乡镇饮用水水源有毒污染物的控制策略。

3　研究成果

（1）对典型研究区域饮用水水源污染特征进行分析，筛选主要超标物质，并进行城市化分析

本项目采样涉及江苏、江西、湖南、广东研究区共 29 个县区 69 个乡镇，丰枯共采集 664 个水样，其中有 204 个深层地下水，214 个浅层地下水，100 个地表水，146 个历史溯源水，对这些水样中的多环芳烃、多氯联苯、农药、酚类、酞酸酯、苯及其卤代物、挥发性物质以及重金属 8 类 116 种污染物进行测定。江苏研究区水源类型包括深层地下水、浅层地下水、历史溯源水；江西研究区饮用水水源类型包括地表水、浅层地下水；湖南研究区饮用水水源类型为浅层地下水；广东研究区饮用水水源类型包括地表水（江河、水库、山泉水）以及浅层地下水。由于我国农村居民是直接饮用或只是简单处理，本研究将检测结果参照《生活饮用水卫生标准》（GB 5749—2006）进行对比，确定污染物的污染状况，并对其进行统计分析。结果显示四个研究区均存在不同程度的超标，江苏研究区典型乡镇丰枯时期多环芳烃检出 15 种目标物，苯并 [a] 芘、总多环芳烃（PAHs）、邻苯二甲酸二丁酯（DBP）、Mn、Fe、As 有超标现象；江西研究区典型乡镇丰水期水样中金属类 11 种目标污染物均有检出，检出率 100%。超标的重金属有 Mn、Fe、Hg、Cd、Pb、Ni。湖南研究区 11 种重金属的检出率为 100%。Mn、Fe、As 有超标现象；广东研究区铅的最大超标倍数为 11.6。

对广东研究区典型乡镇进行城市化分析发现，城市化水平较高的乡镇水样中铬的浓度高于其他两个聚类，除铬以外的金属污染物则随城市化水平升高呈降低趋势，PAHs 在聚类 1 和聚类 2 中的检出值明显高于聚类 3，DBP 在聚类 1 的污染水平高于其他两个聚类，而二氯甲烷、氯丁二烯的检出值则随城市化水平升高呈倒 U 型，符合环境库兹涅茨曲线。

（2）应用潜在危害指数法对研究区域进行优控污染物筛选，旨在为开展重点污染物治理、控制与监测及水源管理提供借鉴

优控污染物的筛选是指从众多有毒有害的污染物中筛选出在环境中出现概率高、对周围环境和人体健康危害较大，并具潜在环境威胁的化学物质，以达到优先控制的目的。国内外提出并应用较多的筛选方法有模糊数学法、潜在危害指数法、密切值法、Hasse 图解法、综合评分法、风险得分法等，但目前多用于有机物的筛选，对人体危害较大的重金属研究不多。综合比较各种筛选方法，潜在危害指数法与综合评分法比较成熟、简便，应用较多。因此，本项目采用潜在危害指数法对四个区域中典型乡镇饮用水水源中的污染物进行优控筛选。结果显示，江苏研究区、江西研究区、湖南研究区、广东研究区筛选出的优控污染物既有共性又有特殊性。各研究区的优控物质均包括 8 种重金属（Cr、

As、Ni、Hg、Cu、Pb、Mn、Ba），2 种多环芳烃（苯并 [a] 蒽、苯并 [a] 芘，广东地区只有苯并 [a] 蒽），1 种酞酸酯 [邻苯二甲酸二 (2- 乙基己) 酯]。特殊性主要表现在各个地区的优控污染物种数不相同，江苏研究区有 14 种优控物质，除共有的物质外，还包括 2- 硝基酚、五氯联苯、六氯联苯；江西研究区的优控污染物有 15 种，除上述 11 种物质外，还包括苯、Cd、2- 硝基苯酚；湖南研究区的优控污染物有 14 种，除共有的物质外，还包括敌敌畏、六氯苯 2 种农药；广东研究区优控污染物有 11 种，除共有物质外，还包括 Cd。特殊性还表现在各个研究区优控污染物的危害指数总分不同，排名顺序也不同。四个研究区的优控污染物中重金属的种数最多，总分值最大，说明农村饮用水水源中重金属（特别是 As、Cr、Ni、Hg、Pb）的治理仍是饮用水水源管理的重中之重。

（3）分析有毒污染物暴露与人群健康关系，探讨引起疾病高发的危险因子

通过对有毒污染物暴露与人群健康状况的关系进行分析研究发现，饮用水水源中部分有毒污染物与人群健康存在一定的相关性：尤其是 POPs 类物质（OCPs、PBDEs），水环境 OCPs 暴露水平与高血压的发生率显著相关，随着 OCPs 暴露水平升高，高血压发生率增大，人群生物暴露检测也发现相同的结果；水环境 PAEs 暴露水平与高血脂发生率之间存在显著的相关；人群 PBDE 检测结果则显示，PBDE47 生物暴露水平与血糖异常发生率之间存在显著相关，随着暴露水平的升高，高血糖异常发生率增加；两县区在饮用水水源中有毒污染物负荷上存在显著差异，L 县地区水环境中的 PAEs、PAH 及 As 等物质的暴露水平显著高于 D 县地区，这些有毒污染物与慢性疾病及肿瘤之间存在一定相关性，提示环境有毒污染物可能是导致当地疾病高发的一种危险因素。通过消化道肿瘤高发区（江苏淮安）和低发区（江苏徐州和江西、湖南）水源中多环芳烃和重金属的含量检测，经过数据变换，将水源按枯水和丰水期、取水地点等分开，分别计算多种污染物与消化道肿瘤发病的相关性，运用分层聚类分析等方法，结果均提示在淮安多数地点水源中多环芳烃（单环或双环）含量升高可能与消化道肿瘤发病相关。特别是苊烯与消化道肿瘤发病有较高的相关性，水源中 Cr 和 As 与消化道肿瘤发病也存在一定相关性。

（4）应用改进的美国环保局推荐的健康风险评价模型，进行人群健康风险评价，确定了各地区主要的致癌因子与非致癌因子

环境保护的中心任务是保护公共健康和福利不受环境污染物的危害。公共健康常指的是人群，而公共福利指的是非人口部分（如生态系统）。人体健康风险评价的目的就是描述环境中的污染物对人体健康产生的影响。项目对 USEPA 推荐的健康风险评价模型进行改进，根据中国人的生活习惯，增加了煮沸残留比。计算结果显示：淮安

典型乡镇主要的致癌物质为 As，主要的非致癌物质为 As、Fe、Mn。不同水源类型的致癌风险水平与非致癌风险水平为：沟塘水＞浅层地下水＞深层地下水；江西典型乡镇主要的致癌物质为 Cr，主要的非致癌物质为 Hg；湖南典型乡镇主要的致癌物质为 As，主要的非致癌物质为 As、敌敌畏；广东典型乡镇主要的致癌物质为 Pb，主要的非致癌物质为 As、Cd。

（5）项目构建了指纹图谱被动示踪研究方法，对污染物进行了溯源

项目构建了指纹图谱被动示踪研究方法，对污染物进行了溯源。运用特征成分/比值法剖析了污染物产生的途径；通过时空演变分析追溯了污染物的历史及其与水源地相关性。结合经典源解析方法，引入被动示踪理论，对江苏研究区 L 县 D 镇和 X 乡饮用水水源中多环芳烃、有机氯农药、酞酸酯、重金属、挥发性及半挥发性有毒污染物进行了溯源。溯源结果显示：多环芳烃主要来源于燃烧，应减少燃烧源中的多环芳烃向空气中排放；酞酸酯类可能来源于当地农业活动，近年来污染加重；挥发性物质部分来源于上游污染物的输入，部分来源于当地化工厂；Cr 污染主要来自周围的印染厂。

（6）发明了实用新型专利——多用途联用固相微萃取保温装置

项目组于 2012 年发明了实用新型专利——多用途联用固相微萃取保温装置，申请号为：201220096887.5。该装置主要应用于挥发性有机物的测定。该专利的优点是在测定挥发性有机物时，减少了外界温度对测定结果的影响，保证了结果的准确性。

（7）撰写了《农村饮用水水源风险评估方法及案例分析》专著，为农村饮用水水源的调查提供了方法指导与技术支持

本专著介绍了农村饮用水水源污染现状的调查方法和风险评估技术，初步建立了一套完整的监测、评价工作程序。通过对调查区域进行文献和现场调研确定检测项目、采样和检测方法，并根据检测结果分析污染特征、评价水质状况，分析出调查区域饮用水水源的优控污染物，并对人群健康进行风险评价。此外，本专著分析了典型区域污染物暴露与人群健康的关系，介绍了饮用水水源有毒污染物溯源方法并进行溯源分析，在此基础上提出了控制对策，旨在为农村饮用水水源的管理和保护提供指导。本书结合应用实例，对农村饮用水水源调查及风险评估程序进行了详细阐述，为农村饮用水水源的普查提供了方法参考。

4 成果应用

（1）通过对研究区域调查研究分析基础上提出了四个地区饮用水水源检测报告卡，

为当地管理部门准确掌握饮用水水源污染特征，明确优控污染物，追溯来源提供基础数据和指导方向。

（2）向环境保护部提交了《乡镇饮用水水源有毒污染物水质评价技术导则（建议稿）》、《乡镇饮用水水源人群健康风险评价技术导则（建议稿）》、《乡镇饮用水水源有毒污染物溯源技术导则（建议稿）》、《农村饮用水水源地环境保护技术指南（报批稿）》等文件，为乡镇饮用水水源的保护管理提供方法指导和技术支持。

5 管理建议

（1）全面开展乡镇饮用水水源地环境状况摸底调查工作，对选址进行科学论证与调整，合理规划水源地布局。同时，要制订科学合理的乡镇饮用水水源保护规划，及时调整干预策略，加强污染风险源的防治与管控，必要时实施改水措施。

（2）针对主要污染物开展相应的处理技术和风险控制对策研究。同时，通过对水源水的健康风险分析，选择单位成本风险削减率最大的处理技术，建立一套污染物的应急处理技术方案，保障饮用水水源安全。

（3）按照饮用水水源保护区划分技术规范，全面开展乡镇饮用水水源地水源保护区划分工作，并报县政府批准、备案，同时应将水源保护区划纳入各乡镇土地利用规划，确保其法律地位，从而保证水源保护区土地利用功能与水源保护的要求相适应。

（4）建立政府任期目标责任制，进一步明确职责，理顺关系，合理确定和分解水源地保护工作的目标和任务，落实领导责任制；研究制定乡镇饮用水水源地保护管理办法，建立乡镇集中饮用水水源地保护的统一监管机制，尽快形成区域全覆盖、管理全过程的乡镇饮用水水源保护和安全监管体系。

（5）增加资金投入，加强乡镇饮用水水源地环境管理能力建设，包括水质监测能力、环境监察能力和应急响应能力等的建设。建立一个集水源地地理信息、水源地水质监测数据、水源地保护区内污染源地理信息及排污监测数据等信息于一体的饮用水水源地保护区综合管理信息系统(含突发性污染事故的预警、预报系统)，形成有效的饮用水水源安全的预警和应急救援机制。

（6）针对各类饮用水水源地环境保护情况，提出饮用水水源地保护宣传教育对策，引导当地居民重视乡镇饮用水水源地环境保护工作。建立相应的激励机制，鼓励公众揭发各种环境违法行为，形成全民动员、全民参与的社会联动机制。

6 专家点评

该项目通过对江苏、广东、江西、湖南等研究区典型乡镇饮用水水源污染特征分析、水质评价、优控污染物筛选和人体健康风险评价等方面的研究，提交了《我国典型乡镇饮用水水源有毒污染物风险评估与控制对策专题研究报告》、《乡镇饮用水水源人群健康风险评价技术导则（建议稿）》、《乡镇饮用水水源有毒污染物水质评价技术导则（建议稿）》、《乡镇饮用水水源有毒污染物溯源技术导则（建议稿）》和《农村饮用水水源地环境保护技术指南（报批稿）》等。项目研究成果为研究区域典型乡镇饮用水水源监测与安全保护提供了基础数据，部分研究成果在广东等地环境保护部门水源地管理中得到应用，可为我国农村饮用水水源地环境保护管理工作提供技术支持。

项目承担单位：　中国环境科学研究院、南京医科大学、中国科学院城市环境研究所、
　　　　　　　　　北京石油化工学院
项目负责人：许秋瑾

环评中的健康影响评价准则及化学污染因子健康影响评价方法研究

1　研究背景

我国新建或改扩建项目中污染型工业项目所占比重较大，随着公众环境健康意识提高和环评中公众参与力度逐渐加大，污染物的潜在健康隐患引起了社会的广泛关注。尤其是近年来发生的多起儿童铅中毒事件，使得涉及重金属排放的建设项目成为了众矢之的，暴露出环境影响评价在有效控制环境健康风险上存在严重的能力不足。开展环评中健康影响评价的相关研究，并着重解决工业项目中问题突出的重金属污染的健康影响评价问题就成为了目前的当务之急。这不仅是法规的要求、公众的呼声，也是建设项目环境管理的迫切需要。

本项目拟通过对人群健康影响相关研究的回顾分析、现场案例研究和相关行业的调研，并结合目前我国环境影响评价现状和环境影响评价机构的技术水平，提出适合我国环境影响评价管理模式、能够纳入现行环境影响评价体系的建设项目化学污染因子（重金属）健康影响评价的可行方式；通过构建建设项目化学污染因子（重金属）健康影响基础信息库，补充重金属污染因子的相关数据，完善现有建设项目环境影响评价数据库的不足；此外，以铅污染为例，探索预测环境铅污染人群健康影响的可行方法，并选择典型的铅污染项目，对健康影响评价指南和铅污染人群健康影响预测模型进行验证，为减轻目前突出的建设项目重金属污染健康风险提供技术支持，提高环评管理部门和评价机构对建设项目健康风险的识别和控制能力。

2　研究内容

（1）构建建设项目化学污染因子健康影响基础信息库框架，收集、整理和录入重金属污染因子相关信息，为建设项目健康影响评价提供基础数据支撑；

（2）筛选建设项目化学污染因子排放与环境归趋模型并对其参数化，以确定各环境介质中化学污染物的分布、周转和累积特征；

（3）确定健康影响评价人群和评价指标，分析评价人群暴露特征，建立和验证环境铅污染健康影响关系模型；

（4）制定建设项目化学污染因子（重金属）健康影响评价基本准则。

3　研究成果

（1）建设项目化学污染因子（重金属）健康影响基础信息库

健康影响基础信息库用于相关建设项目化学污染因子（重金属）基本信息和健康影响信息的收集整理和汇总分析，服务于建设项目的后期跟踪监测、健康风险管理和类似建设项目的健康影响类比分析。

所建立的基础信息库以高速宽带网为支持，以地理信息系统软件和网络平台为基础，开发数据录入、查询、空间可视化展示、报表生成、更新维护的网上服务一体化应用平台。另外，信息库可与其他在建环境影响评价数据库形成衔接，并可方便实现网络共享，为通过远程访问掌握项目所在地基本信息以及建设项目健康影响评价提供技术支撑和数据支持。

（2）建设项目铅污染健康影响预测模型研究

1）健康影响评价模型综述研究

研究表明基于生理学的药物动力学（PBPK）模型能够用于模拟特定暴露情景下敏感人群机体目标组织（或替代目标组织的机体部位）的内暴露水平，在已知暴露剂量—效应关系的情况下，以内暴露水平作为评估健康风险的终点，这一点比较适合用于在建设项目环境影响评价过程中分析重金属污染的潜在健康风险。同时，研究发现除铅以外，其他重金属的健康风险评估模型相对滞后，目前只有一些研究性的探索，模型的推广应用还需要更多的结构、参数调整和验证工作，尚不能直接借鉴用于我国的建设项目重金属污染健康影响评价。

2）环境铅污染健康影响关系模型的建立与验证

①对 IEUBK 模型需要输入的外部参数进行了归类分析，确定了可以借鉴 IEUBK 模型默认值的参数，对部分需实测的参数进行了本地化，明确了需要环评过程中提供或实测的外部参数要求。

②采用标准化敏感性分析方法，对主要儿童行为模式参数（室外活动时间、饮水量、食物量和尘/土摄入量）和主要环境污染源参数（空气、饮用水、食物和尘/土铅浓度）的敏感性进行了分析。在儿童行为模式参数中，尘/土总摄入量的标准化敏感性参数明显高于空气、饮用水和食物的摄入量，其对儿童血铅含量变化的影响最大；而在环境介质铅浓度参数中，血铅含量对尘/土中铅浓度最敏感。因此，通过手口接触方式的土壤/灰尘铅暴露途径是决定儿童血铅含量值差异的主要因素，根据儿童血铅含量实测值来调整该参数是模型本地化以适用于研究地区的关键。

③针对 3～7 岁年龄段儿童的食物种类和日均摄食量、饮用水来源和日均饮水量、

室外活动时间、手口行为频率等开展了行为模式调查，合计发放调查问卷 4 600 余份，有效回收问卷约 4 000 份。使用 Statistics18.0 进行数据分析，从全国范围内来看，所调查的不同区域之间，儿童每天户外活动时间、儿童啃咬手指或其他物品习惯、儿童主要摄入的主食种类等各类指标均有显著差异。从西南地区来看，调查地区各年龄段儿童的行为模式参数存在较大的地区及个体间差异。另外，儿童的每日室外活动时间均低于对应年龄的美国儿童。调查地区各年龄段儿童的日饮水量平均值均高于对应年龄的美国儿童，这种地域差异随着年龄的增大呈现逐渐减小的趋势。调查地区儿童的主食摄入比例显著高于美国儿童。

④选择在云南省会泽县对 IEUBK 模型进行了本地化研究。采用不同本地化参数组合的模型预测结果显示，全部采用美国默认儿童行为模式参数所预测得到的对照区、轻度、中度和重度污染区儿童血铅水平比各区域儿童血铅含量实测值相比偏低40.35% ～ 55.22%。如果仅尘土的总摄入量采用默认值，那么预测出的对照区、轻度、中度和重度污染区儿童血铅几何均值与全部采用默认参数时的结果相近，但和完全本地化后模型的模拟结果相差较远，跟实测血铅值的相对偏差在 38.58% ～ 55.23%；食物铅摄入量参数、室外活动时间参数和饮用水量参数分别采用默认值的预测结果与完全本地化后的结果相近，与实测血铅值的相对偏差在 2.12% ～ 22.11%。IEUBK 模型参数本地化研究表明，"尘土总摄入量"参数是儿童行为模式参数本地化的关键参数。

（3）建设项目化学污染因子（重金属）健康影响评价指南研究

指南对建设项目健康影响评价进行了定位，明确了环评中健康影响评价的目的、评价思路、评价指标和评价程序，实现了健康影响评价与环境影响评价其他专题评价的有效衔接。为便于环评技术人员的理解和使用，指南按照环评人员实际工作过程中的常用工作顺序进行编撰，分别从确定评价工作任务、制定评价工作计划、人群基本信息调查、暴露过程及暴露影响因素分析、人群暴露现状调查与评价、预测暴露水平、健康影响的分析与判断、健康影响的防护与跟踪监测等方面进行了阐述。

4 成果应用

本项目是我国首个针对环境影响评价过程中的健康影响评价所开展的研究工作，其提出的工作思路和工作程序切实可行，项目经过验证建立的铅污染健康影响评价模型，以及编制的《建设项目化学污染因子（重金属）健康影响评价指南（建议稿）》在实际工作中具有很好的应用前景，已在广西某铅锌冶炼项目的健康影响评价过程中进行了应用。项目研究成果有助于缓解社会各界对涉铅建设项目的担忧，减少对该类建设项目环评审批的质疑，提高我国环境管理的人性化水平。

5　管理建议

（1）作为环境影响评价的组成部分，健康影响评价是辅助环境管理部门开展建设项目环境管理的工具之一，其评价的目标和评价的内容应与环境管理部门的职责相匹配。建设项目健康影响评价不宜用健康效应作为评价终点，而应选择人群内暴露水平作为评价终点。

（2）建设项目健康影响评价应该从那些作用方式明确、剂量—效应关系清晰、影响预测模型成熟的污染物（如铅）开始，随着研究的扩大、技术的发展，逐步将更多的污染物纳入健康影响评价的范畴。

（3）健康影响评价依赖于各种相关技术的发展水平，应从环境健康管理的角度对建设项目涉及的化学污染物进行优先控制排序，同时加大对主要控制污染物的基础研究力度，从污染物在环境中的迁移转化、在人体内的代谢动力学原理、内暴露指标的筛选、内暴露水平的预测模型、评价标准的制定等方面为健康影响评价奠定基础。

（4）开展健康影响评价有利于建设项目实施后的环境健康监督管理。但目前环保系统实施对建设项目的健康影响跟踪监测还有很多障碍，主要是缺乏生物样本监测网络。建议在与卫生部建立的环境健康管理机制框架下联合出台相关管理规定，充分利用卫生系统成熟的疾病预防控制体系，以便最经济快捷地实现建设项目健康影响监测数据的收集、整理和利用，为建设项目的环境健康预警服务。

6　专家点评

该项目开展了化学污染因子（重金属）健康影响基础数据库研究，构建了项目铅污染健康影响预测模型和建设项目化学污染因子健康影响基础信息库，确定了健康影响评价指标，建立并验证了环境铅污染健康影响关系模型，编制了《建设项目化学污染因子（重金属）健康影响评价指南（建议稿）》。项目研究成果应用于广西等地环评中人群铅暴露的预测，为研究区域环境与健康特征提供了重要的参考价值，也可为我国环境健康管理和重金属污染防治工作提供技术支持。

项目承担单位：环境保护部环境工程评估中心、中国科学院研究生院、中国疾病预防控制中心职业卫生与中毒控制所、中国环境科学学会

项目负责人：任景明

基于优先控制化学污染物监测数据的
健康危害评价技术研究

1 项目背景

    环境保护的根本目的是保护我们人类自身的生存条件和身体健康。随着我国经济的快速发展，由环境污染而引发的环境健康问题日益显现，已成为影响我国社会和谐发展的制约因素。优先控制污染物是对人体健康威胁最大的污染物，绝大多数健康危害与优先控制污染物有关，通过优先控制污染物监测可以较全面地反映污染水平和环境质量状况。实际上，由于各个国家、不同地区、局部环境、工业性质的不同，不同水体的具体污染源并不相同，其优先污染物也是不相同的。因此，对不同水体优先监测、优先管理、优先控制的污染物也应有所区别。针对不同水体特征，应筛选不同的优先控制污染物，并以此指导局部水体污染控制。

    环境监测是环境保护的重要手段，环境监测的主要目的是评价我们的生活环境是否安全，判定环境中的有毒有害物质是否会对人的健康构成威胁。目前我国已经建立了比较完善的环境监测体系，每天都有大量的环境监测数据。虽然我们可以利用现有的环境标准判定环境介质中的污染物质是否超标，但不能反映污染对健康的危害程度，特别是当环境中存在多种污染物时，其联合作用所导致的健康危害更不得而知。完整的环境监测应该包括污染物的监测和危害评价两个部分，没有评价的监测数据犹如一堆废纸，没有任何的价值。因此在现有环境监测的基础上开展环境污染的健康危害评价研究显得尤为急需，但目前仍缺乏相应的技术手段，因此迫切需要开展环境污染健康危害评价预警技术研究，为政府部门的管理和决策服务。

2 研究内容

    在已公布的优先控制污染物"黑名单"的基础上，采用流行病学和毒理学相结合的方法，结合案例研究，研究优先控制污染物数据与健康危害之间的关系；通过生物监测技术将优先控制污染物的监测数据与毒性联系起来；根据危害认定的基本原则建立适合我国国情的环境污染导致健康危害的评价指标体系；在建立优先控制污染物监测数据、毒性资料、流行病学资料及人群健康危害调查数据库的基础上，阐明优先控制污染物污染导致人体健康危害剂量—反应关系；根据剂量—反应关系建立基于优先控制污染物监测数据的环境污染所致健康危害的评价方法和评价模型。

3 研究成果

（1）研究建立了局部水体优先控制污染物筛选方法和典型研究地区化学监测数据库，筛选了典型研究地区优先控制污染物

建立了筛选水体优先控制污染物的原则、程序和方法，可用于筛选不同水体的优先控制污染物，指导局部水体污染控制。以我国典型水体江苏太湖和武汉东湖为典型研究地区，建立了典型研究地区化学监测数据库，并筛选了太湖和东湖的优先控制污染物。其中太湖水源水中优先控制污染物为砷、镉、汞、氨氮、氟化物、三氯甲烷、四氯化碳，东湖水源水中优先控制污染物为总氮、总磷、甲苯、酞酸酯、镉、铅、氯仿、四氯化碳。

（2）研究建立了基于生物监测数据的健康风险评价方法，对典型研究地区生物监测数据进行了健康风险评价

采用阳性对照等当量毒性计算法，建立了基于生物监测数据的健康风险评价方法。以江苏太湖、武汉东湖和颍东区为典型研究地区，对太湖水源水和出厂水进行了生物监测，建立了典型研究地区生物监测数据库。健康风险评价结果显示东湖和颍东较多水样致癌健康风险超过 10^{-6} 可接受水平，太湖非致癌健康风险均在可接受水平以下。对太湖的两种算法健康风险值进行统计学相关分析，其中非致癌健康风险值存在统计学相关性。

（3）研究建立了多环芳烃和硝酸盐/亚硝酸盐内暴露检测方法，进行了典型研究地区内暴露水平评估

选择典型研究地区颍东区，根据当地环境污染特征，筛选多环芳烃和硝酸盐/亚硝酸盐为特征污染物，建立了尿液 1-OH 芘和亚硝胺检测方法，并评价了颍东区居民特征污染物内暴露水平，居民间尿液 1-OH 芘均值为（2.49±0.11）µmol/molCr，亚硝胺浓度均值为（0.38±0.15）µmol/molCr。

（4）研究建立了环境污染健康危害评价的指标体系

建立了环境污染健康危害评价指标体系。指标体系包括群体效应指标和个体效应指标，包括环境污染健康危害生理评价指标群、污染暴露指标群和污染损害指标群三个方面数十项指标。收集调查了无锡市和苏州市（太湖）、武汉市（东湖）和颍东区居民的健康数据，包括近十年内环境污染密切相关的恶性肿瘤、内分泌系统疾病、新生儿死亡率等健康数据。

（5）阐明了典型研究地区人群健康损害与环境污染物之间的关联

采用灰色关联法，分析了无锡市（太湖）和武汉市（东湖）环境污染数据和人群健康损害的关系，对不同污染物相关性进行排序，发现东湖供水区居民疾病死亡率之间关

联度最大的污染物是亚硝酸盐氮，除先天畸形疾病与硝酸盐氮关联度最高外，其余所有疾病死亡率均与亚硝酸盐氮关联程度最高。与汉江供水区居民疾病死亡率之间关联度最大的污染物是硝酸盐氮，所有疾病中有 6 种疾病与硝酸盐氮的关联程度较高，包括恶性肿瘤、胃癌、肺癌、乳腺癌、宫颈癌和消化系统疾病。太湖污染物中与居民疾病相关程度最高的污染物为亚硝酸盐氮，与胃癌、肠癌、肝癌、乳腺癌、膀胱癌、冠心病和其他恶性肿瘤均存在相关性。

（6）基于化学监测和生物监测数据，分别构建了环境污染所致健康危害的评价预警模型

基于灰色关联结果，采用灰色系统预测，构建了基于化学监测数据的环境污染所致健康危害的评价预警模型，包括疾病死亡率的 GM(1, N) 模型和 GM(1, 1) 模型。利用模型分别对东湖和太湖供水区居民 2010 年各疾病死亡率进行了预测，预测结果与实际调查的居民健康数据吻合性较好。其中东湖供水区居民食管癌、胃癌、结肠直肠肛门癌、肝癌、乳腺癌和白血病以及消化系统疾病预测精度较好；汉江供水区居民食管癌、胃癌、结肠直肠肛门癌、肝癌和肺癌的预测精度较好；太湖供水区居民胃癌、肺癌、肝癌、食管癌、膀胱癌和鼻咽癌预测精度较好。

基于生物监测数据的预警模型采用多元线性回归模型建立。颍东区预警模型证实恶性肿瘤死亡率与水质遗传毒性之间存在显著相关性，且该回归模型可用于短期内（1～2年）恶性肿瘤死亡率预测。

4 成果应用

（1）环境污染健康危害评价指标体系为"全国重点地区环境与健康专项调查"（以下简称"专项调查"）（环办 [2011]43 号）所借鉴，为"专项调查"有关技术文件——《"全国重点地区环境与健康专项调查"实施方案编制技术指南 (试行)》的编写提供了重要技术支撑。成果应用部门为环境保护部科技标准司健康处。

（2）建立的生物监测技术为"淮河流域癌症综合防治工作"（卫疾控发 [2007]89 号）制定《淮河流域癌症综合防治生物监测试点实施方案》提供了技术和方法参考。成果应用部门为环境保护部科技标准司健康处。该方案已在淮河流域两个重点区县推广应用 2年，根据方案对淮河流域所有重点区县的技术人员进行了培训。

5 管理建议

（1）加强环境监测数据的应用，开展健康风险研究，建立健康风险预警模型

本研究在建立典型地区的水质及健康监测数据库的基础上，建立了复合环境污染健康风险评价方法，并构建了基于**优先控制污染物监测数据**的环境污染所致健康危害的预

警模型，与实际健康调查结果吻合良好。但由于条件限制，本研究是在有限数据条件下进行的生态学研究，所构建的基于环境污染数据的健康危害评价预警模型有待利用更丰富翔实数据进行修订和验证。

因此，建议进一步完善复合环境污染健康风险评价方法和健康危害预警模型，在此基础上，完善加强水质监测数据应用，开展健康风险研究，对可能发生的严重环境污染及其健康危害进行预警，为科学决策提供坚实的依据。选择更大范围地区进一步优化完善环境健康风险预警模型，建议择机推广应用。

（2）开展环境污染导致健康危害的生物监测

本项目研究建立了适合我国环境污染特点的生物监测体系，并建立了基于生物监测数据的健康风险评价模型。经过在典型污染地区的试点监测，该监测体系可反映复合污染的毒性效应，根据生物监测数据计算的健康风险与当地居民的健康危害效应之间有较好的相关关系。因此建议可选择典型污染地区，开展试点生物监测，不断完善生物监测方案，并加强生物监测能力建设，便于在条件合适的情况下在大范围内推广。

（3）推进历史数据电子化，建立信息共享机制，加强监测数据的后续评价，让大众了解风险，为管理服务

建议充分发挥国家环境健康协调机制，建立信息共享服务系统，整合环境保护部、卫生部、水利部和住房和城乡建设部等的水质监测数据，保证全面、及时提供有关数据；并在规定权限内有效获得共享，利用全社会共同的力量充分发掘监测数据的信息资源效能，促进科研及管理工作的进一步发展。

6　专家点评

该项目在获得大量化学监测、生物监测和居民健康数据的基础上，分析优先控制污染物污染特征及其与生物监测数据间关系，重点研究了典型地区优先控制污染物监测数据和人群健康损害之间的关系，最终建立基于优先控制污染物监测数据的健康危害评价方法和模型。项目研究成果在《"全国重点地区环境与健康专项调查"实施方案编制技术指南（试行）》和《淮河流域癌症综合防治生物监测试点实施方案》的编写中得到了应用。该项目提出的水体优先控制污染物筛选方法和环境污染所致健康危害的评价预警模型对我国的优先控制污染物控制和环境污染健康危害预警工作具有重要的技术支撑作用。

项目承担单位：华中科技大学
项目负责人：徐顺清

珠江三角洲地区电磁辐射对人群健康影响评估研究

1 研究背景

随着珠江三角洲地区（简称"珠三角地区"）经济快速发展，机械化、自动化、信息化、电子化、智能化、现代化程度不断提高，广播电视发射系统、移动通讯基站、高压输变电系统、电气化铁道等伴有电磁辐射和感应的设备越来越多。近年来珠三角地区环境电磁场强度上升的趋势日益显著，电磁辐射污染问题日益成为人民关注的热点，居民投诉也日益增多，污染导致的纠纷急剧上升。

电磁辐射与人类健康的流行病学调查是电磁辐射危害性的最直接证据，但迄今为止，调查结果仍不能对此作出明确的结论，存在很多争议。国外的研究结果表明电磁辐射与一些疾病的发生存在相关性，认为应采取预防措施，并建议开展更广泛的流行病学研究。世界卫生组织（WHO）认为，目前尚无足够的科学依据判定低强度电磁辐射是否对人类健康有确切影响，需要开展大规模的流行病学调查研究，获得电磁辐射与特定疾病（或损伤）的相关性，构建两者关系模型；同时验证已报道的电磁辐射所致的各类健康效应。目前国内少量的流行病学调查集中在电磁辐射对职业工人健康的影响，极少开展环境电磁辐射对普通公众健康影响的流行病学调查。鉴于当今国内外形势，我国应加大电磁辐射污染及健康效应研究力度，开展较大规模的流行病学调查，科学评估电磁辐射的健康风险。

2 研究内容

（1）通过收集珠三角典型区域近 5 年的电磁辐射监测资料，初步评估珠三角地区近年来的电磁辐射污染水平。

（2）开展珠三角地区 9 个城市中心城区的区域电磁辐射强度的面测，对工频、超短波射频电磁辐射源进行实地测量，对珠三角典型区域电磁辐射污染现状进行评价。

（3）工频电磁辐射与孕妇异常妊娠结局关系研究。选择珠三角地区 413 名孕妇，采用前瞻性队列研究方法，通过 2 年追踪观察分析环境工频电磁场暴露对孕妇妊娠结局的影响进行调查，并分析工频电磁污染对孕妇内分泌及血液的影响。

（4）工频、超短波射频电磁辐射对小学生健康的影响研究。选择两所小学 4～6 年级学生 728 名，通过问卷调查、健康体检、实验室检验及神经行为功能测试组合等，探讨工频电磁场对小学生健康的影响。选择小学 4～5 年级学生 685 名，通过健康问卷调查、体检、实验室检测分析及神经行为核心测试组合等，探讨射频电磁辐射对小学生健康的影响。

（5）工频、超短波射频电磁辐射对居民健康的影响研究。选择距离输变电线廊不同距离的 606 人，通过工频电磁辐射强度监测、健康问卷调查、健康检查等，探讨高压线工频电磁场对周边居民健康的影响。选择距离广州某电台发射塔不同距离的居民 147 名，在对环境电磁辐射水平监测的基础上，探讨电磁辐射对周围居民神经衰弱的影响。

（6）采用美国环保局（EPA）推荐的四步法，评价工频磁场对孕妇自然流产、工频磁场对儿童期白血病、手机射频电磁辐射对成人脑肿瘤的健康风险。

（7）提出电磁辐射防护与管理对策。

3　研究成果

（1）珠三角典型区域近年来辐射源不断增加，电磁辐射强度有不断增加的趋势，少数点位局部电磁辐射强度超过国家标准限值，但区域电磁辐射环境状况总体处于正常的背景值

2004—2007 年，珠三角地区电磁辐射环境状况基本正常。除少数移动通信基站、广播电视发射装置附近电磁辐射水平略高，个别与天线距离较近的测量点位超过国家标准限值外，珠三角地区大部分电磁辐射源周围辐射水平在国家标准限值内。2008—2010 年，珠三角地区电磁辐射环境水平处于正常的背景值。

（2）珠三角地区九城市中心城区一般电磁辐射存在区域差异，珠海最高，佛山最低，但区域一般电磁辐射环境状况基本正常；典型区域工频、超短波射频电磁辐射污染水平基本正常，局部点位超过国家标准限值

在珠三角地区 9 个城市的中心城区，按照 2km×2km 的网格布点，对区域一般辐射环境的功率密度、电场强度、磁场强度进行监测评价。电场强度和磁场强度比较 7 个城市的差别不是很大，但功率密度的比较珠海是佛山的 4 倍，区域电场强度和磁场强度的比较为：佛山＜中山＜江门＜惠州＜深圳＜肇庆＜珠海，区域功率密度的比较为：佛山＜中山＜惠州＜江门＜深圳＜肇庆＜珠海。各测量点位的电场强度、磁场强度及功率密度除个别点位略高于国家标准推荐的限值外，其余点位均低于国家标准规定的限值，珠三角地区中心城区一般电磁辐射污染状况基本正常。

（3）本项目调查显示工频电磁污染区工频磁场暴露与自然流产相关，关联程度中等，但由于研究区域及研究对象的局限性，相关结论尚需通过巢式病例对照研究在其他地区和民族中进行进一步验证；现有研究数据尚不足以证明工频电磁污染对孕妇血液内分泌功能有显著影响

本项目通过前瞻性队列调查，研究了珠三角地区典型区域（广州白云区江高镇和人和镇）工频磁场暴露对孕妇异常妊娠结局、孕妇血液内分泌的影响。通过对孕妇的家居环境、职业环境及公共场所工频磁场暴露监测，综合评估了队列孕妇个体工频磁场暴露水平。本项目研究采用内对照，通过单因素、多因素分析及相对危险度计算，发现工频磁场暴露与自然流产相关，关联程度中等；暴露组一半以上的孕妇自然流产源于工频磁场暴露。对孕妇的日常活动情景进行了个体工频磁场时间加权暴露量估计，结果显示时间加权工频磁场暴露量与自然流产也呈中等关联（RR=1.97），多因素分析结果也显示混杂因素对工频磁场暴露与自然流产的相关性虽有一定的混杂干扰，但并不影响工频磁场与自然流产相关的显著性，工频磁场暴露是自然流产的重要危险因素。调查显示工频电磁污染区孕妇的雌孕激素、血细胞、肝功及内分泌指标等与全国成人妇女参考值相比有一定的波动，但由于缺乏参比基础，现有研究数据尚不足以证明工频电磁污染对孕妇血液内分泌功能有显著影响。

（4）高压线工频电磁场暴露水平与小学生的神经行为功能、血压和心率、血清微量元素、免疫功能和氧化应激的一些指标存在统计学关联

观察组小学生所在学校距离 500kV 高压输变电线 94m，观察组工频磁场暴露强度明显高于对照组，工频磁场暴露最高强度接近 0.4μT。对 6 种常见的非特异性神经衰弱症状、3 种情绪症状、5 种皮肤症状进行问卷调查，采用单因素和多因素分析，未见与小学生工频暴露水平差异存在统计学关联；观察组小学生视觉保留和目标追踪的 NAI 得分低于对照组；经单因素和多因素分析，未见工频暴露水平的差异与小学生心电图异常存在明显关联；观察组收缩压、心率、血红蛋白均数、血清 Cu、Fe 和 Zn 含量以及总抗氧化物（T-AOC）均高于对照组；观察组舒张压、IgG 和 IgM 水平均低于对照组。

（5）电视塔的超短波射频电磁辐射与小学生神经行为功能、心血管系统、血液系统、抗氧化损伤能力、免疫功能的一些指标存在统计学关联

神经功能行为测试中观察组情感状态的愤怒—敌意、视简单反应时间的最大反应时间的测试结果明显高于对照组，而符号译码的正确数 1 则明显低于对照组；通过多元线性 logistic 回归分析表明观察组小学生的血压（包括收缩压、舒张压）和心率高于对照组；观察组血常规指标中的 HGB 含量、嗜酸性粒细胞百分数、嗜酸性粒细胞计数、巨大不成熟细胞百分数和巨大不成熟细胞计数水平比对照组高，而 PLT 和嗜中性粒细胞百分数水平比对照组低；血清钾、MDA 暴露组高于对照组，暴露组的血清钠、血清 SOD、血清

免疫球蛋白 IgG 和 IgM 含量低于对照组。

（6）居住在高压输变电线廊下 20m 及以内的居民，雷击、触电、物品带电等与电
有关的生活事件发生频率明显增高；高压输变电线工频电磁场暴露水平与其周
边居民的神经精神系统、血液系统、免疫系统的一些指标存在统计学关联

距离高压输变电线廊下 20m 以内的电磁场强度存在超标现象，居民接触高压线和变
压器铁塔机会远远大于 100m 以外的居民，其日常生活不同程度地受到了影响，主要表
现是与电有关的生活事件（雷击、触电、物品带电等）发生频率明显增高。本研究主要
调查的主观指标有 17 个，其中，两组人群之间有差异性的指标分别是：个体神经精神状
态调查中，个人自述头痛和易疲劳的比例观察组均高于对照组。调查的客观指标有 28 个，
观察组肌酸激酶（CK）和肌酸激酶同工酶（CK-MB）、钙、IgM 的含量高于对照组，而
血小板的含量低于对照组。

（7）超短波射频（电视塔）电磁辐射可能引起其周边居民恶心、食欲减退、入睡困
难等神经衰弱症状异常率增高，并与居住年限有关

恶心和听力减弱两项异常率观察组显著高于对照组；居住年限在 6 ～ 24 个月的居民
记忆力减退异常率显著增高；居住年限大于 24 个月的居民情绪激动和食欲减退异常率显
著增高；居住年限大于 6 个月的居民恶心和入睡困难异常率均有显著增高。恶心、入睡
困难、食欲减退与居住年限有关，OR 值 (优势比) 分别为 1.31、1.51、1.32。

（8）珠三角地区工频磁场致孕妇自然流产率低于 13.91%，工频磁场致儿童白血病
的健康风险低于 6×10^{-6}，手机致成人脑肿瘤的健康风险为 7.07×10^{-6}，手机导
致同侧大脑半球脑肿瘤的健康风险为 7.87×10^{-6}

采用 USEPA 推荐的四步法，评估了工频磁场对孕妇自然流产的健康风险，相对危险
度（RR）为 1.97，属于中等关联；特异危险度 AR 为 6.86%，即在消除其他混杂因素后
单独由工频磁场暴露可使孕妇自然流产增加 6.86%；居住在高压线附近的孕妇仅因工频
磁场暴露发生自然流产的人数占暴露组所有自然流产人数的 49.34%；珠三角地区工频磁
场致孕妇自然流产率低于 13.91%。住所中工频磁场平均暴露超过 0.3 ～ 0.4μT，儿童期白血
病患病率增长 2 倍，珠三角地区工频磁场致 15 岁以下儿童白血病的健康风险低于 6×10^{-6}。
使用手机与脑肿瘤的发生存在着弱关联性，OR=1.14（95%CI 1.03 ～ 1.25），使用手机
致成人脑肿瘤的健康风险为 7.07×10^{-6}；而手机使用同侧大脑半球肿瘤危险性是对侧大脑
的 1.27 倍，95%CI 为 1.11 ～ 1.45，即使用手机将导致同侧大脑半球的肿瘤的健康风险达
到 7.87×10^{-6}。由于研究人群选择、暴露场景、暴露评价方法以及流行病学研究自身存在
的不确定性，健康风险评价结果不可避免地存在不确定性。

（9）实行风险分级管理，立足于一个权威的安全暴露限值，结合电磁场监测数据、流行病学调查结果综合考虑高压线卫生防护距离

国际上除了 ICNIRP 导则外，对工频电磁场的暴露限值并没有一个统一的标准，各国标准差异悬殊，本研究采用瑞士的磁场强度暴露限值 1μT，根据高压线的电压等级制定了卫生防护距离标准建议值。但基于 1μT 的限值仍可能会对儿童造成一定的健康影响，建议在此防护距离的基础上，电压等级超过 110kV 的高压线附近 50m 范围内，不建设幼儿园、学校、住宅、医院等敏感建筑。

4 成果应用

（1）向环境保护部提出了"环境电磁辐射污染健康影响及管理对策思考"的政策建议，发表在环境保护部科技标准司主办的《环境与健康信息》上，作为内部资料在国家环境与健康领导小组 17 个成员单位及环境保护部各司局中传阅。

（2）研究成果为广东省环境保护厅在珠三角地区环境电磁辐射管理和污染防治等工作上提供了技术和数据支持。

（3）研究成果将为国家和地方政府管理部门在电磁辐射的环境管理、科学决策上提供技术支持，为制定电磁辐射标准、卫生防护距离及污染控制措施提供科学依据。

5 管理建议

（1）加强环境电磁辐射污染防治，制定电磁辐射污染防治法等相关法律法规，建立健全电磁辐射规划制度、电磁辐射设施或设备所属单位的内部管理制度、公众参与制度及对儿童、孕妇的特殊保护制度，利用法律法规解决电磁辐射污染纠纷。

（2）科学制定符合我国国情的电磁场暴露标准及卫生防护距离。在科学评估电磁场的健康危害效应的基础上，制定合理的电磁辐射暴露限值，并建立相关产品的电磁辐射强度国家标准。加快制定国家层面的高压线、变电站、基站和电视塔发射天线等辐射源的卫生防护距离，确保人群健康。

（3）城市建设规划应注重电磁辐射防护，划定电磁辐射控制区、高压供电走廊和微波通道等。针对辐射源设置规划控制区，结合未来城市建设规划做好微波通道保护规划，预测未来的电力需求。城市总体规划中考虑变电站的规划，并合理规划高压走廊的建设。

（4）加强电磁辐射系统监测及电磁辐射源申报登记工作，积极推进电磁类项目规划环评工作。对变电站、高压线所处的不同地域，执行不同的暴露限值，实行分类管理。

（5）加强基础性科学研究，加大科普宣传力度，向公众普及电磁辐射防护知识。

（6）加强电磁场健康风险管理，建立有关电磁场风险的沟通、对话机制。

6 专家点评

项目开展了珠三角地区高压线、变电站、广播电视发射系统、移动通信基站等工频及射频电磁场的监测，探讨了高压线工频电磁场、广播电视发射系统射频电磁场对敏感人群（孕妇、儿童）及成人健康的影响，进行了环境电磁辐射健康影响研究的暴露评价及其对人群健康影响的评估，提出了电磁辐射防护及管理对策建议。研究具有创新性和实用性，项目研究成果为广东省环境保护厅在珠三角地区环境电磁辐射管理和污染防治工作提供数据支持，可为环境保护部门对电磁辐射的环境管理提供技术支持。

项目承担单位：环境保护部华南环境科学研究所、中国疾病预防控制中心
项目负责人：白中炎

第四篇
水环境领域

2009 NIANDU HUANBAO
GONGYIXING
HANGYE KEYAN ZHUANXIANG
XIANGMU
CHENGGUO HUIBIAN

我国水环境 BTEX 污染的修复限值研究

1　研究背景

《国家中长期科学和技术发展规划纲要（2006—2020 年）》将水体污染控制与治理作为重大专项之一，而达到水体污染控制与治理的首要问题和先决条件，是迫切需要对水环境基准加强研究，通过水环境标准的完善、补充和制定，从而解决好依法治水的问题。《国务院关于落实科学发展观　加强环境保护的决定》更是明确提出了"科学确定环境基准"的要求，并将其作为建立和完善环境保护长效机制的重要内容之一。且由于目前的水环境标准无法真实地反映客观规律，导致我国的环境保护工作一直存在"过保护"或"欠保护"。近年来，特别在应对一些重大环境污染事件时，已暴露出我国在水环境基准研究方面薄弱的现状，亟须从国家层面上开展相关的科学研究，为我国中长期环境战略目标提供支持。再加上近年来，我国水环境中 BTEX 的污染问题日益严重，为此，课题组在 2009 年启动的环保公益性行业科研专项中启动了"我国水环境 BTEX 污染的修复限值研究"项目。

该研究首先通过对比国内外水质基准方法体系研究，确立了我国 BTEX 水质基准的具体研究方法，在实验室系统开展了 BTEX 对水生生物的毒理学试验，包括单一污染物的毒性和几种 BTEX 联合污染的毒性以及生物富集实验研究，由于目前公开发表的有关 BTEX 的毒理学数据较少，主要依据本实验室获得的毒理学数据，同时结合美国环保局（EPA）毒性数据库毒理学数据，最终推导了我国地表水环境 BTEX 的水质基准。

2　研究内容

（1）开展了甲苯、乙苯、二甲苯对我国本土不同营养级、不同生物学类群的水生生物的毒理学研究，包括鱼类、节肢动物、软体动物和水生植物等 8 个门 15 个科在内的 20 余种本地物种；开展了甲苯、乙苯、二甲苯对水生生物的急性和亚慢性毒性试验，以及苯系物的联合毒性试验，为 BTEX 水质基准推导提供了必要的毒理学基础数据；并研究了其对反映生物体机能的不同种类微观指标如乙酰胆碱酯酶、抗氧化酶、脂质过氧化、叶绿素的影响，同时研究了其在生物体内的积累、净化降解规律、联合毒性效应及水质因子温度、pH 对其毒性效应的影响。

（2）利用三种国际上通用的水质基准推导方法，包括评价因子法、毒性百分数排序法和物种敏感度分布法，同时利用本课题组所做的相关 BTEX 毒性数据和 EPA 毒性数据库 (http://cfpub.epa.gov/ecotox/) 中的 BTEX 毒性数据作为推导水质基准的数据来源，推导了我国 BTEX 的地表水水质基准。

3 研究成果

（1）苯系物对我国本土生物的急性和亚慢性毒性

鉴于国内过去对苯系物的相关研究主要集中在人体健康毒性、环境行为和降解机理等方面，本课题开展了甲苯、乙苯、二甲苯对不同营养级、不同生物学类群的水生生物的毒理学研究，得到了苯系物对我国 8 个门 15 个科在内的 20 余种本土淡水生物的急性和亚慢性毒性的半致死浓度（LC_{50}）、半效应浓度（EC_{50}）、无效应浓度（NOEC）和最小作用剂量（LOEC），具体见表 1。

表 1　甲苯、乙苯、二甲苯对淡水生物的毒性数据

门	科	物种	拉丁名	毒性终点	毒性值／（mg/L）		
					甲苯	乙苯	二甲苯
脊索动物门	鲤科	鲤鱼	*Cyprinus carpio*	24h-LC_{50}	64.73	46.7	51.94
				48h-LC_{50}	61.98	44.31	50.3
				96h-LC_{50}	57.15	40.64	49.34
		鲫鱼	*Carassius auratus*	24h-LC_{50}	50.21	29.32	37.32
				48h-LC_{50}	41.86	24.81	33.12
				96h-LC_{50}	33.64	21.19	26.68
				21d-NOEC	6.73	4.24	5.74
		斑马鱼	*Brachydanio rerio*	48h-LC_{50}	24.0	7.3	7.2
				96h-LC_{50}	16.7	3.5	4.2
				21d-NOEC	7.75	3.125	3.48
	鳅科	泥鳅	*Misgurnus anguillicaudatus*	24h-LC_{50}	154.1	107.1	94.3
				48h-LC_{50}	151.5	101.0	92.6
				96h-LC_{50}	149.7	95.9	89.0
				7d-LOEC	5	10	20
	鳉科	青鳉	*Oryzias latipes*	24h-LC_{50}	48.01	40.48	39.09
				48h-LC_{50}	43.02	32.55	33.39
				96h-LC_{50}	39.03	27.6	28.61
	花鳉科	食蚊鱼	*Gambusia affinis*	24h-LC_{50}	62.39	41.70	54.63
				48h-LC_{50}	51.67	35.66	40.94
				96h-LC_{50}	45.54	30.71	34.50

门	科	物种	拉丁名	毒性终点	毒性值／（mg/L）		
					甲苯	乙苯	二甲苯
节肢动物门	潘科	大型蚤	*Daphnia magna*	24h-EC$_{50}$	172.1	50.1	63.6
				48h-EC$_{50}$	136.9	42.9	50.3
	匙指虾科	中华新米虾	*Neocaridina denticulata sinensis*	24h-LC$_{50}$	34.73	23.88	26.62
				48h-LC$_{50}$	21.62	16.76	18.76
				96h-LC$_{50}$	13.77	10.41	11.27
		细足米虾	*Caridina nilotica gracilipes*	48h-LC$_{50}$	14.4	3.0	6.5
				96h-LC$_{50}$	10.0	2.0	4.3
	羽摇科	羽摇蚊幼虫	*Chironomus flaviplumus*	24h-LC$_{50}$	168.0	98.3	92.2
				48h-LC$_{50}$	64.9	37.8	42.0
软体动物门	田螺科	铜锈环棱螺	*Bellamya aeruginosa*	96h-LC$_{50}$	39.9	22.6	27.5
				21d-LOEC	—	0.045	—
原腔动物门	臂尾轮科	萼花臂尾轮虫	*Brachionus calyciflorus*	48h-LC$_{50}$	9.1	2.6	3.0
环节动物门	颤蚓科	霍普水丝蚓	*Limnodrilus hoffmeisteri*	24h-LC$_{50}$	194.8	71.9	88.0
				48h-LC$_{50}$	185.2	46.8	75.6
				96h-LC$_{50}$	170.4	38.8	69.9
				21d-NOEC	17.04	7.76	14.38
蓝藻门	色球藻科	铜绿微囊藻	*Microcystis aeruginosa*	72h-EC$_{50}$	251.7	114.1	154.1
				72h-EC$_{10}$	29.0	15.4	21.1
绿藻门	小球藻科	小球藻	*Chlorella vulgari*	48h-IC$_{50}$	107.49	64.93	63.93
				48h-IC$_{10}$	13.44	5.61	9.38
被子植物门	水鳖科	黑藻	*Hydrilla verticillata*	7d-LOEC	7.30	1.15	2.36
		苦草	*Vallisneria spiralis*	7d-LOEC	5.00	5.00	5.00
	伞形科	水芹	*Oenanthe javanica*	7d-LOEC	10.00	5.00	5.00
	千屈菜科	千屈菜	*Herba Lythri Salicariae*	7d-LOEC	5.00	5.00	5.00

（2）苯系物的联合毒性

本研究对中华新米虾和摇蚊幼虫分别进行了甲苯、乙苯、二甲苯的联合毒性研究，结果显示，甲苯、乙苯、二甲苯两两混合二元体系对两种生物均表现为相加作用；按毒性单位1∶1∶1及浓度单位1∶1∶1的三元混合体系，甲苯、乙苯、二甲苯对中华新米虾48h暴露均为相加作用，96h暴露均为协同作用；对摇蚊幼虫，按毒性单位1∶1∶1混合的甲苯、乙苯、二甲苯的相互作用由24h的相加作用转变为48h的协同作用，按浓度单位1∶1∶1混合的甲苯、乙苯、二甲苯的相互作用在24h和48h均表现为相加作用。

（3）苯系物的生物富集能力

经过对已有相关研究及本课题进行的铜锈环棱螺对乙苯的富集和降解净化实验结果的综合分析，均显示苯系物在生物体内生物富集能力不高，不会产生生物富集效应，且离开污染源后，体内苯系物降解迅速，半衰期很短。因此在基准推导时无须考虑生物富集效应。

（4）水质因子对苯系物毒性的影响

在同处理的急性甲苯染毒浓度下，鲤鱼的死亡率随着硬度的提高有所下降，且具有显著性差异；当硬度相同而 pH 不同时，pH 对甲苯毒性效应的影响并不明显。不同温度及不同 pH 的条件下，乙苯对鲤鱼的急性毒性研究显示，35℃时死亡率普遍较高，其中包括未染毒的空白对照组，说明较高的温度直接对摇蚊幼虫的生存造成了影响，在 15℃ 温度条件下，摇蚊幼虫死亡率略低于温度为 25℃实验条件的摇蚊幼虫死亡率，但并不明显，这可能是因为低温状况下摇蚊幼虫新陈代谢速率减慢，对污染物的摄入减慢，水质条件恶化减慢。在不同温度的条件下，乙苯对摇蚊幼虫致死率的变化主要是由于高温这一恶劣环境对生物的直接影响，已不适于生物生存，而不是温度对乙苯的影响，因此不能将温度作为影响乙苯对摇蚊幼虫毒性环境因素。也就是说，在适宜生物生长的温度范围内，温度不会对乙苯毒性产生显著性影响。摇蚊幼虫的死亡率在 pH7.0 的中性条件下最低，酸性或碱性条件均会导致死亡率偏高，不利于生存。

依据现有不同 pH 的数据，甲苯、乙苯对黑头软口鲦、二甲苯对蓝鳃太阳鱼毒性数据的统计分析显示，不同 pH 对应的同种生物的半致死浓度并无显著性差异。由此可知 pH 对苯系物毒性并无直接影响，不存在相关关系。综上所述，在适宜的温度及 pH 范围内，温度和 pH 均不会对 BTEX 毒性产生显著的影响，因此，依据分析结果推导基准时无须考虑温度及 pH 这两个水质因子对基准值的影响。

（5）我国苯系物地表水水质基准

利用评价因子法、毒性百分数排序法和物种敏感度分布法推导了我国 BTEX 的地表水水质基准，见表 2。本研究创新地提出了基准联合浓度（CJC）的概念，由于目前并没有这方面的相关研究，且缺乏用于推导的联合毒性数据，利用评价因子法（AF）对 CJC 的限值进行了初步的试探性研究。仅基于急性混合毒性数据的单值基准，本研究所推导的 BTEX 基准联合浓度 CJC 为 4.53 mg/L。

表 2   三种基准推导方法得到的 BTEX 水质基准值对比

单位：mg/L

化合物	毒性百分数排序法		物种敏感度分布法		评价因子法
	CMC	CCC	CMC	CCC	
苯	1.89	—	1.55	—	0.28
甲苯	4.93	1.17	5.72	1.36	0.58
乙苯	0.79	0.22	1.33	0.37	0.31
二甲苯	2.21	0.64	4.57	1.33	0.35

注：CMC 表示基准最大浓度，CCC 表示基准连续浓度。

4 成果应用

本研究系统研究并综合了国外水质基准方法体系，提出了我国水质基准研究的方法学体系，使我国的水质基准研究工作前进了一步，可以为后续的研究提供参考和指导，也能发现当前研究中存在的不足，为进一步的研究提供方向。本课题依据实验所得及收集所得 BTEX 毒理学数据，采用多种基准推导方法推导得出苯、甲苯、乙苯和二甲苯的水质基准值，为我国今后系统开展水质基准的科学研究提供示范。这一研究成果将为我国科学修订 BTEX 地表水环境质量标准提供理论依据，改变我国现行 BTEX 相关水质标准直接参考世界卫生组织（WHO）水质标准的状况，使其水质标准更科学，避免"过保护"或"欠保护"的发生。本课题推导所得的 BTEX 水质基准值还可以作为我国环境保护法律法规中有关水环境 BTEX 排放标准制定时的参考依据，为完善我国水环境标准技术体系打下基础，从而从根本上保证水生生物的安全和水生态系统健康。同时，该研究结果还可以指导 BTEX 污水水体修复目标的制定及其修复效果的评价。

5 管理建议

实行依法治国、建立法治国家，是我国社会长期稳定和经济可持续发展的重要保障。加强环境保护法律法规和环境监管能力建设，提高环境执法能力，是实行依法治国、建立法治国家的重要组成部分。而环境标准是环境法运行的基础，是我国环境法制建设的依据。由于我国不曾开展水环境基准的系统研究，特别是由于地域和国情的差异，水生生物种群以及不同水生态系统的代表性物种具有很大差异，已经制定的水环境标准无法真实反映其客观规律，导致了我国的环境保护工作一直存在着"欠保护"和"过保护"的问题。固然，"欠保护"不能保证人体健康和生态系统的持续安全，"过保护"的问题一般来说虽然对生态系统有益而无害，但对作为一个渴求经济腾飞的发展中大国所造成的重大经济损失来说，无疑是一件迫切需要解决的大事。近年来，特别在应对一些重大环境污染事件时，已暴露出我国在水环境基准研究方面薄弱的现状，亟须从国家层面上开展相关的科学研究，为我国中长期环境战略目标提供支持。通过本课题系统研究建立了我国水质基准方法学体系，包括对水质基准推导中涉及的受试生物要求、毒理学数据筛选、基准推导模型等，并以 BTEX 为例进行了水质基准推导的尝试。这必将促进我国水质基准研究工作的发展，必将促进我国更快地制定符合本国国情及本国生态环境特点的水质标准，使未来的环境管理工作如水环境标准的修订、水环境保护政策的制定、水体污染综合治理工作的开展、水环境规划及水资源保护等更科学合理，在保护生态环境的同时，满足经济发展的需要。这对于我国经济可持续发展、构建和谐社会，特别对于生态安全和人体健康的保证，具有极其重要的实践意义。水质基准的研究可以支持水质标准的修订，而科学的水质标准将有助于缓解甚至从根本上解决我国环境保护工作中长期存在的"欠保护"与"过保护"之间的矛盾，以及由于"过保护"对国家经济建设所造成的重大经济损失。

6 专家点评

通过对比国内外水质基准方法学体系，确立了我国地表水环境 BTEX 水质基准研究的具体方法学技术体系和框架，系统开展了 BTEX 对水生生物的单一以及联合毒理学试验以及富集毒性研究，综合利用本课题 BTEX 毒理学研究数据及国内外已有数据推导得出我国地表水环境 BTEX 水质基准限值，完成任务书内容。项目成果对我国其他污染物地表水环境质量基准的方法学研究提供理论参考，为我国 BTEX 地表水环境质量标准的制定提供理论依据和国家参考。

项目承担单位：南开大学、中国科学院沈阳应用生态研究所、中国环境科学研究院
项目负责人：周启星

高效树脂型吸附剂在有毒有机废水控制技术中的应用研究

1 研究背景

美国墨西哥湾原油泄漏事件，事故油污形成 5 000 多 km² 的污染区，由于缺少快速高效的处置技术，使墨西哥湾沿线近千里海岸线受到严重污染，成为世界上最严重的环境灾难。奥巴马称此次原油泄漏如同"又一次 9·11 恐怖袭击"。我国每年发生的突发性水污染事故达 2 000 余起（约 6 起 /d），如 2013 年青岛输油管道泄漏爆炸事故、2011 年渤海湾钻井平台原油泄漏及 2010 年大连原油管道泄漏事故等。对于上述如此大规模的原油污染，目前国内外均无理想的处置办法，在科技高度发达的美国亦是出现了抛洒稻草和头发丝的无奈之举。国内采用无纺布毡"粘"溢油（粘油倍率低，保油性差）及加入化学消油剂把油"打碎"沉入海底（成为永久污染）。另外，我国工业废水的排放也相当惊人，每年环境保护部公布 3 万多家重点监控污染企业，其中约 1/3 源于有毒有机污染物。针对这些有毒有机污染物治理困难的现状，迫切呼唤高效、经济、绿色的新材料和新技术的出现！

本项目研究开发新型高效树脂型吸附剂，对有毒有机废水中的有毒成分或者突发性事故中的油类泄漏物进行高效、快速吸附，把有毒物质从水体环境中分离出来，并通过解吸技术把所吸附的污染物进行资源化回收，实现环保和经济效益的双丰收，符合目前我国大力提倡的低碳经济和循环经济的战略目标。

2 研究内容

本项目针对有毒有机物泄漏造成的突发性环境事故，开展以树脂型吸附剂及其相关应急处理技术为主的水资源安全控制技术研究。重点研究高效树脂型吸附剂的制备关键技术与设备；开展利用新型高效吸附剂对难降解有毒有机污染物造成的环境事故中的水体净化、应急处置和有机物回收资源化的应用研究。完成一个针对复杂水体中疏水性有毒有机污染物（芳烃类、卤代烃类、酯类、原油、成品油）的树脂型吸附剂的研制和生产的系列，形成 150t/a 的树脂生产线。研发对疏水性有机物泄漏造成的环境事故的应急处置技术并建立一个示范工程。

3 研究成果

（1）发明了新的功能单体，创建了分子协同新机理

通过单体分子调控，同时引入两个 R 功能团，在遇"油"时两个功能团协同作用下形成强驱动力，使得亲油能力大大提升。在分子层面建立了两种 R 功能团协同吸附的新机理，解决了吸附速度慢的瓶颈。课题组自创两类 R 功能团（图 1）制备的吸附材料吸附速度提升到了 2 ～ 11 秒，突破了国外报道的速度最快也需 4 小时的说法。

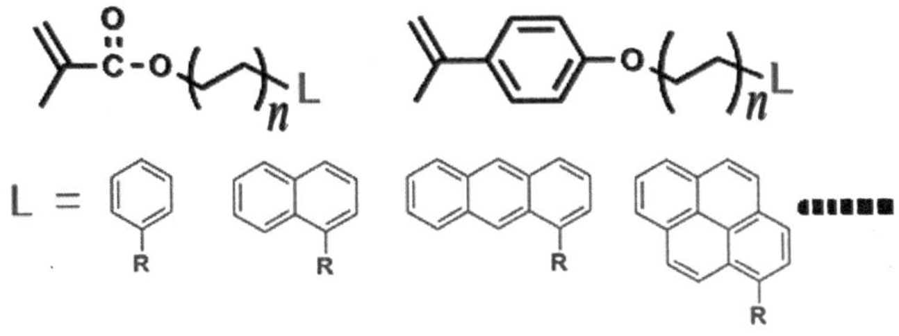

图 1 吸附材料单体结构

（2）发明了新的交联剂，提出柔性与刚性链并存调控网络空间的新理念

通过发明特殊的交联剂构建柔性与刚性链并存，实现调控吸附材料的网络空间，如图 2 所示：调控网络中交联剂刚性链可提高吸附材料的强度，使吸附材料在强机械力作用下连续运转一年不变形；调控网络中交联点间的距离即密度，提高了吸附材料的保油能力，使吸附的油分子牢牢锁定在网络内，即使在挤压下也无"油"回滴；调控网络中交联剂柔性链的长短，可调节吸附材料弹性而提高吸油倍率，如图 3 所示；通过调控交联剂的柔性和刚性链，可使吸附材料遇"油"时"张网"（柔性链提供弹性），给外力（如高温、解吸剂等手段）时"收网"脱附，从而形成吸附材料优异的重复使用性能（重复使用 100 次以上）。

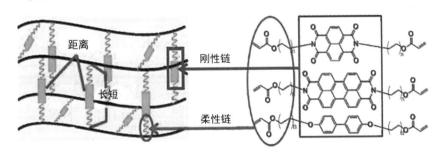

图 2 吸附材料与交联剂分子结构之间的关系示意图

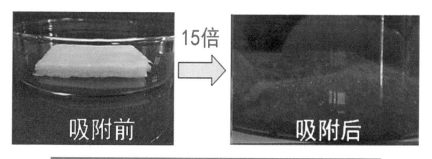

图3 通过交联剂结构调节制得的高吸油倍率的吸附材料实物图

（3）发明了材料与有毒有机污染物界面的调控技术

1）发明了自制表面交联剂

本项目创建了特殊的表面交联剂，可在 210～230 ℃下在吸附材料表面快速交联，改变了材料与"油"分子的表面能，极大提升了材料在吸附低黏度油类污染物时的速度（由原来的 40～80 秒缩短至 5 秒以内）和强度（吸附饱和后即最大溶胀时仍然有很高的强度）。

2）发明了自制致孔剂

采用自制的致孔剂，在材料表面形成均匀的纳米孔洞 [图 4(a)]，有效提高吸附材料与低黏度"油类污染物"接触面积从而提高吸附速度及容量，而传统的致孔剂只能形成微米以上的坑洞 [图 4(b)]，无法起到提高材料比表面积的作用。

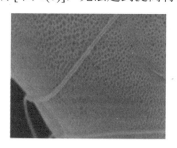 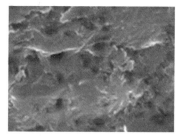

(a) 自制致孔剂致孔效果　　　(b) 传统致孔剂致孔效果

图4 致孔效果对比图

3）发明了海绵状吸附材料编织技术

为应对突发事故处置需要，将高强度颗粒状吸附材料经过熔融纺丝成短纤维（喷丝只能形成短纤维，而短纤维现有技术无法进行编织），然后利用自创的编织设备编织成既有一定强度又能保持蓬松的独一无二的海绵状吸附材料，建成了年产值 4 亿元的海绵状吸附材料编织生产线。

（4）发明了油类污染物处置资源化的配套新装备和新技术

1）发明了突发性油污染处置技术

本项目发明了与海绵状吸附材料相配套的水面溢油追踪吸附—脱附一体化装备，能快速实现对江河湖海等扰动水面上溢油的机械化清理及回收，大大提高了事故处置效率，降低了处置成本，实现溢油资源化回收。所设计的水面溢油捕集装置如图5所示。装置顶端可以固定在船头，下端伸入水中，海绵状吸附材料固定在传送带上，通过电机传动可以循环把海绵状吸附材料送入水中对溢油进行选择性吸附，吸附后的海绵状吸附材料被传送回船上时，设备尾部脱附装置可以直接把溢油脱附并收集，从而实现快速追踪吸附溢油并快速回收。

图5 （a）装备实物图 （b）溢油吸附及回收效果

2）开发了工业"油污染物"废水处置技术

开发了用于工业"油污染物"（以有机物为主，还包括机械油、乳化油等）废水治理的吸附—脱附一体化技术和装置。利用所开发的海绵状材料吸附速度快的特点，将所排放的废水经过装填有海绵状吸附材料的吸附塔，可以实现快速净化。此外，还可对已吸附饱和的吸附材料进行原位脱附，并可使污染物变成产品，解决了废水治理和吸附材料重复使用的连续化操作及污染物洗脱后的资源化回收关键技术，使废水治理成本降低到原来的50%。

4 成果应用

（1）课题所研发的系列树脂材料已经完成了工业化生产，建成生产线一条，年产能力达到500t，远超任务书要求的年产150t的生产能力，年产值达4亿元。

（2）产品作为应急储备物资先后销往江苏、四川、江西、山东、辽宁等十多个省份，先后参与处置了美国墨西哥湾原油泄漏、大连716原油泄漏、环境保护部"环安一号"8t苯乙烯泄漏应急处置演练、江苏盱眙2010年原油泄漏近20起突发性水污染事故处置。

（3）目前该产品已经进入中石油和中石化的指定供应商目录，被工信部列入了应急产品储备库，同时开发的"有毒有机工业废水吸附法治理及资源化回收技术"被环境保护协会列入了 2012 年度国家先进污染防治示范技术目录。

5 管理建议

（1）**建立典型行业重大环境污染事故处理应急程序与技术框架**

典型行业重大环境污染事故应急程序是应对突发环境问题处理的纲领性文件，包含了环境污染事故应急响应、应急救援以及事后恢复等内容，有利于及时、有序、有效地开展事故应急救援工作，减轻因事故可能造成的人员伤亡、财产损失和环境污染。因此建立环境污染事故应急处置程序和技术框架是发生应急事故企业到行政管理部门遇乱不惊的法宝，各高危典型行业应该在环境行政管理部门的统一组织指导下建立此类标准性文件。

（2）**建立典型行业环境风险识别与风险信息获取技术系统**

本项目在执行过程中对 20 多起较大环境污染事故案例分析的基础上，认为有必要识别典型行业类型，进而从行业风险物质、风险工艺和风险环节等方面识别其环境风险；其次，筛选环境风险信息的获取主体和内容，并从重点行业环境风险源申报流程、申报内容和信息核准等方面形成典型环境风险源申报技术规范和申报信息核准技术。这对日常监控和随时掌握典型行业企业的动向、做好预防措施具有重要的作用。

（3）**建立典型行业重大环境污染事故应急处理技术体系**

针对典型行业重大环境污染事故应急处理的技术需求，从应急监测技术、应急处置技术两方面进行集成研究，构建了典型行业重大环境污染事故应急监测技术体系和应急处置技术体系，首先需要筛选出典型环境风险行业，针对不同行业的生产特征分别建立环境风险物质识别清单，再根据各重点风险行业的有关污染物排放标准、清洁生产标准等信息，依据污染物在水体、土壤和大气中的毒性，污染事件发生的频率和危害的严重程度建立重大环境污染事故的应急处理技术体系。

（4）**加大对高危行业的管理力度，以法律法规的形式强制企业进行应急物资储备和日常例行检查，做到防患于未然和警钟长鸣**

各职能部门对所辖内可能会造成污染事故的企业要强制制定相应的应急管理制度，从企业领导负责制、专管人员配备、制度落实、应急器材储备上狠抓落实，各职能部门定期对所辖企业进行巡查走访，并定期组织企业专管人员进行应急事故处置的培训和考核，定期组织应急事故的演练和观摩，对消极应对的企业实施政策门槛和经济惩罚，同时，为提高突发水污染事故应急处置环境管理的可操作性，建议细化有关条款，尽快制定并由国务院发布《水污染突发事故应急环境管理规定》，明确监管对象、部门职责、监管指标、程序环节、法律责任等具体事项和措施。

（5）加大对新材料、新技术的扶持力度，通过甄选、招标确定对水污染突发事故行之有效的技术工艺并进行行政推荐

近年来环境保护部、科技部相关部委针对水污染突发事件的处置技术研究进行了大力扶持，涌现出了一批新材料、新技术和新工艺。环境保护部可以组织专家制定水污染突发事故处置的技术规范，根据规范对现有的材料、技术和工艺进行考核、组合和甄选，形成一套可对水污染突发事故快速响应、快速处置、污染物资源化回收的行之有效的应急处置技术，并加以演练查看效果并进行修正改进。把完善的技术规范以行政推荐或者立法、立规的形式推荐给地方政府或企业，和现有的应急管理制度结合起来，使这样的一套技术规范类似于消防上的灭火器，在发生事故的初期就可以利用把事故扼杀在较小的范围内。

6　专家点评

本项目针对在突发性泄漏事故和工业排放废水中的有毒有机污染物开展高效树脂型吸附剂的结构和制备技术研究，完成了 3 个系列的树脂型吸附材料的研发和生产，并在多起突发性水污染物环境事故中得到现场应用。项目在树脂的吸附速度提升、强度增强及高效分离方面取得了理论和实际应用上的创新性突破。

项目承担单位：苏州大学
项目负责人：路建美

干旱地区内陆大型湖泊生态健康
监测评估体系研究

1 研究背景

干旱地区水资源利用与可持续发展是一个全球性的课题。由于这些地区在社会经济发展过程中对水的依赖程度极高，一方面，人类活动会强烈地改变这些地区水资源的时空分布规律；另一方面，由于总降水量少，补给来源单一，蒸发作用强烈，水量短缺且时空分布不均，加之生态环境极为脆弱，使得这些地区的湖泊普遍存在萎缩、咸化、生态系统退化等一系列的生态和环境问题，对区域经济可持续发展和人类生存环境造成了极大影响。

博斯腾湖位于新疆焉耆盆地最低处，是我国最大的内陆淡水湖，水面面积约 1 000km²，湖容为 70 亿 m³。由于地处内陆干旱地区，年均降雨量仅 60mm，加上自 20 世纪 60 年代以来的大规模工农业开发活动、焉耆盆地人口数量的剧增、水资源的不合理开发利用以及大量污水的排入，导致了博斯腾湖湖滨地区湿地退化、湖水矿化度升高、部分水域富营养化日趋严重。类似博斯腾湖这样既加速咸化，又处于富营养化的复合污染型湖泊，普遍存在于我国西北干旱地区。

本项目通过对博斯腾湖这样具有典型意义，又维系区域生态环境安全的关键湖泊，开展了其生态环境退化原因的诊断；重建了自然和人类双重胁迫下博斯腾湖水环境演化历史；构建了博斯腾湖水环境演变监测技术体系；对其生态系统健康状况进行监测和评估，并在此基础上提出有效的整治方法和途径。对博斯腾湖本身，及我国干旱和半干旱地区其他内陆湖泊的治理及生态环境的改善均具有重要意义。

2 研究内容

以干旱地区内陆大型淡水湖泊——博斯腾湖为对象，通过研究博斯腾湖进出湖径流量、水位、水体中盐分及氮磷含量等参数的时空变化规律及其与生态系统结构之间的耦联关系，揭示咸化和富营养化等过程影响湖泊生态系统结构的方式，以及湖泊生态系统的响应和反馈；通过对博斯腾湖沉积物中硅藻、摇蚊幼虫、藻类色素等环境代用指标的研究，应用定量恢复的方法，重建博斯腾湖生态环境演化的历史；通过对相似湖泊生态系统结构的对比，构建定量评估水环境演化、生态健康的控制标准及技术方法体系，并根据所构建的指标体系及评价模型，利用现状监测数据，对博斯腾湖生态系统健康状况进行定量评估，为干旱地区内陆大型淡水湖泊水资源的合理利用及水环境的治理提供理论依据。

3 研究成果

（1）自然和人类双重胁迫下博斯腾湖水环境演化历史的重建

目前博斯腾湖水环境面临的问题主要有：①咸化问题：湖水矿化度增加，盐污染加重；②水质污染与富营养化问题：部分湖区水质污染逐渐加重，水体处于中富营养化水平；③生态环境问题：湿地生境退化，生物多样性受损，部分湖区水体中已出现咸化的物种。基于长期野外观测及历史数据的综合分析，阐明了博斯腾湖水环境的主要问题及成因，并针对性地提出了博斯腾湖生态安全保护对策及建议。

综合博斯腾湖河口区与敞水区的表层及岩心沉积物中的摇蚊及硅藻属种变化、烧失量、粒度、磁化率及有机碳、氮稳定同位素等多重指标，在 ^{210}Pb、^{137}Cs 年代测定的基础上，结合历史资料以及其他研究结果，重建了博斯腾湖近 200 年来在自然环境变化及人类活动干扰双重影响下生态环境的演化过程。结果显示：1950 年前，博斯腾湖湖泊环境的演化主要受自然因素影响；1950 年后，人类活动对湖泊生态环境的变化起主导作用。其中，自然因素的影响主要表现为气候变化通过改变入湖的径流量，从而影响湖泊水位、盐度、水质等理化性质，进而影响底栖生物的生存。

研究结果说明在我国西北地区长期处于温带大陆性干旱气候控制下，生态系统结构简单，生态环境脆弱，很容易受到外界干扰，不当或过度的人类活动很容易破坏其生态系统的稳定性，导致湖泊环境恶化，并反作用于人类社会，影响人类健康及社会经济发展。因而，有必要控制不当的人类活动，降低对湖泊环境的污染及破坏，合理利用湖泊资源。

（2）博斯腾湖水环境演变监测及生态健康评估体系的构建

针对干旱地区内陆大型湖泊咸化和富营养化问题，系统开展了博斯腾湖生态系统中水质、水生动植物、微生物及古湖沼学研究，并根据研究结果，构建了包括博斯腾湖在内的干旱地区内陆大型湖泊生态健康监测评估的指标体系（图 1）。

本指标体系分为三个层次，即一级指标体系、二级指标体系和三级指标体系。一级指标体系为湖泊水体的物理化学指标体系，主要是易于检测的常规指标。包括水体的矿化度、总氮、总磷、生化需氧量、氨氮、化学需氧量、溶解氧和透明度 8 个指标。二级指标体系为湖泊生物指标体系，主要是检测湖泊生态系统结构与组成健康程度的指标。包括浮游植物数量及生物量、浮游动物数量及生物量、底栖动物密度及生物量、水生植物种类及覆盖度、叶绿素 a 的含量及细菌总数 6 项指标。三级指标体系为湖泊生态系统演变敏感物种指标体系，用于研究长时间尺度湖泊演化过程、健康状况及人类活动对其的影响。包括浮游植物敏感种、浮游动物敏感种、底栖动物敏感种、细菌敏感种、沉积柱中硅藻及摇蚊敏感种6项指标。各项指标中指示湖泊富营养化与咸化的敏感或耐受物种见表1。

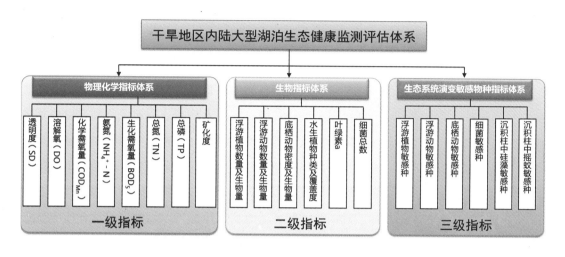

图1 干旱地区内陆大型湖泊生态健康监测评估体系组成框架

表1 指示干旱地区内陆湖泊富营养化与咸化的敏感或耐受物种

所属种类	富营养化敏感种／耐受种	咸化敏感种／耐受种
浮游植物	微囊藻	角刺藻
浮游动物	—	褶皱臂尾轮虫（*Brachionus plicatilis*）
底栖动物	霍甫水丝蚓[①]	—
细菌	硫还原细菌	盐单胞菌
硅藻亚化石	*Fragilaria crotonensis*[②]	*Mastogloia elliptica*、*Navicula oblonga*、*Cyclotella praetermissa*[③]
摇蚊亚化石	*Microchironnomus*、*Chironomus plumosus-type*	—

注：①霍甫水丝蚓的密度低于100个/m²时表示无污染（贫营养）；100～999个/m²时为轻污染（中营养）；1 000～5 000个/m²时为中度污染（中—富营养）；而在5 000个/m²以上时为严重污染（富营养）。
②硅藻*Fragilaria crotonensis*的存在说明水体有富营养化的趋势，当它在硅藻组成中占据优势时水体已经富营养化了。
③硅藻*Mastogloia elliptica*、*Navicula oblonga*的出现说明水体盐度较高，它们能够很好地指示水体的咸化趋势。

（3）博斯腾湖水环境、水生态系统健康的监测与评估

应用生态系统健康理论，参考全国湖泊生态安全调查及生态系统健康结构功能指标体系的评估方法，根据评估指标选取原则，建立了干旱地区内陆湖泊生态健康监测评估指标体系。并采用水生态系统熵权综合健康指数法（EHCI）对博斯腾湖的水生态系统健康状况给予了客观地评估，模型计算结果与历年文献中提及的实际情况基本相符合，说明采用熵权综合健康指数法对其进行生态系统健康评估具有较好的可靠性和实用性。该方法可用于湖泊不同时空健康状况的对比，得出湖泊生态系统的演替趋势，也可用于不

同湖泊之间健康状况对比，为湖泊生态系统的管理、保护和生态恢复提供依据，从而促进湖泊水资源的可持续利用，最终实现湖泊生态系统的健康发展。

在项目的资助下，已发表论文 20 篇（包括 5 篇 SCI 论文），出版《博期腾湖生态环境演化》专著 1 部。

4 成果应用

项目组向新疆巴州环保局提交《加强博斯腾湖生态系统安全监控研究，推动干旱地区湖泊生态环境改善的建议》并已被采纳。在博斯腾湖大小湖区增加了监测点位，并将部分重要生物指标的监测纳入博斯腾湖常规监测的体系中，完善了博斯腾湖环境监测工作上的不足。此外，项目参加单位积极参与了环境保护部《良好湖泊生态环境保护专项》的编制及论证，项目研究成果在编制修改过程中得到采纳，为博斯腾湖成为首批进入良好湖泊生态环境保护试点工作的湖泊之一起到了重要支撑作用。构建的定量评估博斯腾湖水环境演化、生态系统健康的监测、评估及技术方法体系等研究成果对于新疆乌伦古湖、内蒙古的乌梁素海等干旱、半干旱地区湖泊的演化研究及生态系统健康评价提供有效的技术方法支撑，对于提升我国干旱地区湖泊保护水平起到积极的推动作用。

5 管理建议

（1）加强干旱地区湖泊生态安全监测及生态系统演化长期研究，支撑干旱地区湖泊生态环境持续改善

我国干旱地区面积达 $2.5 \times 10^6 \ \mathrm{km}^2$，占国土总面积的 1/4 强，湖泊是干旱地区重要的水资源来源，当前干旱地区湖泊普遍存在水污染、水生态系统退化等水环境共性问题，严重威胁着这些湖泊周边地区的生态安全和区域乃至国家经济的可持续发展。因此，建议加强对干旱地区重要湖泊，如博斯腾湖、乌伦古湖、艾比湖等水环境长期监测、生态安全评价及流域调控等的研究，为干旱地区湖泊生态环境持续改善提供重要支撑。

（2）加强干旱地区典型湖泊——博斯腾湖生态安全监测，完善博斯腾湖生态安全监测体系

目前博斯腾湖大湖区国控监测点位共 14 个，主要分布在大湖中西部的沿岸带，且在小湖区没有监测点位，现有的监测点位难以反映全湖的状况。并且在博斯腾湖上游的开都河及出流的孔雀河、部分重要农业排渠的监测也需要加强，使博斯腾湖流域的生态安全监测成为一个整体。因此，根据水动力特点，建议在博斯腾湖上游开都河与黄水沟、下游孔雀河、大湖区东部和小湖区增加适当的监测点位，以完善博斯腾湖生态安全监测体系，同时构建博斯腾湖水生态环境数据库，为博斯腾湖水环境的保护和科学管理提供理论基础。

（3）建立以流域生态安全为核心的干旱地区湖泊水环境管理新模式

中国干旱地区的湖泊水系都是以河流系统为独立单位进行水分循环的，每一个流域系统都有自己的径流形成区、自己的水系和自己的尾闾湖盆。这些特性决定了对干旱区湖泊的管理不能只限于湖体，要把湖泊与其流域作为一个有机整体来进行保护和管理。因此，需要设立专项，针对干旱地区内陆湖泊的特点，以博斯腾湖为例，从生态系统的角度，深入研究博斯腾湖及其流域（包括其水源地巴音布鲁克草原）的水生态承载力、生态系统对水质和水量的需求标准，探讨维持博斯腾湖及其流域生态安全的合理水位，建立以流域生态安全为核心的水环境管理新模式。

6　专家点评

该项目主要以我国西北干旱地区的典型湖泊——新疆巴音郭楞蒙古自治州的博斯腾湖为研究对象，通过对博斯腾湖浮游植物、浮游动物、底栖动物、细菌、水生植物、鱼类等水生生物种群及区系的系统调查，结合古湖沼学及历史资料，剖析了博斯腾湖目前存在的主要环境问题及生态系统的演变过程，探讨了咸化及富营养化过程对博斯腾湖水生态系统结构和功能的影响，建立了评价干旱地区湖泊生态系统健康状况的评价方法和技术体系。项目研究成果为博斯腾湖的水环境监测保护与科学管理提供了重要技术支撑，对我国干旱地区其他湖泊的生态安全监测、评价与管理具有重要的参考价值。

项目承担单位：新疆巴州博斯腾湖科学研究所、中国科学院南京地理与湖泊研究所、
　　　　　　　中国环境科学研究院
项目负责人：赛·巴雅尔图

选矿废水循环利用与稀有金属回收研究

1 研究背景

选矿废水循环利用和稀有金属回收是钢铁企业废水循环利用和资源化利用的重要手段，是实现循环经济和产品清洁生产的重要前提。选矿废水是选矿工艺排水、尾矿池流水、矿场排水和稀土废水的统称。每吨矿石选矿用水量为 5 ~ 10t，该废水具有水量大，悬浮物含量高，含有害物质种类较多而浓度较低的特点。选矿废水不经处理排放或流失会严重污染环境，危害水产和植物及人体健康。一般设置大容积尾矿水（选矿工艺排水与尾矿浆）沉淀—贮存池，常利用峡谷、坡地、河滩等地形并以堤坝围筑而成，称为尾矿库。

包头钢铁厂（简称"包钢"）为了解决选矿废水的排放，于 1959 年开始建设包钢尾矿库，1963 年基本建成，1965 年 8 月投产。整个坝区面积约 10km²，坝体周长 11.5km。设计堆积坝标高为 1 045m，坝高 20m，有效库容 0.688 3 亿 m³。1995 年由鞍山设计院对尾矿库进行加高扩容改造设计。现堆积坝标高为 1 047m，坝体相对高度 22m。近年，汇入尾矿库的水逐年增多，坝内水位逐年升高，据统计，1994—2006 年尾矿库水位年升高幅度为 0.18 ~ 0.81m。目前，尾矿库水位为 1 045.31m，尾矿库体内 1 031.0m、1 034.0m、1 043.0m 标高处埋有三条排渗管，用于排出坝体内渗水，从而降低坝体浸润线，保证坝体安全。

包钢尾矿库内废水因污染物多年循环富集水质已严重恶化，其最明显的一个特征是：2000 年左右坝内鱼消失，2005 年后坝内水草也难以找到，各种鸟类也消失，动物多样性不复存在。与此同时，尾矿库还存在着严重的渗漏现象，对尾矿库周围的地下水及环境造成严重污染，尾矿库周围农田基本丧失耕种功能，周围农民被迫搬迁，引发大量农民上访纠纷。包钢尾矿库目前存在的环境污染问题已引起环境保护部的高度重视，被环境保护部列入 2009 年"关于报送环境与健康相关资料的函"（环科便函 [2009]28 号）名单。因此，包钢尾矿库废水的综合治理刻不容缓。

同时，由于附近稀土厂稀土废水的排入，使得包钢尾矿库中废水远比选矿废水的成分复杂，由于选矿对水质要求不高，所以尾矿库中的上清液可以在选矿中循环使用，但由于来水量远超出了选矿用水量，使得尾矿库的水位持续升高，带来了一系列的环境问题。所以，将尾矿库渗水沟排出的选矿废水处理后提供给相关企业使用，同时降低尾矿库对周边生态环境的破坏意义重大。

包钢是我国重要的钢铁生产基地，随着包钢产能的不断扩大，降低吨钢耗水量，提高水循环利用率，是包钢亟待解决的问题之一。而且包钢地处缺水的包头市，要实现可持续发展，必须下大力气做好节水工作。

高炉循环冷却水是包钢的用水大户，包钢炼铁厂 1# ～ 5# 高炉循环水系统为敞开式循环冷却水系统，循环水量约 41 800m³/h，其中高压水量 10 200m³/h，常压水量 31 600m³/h。目前包钢循环冷却水的补水大部分是黄河新水，黄河水资源并不是取之不尽、用之不竭的资源，随着黄河来水偏少，节约使用黄河水迫在眉睫。稀土厂也是包头市用水大户，仅稀土高科每天用于焙烧矿水浸用水量即达到 5 000 t，由此产生的废水除部分经处理后循环使用外，大部分均排往包钢尾矿库，生产补水也依靠黄河水。因此，将处理后的尾矿库选矿废水渗漏水用于包钢和稀土厂补水具有重大的现实意义。并且因为包钢高炉循环冷却水对水质要求很高，只要是包钢高炉循环冷却水能用的水，就能满足其他企业生产用水。

综上所述，通过对尾矿库废水（选矿废水和稀土厂污水）渗漏水的综合治理，及对综合治理后的水循环利用可以为包钢与尾矿库附近的华美稀土厂及周围企业用水提供新的水源。同时可以降低尾矿库对周边地下水的污染，改善周边的生态环境，回收稀有金属，符合我国加强能源资源节约和生态环境保护，增强可持续发展能力的宏观经济发展要求，具有显著的经济效益和社会效益。

2 研究内容

（1）研究以稀土废渣—粉煤灰为主要原料，采用添加造孔剂的方法制备出以开口气孔为主的多孔微晶玻璃的工艺条件。

（2）研究电磁场协同多孔微晶玻璃去除悬浮物最佳孔径配合参数。

（3）研究改性膨润土脱色性能和机理及改性膨润土对实际废水的处理效果。

（4）研究介孔 γ -Al$_2$O$_3$ 的最佳制备工艺条件；研究介孔 γ -Al$_2$O$_3$ 粉体吸附金属离子及酸根离子的机理及影响因素；通过实验初步确定介孔 γ -Al$_2$O$_3$ 工业运行的现场应用技术条件参数。

（5）研究利用粉煤灰合成的改性沸石处理高浓度氨氮废水时，脱除时间、添加量、有机物等对废水中氨氮去除率的影响；探索粉煤灰沸石的再生方法，研究其过程的控制因素及条件。

（6）通过实验初步确定工业运行的工艺流程及工艺参数，整合数据并最终确定出大型动态吸附实验参数。

（7）将部分经过以上技术处理后的水利用电磁协同水稳药剂进行深度处理，并将深度处理后的水在包钢循环水动态模拟试验。

3 研究成果

（1）多孔微晶玻璃的制备及其性能测试

利用钢渣、粉煤灰等为原料，采用造孔剂法，调整基础化学组成，制备 CaO-MgO-Al_2O_3-SiO_2 系统的多孔微晶玻璃。其中造孔剂的添加量为 30%～50%，烧结温度为 950～1 000℃，晶化温度为 870～900℃；显气孔率为 34%～57%，抗压强度为 5～27MPa，渗透率为（0.24～2.26）×10^{-11}m^2。

（2）电磁絮凝装置制作及试验研究

自行设计了高梯度磁处理器，确定了电磁絮凝装置的设计参数。其中励磁线圈选取漆包线铜线为材料，其直径为 1.5mm，漆包线外径为 1.65mm，实际在 400mm 长度上缠绕 240 匝 / 层，相当于 600 匝 /（m•层），共缠绕 24 层，制成低频高梯度磁场水处理设备。对梯度磁场处理前后废水水样进行电镜扫描分析，发现废水中悬浮物的粒径由处理前 2 500nm 以下絮凝成平均粒径结合成 6 000nm 以上，证实了磁场作用于悬浮物产生了电磁絮凝现象。通过电磁絮凝增加了过滤和重力沉降效率，极大地提高了悬浮物的分离效率。

（3）膨润土改性及其脱色性能研究

采用无机铝柱撑制得改性膨润土，其中改性搅拌时间 2h，老化时间 2d，干燥温度 60℃，最佳铝土比为 10 mmol/g。

（4）介孔 γ-Al_2O_3 的合成及性能测试分析

以工业级的氢氧化铝与碳酸氢铵为主要原料，以蔗糖为模板剂，采用溶胶 - 凝胶法合成具有较高活性的介孔 γ-Al_2O_3，模板剂 1g/L、陈化时间为 48h，煅烧温度为 450℃、保温时间为 3h、干燥温度 60℃，合成的 γ-Al_2O_3 比表面积可达 415m^2/g，孔径为 4.937nm。对 SO_4^{2-}、F^- 进行静态吸附实验研究，其去除率均可达到 95% 以上。对稀有金属离子 La^{3+}、Ce^{4+} 进行静态吸附实验研究，浓度在 10～100mg/L 范围内变化时，理论饱和吸附量分别为 22.32mg/g 和 23.75mg/g，吸附符合 Langmuir 等温吸附方程式，其去除率分别为 98.1% 和 99%。

（5）粉煤灰合成沸石及氨氮吸附性能分析

以粉煤灰、工业级氢氧化钠为主要原料，分别采用碱熔融 - 水热法和碱熔融 - 微波法合成粉煤灰沸石，其中碱熔融 - 水热法煅烧温度为 650℃、煅烧时间为 60min、碱灰比为 1.2、搅拌陈化时间为 12h、水热晶化时间为 6h、液固比为 10，合成的粉煤灰沸石为 P 型沸石，比表面积为 148.81 m^2/g，平均孔径为 3.821nm，孔体积为 0.245cc/g。碱熔融 - 微波法煅烧温度为 650℃、煅烧时间为 60min、碱灰比为 1.2、搅拌陈化时间为 16h、微波晶化时间为 20min、液固比为 14，合成的粉煤灰沸石为 4A 型沸石，比表面积为 108.49 m^2/g，平均孔径为 3.779nm，孔体积为 0.221cc/g。合成的粉煤灰沸石平均孔径均大于 NH_4^+ 的离子直径 2.86nm，适合应用于废水中氨氮的吸附处理。

（6）动态综合实验研究

利用自制材料膨润土、微晶玻璃、粉煤灰沸石、介孔 γ-Al_2O_3，以水工艺设备理论为依据，进行实验装置的设计和计算，自组装设备，模拟包钢尾矿库渗漏水处理系统进行中试实验，处理水量为 500L/h，共进行试验 45 批次。经综合分析后，处理 1t 尾矿库渗漏水需微晶玻璃 100g，粉煤灰沸石 15 kg，介孔 γ-Al_2O_3 27 kg；出水水质可达到《城市污水再生利用工业用水水质标准》（GB/T 19923—2005）。

（7）中水水质评价及电磁协同水稳药剂深度处理

将综合水处理系统排出的中水进行电磁协同水稳药剂处理，通过水质评价，确定合适的水稳药剂与合适的加药量的情况下，电磁协同水稳药剂对中水进行水质稳定。在浓缩倍数为 2.5 时，可以节约水稳药剂 50% 左右，并能实现平均腐蚀速率 < 0.125 mm/a、极限污垢热阻 $1.72 \times 10^{-4} \sim 3.44 \times 10^{-4} m^2 \cdot h \cdot ℃/W$、污垢沉积率 < 15 mg/（$cm^2 \cdot$ 月）的全部达标。此水可用于高炉循环冷却水系统。

4　成果应用

通过本项目的研究，为尾矿库废水（选矿废水和稀土厂废水）渗漏水的综合治理提供了一种新方法，为包钢、尾矿库附近的稀土厂及周围企业用水提供新的水源。同时可以降低尾矿库对周边地下水的污染，改善周边的生态环境，降低溃坝的风险，同时为我国尾矿库废水综合治理、回用、技术推广应用提供科学依据。

（1）使用本项目提供的技术处理后的尾矿库渗漏水可达到城市再生水回用水标准，建立相应的环境管理制度，即可使周边企业充分利用，减少资源浪费和环境风险，避免尾矿库溃坝。

（2）针对尾矿库长期渗漏造成的土壤、地下水、环境生态污染，建议进行生态—环境评价，对全国尾矿库周边地区设置环境安全警戒线，避免食物链传播，保障动、植物和人体健康。

（3）基于本项目的研究成果，建议建立生态—环境风险评价体系，同时本课题和中科院南京土壤所立项 2013 年环境保护部公益项目"稀土金属冶选尾矿库渗漏对周边地下水的生态风险评价及控制研究"（2013467005）。

5　管理建议

本项目顺利完成，取得了相关的科技成果，为国内尾矿库废水治理和环境管理提供了新方法。

（1）电磁场协同多孔微晶玻璃作用去除悬浮物的效率可达 80% 以上，相比和投药絮凝沉淀的方法，此方法减少了污泥的产量、污泥处置的难度，降低了二次污染，可推广至其他行业去除废水中悬浮物。

（2）介孔 γ-Al_2O_3 对 F^-、Pb_2^+、Cu_2^+、Ca_2^+ 及对稀土元素 La_3^+ 和 Ce_4^+ 的吸附作用可以推广到其他含有同样离子的废水处理中。

（3）自制的粉煤灰沸石对于一定浓度范围的含氨氮废水（100 mg/L 左右）有较强的吸附能力，其吸附率可以达到 70%，可用于其他的含氨氮废水的处理工艺中，并且该沸石是利用粉煤灰制造的，以废治废，具有一定的环境和社会效益。

（4）本项目的研究成果也为我国其他尾矿库的治理提供一定的借鉴。尾矿库的治理不仅是坝内污染的治理，还包括周边土壤及地下水的污染治理，尾矿库周边地区环境安全的警戒线的设置、周边地下水的污染对动、植物的生态风险评估是未来环境管理的必由之路。

6 专家点评

该项目研究过程中综合运用环境管理、环境工程、环境政策、材料学、环境生态学等多学科交叉的研究手段，采用材料研究与实验验证相结合的模式，通过自制材料、自组装水处理设备、模拟包钢尾矿坝渗漏水处理系统进行中试实验，使处理后的系统出水达到《城市污水再生利用工业用水水质标准》。项目研究成果为尾矿坝废水渗漏水的综合治理提供了切实可行的新思路，并为尾矿库污水作为新的水源提供了方法，也为我国其他尾矿库的治理提供了一定的借鉴。该项目提出的在尾矿库周边地区设置安全警戒线、建立周边地下水污染状况生物监测的指标体系和风险评价模型，对未来我国尾矿库的治理具有重要的参考价值。

项目承担单位：包头市环境科学研究院、内蒙古科技大学、包头市环境监测站、郑州
　　　　　　　大学
项目负责人：张雪峰

制药废水对环境微生物影响的
环境风险预警技术

1 研究背景

近年来，随着医药产业需求的增加，特、重大环境污染事件不断出现，提示我们制药工业水污染物排放的环境和生态后果，以及这些灾难性后果与环境健康、公共安全和生态安全之间的矛盾日益尖锐，但目前国内外尚无可供参照的制药工业水污染物环境风险分析技术。

制药废水排放地的水环境微生物与其他生物的改变直接影响环境健康，影响水生环境的"微生物—藻类—原生动物—大型底栖动物—植物"整个生态系统，造成严重的难以恢复的生态效应。

实施环境风险分析，建立一套简便、可靠、实用的制药废水环境风险预警技术，不仅是当前全球制药工业水污染物监测研究和风险分析领域的发展趋势，也是依靠现有技术标准、技术装备和人员水平，在不增加服务成本的前提下全面提升我国制药工业水污染物生态监测的良好契机，为我国制药企业水污染物预警系统提供积极和具体的帮助。

2 研究内容

（1）制药企业水污染物环境风险生物预警技术研究。一是开展指示生物筛选；二是开展制药废水优先污染物分析及毒性阈值测定，分析优先污染物与指示生物间的剂量—效应关系；三是借助计算机操作平台，把多系统生态评价函数运算置于后台，构建环境风险预警系统，以简洁、友好的界面实现风险分析的结果可视化。

（2）开展制药废水排放地水体微生物抗药基因水平转移研究。

（3）进行高通量、成批量微生物检测、鉴定技术开发。利用第二代测序技术对水体微生物基因组测序，开展水体微生物种群调查，反映水体微生物生态群落的复杂性和多样性，确立各个物种在演化中的地位，揭示微生物区系的种群结构。

3 研究成果

（1）制药工业水污染物环境风险生物监测技术可靠、易行

由于制药企业水污染物环境危害是当前最重要的水污染源之一，其成分复杂，有机污染物种类多、浓度高、色度高、毒性大等，属于难处理的工业废水，其造成的环境风险监测技术亟待解决。本课题通过多种指示生物系统相互校验的制药工业水污染物环境风险生态分析方法不仅可行，而且高效、简便；多种指示生物与制药废水间剂量—效应关系稳定、灵敏，可供各级环境保护部门在进行药企水污染物排放环境风险监控时使用。依据上述技术开发的《制药废水环境风险预警系统》软件通过国家版权局认定，经有关单位试用，证明该方法稳定可靠，精密度、准确度均符合要求，而且实用性强，操作简单，易于掌握，是较为理想的制药废水监测与公共安全预警手段。

（2）制定了指示生物筛选技术规程

由于不同类型制药企业废水中污染物种类不同，筛选出相应的指示物种及其毒性阈值是指示生物筛选技术的关键，本课题建立的 3 套与项目目标相符合的特异性的指示微生物、指示原生动物、指示植物筛选技术规程（建议稿）可有效规范现有检测操作，提高检测精度及可靠性。

（3）微生物抗药基因可揭示最新环境风险

制药废水和排污口底部淤泥中的微生物组成结构、抗药基因的确定是进一步确定污染物种类及衡量危害程度的标准。在本课题监测的发酵类、合成类与生工类制药企业废水排放地水体微生物中全部检出前述 13 种抗药性基因，检出率 100%；部分菌株为超级细菌，是国内自然水体环境中首次检出，提示制药废水的环境和公共安全危害进一步扩大。

（4）课题成果经济效益和社会效益显著

在经济效益和社会效益方面，《制药废水环境风险生物预警系统》充分利用现有检测技术，不增加企业监测负担，结果判读准确性高，可纠正传统判读误差造成的预警不当，避免了由此给企业造成的不必要的事故处理投入，同时避免了因误报给社区群众造成的恐慌，具有较为显著的社会效益。

（5）其他成果

本课题形成三个技术规程；完成微生物、原生动物、大型底栖动物和藻类、水生、岸边高等植物区系普查，开发废水排放地环境指示生物 21 种；以直接测定法（改进寇氏实验方法）和函数测定法开展各类特征污染物静态急性毒性实验，得到相对于不同指示生物、不同培养条件下的毒性阈值共计 48 套；构建了典型气象、生长条件下剂量—效应关系和毒性阈值 2 个总数据库，其中包括筛选出的指示微生物、指示原生动物、指示大型底栖动物和指示藻类等与不同类型制药企业废水和优先污染物之间的剂量—效应关系

数据库 55 个；构建了指示毒性阈值数据库共计 150 个、4 个指示生物二级数据库，以及制药废水成分数据库、影响因子数据库、制药工业水优先污染物数据库和地理信息数据库 4 个二级数据库；完成了《制药废水环境风险预警系统软件（1.0 版）》的小试，并在 3 家制药企业进行了为期一年的中试；申请专利一项，软件著作权一项，研究专著 4 部，发表 SCI 论文 6 篇，EI 9 篇，ISTP 1 篇，核心期刊 2 篇，国内会议 1 篇，已成文英文论文 2 篇，国内核心期刊在审论文 1 篇。

4　成果应用

（1）软件专利权转化收益前景巨大

本项目产生的《制药废水环境风险预警系统软件（1.0 版）》（登记号：2012SR89419），是由国家知识产权局授权保护的，具有技术先进性和唯一性，预计单位售价 1.5 万元 / 拷贝，培训收益 0.4 万元 / 单位，以国内 6 000 家制药企业计算，则推广收益为 1.14 亿元；国际售价和服务如果保守地按 10 倍计算，则国际收益为 11.4 亿元，总收益为 12.56 亿元。

（2）企业使用本技术增产增效的收益

与同类技术相比，本技术的使用可使一般企业减少额外支出近 100 万元 /a，按国内 6 000 家制药企业计算，则增效 60 亿元 /a；在应用的一年中证明，一个中等制药企业可累计纠正传统判读误差造成的预警不当 15 次，避免了由此给企业造成的不必要的事故处理投入。以每次事故后续处理投入 20 万元计，则累计减少损失 300 万元，按国内 6 000 家制药企业计算，则增效 180 亿元 /a。

5　管理建议

（1）合理规划制药企业布局，加大执法监查力度

对于新建制药企业应合理选址，在工业园区建设，废水在厂内处理后进入园区污水处理厂进一步处理，厂内不需进行深度处理。这样可以降低制药废水处理的难度，同时减少企业污水处理设施的投资以及运行费用。在执法监查方面，特别是对严重污染企业，应严肃查处违法排污者和玩忽职守者，对于那些投机取巧、顶风而上、铤而走险者绝不迁就，要防患于未然。"有法不依，执法不严"是当前部分地区环保工作不力的主要原因，究其背后更深层次的原因，地方保护主义严重是其重要根源之一。有的地方政府认为，开展环境保护必然会制约经济发展，一旦环境违法事件发生，在"宁要有污染的发展，不要不发展的环保"思想主导下，总是袒护违法企业。有的地方政府出台了一些不利于环境执法的地方保护政策。如规定对违法企业进行处罚必须报所在地人民政府批准，而当地政府往往以经济发展为重不予批准。因此，再严格、再科学的制度标准、法律法规，

如果不能被严格执行就等于一纸空文。

（2）提高思想认识，加大环境保护宣传力度

搞好制药企业的污水治理，要提高认识，尤其是制药企业领导的环保意识，特别是让排污企业明确污染的危害性，从而对排污形成自律行为，切忌仅以 GDP 大小论功过，忽视以污染评价干部的组织制度的运行。要彻底改变过去那种"重经济、轻环境；重眼前，轻长远"的思想，要从可持续发展的战略高度，切实重视制药企业污水治理。环境保护部门要通过广泛的宣传和发动，调动一切积极因素，充分利用新闻舆论和群众的监督作用，加强对制药企业的监督，确保废水达标排放，群策群力，群众监督。污染治理不是一朝一夕、一蹴而就的事。在国民经济发展时期，要有可持续发展观念，一方面要治理污染，另一方面也要发展生产，从根源上解决水环境污染问题。

（3）积极开展科学研究，合理选择废水处理工艺

积极开展相关科学研究，主要探索抗生素菌渣无害化处理技术、综合利用技术，开发发酵菌渣在生产工艺中的再利用技术，如青霉素菌渣制抗生素发酵原料（代替豆饼粉）的研究，利用酶催化降解青霉素菌渣中残留青霉素后制粒烘干制成有机肥的研究，抗生素菌渣无害化处理后制菌体蛋白做饲料添加剂的研究等。

结合制药废水的特点以及传统生化处理过程中存在的问题，对于制药废水处理应在传统生化处理工艺的基础上，强化预处理，首先对高浓度、难降解有机废水进行单独物化、蒸发浓缩等处理。对于直接排放环境水体的制药企业，应增加废水深度处理工艺环节。发酵类、化学合成类等药物在制药提取、精制过程中，都会产生溶剂废液，其 COD 质量浓度很高，应作为危险废物进行焚烧处置，不宜进入废水处理系统。一旦进入废水处理系统，会造成水质极大波动，对系统造成冲击，使废水处理系统不能正常运行。

（4）制药产业升级，产品结构调整，促进废水处理技术进步

制药产业结构升级与产业（产品、产能）淘汰相结合。调整的对象是高能耗、高物耗、高污染和资源消耗型的企业和小型制药企业。随着环保标准的提高，企业要加强"成本—效益"分析，对产品进行综合评估，调整产品结构。对于利润空间小、环保成本高的品种，应停产或少生产；对于利润空间大、环保成本低的品种，应加大产量；对于利润空间大、环保成本高的产品，应组织人力、物力重点攻关，以降低环保成本；对于利润空间小、环保成本不高的产品，应适当生产。原料药生产企业还应尽早实现从生产普通原料药向特色原料药的转变，从生产原料药向制剂产品的转变，尽快实现产业和产品结构升级。改进制药工艺，升级相关技术，不仅能降低生产成本，还能增加额外收益，显著提高资源的利用效率，工艺的革新不仅大大降低了生产成本，极大提高了我国相关产品在国际市场上的竞争力，还有效降低了环境污染。

6　专家点评

该课题依托黑龙江省和国家林业局等重点实验室，从制药废水环境危害预警入手，综合运用环境科学、生态学、生物数学等学科的研究成果和技术方法，取得以下成果：一是筛选出多种高效环境指示生物，测得了不同条件下的毒性阈值，建立了制药废水与指示生物间的剂量—效应关系数据库，编写的《制药废水环境风险预警系统软件》获得国家版权局授权保护；二是揭示了研究地区水体微生物中普遍存在多种抗药性基因的水平转移现象，是我国在自然水体的首次发现；三是尝试将第二代测序新技术应用于水体微生物检测，取得了初步的经验，为我国制药企业水污染物环境风险分析提供了积极和具体的帮助。

项目承担单位：东北林业大学
项目负责人：王晓龙

地下水污染风险源识别与防控区划技术研究

1 研究背景

我国70%的人口饮用地下水，在全国655个城市中，有400多个以地下水作为饮用水水源，因此地下水对于我国国民经济和社会发展、安全供水保障具有十分重要的作用。随着工农业迅速发展和人口的不断增加，地下水的污染现象日益严重，已经直接或间接威胁饮用水安全保障。此外，地下水污染是一个非常复杂的地质—地球化学过程，具有长期性、复杂性、隐蔽性和污染治理难度大、费用高、时间长的特点。地下水一旦受到污染，要恢复和治理是非常缓慢和困难的，有时甚至是不可能恢复的。如何保护地下水资源，防治地下水污染成为当前迫切需要解决的问题。

目前我国不断加强对地下水污染源的类型、强度和空间分布特征的认识及其对地下水影响程度的分析，但缺乏对地下水影响显著、危害严重的污染风险源的准确识别以及对重要污染防控区域的明确界定，使得我国地下水污染防控重点区域不明确，地下水污染防控措施的针对性不强，成为显著制约我国地下水环境保护、污染防治和环境监管的重要瓶颈。

因此，本项目基于地下水污染风险源识别和污染防控区划技术研究现状的分析，结合我国地下水环境管理的迫切需求，开展地下水污染源特性评价、污染物输移过程分析的地下水污染风险源识别方法，研究建立多层次复合要素的污染防控区划指标体系、污染防控区划模型，进行不确定性分析，研究制订地下水污染风险源识别与污染防控区划技术导则，为制定有效的地下水污染防控措施和决策提供技术与方法。

2 研究内容

（1）基于对污染源种类、污染物性质与负荷、污染物赋存状态及水文地质条件研究，通过解析地下水污染源的结构，揭示污染物构成与输移过程，分析地下水污染风险源的构成要素，构建地下水污染风险源识别与分级模型。

（2）基于地下水污染防控区划构成要素分析，结合风险源和地下水资源属性等的研究，构建多层次复合要素的污染防控区划指标体系。

（3）构建地下水污染防控区划多因素耦合评价模型，形成地下水污染风险区划的多因素综合评价方法与关键技术参数体系。

（4）基于 GIS 平台，运用层序构成解析技术，将各专题因子图进行组合分析，建立地下水污染风险源—防控区划评价于一体的技术体系，确定地下水污染防控区划等级与空间分布。

3 研究成果

（1）建立了地下水污染风险源识别与分级模型

基于地下水污染源的多样性、复杂性和污染物毒理学理论，结合不同尺度区域环境要素调查，建立了具有污染源分类和评价功能及特征的地下水污染源分类分级方法，尤其是在不同尺度区域地下水污染源与环境要素分析的基础上，建立了具有尺度特征的污染源潜在危害性评价体系。针对区域经济发展带，构建了涵盖污染源种类、污染物产生量、污染物释放可能性及污染影响范围 4 个指标的污染源危害性评价体系。针对城市地区，构建了涵盖污染物属性特征（毒性、迁移性和降解性）和特征污染物排放量（或污染源的负荷）2 个指标的污染源危害性评价体系。针对集中水源地，构建了涵盖污染物性质、污染源特征 2 个部分 8 个指标的污染源危害性评价体系。

结合地下水污染源危害性评价和污染物输移过程的评价分析，对地下水污染风险源进行了识别，构建了涵盖地下水污染源及地下水易污性 2 个参数的指标体系，采用了较成熟的 DRASTIC 方法进行地下水易污性评价。针对区域经济发展带，采用叠加模型形成地下水易污性评价、污染源潜在危害程度评价专题图层，并对结果进行重分类。然后采用矩阵法进行地下水污染风险源评价。针对城市地区，地下水污染风险源识别与分级模型采用矩阵法。针对集中水源地，考虑到加法模型会弱化和掩盖限制性因素的作用，采用连乘积法对风险源进行综合评价。

（2）建立了地下水污染防控指标体系

针对 1∶250 000 区域经济发展带，利用构建的地下水污染风险源评价参数体系，结合地下水使用功能、地下水污染状况，形成 3 个部分组成的技术框架，建立了涵盖地下水使用功能、地下水污染状况、地下水易污性、污染源潜在危害程度 4 大类参数的指标体系。

针对城市地区，构建了地下水污染风险源评价及地下水防控评价 2 个部分的技术框架；建立了涵盖地下水污染源、地下水易污性、地下水价值、地下水水源保护区 4 大类参数的指标体系。

针对集中水源地，构建了涵盖地下水污染风险源、地下水水质及水源地保护等级的划分 3 个部分的地下水污染防控区划技术框架，建立了涵盖地下水污染源、地下水易污性、地下水水质及水源地保护等级划分的 4 大类参数的指标体系。

（3）建立了地下水污染防控区划方法

基于地下水污染风险源构成要素分析，结合地下水资源属性与价值，构建了地下水污染防控区划方法。

针对区域经济发展带，利用地下水污染风险源评价、地下水使用功能评价结果，结合研究区的地下水污染状况，采用矩阵法进行地下水污染防控区划。地下水污染防控区划主要分为四级：一般防护区、一般控制区、重点防护区、重点控制区，若该地区地下水没有污染，则为防护区；如果受到污染，则为控制区。

针对城市地区，地下水污染防控区划模型基于 GIS 平台，采用叠加方法对地下水污染风险源、地下水价值及地下水水源保护区进行地下水防控区划评价。

针对集中水源地，综合地下水污染风险源评价结果、地下水水质评价结果及水源保护区划分分析，基于 GIS 系统采取叠加模型进行污染防控区划。

（4）开展了风险源识别与防控区划案例分析

选择了 3 个不同空间尺度的 4 个典型研究区进行风险源识别与污染防控区划案例研究，包括面积为 40 573km^2 的吉林省中部地区、6 528km^2 的北京市城近郊区及 900km^2 的内蒙古包头平原地区、140km^2 的淄博市大武水源地。在此基础上探讨尺度效应对污染防控区划的影响，并进行了敏感性分析。

（5）导则与规程编制

形成了《地下水污染源分类与危害性评价技术规程（建议稿）》及《地下水污染风险源识别与防控区划技术导则（建议稿）》。该规程与导则结合地下水污染源危害性评价、污染物输移过程评价和分析，建立了地下水污染风险源识别模型，结合地下水资源属性与价值，构建了地下水污染防控区划方法。

（6）发表学术论文 13 篇，已出版专著 1 本，待出版专著 1 本

4 成果应用

项目成果和技术指导性文件为国务院批复实施的《全国地下水污染防治规划（2011—2020）》及"全国地下水基础性调查"等重大项目和国家规划实施提供支撑，为全国地下水基础性调查工作提供了重要的技术方法。同时，为北京市平原区、包头市等地下水污染调查评价、地下水环境监测、地下水污染风险控制等提供了科学手段。项目针对不同尺度构建的地下水污染风险源识别与防控区划技术对我国地下水污染防控工作的有序开展具有普遍指导意义。构建的地下水污染风险源识别与分级方法对于提高我国污染源的风险管理水平具有一定的借鉴意义，为有效识别与甄选潜在重大污染源起到支撑作用。构建的地下水污染防控区划技术对我国有效防控地下水污染，为制定有效的地下水污染

防控措施和决策提供了技术与方法。

5　管理建议

（1）尽快建立地下水污染防控区划的技术规范

随着我国经济的不断发展，城市化程度的不断提高，我国目前地下水污染形势极其严峻，各地迫切需要地下水污染防控区划方面的技术支持。项目编制了《地下水污染源分类与危害性评价技术规程（建议稿）》和《地下水污染风险源识别与防控区划技术导则（建议稿）》，建议将项目提出的地下水污染防控区划方法改进完善后以规范的形式进行推广应用，支撑我国地下水资源的保护工作。

（2）加快推进更多区域的地下水防控区划工作

项目分别从区域经济发展带、城市地区、集中水源地 3 种尺度开展了地下水防控区划方法的研究，能够为相应级别管理机构提供地下水资源管理支持。建议尽快选择 3 种尺度的更多区域进行方法的改进及完善。在此基础上，在我国地下水污染严重的区域率先开展试点评估，并逐步推广至全国，为《全国地下水污染防治规划（2011—2020）》的实施提供切实可行管理与技术支持。

（3）建立完善的我国地下水污染防控区划技术体系

基于我国地下水环境质量调查成果，综合考虑重点城市或区域地下环境的固有脆弱性、污染地下水中污染物的环境行为、城市的规划和建设情况，开展重点城市或区域的地下水污染风险评价，并在此基础上进行污染防控区划。

（4）开展地下水污染监控与防治工程试点

选择地下水污染典型城市 / 区域为试点城市 / 区域，开展地下水环境状况与污染特征的调查，开展地下水污染防控区划等技术方法示范，建立典型地区地下水污染管理体系框架；在地下水污染防控区划的基础上，结合典型城市的环境背景情况、经济发展和人民生活需求，确定地下水污染源控制、地下水污染治理的工程方案，并针对地下水污染防护区划制定地下水污染防治评估方法示范；综合国内外地下水污染治理与修复技术，对地下水污染典型城市 / 区域的重点污染场地开展污染控制与治理示范工程，评估地下水污染防治工程的有效性和经济性。

6　专家点评

项目形成了不同尺度污染源的风险源评价指标，建立了涵盖地下水污染风险源、使用功能、污染状况的污染风险区划框架和涵盖地下水使用功能、污染状况、易污性、污染源潜在危害程度等参数的指标体系，构建了不同尺度区域的地下水污染防控区划技术框架、技术参数体系和技术方法。项目形成的地下水污染源识别与污染防控区划技术方法、参数体系与模型、技术规程与导则等已在部分地区地下水环境保护中得到应用，研究成果为《全国地下水污染防治规划（2011—2020）》实施中"全国地下水环境基础性调查"等重大项目和地方地下水环境管理工作提供支撑，对于制定有效的地下水污染防控措施和决策，完善我国地下水污染防治划分，具有十分重要的意义。

项目承担单位：清华大学、中国环境科学研究院、吉林大学、中国地质大学（北京）

项目负责人：李广贺

危险废物处理处置场地下水风险暴露评估和分级管理技术研究

1 研究背景

目前，我国已进入危险废物处理处置设施建设的高峰期，2001—2005 年，危险废物年处理处置能力由 85.4 万 t 增长至 570.25 万 t。危险废物处理处置场是危险废物大量汇集的场所，是潜在的重点污染源，对生态环境和人体健康具有极大的风险。同时，我国已建或者正在建设的危险废物处理处置设施管理水平和技术水平相对不高，这给场地周围生态环境，特别是土壤和地下水环境安全造成潜在威胁，给人居环境、生态系统和人体健康带来重大安全隐患。地下水污染具有长期性、潜伏性和不可逆转性，一旦危险废物处理处置场发生地下水污染事故，不仅需要花费巨额治理成本，其修复时间也要经历几十年甚至数百年。因此，危险废物处理处置设施的环境风险受到了世界广泛的关注。同时由于危险废物种类、处理处置技术水平和厂址水文地质等条件的差异，不同危险废物处理处置场对周围环境的潜在风险有很大的不同，如何评估这些建成和待建的危险废物处理处置设施可能对地下水产生的风险，并基于不同风险水平进行系统分级管理，是我国环境管理领域面临的紧迫问题之一。

基于此，本研究在大量现场调查和系统分析的基础上，开展危险废物处理处置场及周边土壤、地下水污染现状与预测评估方法研究，构建地下水污染风险评估模型，并以此为基础建立危险废物处理处置场地下水风险评估技术方法，依据综合风险指数和敏感环境保护目标，制定风险分级管理技术指南，为实现危险废物处理处置场地下水污染风险分级管理提供技术支持。

2 研究内容

（1）开展我国规划建设危险废物处理处置场基础信息收集整理和数据分析以及建成运行危险废物处理处置中心的现场调研，评估和预测我国危险废物处理处置中心地下水污染状况及趋势。

（2）借鉴国内外风险评价指标体系建立步骤、原则和方法，基于对危险废物处理处置场对地下水造成风险的全过程分析，构建危险废物处理处置场地下水污染风险评价指标体系。

（3）进行危险废物处理处置场地下水污染物运移模型和风险评估模型比选、构建与优化，评估我国危险废物处理处置场地下水污染风险水平。

（4）建立我国危险废物处理处置场地下水污染风险分级技术体系，并针对不同风险级别编制我国危险废物处理处置场地下水污染风险分级管理技术指南。

3 研究成果

（1）资料收集与现场调研相结合，初步全面掌握我国危险废物填埋场特点和污染现状

通过对我国 42 家危险废物处理处置场基础信息的收集整理和数据分析以及对我国已建成运行的 11 家危险废物处理处置中心的现场调研，掌握了我国危险废物处理处置中心总体分布情况、处置水平和建设水平、场地水文地质条件等基本信息。

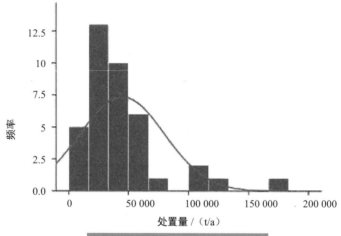

图 1 我国危险废物处置量分布

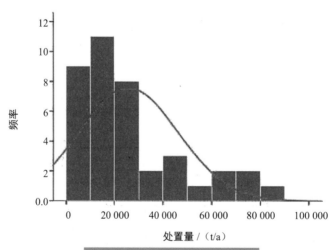

图 2 我国危险废物填埋量分布

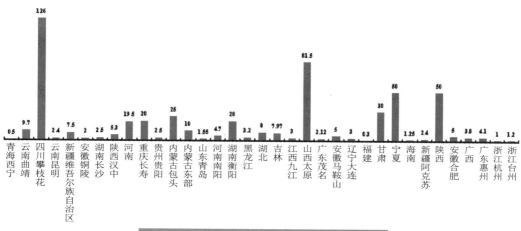

图3　我国危险废物处理处置场地下水埋深分布

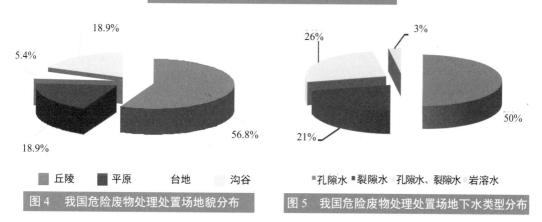

| 丘陵 | 平原 | 台地 | 沟谷 |

图4　我国危险废物处理处置场地貌分布

孔隙水　裂隙水　孔隙水、裂隙水　岩溶水

图5　我国危险废物处理处置场地下水类型分布

在此基础上筛选了我国危险废物处理处置场地下水特征污染物为Cr、Zn、Cu、Cd、Ni、Hg、Ba、Pb、As、石油类、F⁻和CN⁻,并根据现场调研所收集的填埋场渗滤液和地下水监测资料对我国危险废物处理处置中心地下水污染状况进行了评估和预测,表明其地下水主要超标指标为pH、氨氮、浊度、大肠杆菌、铅、六价铬、砷、镍、锰,此外Visual Modflow模拟结果证实丘陵裂隙水型危险废物填埋场地下水污染物运移速率明显快于平原孔隙水型危险废物填埋场,研究成果为危险废物填埋场选址、地下水污染防控及监测提供了管理支撑。

（2）定量化风险指标与多指标综合指数聚类法的应用解决了危险废物填埋场地下水污染风险分级管理技术难题

通过对危险废物处理处置场周边地下水污染的全过程分析,按照渗滤液产生、渗漏、扩散,到进入地下水的风险形成过程,利用系统和层次分析方法,构建了危险废物处理处置场地下水风险评价指标,明确了风险评价程序和步骤,并推荐了相应的评价模型和方法,从而为我国危险废物处理处置设施地下水污染风险评价提供了理论指导和技术支持;首次将多介质、多暴露途径、多受体的3MRA风险评价模型应用到我国危险废物填埋场的风险评估中，优化了 3MRA 模型评价指标，并评估了我国危险废物处理处置场地下水污染风险水平；在此基础上，利用多指标综合指数聚类法，构建了我国危险废物处理处置场地下水污染风险分级技术方法，并利用该方法对我国危险废物处理处置场地下水污染风险进行了分级，风险分级结果在 3MRA 模型的运行结果中得到了验证，并针对不同风险级别制定了相应的风险管理办法，为我国危险废物处理处置场地下水污染风险分级管理提供了技术支撑。

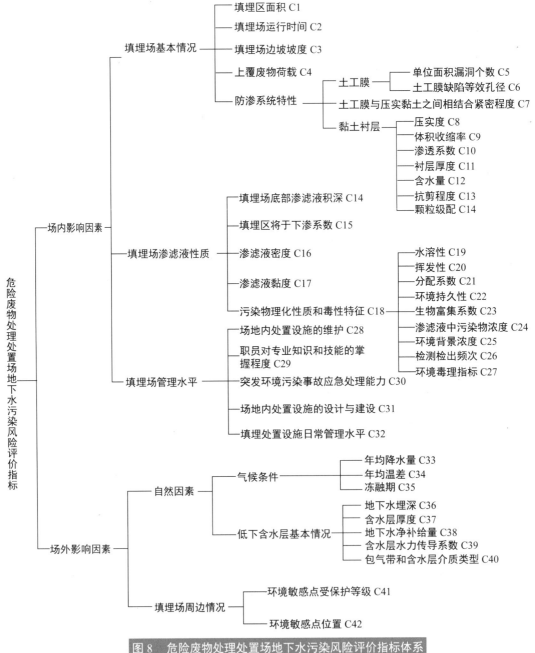

图 8　危险废物处理处置场地下水污染风险评价指标体系

（3）2部"技术指南"为危险废物填埋场地下水污染风险管理提供技术支撑

项目提出了《危险废物处理处置场地下水污染事故风险评价技术指南（草案）》和《危废处理处置场地下水污染风险分级管理技术指南（草案）》，建立了危险废物填埋场地下水污染风险分级管理决策支撑信息系统，这为我国加强危险废物填埋场地下水污染风险管理，保障其安全运行提供了重要的技术支持，为环境保护部实现对危险废物处理处置场分类指导、分区管理以及分级分期安全控制提供科技支撑。

4　成果应用

（1）本项目编制的《我国典型危险废物处理处置中心调查工作报告》为《全国地下水污染防治规划（2010—2020年）》以及《危险废物堆存场地下水基础环境状况调查评估实施方案》的编制工作发挥了重要的技术支持作用，获得环境保护部污染防治司和环境保护部规划院的应用证明；

（2）依托于项目研究成果，对《危险废物填埋场污染控制标准》（GB 18598—2001）中"地下水监测指标"和"地下水监测井布设规范"提出修订、完善建议，使其更具指导性和可操作性；

（3）向环境保护部提交《我国危险废物填埋场地下水污染风险管理问题及对策建议》以及一系列有关危险废物处理处置场地下水污染风险管理方面的环保科技工作简报等文件，为环境保护部开展对危险废物处理处置场进行分类指导、分区管理以及分级分期安全控制提供有力的科技支撑。

5　管理建议

（1）明确危险废物填埋场监测指标

建议在《危险废物填埋场污染控制标准》（GB 18598—2001）中明确危险废物填埋场渗滤液及地下水监测的特征指标，包括必测指标和选测指标的选取原则，有利于准确获取地下水监测数据，科学判断地下水污染状况。

（2）完善危险废物填埋场地下水监测井布设规范

《危险废物填埋场污染控制标准》（GB 18598—2001）中仅对危险废物填埋场地下水监测井的布设方式和数量有所规定，缺乏对监测井材料、结构及监测层位的相关规定，从而会导致所监测的地下水不具代表性，不能相对准确地反映填埋场地下水污染状况。建议修订、完善《危险废物填埋场污染控制标准》中有关危险废物填埋场地下水监测井的建设规范，使其具有指导性和可操作性。

（3）加强危险废物处理处置场地下水污染风险管理

对已建成运行的危险废物处理处置场根据其造成的地下水污染风险进行分级管理，确保在有限的人力、物力和财力条件下，实现对危险废物处理处置场的最优化管理；对待建的危险废物处理处置场在建设之前进行风险评估，根据评估结果调整选址及建设方案。

6 专家点评

该项目通过资料收集和现场调研相结合的方法，系统分析总结了我国规划建设的危险废物处理处置中心基本特征，科学评估了其周边地下水污染状况与趋势，在此基础上构建了危险废物处理处置场地下水污染风险评估指标，优化了风险评估模型，并建立了我国危险废物处理处置场地下水污染风险分级技术方法，其分级结果得到模型结果的验证。项目研究成果在《全国地下水污染防治规划（2010—2020 年）》以及《危险废物堆存场地下水基础环境状况调查评估实施方案》的编制工作中得到应用。项目建立的危险废物处理处置场地下水污染风险分级管理决策支撑信息系统为我国加强危险废物填埋场风险管理，保障其安全运行提供了重要的技术支持。

项目承担单位：中国环境科学研究院、清华大学、东北农业大学
项目负责人：席北斗

我国近岸海域环境与生态数字化实时管理系统研究与示范

1 研究背景

我国多数经济发达地区位于沿海一线，未来发展必将进一步给近岸海域的生态环境带来突出的压力，近岸海域的环境与生态保护将成为我国环保战略不可回避的重点。2010 年，我国近海四类和劣四类水质水体仍占到 23.2％，污染状况没有得到扭转。近岸海域普遍受到氮、磷营养物污染，石油类、化学需氧量、溶解氧、pH、铅、铜和非离子氨等指标也有不同程度超标，对近岸海域环境实施密切的实时监控以加强保护已刻不容缓。另一方面，当前我国近岸海域环境管理技术水平与环境保护需求很不适应，亟待提高。如缺乏必要的技术手段使公众和管理者对近岸海域环境有整体和实时的了解，更不能对近岸水质和生态的未来演变趋势做出科学的预测，从而为发展和环境保护决策提供技术支持。

本项目的开展适应了国家和环境保护部科技发展规划的需求。本项目综合运用与集成环境数学模拟技术、环境自动监测技术、数字通讯技术、GIS 技术、网络技术和多媒体技术等开发构建出近岸海域环境与生态数字化实时管理系统。该系统以三维水动力—水质—生态耦合模型为核心，借助数字通讯技术"实时"获取近岸海域野外自动监测台站的水文气象、污染源等实测数据作为模型的边界条件和驱动力，并通过数据同化技术"实时"利用野外台站实测的水质与生态数据率定和矫正模型的计算结果，结合 GIS 技术对计算结果进行一系列图文并茂的多媒体处理，最后将这些直观的海域环境信息放到网站上。有授权的远程管理者可通过网络"实时"掌握海域的环境状况与变化趋势，为环境管理和决策提供信息支持，可极大提高我国近岸海域的环境管理科学技术水平。

2 研究内容

（1）生态动力学规律研究

通过海上监测、室内实验与现场围隔实验，研究了示范海域物理、生化因子时空分布规律、底泥与上覆海水的营养盐交换特征，以及浮游生态系统对环境改变的响应，为生态动力学模型的构建确定了主要生态动力学关系和参数。

（2）水动力—水质—生态耦合模型研究

研究建立了海湾二维、三维水动力和水质数学模型并与生态动力学模型耦合。

（3）溢油跟踪预警模型研究

利用拉格朗日模式的粒子追踪方法，建立起油膜扩散模型并应用到广西北部湾海域。

（4）野外自动监测台站数据获取与同化利用方法研究

研究了广西北部湾和广东大亚湾海域的海洋环境自动监测站数据获取与通讯技术方法；研究出海洋环境自动监测站与数值模拟数据的同化利用方法。

（5）数字化实时管理系统集成

将已建立起来的生态模型与野外监测台站建立起联系，实现了实时的数据信息沟通。野外台站实时观测的数据可为模型提供实时驱动条件，同时对模型进行实时验证和修正，而模型则给出全部模拟水域环境与生态的实时状态，并经过可视化处理后提供在网络上，从而集成出近岸海域生态环境数字化实时管理系统。

3 研究成果

（1）研究示范海湾主要生态动力学基本规律

本项目根据定点和大面巡航现场监测数据，分析了关键生态过程及理化要素、生物要素间的相互作用特征，得出水质和生态要素沿水深的变化规律，掌握了大亚湾全海域的水质和生态要素的时空分布，为模型结构搭建和验证提供科学依据和基础数据；在此基础上，采用现场受控的围隔实验和沉积物底泥释放室内实验研究，对赤潮发生机制进行了前沿探索性研究，为将内源影响引入数学模型提供了污染物释放强度和规律的数据支持。

（2）水动力—水质—生态耦合模拟技术

本项目基于示范海域化学场和生态场的现场观测结果和物理过程与关键化学、生物过程的耦合作用分析结论以及模型结构构建指引，构建出不同维度（二维和三维）并存，多种计算方法和模式（结构化网格与非结构化网格、欧拉模式与拉格朗日模式）结合，多过程（物理输移扩散过程、氧平衡化学过程、低食物网生态循环过程）紧密耦合的水动力学、水质和生态动力学模型。其中：

二维理化与生态动力学数学模型构建以大亚湾示范海域为研究对象，以研究大亚湾水体富营养化问题和生态效应为目标，自主研发构建了宽浅海域／海湾水动力—水质—生态动力学二维数学模型。其中物理模型以连续方程和动量方程为主要控制方程，考虑 8 参数外海潮波和河流水量输入驱动；水质模型以物质输移方程为控制方程，考虑了内、外源的污染物输入；生态动力学模型将低食物网生态系统分为浮游植物、浮游动物、悬浮碎屑、营养盐四个功能团，考虑了营养盐的输入，浮游植物和碎屑的沉降，浮游植物的代谢和死亡，碎屑的分解和再矿化以及高级生物的摄食等过程。模型验证结果表明，自主研发的宽浅海域／海湾水动力—水质—生态动力学二维数学模型可较好模拟实际水环境和水生态问题。

三维理化与生态动力学数学模型构建研究采用目前应用较广泛的 DHI MIKE 河口、海湾水环境及水生态二次开发软件，基于 σ 坐标系统和非结构化网格系统，构建了广西北部湾水动力—水质—生态动力学三维模型。其中物理模型以连续方程和动量方程为主要控制方程，考虑 8 参数外海潮波和河流水量输入驱动；水质模型以物质输移方程为控制方程，考虑了内、外源的污染物输入和氧平衡过程；生态动力学模型采用 Eco Lab 二次开发工具进行，开发出的 Eco Lab EU 生态动力学模块能详细描述水中溶解氧状态、营养盐的循环过程、浮游植物和浮游动物的生长、根生植物以及大型藻类的生长和分布。模型能仿真广西北部湾海域富营养化过程和营养盐的时空变化规律。同时还将该三维模型与自主研发的数据同化技术相结合，可实现实时监测数据与模拟结果的比较和消异。

溢油跟踪预警模拟技术研究在水动力模型研究的基础上，完成了溢油跟踪模型与水动力模型的耦合，并获取示范海域野外现场气象实时动态数据，实现了溢油跟踪预警功能，该模型已应用于广西北部湾近岸海域，为溢油事故应急提供了技术支持。

（3）野外自动监测台站数据获取与同化技术

本项目最终选取的首试示范点为广西北部湾海域，主要利用已建成和成功运行的 16 个海洋环境自动监测站获取示范海域野外现场动态数据。同时在广东大亚湾海域建设 1 个野外定点海洋环境连续自动观测站，并利用海洋部门建设的 3 个机动监测站，共同获取示范海域的水文气象和环境数据。在数据采集、传输、入库过程中，野外监测台站的责任单位制定了一整套规范的数据质量监控制度，保障自动监测站的有效运行和数据的准确性。为充分发挥宝贵的野外台站监测数据的作用，本项目开创性地采用最优插值算法的数据同化方法，将模型模拟结果与海域水环境自动监测系统数据进行同化处理，获取了更接近于真实值的同化结果，实现了有限的观测数据与数值模拟过程的有机结合，提高了数值模拟的准确度，并成功应用于广西近岸海域。

（4）近岸海域生态环境数字化实时管理系统

技术特点：以水动力—水质—生态动力学耦合模型为核心，借助数字通讯技术"实时"获取近岸海域野外自动监测台站的水文气象监测数据作为模型驱动条件实时驱动模型，同时通过数据同化技术"实时"利用野外台站实测的水质与生态数据率定和矫正模型的计算结果，将 GIS 作为基础集成平台，构建一个整体的近岸海域生态环境数字化实时管理系统。

集成模式：该系统采用松耦合架构，WebGIS 服务、水动力—水质—生态动力学耦合模型数值模拟、水质数据空间可视化、同化服务几大模块相互独立，系统采用 C/S 和

B/S 混合模式结构以同时面向专业技术人员与公众，以 WebGIS 地图引擎为基础，在 Web 端通过网络接口实现各模块的集成与自动运行控制。

系统功能：系统可进行水动力、水质和浮游生态系统的实时模拟计算，并对计算结果进行一系列图文并茂的多媒体处理，实现结果的空间可视化，有授权的远程管理者可通过网络"实时"掌握海域的环境状况与变化趋势，在给定环境质量要求条件下，系统可轻易给出预警和警报，为环境管理和决策提供信息支持。通过该系统，相当于把所关心的海域数字化地搬到了计算机屏幕上，从计算机屏幕上就可实时了解整个海域多方面的环境参数，从而为近岸海域生态环境实时管理提供先进的技术平台。

4 成果应用

（1）本项目建立的近岸海域生态环境数字化实时管理系统已在广西北部湾地区试运行，达到了预期的目标和效果。该系统以后将会在拥有野外监测网络的海域继续推广应用。

（2）本项目研究得到的大亚湾水质、生态特征和河口／海湾水动力、水质预测模型等成果，已被应用于"近岸海域污染防治'十二五'规划（南海片区）"编制，为海域水环境容量测算以及污染控制规划方案的制定提供了重要技术支持。所研发的大亚湾水动力—生态动力学模型耦合是本项目的重要技术进展，并会在今后的科研工作中得到进一步应用。

5 管理建议

（1）生态指标和关键生态过程监测建议

项目在执行过程中，通过研究发现，我国近岸海域缺乏生态动力学历史数据，无法形成长时间序列的分析数据，建议今后在人力和物质条件允许的情况下，加大对关键生态过程的监测分析。

（2）立体监测网络建设建议

鉴于海洋生态环境监测涉及海域面积大、要素多的现实情况，建议针对近岸海域生态环境的监管，将计算机模拟、遥感遥测和海上浮标监测等技术手段紧密结合，在我国重点海域构建天地一体化立体监测网络，提升监测和预测预警能力。

（3）应用推广建议

建议增加近岸海域生态环境数字化技术方法的应用试点，一方面可为我国重污染海域的污染防治提供情景预测，另一方面可促进该技术方法在实际应用中不断完善，逐步达到标准化水平，尽早实现我国近岸海域生态环境数字化管理的业务化运行。

6　专家点评

　　该项目在对示范海域物理过程与关键化学、生物过程耦合作用分析的基础上，构建了多过程紧密耦合的水动力学、水质和生态动力学模型，进一步通过 WebGIS 服务、水动力—水质—生态动力学耦合模型、水质数据空间可视化、同化服务几大模块的集成，开发了一套近岸海域生态环境数字化实时管理系统，可实现对近岸海域生态环境的自动监测、数值模拟、远程监控一体化。项目开发的近岸海域生态环境数字化实时管理系统已在广西北部湾试运行，研究成果在"广西近岸海域污染防治'十二五'规划"编制中得到应用。对实现我国近岸海域生态环境数字化管理的业务化运行起到了促进作用。

项目承担单位：环境保护部华南环境科学研究所、暨南大学、中山大学
项目负责人：彭海君

第五篇
重点行业污染减排领域

2009 NIANDU HUANBAO
GONGYIXING
HANGYE KEYAN ZHUANXIANG
XIANGMU
CHENGGUO HUIBIAN

发酵酒精行业污染减排技术与评估体系研究

1 研究背景

近年来，我国的酒精产量增长迅速，至 2011 年酒精总产量达到 680.2 万 t，产量位于世界第三位。目前，我国发酵酒精行业发展呈现以下趋势：一是传统发酵酒精产业强化结构调整。从 2000 年以前的 1 000 家，减少到 2011 年约 400 家，年产 10 万 t 以上的大型企业已经成为行业产量和技术进步的主体；二是进一步加强节能减排和资源综合利用；三是加强原料结构转变。积极促进非粮原料发酵酒精生产是未来发酵酒精行业的发展趋势；四是酒精向深加工扩展。

随着发酵酒精行业的发展，其生产过程中产生的污染（尤其是废水污染）也不容忽视。据调查测算，2011 年，发酵酒精行业生产消耗谷物原料 1 328.72 万 t，薯类原料 431.44 万 t，糖质原料 316.19 万 t；消耗能源 5.35 亿 t 标准煤，消耗水量 3.31 亿 m^3；生产废水总量约 2.5 亿 m^3，其中酒精糟为 9 000 多万 m^3，年排有机污染物 COD_{Cr} 约 7.2 万 t。酒精废水占全国工业废水排放总量的 1%，所排 COD_{Cr} 占全国工业废水中 COD_{Cr} 排放总量的 1.2%。目前行业总体水平不高，为降低行业污染排放量，改善环境质量，迫切需要增加科技投入，推进资源、能源节约，推行清洁生产，加强"三废"治理和循环利用，提升行业整体的污染防治水平。

本课题通过对国内发酵酒精整体水平调研，结合生产过程资源能源利用及污染减排等技术，为发酵酒精行业提供生产过程预防污染和末端治理污染的最佳可行性技术，引导我国发酵酒精行业工艺技术和环保技术的发展，为行业污染物排放标准、清洁生产标准、工程技术规范的制定和修订提供保障及可靠的技术支撑。

2 研究内容

（1）通过对国内外发酵酒精生产现状、存在问题和发展趋势进行深入了解，掌握发酵酒精行业的整体发展情况及其发展趋势；

（2）通过对发酵酒精产品的供求平衡分析、行业相关国家政策分析以及资源能源、污染物排放强度分析，论述发酵酒精行业节能减排的必要性，为行业实施节能减排措施提供依据；

（3）全面分析发酵酒精行业相关资源能源节约技术、生产过程污染预防技术和末端治理污染技术，并初步筛选出最佳可行技术备选清单；

（4）建立最佳可行技术评价方法研究及评价体系；

（5）构建发酵酒精行业污染减排技术与评估体系信息管理系统；

（6）根据评价结论形成发酵酒精行业污染减防治最佳可行技术 BAT 文件以及相关污染防治政策文件。

3　研究成果

（1）通过对不同区域、不同原料发酵酒精生产企业的调研、对行业相关资料的查阅和向行业专家请教以及参加行业研讨会等形式，掌握了我国发酵酒精主要的生产技术、节约能源资源技术以及污染物末端治理技术，确定了最佳可行技术清单

我国发酵酒精原料主要包括玉米、木薯及糖蜜三种，生产地区主要分布在河南、山东、黑龙江、江苏、广西、吉林等地区。通过企业现场考察、向部分企业发放调研表格等形式，掌握了行业主要的生产技术、节约能源资源技术以及污染物末端治理技术。同时通过行业专家论证和参加行业研讨会等形式，对相关技术进行了筛选和补充。在此基础上，通过对该行业污染减排技术的具体指标进行了详细的阐述，并通过科学的筛选方法进行了技术筛选，确定了最佳可行技术清单。

（2）采用基于层次分析法的综合评价模型，充分体现了最佳可行技术跨介质污染防治的基本理念和技术经济可行性原则，实现了一整套分步骤、定性评估与定量计算相结合的工业污染防治最佳可行技术评估方法

由于评估指标中既有定性指标，又有定量指标，且定量指标数量较多，同时，理想方案对应的参数、定量指标的基准值（或理想值、标准值）不易确定，评价过程中所能获得的是指标的生产统计分析值。因此，本着专家经验与量化计算结合的原则，本系统采用基于层次分析法的综合评价方法，即采用改进后的 AHP 方法确定各指标权重，经专家咨询形成评分标准，然后对每个指标的实际值按照评分标准给其打分，最后用权数对单项指标的得分进行加权线性求和，即可得到综合评价分值。并且根据建立的评价指标和评价方法的方法，编制完成了《污染防治技术评价规程（试行）》。

（3）根据项目确定了评估指标和评价方法，利用计算机软件建立了发酵酒精行业污染减排优选技术的数据库

利用"研究报告"、"评估指标体系"和"评价方法"的研究，通过计算机软件建立了发酵酒精行业污染减排优选技术的数据库。内容包括发酵酒精行业污染减排技术清单以及相应技术的参数（参数类别、参数名称、数据单位、参数说明以及相关备注说明等）。

（4）根据项目确定了评估指标和评价方法以及最佳技术清单，编制了《发酵酒精行业最佳可行技术导则（过程稿）》及《发酵酒精行业污染防治技术政策（过程稿）》

《发酵酒精行业最佳可行技术导则（过程稿）》完成了发酵酒精行业从原料处理到最终产品产生的各环节污染减排的 BAT 技术文件，可对今后该行业的环境管理工作提供指导作用。《发酵酒精行业污染防治技术政策（过程稿）》从清洁生产、末端治理、运行、监督管理和新技术的开发应用等方面提出了原则性的技术和管理建议，为发酵酒精行业制定相关法规及产业政策提供了参考依据。

4　成果应用

（1）项目编制完成的《发酵酒精行业污染防治技术政策（过程稿）》和《发酵酒精行业污染防治最佳可行技术指南（过程稿）》计划纳入环境保护部环境保护技术管理体系工作中。

（2）项目研发的《污染防治技术评价规程（试行）》为地方性污染防治工作的绩效评估提供了依据。

（3）项目研发的发酵酒精行业污染减排技术与评估体系信息管理系统，为环保和行业主管部门筛选污染防治技术方案提供了技术支持。

（4）项目构建的发酵酒精行业污染减排优选技术数据库中部分指标为各相关管理部门在开展山东省发酵酒精行业污染物减排工作提供了支撑；为部分发酵酒精生产企业优化污染减排技术过程中提供了指导。

5　管理建议

（1）加强行业技术交流沟通

加强行业内的技术交流和信息沟通，建立健全环境管理技术基础数据库，提高行业整体技术水平。

（2）完善行业污染防治标准体系的建设

在行业内建立和完善技术评估管理制度、方法和程序，及时开展污染防治最佳可行技术导则、技术政策、工程技术规范等文件的制（修）订工作，完善行业环境管理体系，为引导行业结构调整和技术进步提供技术依据，推动行业升级和污染防治技术进步。

（3）加强行业节能减排技术的基础研究和技术推广

建议在《发酵酒精行业污染防治技术政策（过程稿）》和《发酵酒精行业污染防治最佳可行技术指南（过程稿）》的基础上，加强对行业节能减排新技术的基础研究和技术推广工作；相关行业管理部门应制定行业节能减排技术研发和应用的财政制度，促进行业节能减排技术的研发、应用。

6　专家点评

　　该项目在对我国发酵酒精行业调研的基础上，掌握了发酵酒精行业的技术发展和污染防治现状，建立了发酵酒精行业污染减排技术评价评估体系和污染减排集成技术数据库，编制了《发酵酒精行业最佳可行技术导则（过程稿）》和《发酵酒精行业污染防治技术政策（建议稿）》。完成了项目任务书规定的研究内容和考核指标。项目研究成果已为山东省发酵酒精行业总量减排和环境监管提供了技术支持，可为我国发酵酒精行业节能减排提供技术参考。

项目承担单位：山东省环境保护科学研究设计院、东北林业大学
项目负责人：边兴玉

味精工业污染减排技术筛选与评估方法研究

1 研究背景

味精是我国发酵工业的主要行业之一。近年来，随着国内外需求的不断增加，我国味精工业发展迅速，行业规模不断扩大，产量一直保持着增长的态势。目前我国味精工业的产量位居世界第一位。2006年全国味精产量为164万t，到2011年底增长到220万t，增幅达34.1%，年均增长率达6.8%。

味精生产是以粮食为原料，以水为媒介，经发酵、提取生产出主产品谷氨酸，剩余的发酵废母液或离交洗柱水是味精生产行业的主要污染源。2007年味精工业产生高浓度有机废水总量为2 850万t（折合每吨味精产品约产生高浓度废水15 t左右），年化学需氧量（COD）产生总量为142万t，是味精生产过程的主要污染源。由于发酵废母液中含有残糖、菌体蛋白、氨基酸、铵盐及硫酸盐等，是典型的高COD_{Cr}、高BOD_5、高菌体含量、高氨氮、高SO_4^{2-}、低pH的"五高一低"废水，现企业均采取各种措施回收利用。

《味精工业污染物排放标准》（2008送审稿）对味精工业的污水排放提出了更高要求，增加了总氮、总磷的排放指标，COD_{Cr}、氨氮、总氮、总磷标准分别为100mg/L、20mg/L、40mg/L和0.5mg/L。味精企业只有在全面实施源头控制、采用先进的清洁生产和末端治理技术后才可以达到并优于新的排放标准水平。本项目正是基于这种实际需要，适应《国家中长期科学和技术发展规划纲要》和《国家环境保护"十一五"科技发展规划》要求，解决目前客观环境管理中迫切需要解决的问题，对解决国家环境科技需求具有重要意义。

2 研究内容

（1）通过广泛文献调研和行业企业数据采集，调研味精工业污染防治技术现状和发展趋势，并确定味精工业污染减排备选技术清单。

（2）确立减排技术评估模型的环境—技术—经济指标体系，建立一级指标（体现共性指标）和二级指标（体现技术特征指标）的技术筛选评估指标体系。

（3）设计并建立评估系统技术数据库，研究并建立味精工业减排技术综合评估模型、研发综合评估软件系统。

（4）对典型技术进行企业实验及工艺组合验证，提出最佳清洁生产技术和末端污染治理技术清单，完成味精工业污染防治最佳可行技术指南和技术政策。

（5）分析预测味精工业污染减排潜力、对味精工业最佳可行技术进行经济技术分析并形成味精工业污染减排技术推广模式。

3 研究成果

（1）完成了味精工业污染防治技术现状和发展趋势研究报告

在充分调研、总结的基础上，回顾了味精制造业在行业发展和保护环境之间的历程，归纳了所取得的相关科学技术方面的成果和成就，根据国家总体发展和污染防治的规划，以及《发酵行业"十二五"发酵规划》，进行了味精工业污染防治技术现状和发展趋势分析。

（2）建立了味精工业污染防治技术评估指标体系

根据味精生产的特点，总结历年来在行业内实施、落实清洁生产和污染减排工作的经验教训，并参照其他行业的模式，确定在同类技术内才能进行比对的原则，将需要解决的问题按照技术分为生产性技术、资源和能源回收利用技术、污染物治理控制技术 3 大类，每一类技术提出以资源、能源消耗和利用指标，污染物排放指标，经济成本指标和技术参数指标等 4 方面为一级指标，在此基础上结合技术类型，提出更具体表述一级指标的二级指标组合，形成一个代表现阶段水平，能够对技术进行完整环境—技术—经济效益评估的指标体系。

（3）形成了味精工业污染防治最佳可行技术清单

项目组通过资料调研、实地考察及现场监测，按照全国味精原料结构、工艺路线、产量分布格局，将全国味精生产企业（共有 40 余家）主要分为三种形式进行味精生产：①全过程生产：从淀粉加工、制糖、发酵到精制成味精；②前段生产：淀粉加工、制糖、发酵生产谷氨酸；③后段生产：购买谷氨酸精制成味精。通过函调、现场调研、小型工艺试验数据验证、专家多轮分别评审，提出一份包含生产性技术、资源、能源回收利用技术、污染物治理控制技术的 30 项技术的备选清单；建立了结合层次分析法和专家评估法的技术评估模型，并开发了软件系统，对技术综合评估后进行比对排序，将 30 项技术按照分值分为四个层级：大力推广（0.75～1.0），建议推广（0.5～0.75），逐步淘汰（0.25～0.5），淘汰（0～0.25）。经实验室研究和企业验证最后从中优选出由 14 项污染防治和污染物减排技术组成的味精工业污染防治最佳可行技术清单组合（图 1），可实现味精生产过程最大污染减排，并可满足《味精工业污染物排放标准》（GB 19431—2004）的要求，其中废水排放指标达到《味精工业水污染物排放标准》（2008 送审稿）的要求。并完成了《味精工业污染防治最佳可行技术指南》和《味精工业污染防治技术政策》的编制。

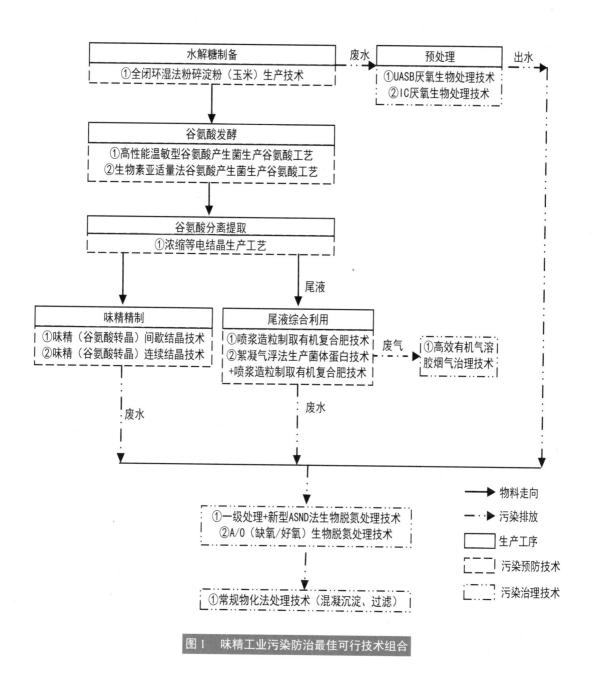

图1 味精工业污染防治最佳可行技术组合

（4）预测分析了味精工业污染减排潜力并形成技术推广模式

根据产业发展趋势和国家环境容量和污染减排目标，预测了本项目提出的味精工业污染防治最佳可行技术推广速度和广度，进而预测在可见的未来可获得的国家约束性污染指标的减排量。采用味精工业最佳可行技术的污染物治理控制技术，预测"十二五"

末理论最大减排和实际可能减排量分别为：废水减排 1 189 万 t 和 683.7 万 t，COD 减排 19.62 万 t 和 13.26 万 t，氨氮减排 1.713 万 t 和 0.862 万 t，气溶胶烟气减排分别为 142.6 万 t 和 110.2 万 t。形成了从建立技术评估指标体系，进而建立技术评估模型和方法，最终形成《味精工业污染防治最佳可行技术指南》和《味精工业污染防治技术政策》的技术推广模式。

4 成果应用

（1）北京工商大学作为主持单位积极参与了《味精工业污染防治最佳可行技术指南（征求意见稿）》的编制，项目研究成果在编制过程中得到应用。

（2）北京工商大学作为参加单位积极参与了《味精工业废水治理工程技术规范》（HJ 2030—2013）编制和论证，项目研究成果在编制修改过程中得到应用和采纳。

（3）本项目筛选出味精工业污染防治最佳可行技术共 14 项，技术选择科学合理，之间相辅相成，可分别设计或串联组合应用，并给出实际应用案例，适用于目前味精工业最主流原料和产品，可以大大提升味精工业环境管理水平和味精企业清洁生产水平。

5 管理建议

（1）本项目按照减排技术实施预测和产业预测得到的减排潜力分析和投入预测，有助于企业和行业管理层进一步加大味精工业污染防治最佳可行技术经费投入，建议政府加大相应政策和资金的支持力度，激励味精企业尽快落实实施。

（2）味精和柠檬酸工业是生物发酵的两大主要工业，也是污染减排的重点，建议在味精工业污染减排技术筛选及评估的基础上，尽快立项实施柠檬酸工业污染减排技术筛选与评估工作，为整个生物发酵产业的污染减排提供环境管理支撑。

（3）技术指标体系和技术评估模型是各行业污染减排技术筛选与评估的关键，建议从国家环境管理的更高角度形成相对统一的指标体系和评估模式，并建立跨行业的技术评估软件系统，为更多行业尽快实施污染减排技术筛选和评估提供方法和手段支持。

（4）建议进一步完善味精工业污染防治和污染物减排技术层次分析法评估模型和评估软件系统，将其用于各味精企业的污染防治和污染物减排预测，有助于提高环境影响评价和环境管理工作水平。

6 专家点评

该项目研究总结了味精工业污染防治技术现状与发展趋势，建立了环境—技术—经济效益评价的二级指标体系，提出了一份包含 30 项技术的备选清单，建立了层次分析法与专家评估法相结合的技术评估模型，并研发了评估软件系统，采用模型和实验验证优选出 14 项味精工业污染防治最佳可行技术清单，并编制了《味精工业污染防治最佳可行技术指南》和《味精工业污染防治技术政策》文本，预测了味精工业污染减排潜力及投资分析。项目研究成果在《味精工业废水治理工程技术规范》编制和讨论、《味精工业污染防治最佳可行技术指南（征求意见稿）》的编制工作中得到应用，对于味精工业环境管理水平和味精企业清洁生产水平的提升具有重要的参考价值和技术支撑作用。

项目承担单位：北京工商大学、北京轻发生物技术中心、山东菱花味精股份有限公司、
　　　　　　　河南莲花味精股份有限公司
项目负责人：汪苹

黄姜皂素行业污染防治技术评估及最佳工艺确定研究

1 研究背景

黄姜的加工利用主要是提取含量仅占2%的皂素，而占98%的淀粉、纤维素、木质素、单宁酸等物质被丢弃或随生产废水流失，造成严重的水污染，已成为南水北调中线工程水源区亟待解决的重大问题。因此，对现有黄姜皂素清洁生产技术及末端污染防治技术进行评估、筛选，引导企业选用最佳可行技术，改善现有黄姜的加工工艺现状，在确保农民增收的同时，解决地方经济与环境日益突出的矛盾，清除南水北调中线工程水源区的重大隐患具有重要意义。

环境技术评估是实施环境技术管理的重要手段，客观、科学、公正、透明的评价制度可用于评估各类环境技术在预防、检测、控制和减少环境污染等方面的能力和效果，最终为潜在技术购买者进行选择和决策时提供可靠的信息。目前已实际应用的黄姜皂素生产工艺的资源和能源的利用效率、适用范围和使用条件存在很大差异，我国还没有这些工艺的评价系统和技术指南。

本项目针对目前黄姜皂素行业污染的严峻形势，面向污染源头控制、总量削减、达标排放和改善生态环境等环节的关键技术需求，主要目标是对黄姜皂素污染防治技术进行调研、评估、筛选，建立一套完整的黄姜皂素行业污染防治技术评估方法体系；确定最佳实用技术和系统工艺，提出黄姜皂素行业污染防治最佳可行技术指南，并进行验证，推广应用；为我国黄姜皂素行业工艺技术、环保技术的配套、国家政策及技术规范的制定提供保障及可靠的技术支撑。

2 研究内容

本项目对我国黄姜皂素行业排污现状和生产与处理工艺进行全面调研，在此基础上重点研究黄姜皂素行业污染物排放达标、运行费用较低、环境和经济效益明显的综合防治技术，形成污染防治技术评估方法体系，提出最佳可行技术与工艺，建立黄姜皂素行业污染防治技术数据库，构建信息数据库平台。主要研究内容包括：

（1）黄姜皂素行业污染特征识别和污染防治技术现状调研；

（2）黄姜皂素行业污染防治技术评估方法研究；

（3）黄姜皂素行业污染防治技术评估；

（4）黄姜皂素行业污染防治最佳技术指南与咨询服务平台。

3　研究成果

（1）明确了黄姜皂素行业污染特征和污染防治技术现状

皂素是一种重要医药化工原料。近年来国际上对皂素的年需求量在 3 000 t 左右，中国是皂素生产的主要产地，约占世界产量的 90%。然而皂素生产过程中产生的废水有机污染物浓度高、盐分高、酸度高、色度大、水量大，污染极其严重。自 2007 年起，湖北、陕西两省对黄姜加工、皂素生产强制实施全面关停。同时，在以清洁生产推动行业改造，解决黄姜皂素污染问题达成共识的基础上，有条件的少数厂家开展清洁生产和污染治理技术攻关和示范项目建设，其中部分企业研发成功清洁生产新工艺，取得了源头治理、污染减排的实际成效。

项目实施以来，对湖北、陕西目前正在进行生产或试生产的企业进行了现场调查，包括：秦岭中地生物科技有限公司、竹溪创艺皂素有限公司、丹江口鑫隆皂素有限公司、十堰市元康药业有限公司、竹山县溢水镇鑫源皂素有限责任公司、十堰市赟天生物科技发展有限公司、陕西省山阳县金川封幸化工有限责任公司、黄石芳通药业股份有限公司，调查的内容包括：企业生产能力、生产工艺、污水产生及处理工艺现状等。确定已形成的具有代表性的黄姜皂素清洁生产工艺有："直接分离"、"微波破壁—化学溶剂提取"、"生物酶解淀粉的糖液分离"三种技术。

（2）建立了黄姜皂素行业污染过程控制技术及末端治理技术的最佳可行技术评估指标体系，完成现场评估

评估指标体系全面概括了工艺情况，以实行清洁生产、优化黄姜皂素生产工艺、提高环境质量作为总目标，建立资源能源指标、污染物产生指标、环境指标、经济效益四个指标组成的准则层，每个准则层下又各自设立三个子指标，共同形成指标层。

针对废水末端治理技术，选择污染物排放、经济成本、技术成熟度作为一级指标。通过污染物排放、技术成熟度两项指标体现出工艺选择的合理性，通过经济成本指标体现出工艺应用的经济性；通过污染物排放、经济成本两项指标对工艺进行定量评估，通过技术成熟度进行定性评估。

完成了对秦岭中地（直接分离工艺）、竹溪创艺（液化—糖化—膜分离工艺）、丹江口鑫隆（直接分离工艺及老工艺）、黄石芳通（微波破壁—萃取工艺）和陕西金川封幸公司（直接分离法）5 个公司的现场评估。

（3）评估了黄姜皂素行业污染防治技术，确定最佳可行技术

利用层次分析—灰色关联分析法评价了 6 种黄姜皂素生产工艺。用层次分析法确定各项指标的权重，在 12 项指标中，水耗系数、废水产生指标、酸耗系数排在前三位，对评价结果影响较大。综合考虑各项指标，微波破壁—甲醇提取法为最优工艺，其后依次为直接分离法、直接分离—板框压滤法、糖化—膜分离回收法。将此几种工艺列入最佳可行技术。

属性综合评价法可用于环境技术评估，运用此方法评估黄姜皂素废水处理工艺，中和 / 沉淀—兼有脱硫功能的两相厌氧—固定化微生物—曝气生物滤池（GBAF）工艺得分最高，石灰中和—二级 UASB—二级接触氧化工艺次之，内电解—三段式两相厌氧—生物接触氧化—催化氧化脱色处理工艺排第三，电化学—UASB—接触氧化—生物过滤工艺与 EGSB—A/O—生物接触氧化工艺得分较低，但基本可满足达标排放要求。将此几种工艺全部列入最佳可行技术。

（4）建立了黄姜皂素行业污染防治技术咨询服务平台

建立了黄姜皂素行业污染防治技术咨询服务平台，该平台包括该项目实施过程中产生的一系列研究成果，主要包括：①行业污染物排放特征、治理工艺、设备运行及发展趋势调研报告；②污染物产生环节及污染防治技术数据库；③黄姜皂素行业污染防治技术评估指标体系；④污染防治优选技术数据库；⑤近期和远期控制黄姜皂素污染的政策、管理以及相关规范建议等。

通过上述研究，项目申请发明专利 3 项，发表中文核心论文及中国环境科学学会会议论文各 1 篇。

4 成果应用

（1）向环境保护部提交《黄姜皂素污染防治最佳可行技术指南》，将对该行业的污染防治产生良好的促进作用。

（2）向环境保护部提交《黄姜皂素污染防治最佳可行技术指南》编制说明，详细阐明了最佳可行技术确定过程，将对最佳可行技术的编制及应用产生积极作用。

5 管理建议

（1）将黄姜及黄姜皂素作为一项战略资源加以保护。黄姜皂素在医药生产上具有重要价值，与世界其他国家相比，我国黄姜产量最大。我国的黄姜皂素大量出口，实际上是以资源环境为代价换取外汇。随着我国经济实力的逐步增强，建议国家限制黄姜及黄姜皂素的出口，将这一宝贵资源加以保护。

（2）加大研发、推广清洁生产工艺。相对于传统工艺（直接酸水解法与自然发酵 -

酸水解法），清洁生产工艺从回收资源和污染减排着手，取得了较好的经济效益和环境效益。进一步改进和推广清洁生产工艺是污染防治从末端治理转向生产全过程控制的重要措施。

（3）加强环保科研单位与企业的积极合作，对污染治理进行联合攻关，明确产业技术发展方向，解决产业共性技术问题，加快成熟技术推广应用速度。进一步加强生产工艺的基础研究，减少废水产生量，减轻后续废水处理负荷。加快该行业的资源综合利用，杜绝资源浪费，对副产品，如淀粉、纤维渣料等的利用进行研究。

（4）科学规划，合理布局。政府要对黄姜产业发展制定科学规划，合理布局，改变现在黄姜生产企业小、散、乱、多的局面。各地政府部门要对生产加工企业进行宏观引导，促进小企业的联合重组。通过联合重组，按照集中的种植区域规划几个核心厂，增强企业抗击市场风险、治污的能力，避免各企业为抢资源哄抬姜价、为销售压低售价的无序竞争。

6　专家点评

该项目研究过程中综合运用环境管理、环境工程、环境政策等多学科交叉的研究手段，采用方法研究与现场实证评估相结合的模式，基于黄姜皂素行业污染防治技术的现状分析与评价，建立了该行业过程污染控制及废水末端治理最佳可行技术评估指标体系，筛选评估出了最佳可行技术。项目研究成果已上报环境保护部。该项目提出的黄姜皂素行业最佳可行技术的评价结果可为黄姜皂素行业的健康发展、水污染防治等方面提供一定依据，有利于环境保护部门的环境监管，有利于发展当地经济、提高农民收入，对南水北调中线水源区的污染防治具有重要意义。

项目承担单位：中国科学院生态环境研究中心、清华大学、湖北省环境科学研究院
项目负责人：刘会娟

马铃薯淀粉废水综合利用及污染物减排关键技术研究

1　研究背景

我国马铃薯主产区和加工区大都集中在欠发达地区。马铃薯淀粉生产加工主要在冬季，属于季节性生产行业。与玉米淀粉行业相比，马铃薯淀粉行业生产粗放、综合利用率低、排污量大。马铃薯淀粉生产过程产生大量的工业废水，受废水性质、气候与季节性生产等的影响，工业废水末端治理难度大、成本高，很多企业未能实现达标排放。马铃薯淀粉废水中的污染物主要来源于马铃薯原料中的蛋白质、糖类等有机物，易腐败发酵产生恶臭，直接排放易造成水体富营养化。废水的合理处置是我国马铃薯淀粉行业目前迫切需要解决的问题。本项目旨在在全方位考察行业污染防治现状、深入探讨源头减排综合利用技术的基础上，从技术政策研究与应用技术开发两大方面寻求行业污染防治、排放控制的有效解决方案。

马铃薯淀粉行业企业规模小、污染防治技术与研究基础比较薄弱。通过系统调研了解行业实际情况、收集甄选推荐行业污染防治与资源化利用技术方法、提出适合国情的技术政策建议是引导行业解决污染问题的主要手段。

马铃薯淀粉加工是物理过程且无化学添加，废水中的污染物来源于马铃薯原料中的营养成分，存在回收利用价值。因此，项目组将废水再资源化利用实现源头减排的应用技术开发，列为本项目的重点研究方向之一。选择了投资少、见效快的絮凝气浮技术、加工条件温和且能够保持有机组分原有活性的膜分离技术、渣水同步消纳的发酵制备菌体蛋白技术，将废水有机物回收利用与源头减排二者有机结合，以实现经济效益及环境效益的双赢。

2　研究内容

（1）马铃薯淀粉行业水污染防治与资源化利用现状和技术政策研究

1）调查马铃薯淀粉行业污染防治与副产物资源化利用现状。

2）收集国内外行业污染防治与副产物资源化利用技术。

3）研究提出适合国情的马铃薯淀粉行业污染防治与副产物资源化利用技术方法与政

策建议。

（2）马铃薯淀粉行业水污染防治与资源化利用技术开发与研究，实现化学需氧量
（COD）削减 50%

1）絮凝气浮法分离回收高浓度工艺废水中有机物的技术开发，完成 1 000m³/d 工程
化验证。

2）高浓度工艺废水回收精制马铃薯蛋白技术开发，回收高值马铃薯蛋白。

3）高浓度工艺废水制备菌体蛋白技术开发，渣水混合发酵制备饲料配料。

4）马铃薯淀粉废水农业利用技术研究与环境影响评估，监测废水农业利用对土壤、
作物、地下水、环境空气的影响。

3　研究成果

（1）现状和技术政策研究成果

项目组完成了对国内 4 大产区的调研和欧洲考察，了解了国内外马铃薯淀粉行业污
染防治和废水资源化利用技术、装备、政策情况，编写了《马铃薯淀粉制造业调研报告》
和《马铃薯淀粉制造行业污染防治与资源化利用技术政策建议》。通过对国内外相关技
术收集、筛选和甄别，推荐 3 类技术方案：

1）高浓工艺废水再资源化利用的技术方案：采用絮凝气浮处理技术分离马铃薯细胞
水中有机物，投资少、污染物去除率高；采用膜分离技术分离获取具有生理活性的马铃
薯蛋白，开发高附加值的下游产品；采用废水、废渣混合生料发酵工艺制备蛋白饲料，
同时消纳高浓度废水和废渣；采用酸热凝絮技术分离汁水中的马铃薯粗蛋白，降低废水
COD；采用带反渗透预浓缩的蛋白热絮凝工艺，并对回收马铃薯蛋白后的马铃薯汁液进
行浓缩，浓缩物复配液体肥料或与豆壳混合后干燥制备颗粒饲料。

2）废水末端治理与综合利用的技术方案：采用"絮凝气浮 + 厌氧 + 好氧"处理技术，
降低生物处理负荷；采用带超滤膜生物反应器的好氧工艺处理，将超滤膜生物反应器流
出的废水进行反渗透处理，透过液可作为清洗水回用于生产，截留液用作液体肥料；将
回收马铃薯蛋白后的废水先进行两段厌氧发酵生产沼气，厌氧处理后的废水采用附带超
滤膜生物反应器的好氧工艺处理，废水可实现达标排放。

3）生产过程减排和清洁生产方案：严格控制原料验收质量、设置良好的原料贮存技
术，使原料损失率小于 5%；采用预干洗技术、原料清洗水和输送水循环利用技术，使清
洗水消耗量小于 1t/t 原料；采用高效浓缩旋流器和洗涤旋流器、洗涤精制旋流站溢流水
循环技术，使淀粉提取工序水耗小于 8t/t 淀粉。

建议尽快制定马铃薯淀粉行业的准入政策和产业政策，淘汰落后产能，取缔马铃薯
加工能力小于每小时 30t 的生产企业；制定行业清洁生产标准，推动清洁生产的全面开

展；推广实施高浓工艺废水再资源化利用技术、淀粉废水末端治理与综合利用的技术、生产过程减排和清洁生产技术；加强环境安全监测，在保障环境安全的大前提下，鼓励开展废水农业利用的循环经济试点研究。

（2）应用技术开发与研究成果

进行了絮凝气浮处理高浓度细胞水的小试和工程化验证。在宁夏佳立生物科技有限公司建成了 1 000m³/d 的絮凝气浮整套中试装置，并已运行 2 年，得出了絮凝气浮处理高浓度细胞水的最优技术路线、工艺参数及示范验证结果，COD 削减率达 50% 以上，大幅度降低了末端治理的负荷。

完成了膜法回收马铃薯汁水蛋白的中试研究，浓缩蛋白液经喷雾干燥得到了马铃薯蛋白粉。采用离子交换法成功地从粗蛋白中分离出蛋白酶抑制剂和 Patatin，且分离结果稳定、重复性好。还首次发现了马铃薯蛋白的减肥和抑制肿瘤细胞的功能性。研究结果为回收蛋白找到了很好的出口，使开发高值下游产品成为可能。

开展了废水、废渣混合发酵生产高蛋白饲料的中试研究。筛选出了一株用于饲料发酵、产蛋白高且降 COD 效果好的优良菌株；形成了生料发酵的技术方案。废水的 COD 降低了 50% 以上。

项目组在固原地区开展了马铃薯淀粉废水农业灌溉利用，两年来获取了大量环境和作物监测数据，编制了《马铃薯淀粉加工废水灌溉农田技术规范》，总结归纳了适时、适地、适量、适作物的"四个适应"原则与方法，考察了废水灌溉对土壤理化性状、作物生长发育及产量品质、灌溉区地下水水质、灌溉区域环境空气的"四个影响"。结果显示，在符合"四个适应"要求时，农作物品质未发生变化，实现增产增收，且未对当地环境造成不良影响。成果为进一步深入开展马铃薯淀粉废水农业利用的环境影响研究奠定了基础，根据行业现状建议将淀粉废水浓缩处理，配成标准液肥后再进行农田利用，将环境风险降至最低。

项目发表 SCI 源论文 1 篇，核心期刊论文 3 篇，申报国家发明专利 1 项，行业会议主题发言 2 次。

4 成果应用

马铃薯淀粉行业水污染防治与再资源化利用的现状调研和技术政策研究内容是直接为环境管理提供技术服务的。《马铃薯淀粉制造业污染防治和资源化利用调研报告》可帮助环境管理部门全面了解国内外行业污染防治情况；《我国马铃薯淀粉行业水污染防治与资源化利用技术政策建议》是根据我国国情和行业存在问题，从保护环境和促进行业可持续发展的角度出发，提出的技术对策，可为环境管理部门和行业管理部门出台相关政策提供参考，亦可为行业企业推广清洁生产、实现源头减排提供技术路线。

　　本项目应用技术成果如果能够在马铃薯淀粉行业大多数企业推广应用，不仅能够显著降低进入末端治理设施的污染物浓度，实现源头减排，给马铃薯淀粉生产相对集中的区域环境改善带来良好的影响，回收高值蛋白质还能带来很好的经济效益；在保障生态环境安全的大前提下，逐渐形成和完善科学的废水农业利用技术，可对土地贫瘠、缺水少肥地区的种植业带来经济效益。

5　管理建议

（1）尽快制定马铃薯淀粉行业的准入条件和产业政策

　　我国马铃薯淀粉行业目前尚没有行业准入政策。建议尽快制定马铃薯淀粉生产行业准入条件，加快建立新建项目与污染减排、淘汰落后产能相衔接的审批机制，落实产能等量或减量置换制度。从加工规模、清洁生产水平、废水治理程度等方面严格审视并要求现有企业生产、新建和改扩建的马铃薯淀粉生产项目符合可持续发展模式，坚决淘汰落后产能，淘汰高消耗低产出、"三废"治理不力的企业，优化产业结构，促进节能减排，推动技术进步。支持有资源、技术和资金优势的大型企业开展规模化的废水废渣再资源化利用生产实践，实现源头减排，削减污染物产生量。

　　产业政策上要支持我国马铃薯规模化种植，加强马铃薯种植和加工的区域规划，特别是鼓励培育种植淀粉加工专用马铃薯品种，满足加工对原料的品质需求，降低马铃薯淀粉生产单耗和废水产生量；完善主要马铃薯产区的马铃薯储运设施建设，适度发展和推广马铃薯原料长期仓储技术和设备，降低马铃薯原料的损耗，延长马铃薯淀粉的生产期。这些工作是实现源头减排的基础。

（2）尽快制定马铃薯淀粉行业清洁生产标准，引导行业全面开展清洁生产审核工作

　　随着资源环境约束日益强化，运用新技术、新工艺、新材料、新装备推动马铃薯加工业实现节能减排、资源综合利用的要求不断提高，加快转变发展方式尤为迫切。坚持可持续发展和循环经济的理念，大力发展马铃薯淀粉加工清洁生产技术与装备，提高原料的出品率及综合利用率，确保污染物排放和节能降耗达到国家相关标准要求。提高资源利用率，加快开发马铃薯加工副产物综合利用技术，加快绿色环保、资源循环利用等先进实用技术和装备的研发和推广，促进行业可持续发展。

　　我国马铃薯淀粉行业目前尚没有行业清洁生产标准。清洁生产标准的制定和执行有利于全面推动节能、降耗、减排以及污染物防治工作；有利于提升行业的整体清洁生产水平；有利于加强政府对行业的监管；有利于淘汰行业落后产能；有利于政策性引导马铃薯淀粉制造行业健康可持续发展。

（3）推荐马铃薯淀粉高浓工艺废水再资源化利用的技术方案

　　马铃薯淀粉加工是物理过程且无化学添加，废水中的污染物来源于马铃薯原料中的

有机营养成分，回收利用有机组分的同时，可实现源头减排。马铃薯淀粉高浓工艺废水是指生产过程分离出来的马铃薯细胞水，其富含优质马铃薯蛋白，是废水 COD 的主要来源。推荐以下可实现源头减排 50% 以上的废水资源化利用技术方案：

1）采用絮凝气浮处理技术分离马铃薯细胞水中有机物，相对而言投资少、污染物去除率高，但应确保化学絮凝剂安全性，并进一步开发更加安全的生物絮凝剂、天然植物絮凝剂；

2）采用处理条件相对温和膜分离技术，从马铃薯细胞水中分离获取具有生理活性的功能性马铃薯蛋白，可开发高附加值的下游产品，实现经济效益和环境效益的共赢；

3）采用废水、废渣混合生料发酵工艺制备高蛋白饲料，以较低的加工成本实现减排和蛋白分离，并同时消纳高浓度废水和废渣；

4）采用低成本的酸热凝絮技术分离汁水中的马铃薯粗蛋白，大幅度降低废水 COD，但要避免酸性溶液的二次污染；

5）采用带反渗透预浓缩的蛋白热絮凝工艺，并对回收马铃薯蛋白后的马铃薯汁液进行浓缩。浓缩物与豆壳混合后干燥制备颗粒饲料产品，或用浓缩液复配液体肥料。反渗透膜的透过液和蒸发浓缩的二次蒸汽冷凝水进一步处理后回用于淀粉生产过程。

（4）推荐马铃薯淀粉废水末端治理与综合利用的技术方案

1）采用"絮凝气浮 + 厌氧 + 好氧"处理技术，降低生物处理负荷，提高 COD 去除率；

2）采用带超滤膜生物反应器的好氧工艺处理，将超滤膜生物反应器流出的废水进行反渗透处理，透过液可回用作马铃薯淀粉生产的工艺清洗水，截留液用作液体肥料；

3）将回收马铃薯蛋白后的废水先进行两段厌氧发酵生产沼气，沼气的能量用于废水站和淀粉生产车间，厌氧处理后的废水 COD 降到 4 000mg/L 后再进一步采用附带超滤膜生物反应器的好氧工艺处理，处理后的废水可实现达标排放。

（5）推荐生产过程减排和清洁生产方案

1）严格控制原料验收质量、设置良好的原料贮存技术，使原料损失率小于 5%；

2）采用预干洗技术、原料清洗水和输送水循环利用技术，使清洗水消耗量小于 1t/t 原料；

3）采用高效浓缩旋流器和洗涤旋流器、洗涤精制旋流站溢流水循环技术，使淀粉提取工序水耗小于 8t/t 淀粉。

（6）支持科技创新，制定环保奖惩政策

支持马铃薯淀粉生产污染防治和废水再资源化的科技创新和技术改造，增加科技投入，支持马铃薯淀粉企业开展污染防治和废水、废渣再资源化利用的研究和产业化实施，支持重大关键技术和设备的研发，支持自主知识产权技术的开发和应用推广，推动马铃薯淀粉制造行业源头减排与副产物再资源化利用技术的产业化进程。

制定针对马铃薯淀粉制造业污染物减排和副产物再利用的经费资助与扶持政策，如出台节能环保补贴、副产物综合利用工程补贴等资金奖励办法，制定鼓励发展副产物再资源化利用等扶持政策。同时加快建立退出机制，明确淘汰标准，量化淘汰指标，坚决淘汰落后产能，强制性要求马铃薯加工企业建立与加工规模相适应的污水处理和综合利用基础设施。

（7）加强环境安全监测，在保障环境安全的大前提下，鼓励开展马铃薯淀粉废水农业利用的循环经济试点研究

马铃薯淀粉废水农业综合利用在欧盟部分国家被持续应用、部分国家则被禁止使用。我国西部和北方部分地区也有多年的应用实践，成功经验与失败教训并存。关键在于要摸清污染物对环境及生态的长期影响规律，采用科学规范的技术方法，建立配备完善系统的环境监控体系和管理措施。

建议尽快制定马铃薯淀粉行业的准入政策和产业政策，淘汰落后产能，取缔马铃薯加工能力小于每小时 30t 的生产企业；开展马铃薯淀粉行业清洁生产标准制定工作，推动行业全面开展清洁生产；推广实施马铃薯淀粉高浓工艺废水再资源化利用源头减排技术、马铃薯淀粉废水末端治理与回用技术、生产过程污染预防和清洁生产技术；加强环境安全监测，在保障环境安全的大前提下，鼓励开展马铃薯淀粉废水农业利用的循环经济试点研究。

6　专家点评

该项目全方位多角度考察了马铃薯行业污染防治与副产物再资源化利用的国内外技术现状。通过对国内外相关技术方法的收集筛选和甄别，从 3 个方面分别提出了马铃薯淀粉高浓度工艺废水再资源化利用的技术方案、马铃薯淀粉废水末端治理与综合利用的技术方案、生产过程减排和清洁生产方案，研究成果对于行业开展污染防治工作具有重要的引导意义。

该项目开发了絮凝气浮法分离有机物、膜法回收精制马铃薯蛋白、渣水混合发酵制备菌体蛋白 3 项高浓废水综合利用与源头减排技术，这些针对马铃薯淀粉废水综合利用及污染物减排所提出的关键技术实用性较强，可以成为马铃薯淀粉行业推广实施的技术方法。

该项目在固原地区监测了马铃薯淀粉加工废水农业利用的环境影响，得出的数据经验可为进一步研究提供参考。

项目承担单位：中国食品发酵工业研究院、固原市环境科学研究院
项目负责人：刘凌

皮革、毛皮加工行业污染防治技术筛选方法及指标体系研究

1 研究背景

皮革、毛皮工业是我国轻工行业中最为重要的工业部门之一，我国目前已成为世界皮革和毛皮工业的加工中心和贸易中心。但是，在创造辉煌的同时，皮革、毛皮加工工业也是我国污染较大的工业部门之一，年排放废水1亿多t、化学需氧量（COD）20多万t、悬浮物15万t、固体废弃物100多万t。我国皮革、毛皮工业的发展正在面临严峻的考验。

为了减少传统皮革和毛皮生产技术对环境的污染，国内外研究机构开发出了一系列的清洁生产技术，但目前大部分清洁生产技术都未能在生产中得到有效利用。一方面原因是目前所谓的清洁生产技术过于繁多，大多是一些清洁效果有限、成本高且对产品质量有影响的技术，缺乏真正意义上的清洁生产技术；另一方面原因是污染严重的企业大多是中小企业，缺乏技术力量开发污染综合防治技术，而且技术信息渠道比较有限，限制了污染综合防治技术在广大企业中的推广应用。

本项目通过分析污染综合防治的技术需求，收集污染综合防治技术，通过对各类技术进行客观评估和对比筛选，建立污染综合防治技术筛选方法及指标评估体系，建立皮革行业污染防治技术体系和技术信息数据库，并进行污染综合防治技术培训和推广应用，有利于推动国家清洁生产和循环经济战略的实施，对减少我国环境污染和改善工作及生活环境具有积极的意义。本项目的开展，有利于完善制革行业环境技术管理体系，实施环境管理从结果管理到全过程管理的转变。

2 研究内容

（1）考察典型皮革和毛皮生产企业，确定污染物的种类和污染量，提出相应的皮革和毛皮行业污染综合防治技术需求。

（2）收集国内外现有各工序的清洁生产技术、固体废弃物综合利用技术和废水回用技术等，建立污染综合防治技术筛选方法及指标评估体系。

（3）对各项污染综合防治技术进行技术经济性的评估，明确不同污染防治技术的技术经济性。

（4）根据实验对比的考核结果，建立皮革、毛皮加工行业污染综合防治技术体系和技术信息数据库，形成污染综合防治技术政策、技术指南及最佳技术方案。

（5）推广应用污染综合防治技术体系和技术信息数据库，对污染综合防治技术体系的效果进行验证。

（6）为企业培训熟练掌握污染综合防治技术体系的技术人员。

3 研究成果

（1）建立了皮革、毛皮加工行业污染综合防治技术筛选方法和指标评估体系，提供了皮革、毛皮加工行业污染综合防治技术体系和行业清洁生产模式

通过对皮革、毛皮加工行业专家进行咨询、文献检索和企业调查等方法，收集了国内外现有的各类污染综合防治技术，并选取了工业化程度较高的污染综合防治技术，对技术进行了对比和评估。通过专家打分、对资料分析、实验结果分析和企业需求咨询等方法，确定了污染综合防治技术筛选方法及指标评估体系。该指标评估体系包括定量评估和定性评估指标两部分，每部分分为一级评估指标和二级评估指标两个层次。一级评估指标是指具有普适性、概括性的指标，二级评估指标是一级评价指标之下，代表皮革、毛皮加工行业污染防治技术生产特点的、具体的、可操作可验证的若干指标。该指标体系使用层次分析法确定各指标体系的权重值，对参选污染防治技术定性指标采取专家打分制（1～5分），对定量指标收集到的各技术的相关数据，进行审核，各指标取代数平均后，进行赋值转换（转换成1～5分值）。给筛选方法及指标体系给出了评价指标考核评分计算方法。

（2）完成了《皮革、毛皮加工行业污染综合防治技术需求报告》、《皮革行业污染综合防治技术经济性评估报告》

针对不同的研究目标设计了各有侧重的调研问卷：分为企业调研简表和企业调研详表，企业函调主要采用简表。企业实地调研主要采用详表。项目组已完成了对晋江兴业皮革有限公司、福建冠兴皮革有限公司、桐乡市恒润皮草有限公司等72家皮革和毛皮生产的典型企业的调研工作（包括函调、实地调研两种调研方式），整理了企业调研表，全面分析了皮革和毛皮生产中各工序的污染情况，确定了污染物的种类和污染量，分析了企业对综合污染防治技术的需求并得出了结论。

另外，通过对企业的调研，全面了解目前皮革、毛皮加工行业污染综合防治技术推广困难的原因，确切了解企业的污染综合防治技术需求。通过向企业介绍实施污染综合防治技术的优势，大多数企业改变了原来的看法，都愿意采用污染综合防治技术。通过文献调研，确定了以技术成本效益分析方法作为污染综合防治技术定量评估的基础方法。探讨了技术成本效益分析方法在污染防治技术评估中的应用，通过对环境效益和平均年

度经营成本计算，得出技术的收益率，从而对污染防治技术方案中提到的技术进行技术经济性评估，得出了污染综合防治技术的技术经济性评估报告。

（3）完成了《皮革、毛皮加工行业污染防治技术政策》和最佳技术方案文本及其编制工作报告、行业清洁生产模式

在该技术体系中，给出了污染防治技术的详细技术方案和应用效果特征，协调了体系中各个污染防治技术之间的平衡关系，克服了单个污染综合防治技术应用效果差、对产品质量有影响的缺点。通过建立皮革、毛皮加工行业污染防治技术筛选方法及指标体系，对国内外众多的污染防治技术进行收集和评估，形成了"制革企业清洁生产技术模式"，并进行了印制和宣传工作。对所有参选技术根据相关实验结果分析和企业调查问卷得出的相关数据，通过制定的筛选方法及指标评估体系进行筛选，确定了皮革、毛皮加工行业污染防治可行技术方案。通过该筛选方法获得的污染防治技术最佳可行技术适合工业化推广、容易被企业接受。

（4）开发了"皮革、毛皮加工行业污染综合防治技术信息管理系统"

使用 BaseClass、Vs.net 2003 开发平台开发了"皮革、毛皮加工行业污染综合防治技术信息管理系统"。该信息系统的建立可以实现筛选指标的实时更新、对污染防治技术实施程序评估。

（5）建立了"皮革、毛皮行业清洁生产技术服务平台"网站（www.leathercleantech.net）

该网站的建立可以更好地推广皮革、毛皮行业的清洁生产技术，使更多的企业从中受益。

4 成果应用

（1）在皮革和毛皮企业中推广应用皮革、毛皮行业污染综合防治指标评估体系、技术体系和最佳技术方案。在 11 家企业建立了示范工程，还有 5 家企业正在建设中，另外，项目承担单位已在辛集制革园区建成了 2 条废弃物综合利用的生产线。见图 1、图 2。

图 1 铬泥生产再生铬鞣剂生产线

图2　再生纤维革生产线

（2）向环境保护部提交《皮革、毛皮加工行业污染防治技术政策（建议稿）》，为技术政策的修订工作提供了很好的理论支撑。

（3）依托于项目研究成果，项目承担单位完成了《皮革、毛皮加工行业污染防治最佳可行技术指南（征求意见稿）》。

5　管理建议

（1）严格环境执法，加大对制革企业的环境监督管理，抑制比拼成本的竞争，使"地方保护主义"无处藏身。尽快完善制革、毛皮环保政策法规，并切实在全国范围内统一严格执行，使制革污染防治费用成为所有企业必须支付的成本。

（2）在政策上鼓励企业提升技术水平、提高产品价值、创造品牌产品，降低污染防治费用在产值中的比重。

（3）推行废水专业化集中处理模式。鼓励建立企业初级治理、园区专业治理、城市污水处理厂综合治理的三级污水治理结构。应充分发挥现有皮革制造、加工基地的集中发展优势，通过专家设计、专门处理、专业管理，集中处理制革污水，确保达标排放。

（4）完善排污收费政策，环保政策应鼓励清洁生产、循环经济项目和技术，重点支持清洁生产项目、循环利用技术等的示范和推广。

（5）加快皮革及毛皮加工工业排放标准的制定；尽快出台行业政策、污染防治技术指南。

（6）对制革等污染企业实行严格的环境准入。

（7）建立服务于全行业的清洁技术研发平台。整合国内的研发力量，通过产、学、研结合，建立服务于全行业的皮革工业清洁技术研发平台（如国家工程中心、行业技术平台等），源源不断地为我国皮革产业开发提供具有自主知识产权的清洁生产关键技术，不断提高行业的污染防治能力和持续创新能力。

（8）推行有效的环境成本管理（EoCM）方法。通过环境成本管理的推广可以使企业更直观地意识到节约能源、化工材料，节约用水，减少污染物排放等对企业效益的提升作用，从而提高企业的环保意识。

6 专家点评

该项目建立了皮革、毛皮加工行业污染综合防治技术筛选方法和指标评估体系，开发了"皮革、毛皮加工行业污染综合防治技术信息管理系统"，提出了皮革、毛皮加工行业污染防治最佳技术方案及行业清洁生产模式，编制了《皮革、毛皮加工行业污染防治技术政策（建议稿）》。研究成果已经在国内多家皮革和毛皮企业中推广应用，为皮革、毛皮加工行业污染防治和环境管理工作提供了技术支撑。对于进一步建立技术指南及修制订技术政策以及相关技术的推广和应用，具有十分重要的意义。

项目承担单位：中国皮革和制鞋工业研究院、山东省环境保护科学研究设计院
项目负责人：丁志文

啤酒制造业污染防治技术评估体系的研究

1 研究背景

目前工业污染已成为我国面临的主要环境问题，工业污染物对环境的影响是政府监管部门关注的焦点。一段时间以来，废物管理主要集中在末端处理技术上，随后人们逐渐意识到，工业生产不仅要有效地控制废物的产生和排放，而且还要通过合适的工艺和有效的资源管理方法（原材料、水和能源）来防止污染物的产生。因此，为了尽量减少工业生产所造成的环境影响，制定行业最佳的污染防治技术是非常关键的。

啤酒制造业作为我国食品工业的重要组成部分，产业规模大、经济贡献率高，优势明显，在我国食品工业中占有重要的地位，但啤酒制造业存在企业数量多、分布广，工业用水和废水排放总量大、物耗较高、综合效益低等问题，严重影响啤酒行业的健康稳定持续发展。为了引导啤酒行业可持续发展，国家颁布了一系列与啤酒制造业污染防治、清洁生产有关的标准，但要达到标准规定的相关指标和要求，必须要有相对应的污染综合防治技术作支撑。因此，制定一套完善的啤酒行业污染综合防治技术评估体系是完全必要的。

本项目通过对我国啤酒制造业污染排放现状进行调研分析，建立啤酒制造业污染排放数据库和信息平台；结合国内外常用技术评估方法分析，选出啤酒制造业污染防治技术评估方法；从技术、经济、资源能源消耗和污染治理四个方面对不同污染防治技术进行评估，选出不同工艺过程综合效益值最高的污染防治技术，形成啤酒制造业污染防治最佳可行技术组合，建立啤酒制造业最佳可行技术导则和污染防治技术政策。

2 研究内容

本项目对国内啤酒制造业的废水、废气、废渣等污染防治技术与设备进行调研，调查重点是发酵废酵母、洗罐废水和二氧化碳（CO_2）排放污染防治技术；过滤废渣污染防治技术；包装残次酒和洗涤废液污染防治技术；制麦生产废渣和废水污染防治技术，重点研究啤酒制造业污染物排放达标、运行费用较低、环境和经济效益明显的综合防治技术。通过对国内外常用技术评估方法分析，建立啤酒制造业污染防治技术评估方法和研究体系，建立啤酒制造业污染防治技术数据库，构建信息平台，选取典型企业进行示范。

3 研究成果

本项目通过对我国啤酒制造业污染防治现状的调研、筛选和评估，已取得成果包括：

（1）完成啤酒制造业污染防治技术调研报告的编写，调研报告通过对我国啤酒制造业污染防治技术进行系统的调研、取样、数据筛选和评估，为建立我国啤酒制造业最佳可行技术导则和污染防治技术政策提供数据基础。调研结果如下：

1）我国啤酒企业的耗水情况

2009 年啤酒企业平均取水量为 $6.011m^3/kL$，最大取水量为 $13.421m^3/kL$，最小为 $3.861m^3/kL$，年产量大于 100 万 kL 的啤酒企业平均水耗为 $4.511m^3/kL$；年产量为 50 万～ 100 万 kL 的啤酒企业，平均水耗为 $5.371m^3/kL$（在 $4.86 ～ 5.81m^3/kL$），年产量为 1 万～ 50 万 kL 的啤酒企业，平均水耗为 $6.071m^3/kL$（在 $5.13 ～ 8.21m^3/kL$）；对于小型企业（年产量低于 10 000kL）水耗为 $6.731m^3/kL$（在 $4.06 ～ 13.42m^3/kL$）。

2）啤酒企业耗水量变化情况分析

啤酒企业的耗水量不仅与生产过程有关，而且与季节也有关；清洗用水占到了啤酒企业每天耗水量的 37%，其次为工艺用水，占总用水量的 34%；不同地区啤酒企业耗水情况也存在差异。

3）啤酒企业废水产生情况分析

调研结果表明不同啤酒企业由于工艺不同，废水中污染物浓度有差异，企业发酵车间产生的废水污染物浓度最高，其次为糖化车间，所以对发酵车间的废酵母和糖化车间的弱麦汁进行回收处理是降低企业废水污染物浓度的关键。

4）啤酒企业固体废弃物产生情况分析

啤酒企业产生主要的固体废弃物包括麦糟、废酵母和废硅藻土，2009 年啤酒企业平均固废产生量为：麦糟 64.41kg/kL；废酵母 1.93kg/kL；废硅藻土 2.23kg/kL。企业间的固废产生量差异非常明显，配备废酵母、废硅藻土和冷 / 热凝固物回收系统的企业产生量明显较低。

（2）建立了啤酒制造业污染防治技术评估体系。评估体系的建立，不仅对啤酒制造业污染防治工作有指导意义，而且能为各级行政管理机关对污染防治技术的评估工作提供借鉴。

1）为了使评估结果能够客观、准确地反映啤酒制造业污染防治技术的发展水平，经行业调研，结合专家意见，研究建立了啤酒制造业污染防治技术评估指标体系，包括工艺技术、经济效益、资源能源消耗和污染控制 / 治理 4 个子系统，12 个指标体系，并根据国内外评价标准，划分为 5 级评价标准。

2）采用层次分析法确定了各指标权重，使得评价结果更具有合理性。

３）利用模糊综合评估方法对各种指标进行综合评估，选出综合效益最高的污染防治技术，为《啤酒制造业污染防治最佳可行技术导则》的编写提供技术依据。

（３）构建了啤酒制造业污染防治技术数据库及计算机评估系统。

（４）编写了《啤酒制造业污染防治技术政策（建议稿）》和《啤酒制造业污染防治最佳可行技术导则（建议稿）》。

（５）出版了《啤酒制造业污染防治最佳可行技术的评估》专著。

4　成果应用

本项目选取了国内啤酒清洁生产示范企业进行最佳组合技术的示范，示范的先进污染防治技术包括：二次蒸汽回收技术；一段冷却热麦汁热能回收技术；动态低压煮沸技术；错流膜过滤技术；冷却水循环利用技术；残酒回收技术；废碱液回收再利用技术；再生水回用技术；CO_2 回收再利用技术、沼气回收再利用技术等，这些技术组合节能减排效果明显，千升啤酒废水排放量比未用该技术前减少 35% 以上，取得了较好的节能减排效果和经济效益。

本项目成果的推广和应用，有利于我国啤酒制造业污染防治水平的提高，造福于人类，带来明显的社会效益。同时项目成果可向食品制造行业辐射，以点带面、加快整个食品制造行业清洁生产技术推广与减排工作进程。

5　管理建议

（1）及时完善修订啤酒制造业污染防治法规标准

近几年我国啤酒行业在污染控制方面已做了大量的工作，一些先进技术和管理手段的应用，使啤酒行业污染排放情况显著改善。如本次调研的平均取水量 $6.011\text{m}^3/\text{kL}$，已接近现有清洁生产标准一级要求，因此建议定期组织行业污染情况的调查和评价，及时修订和完善现有标准和法规，发挥标准和法规的指导作用。

（2）淘汰落后产能，对新、改扩建的集团型啤酒企业的单一生产厂最低生产规模进行限制

啤酒企业的污染负荷与企业规模密切相关，当啤酒制造企业发展到一定规模后，根据行业和企业自身发展需求，啤酒企业要实施清洁生产工艺技术，更新改造生产装备，节约原材料的投入，从而降低废水排放量和削减废水污染负荷，有效降低耗水量及生产成本。另外，根据调研发现啤酒企业规模与污染物排放有直接关系，因此建议啤酒行业发展应淘汰落后产能，对新、改、扩建的集团型啤酒企业的单一生产厂最低生产规模进行限制。

（3）废水分类收集、资源回收利用、集中治理达标

提倡"分类收集、资源回收利用、集中治理达标"是降低废水处理难度、降低投资成本的必要举措，也是啤酒废水处理今后的技术发展趋势。啤酒行业各工序废水性质与污染负荷存在较大差异，虽然有些工序排放的废水量仅占整个企业废水排放量很小的比例，但污染物总量上却占主要部分，如果与其他低浓度废水混合处理会增大处理难度和成本。对此高浓度废水进行预处理是污染物削减的重点。将少量高浓度工艺废水单独收集，采取有针对性的处理技术进行单独处理并达到混入综合废水的水质要求，这样可以有效地削减污染负荷，确保下游的综合废水处理稳定达标，而且是经济合理的办法。

（4）选取典型企业进行污染防治技术评价，建立啤酒污染治理示范工程

啤酒行业存在产污环节多、分散度高等特点，造成其防治问题十分复杂，虽然目前应用的减排技术较多，但很少有企业能将先进的环保技术和先进的生产工艺技术、节能技术相配套，国际上也没有成熟的经验可以借鉴，只有对污染防治技术进行系统的评估，选取最佳的配套技术，并在典型企业进行验证，取得经验后在全国范围内推广，才能促进整个行业的可持续发展。

6 专家点评

该项目通过对啤酒制造业污染排放现状调研与分析，构建了包括技术、经济、资源能源消耗和污染治理 4 个子系统的啤酒制造业污染防治技术评估指标体系，开发了啤酒制造业污染防治技术数据库及信息平台，为全国啤酒企业的污染监测、控制和管理提供了可靠的数据支持；项目筛选出的啤酒制造业污染防治最佳可行技术，在企业示范应用，取得了较好的节能减排效果和经济效益。该项目撰写的《啤酒制造业污染防治技术政策（建议稿）》和《啤酒制造业污染防治最佳可行技术导则（建议稿）》，是对我国啤酒制造业现有污染防治标准的有力补充，对提高行业污染防治效果，推动行业可持续发展，全面提升环境保护水平具有重要的意义。

项目承担单位：中国食品发酵工业研究院
项目负责人：王异静

第六篇
固体废物与化学品领域

2009 NIANDU HUANBAO
GONGYIXING
HANGYE KEYAN ZHUANXIANG
XIANGMU
CHENGGUO HUIBIAN

多氯联苯污染控制技术体系研究

1 研究背景

多氯联苯（PCBs）具有难降解性、生物毒性（致癌性、生殖毒性、神经毒性、干扰内分泌系统）、生物蓄积性、远距离迁移性等危害，是最具有代表性、最难处置的危险废物之一，被列入《关于持久性有机污染物的斯德哥尔摩公约》（简称《POPs 公约》）首批控制的 12 种有机污染物。《POPs 公约》要求各缔约方逐步淘汰消除多氯联苯。2001 年我国签订了《POPs 公约》，全国人民代表大会常务委员会于 2004 年 6 月 25 日批准了《POPs 公约》并于同年 11 月 11 日对我国正式生效。国务院于 2007 年 4 月 14 日批复了《中国履行斯德哥尔摩公约国家实施计划》（NIP）。根据《中国履行斯德哥尔摩公约国家实施计划》，到 2015 年我国要完成已识别高风险在用含多氯联苯装置的环境无害化管理；到 2025 年前消除所有含多氯联苯的设备及其污染物。目前我国已启动履行《关于持久性有机污染物的斯德哥尔摩公约》示范项目，标志着我国对多氯联苯的管理与处置的重视程度正在日益提高。

正是基于我国 2015 年和 2025 年两个多氯联苯环境管理目标实现的技术需求，结合我国多氯联苯废物封存的主要形式和风险特征，沈阳环科院提出了"多氯联苯污染控制技术体系研究"这一环保公益性行业科研专项课题，并开展了有针对性的研究工作。

2 研究内容

根据本课题的总体研究目标，本课题将研究内容分解为以下 5 部分：

①中国多氯联苯污染控制体系研究，包括国内外多氯联苯管理和技术现状研究、多氯联苯污染控制技术体系建立。

②多氯联苯封存点定位和风险评估技术研究，包括多氯联苯封存点勘探定位技术研究、多氯联苯封存点污染特征识别和风险评估技术研究。

③多氯联苯废物回取及安全转运技术研究，包括多氯联苯废物回取技术研究、多氯联苯废物暂存和运输技术研究。

④多氯联苯废物处理处置技术研究，包括多氯联苯废物焚烧处置二噁英控制技术研究、多氯联苯热解析处理技术研究。

⑤多氯联苯废物控制保障技术研究，包括多氯联苯污染事故应急技术研究、多氯联

苯处理处置技术评估。

3　研究成果

（1）提出了中国多氯联苯污染控制技术体系

针对我国多氯联苯污染控制领域普遍存在的包括PCBs清单不明、处理处置技术缺乏、在线电力设备的管理和淘汰欠缺和环境意识淡薄、环境应急能力欠缺等薄弱环节和突出问题，从多氯联苯废物全过程管理的角度出发，识别和构建了多氯联苯处理处置的工作流程，包括多氯联苯的定位识别、环境风险评估、废物回取、暂存运输、处理处置和应急保障等几大关键环节，通过全过程管理各环节污染防治关键技术评估和研究，构建了我国多氯联苯全过程污染控制技术体系。如下图所示。

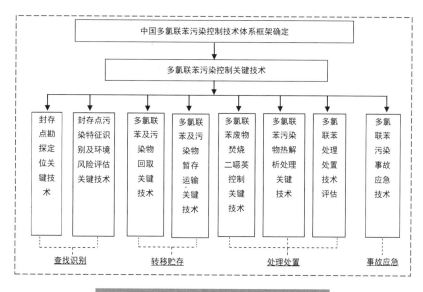

图1　多氯联苯污染控制技术体系框架框图架

（2）　研究集成了多氯联苯封存点勘探定位关键技术

在对多氯联苯封存点种类进行合理划分并全面分析其基本环境特征的基础上，通过技术分析和现场试验系统比选了大地层析电磁测深技术、高密度电阻率法勘探技术、高精度磁法勘探技术及地质雷达探测技术，提出了组合式的封存点位无损勘探技术，以确定疑似封存点的范围和深度。在无损勘探基础上，再运用钻孔勘探技术，通过优化勘探工艺的主要参数，勘测封存体的准确埋藏深度及地下的空间分布。有必要时可对封存体的周边环境介质进行采样，以判定其多氯联苯造成的水体和土壤污染的范围和程度。

（3）　完成了封存点多氯联苯污染特征识别和环境风险评估技术研究

通过系统借鉴国外污染场地环境调查、场地监测、风险评估等方面的技术经验和参考国内污染场地调查、评估方面的有益做法，梳理开发出了多氯联苯污染特征识别和环境风险评估的流程和技术要点。在技术的开发过程中，主要针对 PCBs 自身的理化特性及其封存点的专属性，开展了有针对性的封存点基础信息的调查方法、污染特征识别方法、监测点位布设方法、环境风险评估方法、污染特征和风险评估结果的表征方式等方面的技术研究，并结合湖北和山西地区的多氯联苯污染典型案例进行了技术试验研究，通过案例试验得出了更有针对性的指导我国 PCBs 封存点的环境调查和风险评估技术。

（4）开发了含多氯联苯废物回取技术

鉴于我国多氯联苯以地下封存为主且封存方式的详细信息缺失的实际情况，课题组首先根据以前的典型案例的共性特征开发了废物回取程序，包括地上物的剥离—封存体的开孔—体内气体抽吸净化—体内液体的抽排—废物回取—废物包装与暂存—现场清理—场地恢复等关键环节，并开展了封存点内多氯联苯废气抽取吸附技术研究、封存点内多氯联苯污染液体抽提净化技术研究、封存点内多氯联苯电容器及废物回取作业技术研究、封存点内多氯联苯污染土壤清理作业技术研究、封存点场地恢复作业技术研究、封存点废物回取案例研究。针对不同污染物的回取过程，研究开发了含多氯联苯废气抽取吸附技术、含多氯联苯污染水抽提包装技术、含多氯联苯电力设备回取作业技术、含多氯联苯污染土壤清挖作业技术。

（5）开发了含多氯联苯废物暂存和运输技术

课题组以中国多氯联苯管理与处置示范项目的技术需求为引导，通过对安全暂存的要求分析，设计并提出浙江省多氯联苯回取、转运过程中的暂存设施建设的技术要求；通过对多氯联苯贮存过程污染扩散的模式系统梳理，分析了贮存过程中包括有害气体收集、净化及无组织排放，液体废物防渗，废物散落及污水集中收集、处理等主要污染扩散途径和产污节点，有针对性地开发了对废物的扩散阻断及回取收集技术、有毒有害气体的收集、净化技术和有毒有害气体在线监控预警技术等关键技术，并综合运用上述技术建设了沈阳多氯联苯废物贮存库示范工程。

（6）开发了含多氯联苯废物焚烧二噁英污染控制关键技术

通过对含多氯联苯废物形态和性质的分析，对多氯联苯废物预处理工艺进行了系统优化。通过对土壤类低热值、高灰融点类废物与电容器、有机材料包装破碎物类高热值、低灰融点类废物的混合配比进行实验研究，利用焚烧处置实验、分析比较得出沈阳危险废物焚烧示范工程多氯联苯焚烧线的固态、液态废物最佳配伍技术方案。在废物配伍工艺试验研究的基础上，进行了配伍废物的焚烧处置实验，同时还开展了焚烧尾气二噁英控制技术研究，通过实验优化形成了包括烟气高温稳定焚烧、烟气骤冷、活性炭粉吸附、布袋除尘器除尘及活性炭颗粒吸附罐吸附的焚烧尾气二噁英深度净化组合技术，通过多次实验得出了最佳的二噁英污染控制流程和参数。

（7）优化了多氯联苯废物热解析处理技术

结合同期开展的浙江省多氯联苯热解析项目，对典型间接热脱附工艺进行了全面分析，在装置上着重进行系统优化，确定了可靠性、稳定性程度较高的系统配置，并对处理装置进行了性能测试和工艺参数研究，确定了最佳的运行工艺参数，去除率达到了99.999 12%，处理处置效果达到了预期目标。说明热脱附装置处理污染土壤可以达到较为理想的效果。

（8）开发了多氯联苯污染事故应急技术和装备

开展了多氯联苯污染事故现场应急技术研究及应急装备开发工作，开发了集成动力与照明；液体污染物抽吸设备及储罐、固体废物清挖及储存包装设备、粉尘及废气吸收除尘设备、专用废物包装箱、专用运输集装箱等设备的应急清理装置，可由专用挂车或板车把事先准备好的事故应急物资与本装备快速运往事故现场，可快速收集、包装、运输环境事故现场的污染物，实现环境应急抢险工作。

在综合分析整合多氯联苯污染事故全流程信息管理需求基础上，开发了应急软件，构建了包括信息支持平台、知识数据库以及专家决策支持系统的综合多媒体、无线通信等多种技术支持手段应急信息平台，并结合案例进行了应急演练。

（9）实施了多氯联苯处理处置技术评估

通过对我国多氯联苯废物种类和特征调查分析，得出了我国多氯联苯污染物的形态特征，可以大致分为固态、半固态和液态三大类。污染形式主要有表面附着、渗透进入、溶解吸附、复合污染。含量从 500×10^{-6} 的污染土壤到 PCBs 油，PCBs 含量相差数千倍，同一类、同一批的污染物的不同部分也可能相差几十倍、几百倍。

通过对国内外多氯联苯废物处理领域包括焚烧技术、等离子技术以及气相还原、BCD 等非焚烧技术的比选、评估、借鉴，提出了我国多氯联苯处置应以高温焚烧为主，等离子技术及其他技术为补充的多氯联苯处置技术体系，确定了现行多氯联苯处置技术路线。

（10）编制了多氯联苯废物污染控制全过程管理技术手册

在项目研究成果的基础上开发编制了污染控制全过程管理技术手册，包括：

① 《含多氯联苯废物封存点勘探定位技术指南》

② 《含多氯联苯废物封存点污染特征及环境风险评估技术指南》

③ 《含多氯联苯废物清运技术指南（包括回取、贮存和运输）》

④ 《含多氯联苯废物焚烧处置工程技术指南》

⑤ 《含多氯联苯废物热解析设备技术指南》

⑥ 《含多氯联苯废物处理处置技术评估指南》

上述指南和技术手册的编制填补了多氯联苯全过程管理的空白，为我国多氯联苯危险废物的全过程安全管理提供了有力的技术支持，同时也为其他危险废物的全过程管理提供了有益借鉴。

4 成果应用

（1）项目研究成果支撑了《含多氯联苯废物焚烧处置工程技术规范》（待颁布）和《含多氯联苯废物污染控制标准》（GB 13015—91）修订（征求意见）的编制。

（2）项目研究成果在我国履约示范浙江省含多氯联苯废物处置和管理示范、全国含多氯联苯废物清运和处置中得到应用，清理了浙江省 16 个多氯联苯封存点，热解析处理了 8 000 余 t 的多氯联苯污染土壤；将 1 200 t 高浓度废物进行了无害化焚烧处置。

（3）基于本项目研究成果编制的《多氯联苯废物清运技术导则》、《浙江省多氯联苯废物暂时贮存可行性研究》、《浙江省多氯联苯废物远距离运输可行性研究》等技术文件，为浙江省含多氯联苯废物的清理、暂存、运输提供了全面、有力的技术支撑。

（4）杭州大地环保工程有限公司应用本项目研究成果，进一步规范了多氯联苯封存点勘探定位、封存点多氯联苯污染特征识别和环境风险评估、含多氯联苯废物回取、暂存和运输等工作，产生了良好的经济效益、社会效益和环境效益。

5 管理建议

首先，建议加强技术成果应用。相关管理部门应通过在相关科研任务或计划中涵盖本项目研究成果中的相关技术，同时项目承担单位应遵照下达任务尽快制定相应的国家或地方级的环境标准与技术规范，加快技术应用的规范化进程，并使得多氯联苯污染控制全过程的技术应用有据可依。

其次，建议加强技术成果推广。由于现今技术发展较为迅速，技术更新较快，且不同地区地域性特征差异较大，因此环境保护部门及相关责任单位应注重项目技术成果的应用推广进程，可通过开展示范工程或加快履约项目实施等方式对技术及相关装备进一步应用与验证完善，这样才能真正有效地达到污染的全过程控制。

最后，应进一步加强除多氯联苯外其他危险废物的全过程污染控制技术研发，增加危险废物方向的研究课题数量和投入，为我国危险废物污染控制技术体系的全面升级提供系统性技术支持。

6 专家点评

项目开展了 PCBs 封存点勘探定位、污染特征识别和环境风险评估，PCBs 废物回取、暂存和运输，PCBs 焚烧二噁英污染控制、热解析处理，PCBs 污染事故应急等关键技术研究工作；形成了焚烧烟气二噁英减排、POPs 废物热解析、PCBs 污染事故应急等 8 项关键技术，并获 3 项授权专利，同时进行了工程示范和应急成套装备建设。在此基础上开发了《多氯联苯处理处置技术评估指南》，形成了《含多氯联苯废物污染控制全过程管理技术手册（建议稿）》和《含多氯联苯废物焚烧处置工程技术规范（报批稿）》等管理支撑文件。

项目成果直接应用于中国第一个持久性有机污染物控制履约项目——"中国多氯联苯管理与处置示范项目"，并支撑了甘肃、山西、四川、广东、福建、河南、河北、陕西、黑龙江、内蒙古、浙江、辽宁、重庆等省市区的多氯联苯废物的清运及处置工作，为推动《全国主要行业持久性有机污染物污染防治"十二五"规划》的实施和加强危险废物全过程管理提供了有力的技术支撑。

项目承担单位：沈阳环境科学研究院
项目负责人：邵春岩

长三角 PBDEs 与 PFOS 污染现状调查及其环境风险评价研究

1 研究背景

多溴联苯醚（PBDEs）与全氟辛烷磺酸（PFOS）作为新型全球性持久性有机污染物（POPs），从水生到陆生系统几乎所有的环境介质中都能被检测到，目前对其环境问题的研究正成为当前环境科学的一大热点。PBDEs 是一组化学性质极其隐定的溴系阻燃剂（BFRs），被广泛应用在印刷电路板和塑料中。PBDEs 不仅是典型的甲状腺干扰物，而且对生殖系统的结构与功能、精子活力、性激素的分泌与代谢也具有显著毒性，妨碍人和动物脑部与中枢神经系统的正常发育。PFOS 广泛用于纺织、皮革、电镀、农药、消防泡沫和航空液压油等产品中。PFOS 会造成人体呼吸系统问题，也对实验动物生殖和神经系统的发育与行为、脂肪酸转移与代谢等具有不同程度的毒理效应。

课题选择长三角地区典型行业和相关区域作为调查对象，多介质大规模采集样品检测 PBDEs 与 PFOS 含量，从而明确高污染行业和区域，全面分析 PBDEs 与 PFOS 污染来源和现状，科学预测其未来发展趋势，并有针对性地进行一些生物毒性、人群负荷与健康效应的研究，最终评价其环境风险。项目实施将弥补我国在 PBDEs 与 PFOS 环境风险评价领域的研究空白，为各级政府制定产业规划、政策法规和环境卫生准则等提供科学依据，强化环境保护管理部门对 PBDEs 与 PFOS 的监管力度，最终保障生态安全和人体健康。同时课题成果可缓解环境保护部新化学物质管理部门所承受的国外化学品制造商造成的压力，有助于克服贸易技术壁垒，满足我国加入世界贸易组织（WTO）后与国际标准接轨的需求。因此，项目成果对实现社会和谐稳定与经济可持续发展均具有重大意义。

2 研究内容

（1）环境样品 PBDEs 与 PFOS 监测方法研究。

（2）以长三角地区典型行业和相关区域作为调查对象，研究长三角地区 PBDEs 和 PFOS 污染现状与环境风险评价。重点对印制电路板行业 PBDEs 污染物排放特征与污染规律，排放区域污染与环境风险进行评价；电子废物拆解场地 PBDEs 排放特征与污染规律，环境污染现状与环境风险进行评价；重点水源地和河口海岸 PBDEs 污染与健康风险进行评价等。

（3）以长三角地区典型行业和相关区域作为调查对象，研究长三角地区 PFOS 污染现状与环境风险评价。重点对长三角地区生产企业和使用行业全氟化合物排放、污染特征与环境风险进行评价研究；温州地区全氟化合物的环境污染现状与人群负荷的调查研究等。

（4）长三角地区 PBDEs 与 PFOS 环境风险管理和防治对策进行较全面和系统的研究。

3 研究成果

（1）完成了 PBDEs 和 PFOS 的监测方法与质量保证体系

本项目研究建立了环境样品（土壤、沉积物、固废和生物）中 PBDEs 和 PFOS 的环境分析标准（草稿），为全国各省监测中心开展 PBDEs 和 PFOS 监测与环境污染调查提供了标准方法。

（2）完成了典型行业 PBDEs 污染调查，使用过程中污染特征与排放规律、环境污染现状、环境风险及健康研究

通过对印制电路板生产过程的监测，采集不同种类的样品，包括生产过程中产生的电路板粉料、清洗水、废水处理设施产生的污水和脱水污泥等废物样品对样品中的 PBDEs 和 TBBPA 等溴系阻燃剂进行检测，定量分析电路板生产过程废料中 PBDEs 污染物的排放情况，并且推算了 PBDEs 的释放量，为评估其环境风险提供依据。

（3）完成电子拆解行业 PBDEs 污染调查，拆解过程中污染特征与排放规律、环境污染现状、环境风险及健康研究

通过测定废弃电视机拆解车间和后续处置车间内灰尘中的 PBDEs，讨论其在不同工艺下的释放特征及排放规律。对废弃家电回收处理厂周围环境进行采样（地面灰尘和表层土壤），研究污染物对周边环境产生的污染影响及迁移。本研究可为寻求环境友好型的电子废弃物资源回收技术提供理论依据，达到在资源回收的同时尽可能减少对环境的污染释放，也为电路板回收处置的工人通过灰尘途径的职业暴露计算提供数据。

（4）针对我国洋垃圾拆解集中区域——台州，开展了调查与研究，全面完成了 PBDEs 排放清单调查，不同拆解工艺污染特征与排放规律研究，拆解区域土壤、水的环境效应及环境风险评价研究

本研究为"废物资源化过程环境污染风险与污染控制"提供了科学依据，为我国开展"洋垃圾拆解产品生命周期污染物产生与控制技术"打下了基础。

（5）完成了典型生产行业和使用行业 PFOS 污染调查，污染特征与排放规律、环境污染现状、环境风险及健康研究。为评估其环境风险提供依据

典型氟化工厂的废水、污泥、周围水体和土壤中全氟碳化物（PFCs）组成中主要以 PFOS、PFBS 和 PFHxS 为主，约占总 PFCs 的 90% 以上，4 种环境介质中 PFCs 高度一致，说明工厂废水排放是造成区域污染的主要排放源。各行业工厂废水 PFOS 浓度平均值为 17.29 μg/L，随季节变化差异不大。污泥 PFOS 含量平均值为 56.5 ng/g，冬季污泥 PFOS 含量较高。

（6）完成了典型区域和重点流域 PFOS 污染调查，开展了行业集中区域环境中 PFOS 环境污染现状、环境风险及健康研究，为环境污染控制与管理提供了科学依据

鳌江流域全氟辛酸（PFOA）最高浓度在位于污染处理厂排污口附近的站点 10 检出，达 3370.0ng/L。由于污水处理厂接收并处理水头镇制革工厂的废水，该点水样检出最高浓度 PFOA，表明水头镇制革业是鳌江 PFOA 污染的主要来源。PFOA 为南京市区地表水体中最主要的 PFCs 污染物。

4 成果应用

（1）向环境保护部提交了国家环保行业标准《土壤和沉积物多溴联苯醚的测定同位素稀释气相色谱—负化学源质谱法（建议稿）》、《土壤全氟化合物的测定超高效液相色谱串联质谱法（建议稿）》和《电子拆解场地环境污染健康影响评价技术导则（建议稿）》等一系列文件，为全国各省监测中心开展 PBDEs 监测与环境污染调查提供了标准方法。

（2）依托于项目研究成果，对《清洁生产标准——印刷电路板制造业》（HJ 450—2008）提出了修改建议。

（3）向环境保护部提交了政策建议《电子废物拆解重点区域环境管理政策建议》和《全氟化合物重点区域环境管理政策建议》。

（4）上海市环境科学研究院在对上海地区 PBDEs 污染现状及其潜在的环境风险研究中采用了本项目建立的 PBDEs 分析监测方法。

（5）中国环境科学研究院开展的"浙江台州区域土壤污染综合治理项目实施方案"研究工作中采用了本项目台州路桥和温岭的土壤 PBDEs 污染现状的研究成果，为土壤加密监测和修复与示范区域的划分提供了科学依据。

5 管理建议

（1）项目建立了 PBDEs 重点企业的监控名单，为 PBDEs 污染控制提供了重要依据。完成了电路板生产企业 PBDEs 污染特征、排放规律和环境风险研究，提出了《清洁生产

标准——印刷电路板制造业》（HJ 450—2008）修改建议。为 PBDEs 排放重点企业的环境管理决策提供了科学依据。

（2）项目建立了 PFOS 重点企业的监控名单，为 PFOS 污染控制提供了重要依据。完成了 PFOS 生产企业及使用重点行业皮革和纺织行业的 PFOS 污染特征、排放规律和环境风险研究。为 PFOS 排放重点企业的环境管理决策提供了科学依据。

（3）完成了废物回收过程中 PBDEs 污染特征、排放规律和环境风险研究，提出了国家环保行业标准《废弃电器电子产品拆解行业多溴联苯醚污染控制技术规范》（草稿），为废物回收过程中 PBDEs 和铅的环境风险控制和拆解园区的环境管理提供了科学依据。

（4）完成了重点排放行业所在典型区域的 PBDEs 和 PFOS 的污染调查、环境风险与人体健康风险研究工作。其中废物回收过程中污染特征与排放规律、环境污染现状、环境风险及健康研究，为国外洋垃圾拆解环境污染控制与管理提供了科学依据。

（5）完成了重点水源地、重要河口海岸区的环境污染现状、环境风险研究与人体健康风险评价工作。这些区域处于相对安全的状态。

6 专家点评

该项目研究过程中综合运用环境监测、环境化学、大气化学、环境政策等多学科交叉的研究手段，采用方法研究与实验验证相结合的模式，基于我国具有全球独一无二的电机和电路板拆解区研究拆解过程中污染源排放特征和环境过程，通过环境风险和人体健康风险评价建立重点监测区和常规监测区，以评价其长远的影响。为新增的 POPs 提供相应的环境风险评价方法学，有效监管这些污染物。项目研究成果在《土壤和沉积物多溴联苯醚的测定同位素稀释气相色谱—负化学源质谱法（建议稿）》等的编制和修订工作中得到应用。该项目建立的 PBDEs 和 PFOS 环境样品分析方法为未来我国典型区域和重点流域的 PBDEs 和 PFOS 污染调查提供了技术支撑和科学依据。

项目承担单位：华东理工大学、温州医学院、环境保护部南京环境科学研究所
项目负责人：林匡飞

养殖业中特征内分泌干扰物的筛选及污染风险控制措施

1 研究背景

畜禽养殖污染排放已成为我国农村面源污染的主要来源，位居全国重点污染排放领域之首，其污染减排工作已被纳入国家"十二五"重点规划。截至今日，我国对于畜禽养殖排污关注的重点依然是传统的氨氮、COD、BOD 等指标，而所排放的能干扰人体和动物体激素的合成、分泌和传输，进而影响人体或动物生殖、发育和行为等正常功能的特征内分泌干扰物没有引起足够重视。尽管畜禽养殖场已经成为激素类物质排放的主要来源，但是国内与畜禽养殖业激素排放相关的研究仍几乎处于空白。不但对畜禽粪便中的特征内分泌干扰物的排放种类、含量水平及其在环境中的降解、迁移转化等缺乏研究，而且对其污染控制机理更是缺乏清晰的认识。此外，现有的畜禽污染管理法律、法规也仅仅出于对畜禽粪便以及常规污染物的控制，而对于有关畜禽粪便中特征内分泌干扰物的残留、污染控制标准及相关管理体系基本是空白。

为此，本项目在调查研究国内外畜禽养殖业内分泌干扰物管理、治理情况基础上，测算我国各省市、代表性流域养殖业类固醇激素的排放水平、污染水平以及环境迁移转化特征；提出我国畜禽粪便中需重点控制特征内分泌干扰物黑名单、畜禽粪便堆肥产品及土地利用过程中特征内分泌干扰物最高限量建议值，为准确判断畜禽养殖污染形势、全面制定畜禽养殖污染风险管理政策法规和未来发展规划提供理论和技术支持，为社会主义新农村建设、生态环境建设、国家食品安全和农业可持续发展提供科学依据。

2 研究内容

基于大量样本调查的基础上，掌握畜禽粪便中特征内分泌干扰物排放特征及环境暴露量，提出我国畜禽粪便中特征内分泌干扰物黑名单建议；结合堆肥技术、实验室模拟以及发达国家技术法规调研，提出畜禽粪便在典型土壤和堆肥产品中特征内分泌干扰物最高限量建议值及畜禽粪便中特征内分泌干扰物最佳风险控制对策和建议。

3　研究成果

（1）阐述发达国家畜禽粪便及特征内分泌干扰物污染控制及管理理论体系与实践，初步提出我国相关污染管理模式及建设方案

全面开展了我国及主要发达国家和地区（美国、欧洲、日本等）畜禽粪便污染及特征内分泌干扰物控制、利用与管理标准及体系的调查研究，研究了发达国家和地区畜禽养殖饲料添加剂等内分泌干扰物使用现状及相关管理法规，掌握了发达国家畜禽粪便及特征内分泌干扰物污染控制及管理理论体系，初步提出了我国畜禽养殖粪便及特征内分泌干扰物污染管理模式建设方案。目前，我国在雌激素污染控制方面的国家行政管理和研究指导体系尚不完善，有关畜禽养殖业内分泌干扰物的污染控制可以当前广泛关注的雌激素为切入点，逐步开展其他典型内分泌干扰物的研究和管理工作。

（2）建立畜禽粪便中典型内分泌干扰物的检测方法，基于大规模采集分析提出我国畜禽粪便中需重点控制内分泌干扰物黑名单建议

通过超声提取、固相萃取和衍生化等关键环节对不同种类畜禽粪尿中类固醇激素检测结果的影响研究，建立了不同畜禽粪尿中类固醇激素检测的超声提取、固相萃取富集、硅胶净化和硅烷化衍生等前处理方法体系。从覆盖东北、华北、华中及长江流域的20个省、直辖市采集不同种类畜禽（养猪场、养牛场及养鸡场）粪便、尿液、养殖场排污、周围土壤、底泥、水体等近2 500个样品。基于aE2、BE2、E1、E3等27种特征内分泌干扰物在粪便、土壤、水体中的分布和迁移特征，明确了养殖污染控制标准体系建设中的紧迫、关键控制参数，提出了包括13种天然激素、7种合成激素和2种重金属污染物在内的22种特征内分泌干扰物黑名单建议。

（3）评估了典型养殖类型畜禽粪便中特征内分泌干扰物排放现状、特征

我国典型畜禽（猪、奶牛、肉牛、蛋鸡和肉鸡）激素排放量超千吨，其中肉牛的激素排放量最大，其次是奶牛，猪和鸡的排放量之和与奶牛相当。畜禽排放的激素以天然激素为主，其比例占总排放量的99.2%，虽然合成激素所占比重较低，但是在某些养殖场废弃物以及场外排污中会有高浓度的检出，说明我国畜禽养殖业使用人工合成激素的现象时有发生。

（4）提出了畜禽粪便堆肥产品及土地利用中的特征内分泌干扰物限量值

通过土柱淋溶、堆肥和恒温培养等模拟实验，掌握了畜禽粪便土地利用过程中典型特征内分泌干扰物的降解特性及相关参数，最终提出畜禽粪便堆肥产品及土地利用中的特征内分泌干扰物限量值。建议严格限制畜禽粪便在水田中的施用，施入土地的畜禽粪便中雌二醇不得超过 1 ng/g，雌酮不得超过 0.1 ng/g。同时不论畜禽粪便是否经过堆肥，雌酮和雌二醇的含量以及两者总含量均不得超过 100 ng/g 等限量值指标。

（5）提出规模化养殖场畜禽粪便中特征内分泌干扰物最佳风险控制对策及建议

系统剖析了我国养殖业特征内分泌干扰物污染控制及管理标准、法律法规不完善、监管模式及专门管理机构设置不足、养殖业内分泌干扰物排放现状不清，以及养殖业特征内分泌干扰物环境行为、生态风险认识缺乏，防控技术欠缺等方面所存在的问题；提出尽快修订现有畜禽养殖法规及标准、提升畜禽养殖污染防治监管模式及管理，以及全面开展养殖业特征内分泌干扰物污染源防控，针对养殖业排污特征强化相关基础科研工作等对策建议。

4 成果应用

（1）形成了《规模化养殖场畜禽粪便中特征内分泌干扰物最佳风险控制对策及建议报告（咨询建议报告）》；

（2）研究成果以《信息专报》形式由环境保护部向国务院递交《我国养殖业特征内分泌干扰物管理问题及对策建议政策》政策咨询报告 1 份；

（3）研究成果以"环保科技动态"形式通过环境保护部科技标准司发布科技动态 1 份；

（4）研究成果可为国家以及环境保护部、农业部、卫生防疫等部门相关环保标准、规范的制修订以及环保规划、政策、法规制定等提供基础依据和技术支撑。

5 管理建议

（1）尽快修订现有的畜禽养殖法规及标准。我国在畜禽粪便污染防治法规建设方面落后于美国、欧盟以及日本等发达国家和地区。针对养殖业中特征内分泌干扰物种类、排放总量、生态风险等因素，并基于轻重缓急等原则尽快修订现有的《畜禽养殖污染防治管理办法》、《畜禽养殖业污染物排放标准》以及《畜禽养殖业污染防治技术规范》，加入特征或者典型内分泌干扰物的排放标准、污染管理办法及防治技术措施等内容。如有可能，可针对性研究发布相关养殖业特征内分泌干扰物排放标准及污染防治管理办法，强化养殖业特征内分泌干扰物的管理。在国家环保政策的大前提下考虑全国不同地区、不同污染水平下的适应性，在实施过程中逐步修订和完善。

（2）理顺畜禽养殖污染防治的监管模式。有必要建立跨环保、农业、卫生、质检等部门的联合工作机制，共同对畜禽养殖污染物排放进行控制；或成立专门机构，增加监督管理人员力量，加强畜禽养殖业污染物的执法、监管能力。此外，新建、扩建畜禽养殖场项目审批应充分考虑环保要求和畜禽粪便土地承载能力，污染处理设施的建设要严格遵守同时设计、同时施工、同时竣工的"三同时"方针，保障畜禽场排污治理设施的正常运行。

（3）开展全国性养殖业特征内分泌干扰物污染源普查。鉴于全国80%以上规模化养殖场分布在沿海发达地区及大中城市周边，建议对沿海及发达省市规模化养殖场饲料使用、畜禽粪便产生及特征内分泌干扰物排放进行更为深入调查及污染风险分析。确定畜禽养殖需重点控制的特征内分泌干扰物名录，为有效地建立污染控制标准及技术法规提供科学依据及保障。

（4）针对养殖业排污特征，强化相关基础科研工作。以目前养殖污染及排放现状为基础，加大力度针对性支持相关基础理论研究，充分认识和揭示我国畜禽养殖过程中内分泌干扰物等污染物的环境残留、降解特征以及环境暴露风险，深入探讨畜禽废弃物中特征内分泌干扰物的生态污染风险及规律，加强畜禽废弃物污染物控制技术和理论研究，为畜禽粪便处置与管理、相关内分泌干扰物控制标准和技术规范的建立提供科学依据。

6　专家点评

该项目基于国内外畜禽粪便及特征内分泌干扰物污染控制及管理理论体系调查基础上，进行了大量样本调查，开展了畜禽粪便中特征内分泌干扰物排放特征研究，提出了我国畜禽粪便中内分泌干扰物黑名单建议稿，并结合堆肥控制技术和实验室模拟实验，提出畜禽粪便在典型土壤和堆肥产品中特征内分泌干扰物最高限量建议值。研究成果以《信息专报》向国务院提供咨询报告，以"环保科技动态"形式向社会公布，为我国相关政府管理部门准确判断畜禽养殖污染形势、全面制定畜禽养殖污染风险管理政策法规和未来发展规划提供理论和技术支持。

项目承担单位：北京师范大学、中国环境科学研究院
项目负责人：李艳霞

城市环境二噁英监测技术规范与快速监测技术研究

1 研究背景

多氯代二苯并 - 对 - 二噁英（PCDDs）和多氯代二苯并呋喃（PCDFs）统称为二噁英类（PCDD/Fs），已被列为《关于持久性有机污染物的斯德哥尔摩公约》优先控制对象之一。

二噁英类分析被公认为当代化学分析领域的难点之一。美国环保局（EPA）颁布的1613方法被认为是二噁英类分析的"黄金准则"。包括我国在内的一些国家及国际组织也颁布了二噁英类标准分析方法。上述方法中涉及的检测仪器（GC-HRMS）价格昂贵，样品分析周期较长，无法满足大批量、高频次的监测需求，因此二噁英类快速监测方法研究应运而生。二噁英类快速检测方法大致分为两个方向：一是仪器法，即基于低分辨质谱（LRMS）、串联质谱等分析仪器建立起来的快速监测方法；二是基于二噁英类生物学作用机制建立起来的生物检测法。美国、日本、欧盟均颁布了利用快速监测法进行二噁英类筛查的法律法规。而我国对于上述快速监测技术的研究基本处于起步阶段。此外，由于环境空气中的二噁英类非常稳定，可直接进入人体的呼吸系统，亦可通过沉降进入食物链，影响人体健康，因此发达国家就区域环境空气中的二噁英类污染水平及特征开展了广泛研究，而目前我国尚未将其纳入日常环境监测及管理任务中。因此，在研究内容的设置上分为两大部分：一是对我国重点城市环境空气中的二噁英类进行监测，并在此基础上，提出适合我国国情的《城市大气环境二噁英监测技术规范（建议稿）》；二是研发符合我国国情的高通量二噁英类污染物的快速筛查技术，建立相关环境介质中二噁英类的快速监测方法、质量控制／质量保证体系和规范。

2 研究内容

（1）对我国5座城市（广州、北京、重庆、沈阳、杭州）的不同功能区（背景区、郊区、商住区、工业区、交通繁忙区和受源严重影响区）的大气中的二噁英类进行监测，研究其时空分布特征，探讨城市大气中二噁英类污染来源。

（2）通过对城市大气中二噁英类的存在及迁移方式、气—固分配模式等进行研究，提出城市大气环境二噁英监测技术规范建议稿。

（3）研究建立利用高分辨气相色谱—低分辨质谱联用仪进行废气及固体废物中的二

噁英类筛查的方法。

（4）建立了酶联免疫方法（ELISA）、报告基因法、Ah-Immunoassay 法共 3 种生物检测方法，分别应用上述方法对废气、飞灰等样品中的二噁英类进行测定，并同 HRGC-HRMS 的测定结果进行比较，均表现出较好的线性关系。

3　研究成果

（1）通过对重点城市不同功能区大气中二噁英类的浓度水平进行监测，分析其时空分布、气—固分配特征，研究其污染来源，提出《城市大气环境二噁英监测技术规范（建议稿）》

本研究选择北京、广州、重庆、沈阳、杭州 5 座城市的不同功能区为研究区域，就大气中二噁英类的浓度水平、时空分布、污染来源展开研究。结果表明：北京大气中二噁英类浓度处于较低水平，各功能区差异不明显，呈现季节性特征，冬季采暖期高于夏季非采暖期，且分布模式较稳定，交通源和家用燃烧源是全年二噁英类污染的重要排放源；广州除工业区外，其他功能区二噁英类浓度水平较低且差异不显著，季节性特征明显，旱季明显高于雨季，大气中二噁英类主要来源是废气排放量较大的工业区；沈阳大气中二噁英类浓度处于较低水平，具体表现为背景区＜郊区＜工业区＜商业区≈交通枢纽区，季节性特征明显，春季普遍较低，秋季普遍较高；重庆大气中二噁英类浓度处于较低水平，各功能区存在差异，季节性变化明显，煤炭燃烧可能是对照点和郊区冬季大气中二噁英类浓度升高的主要原因；而汽车尾气排放则对商住区大气中二噁英类污染贡献较大。

通过上述研究确定了大气二噁英类监测点位布设原则、监测时间段、监测频次等影响评价大气二噁英类污染水平的重要因素，并最终提出《城市大气环境二噁英监测技术规范（建议稿）》。

（2）分别从样品前处理、仪器分析、生物法快速检测 3 个方面展开研究，建立了二噁英类快速检测法，并提交了方法标准建议稿

本研究从时间成本、经济成本、可操作性等诸多方面展开研究，提出了显著缩短样品前处理周期且满足标准要求的方法，提出的"一种纯化环境基质萃取液中二噁英类物质的方法"已申请国家专利。

研究建立了应用 HRGC-LRMS 对废气及固体废物中的二噁英类进行筛查测定的方法，并应用上述方法对焚烧设施废气及固体废物中的二噁英类进行测定，并同标准分析方法（HRGC-HRMS）的测定结果进行比较，二者测定的毒性当量浓度均具有较好的相关性，可作为大规模批量样品筛查测定的一种技术手段。

研究建立了酶联免疫方法（ELISA）、报告基因法、Ah-Immunoassay 法共 3 种二噁英类生物学检测方法，并提交了相关标准建议稿。研究确定了上述方法的适用范围及质

量保证 / 质量控制措施，并应用上述方法对焚烧设施排放废气、飞灰及炉渣中的二噁英类进行测定，并同标准分析方法（HRGC-HRMS）的测定结果进行比较，两者测定的毒性当量浓度结果具有较好的相关性。

4　成果应用

（1）向环境保护部提交了《城市环境大气二噁英监测技术规范（建议稿）》、《废气　二噁英类的测定　同位素稀释高分辨气相色谱—低分辨质谱法（建议稿）》、《固体废物　二噁英类的测定　同位素稀释高分辨气相色谱—低分辨质谱法（建议稿）》、《废气　二噁英类的筛查　酶联免疫法（建议稿）》《固体废物　二噁英类的筛查　酶联免疫法（建议稿）》、《废气　二噁英类的筛查　报告基因法（建议稿）》、《固体废物二噁英类的筛查　报告基因法（建议稿）》、《环境介质中的二噁英类生物测定法质量管理（草案）》及《环境介质中的二噁英类快速检测方法利用指南（草案）》等方法标准及技术规范建议稿。

（2）重庆市环境监测中心等单位在进行焚烧设施周边环境空气二噁英类监测工作中，应用本研究提出的《城市环境大气二噁英监测技术规范（建议稿）》进行点位布设及采样工作，获得了代表性较强的数据。

（3）本项目的研究成果之一——《固体废物二噁英类的测定酶联免疫法》已在重庆市固体废物管理中心对飞灰的二噁英类检测中得到了具体应用，为重庆市的固体废物安全处置提供了技术支持。

5　管理建议

（1）建立城市大气环境二噁英类监测技术规范

开展城市大气环境二噁英类监测、掌握城市大气二噁英类污染现状及其环境风险是二噁英类污染物环境管理的基础。要推进城市大气二噁英类监测规范进行，得到有效、准确的监测结果，急需加强城市大气环境二噁英类监测技术规范的研究，在该技术规范中提出城市区域监测空间布点、监测频率、采样设备、采样方法和注意事项等相关技术规定。尽快开展该技术规范的编制、论证、校验、审查和颁布工作，指导城市大气环境二噁英类监测和建设项目中有关大气环境二噁英类监测的日常工作实践。

（2）建立环境二噁英类的快速检测技术标准

在二噁英类生物检测法的应用过程中，生物检测方法的标准化十分重要且必要。生物检测法原理和方法本身的多样性，以及操作过程中的诸多环节均可能导致测试结果存在一定的偏差。为保证生物检测法的准确性和可比性，在我国建立二噁英类生物检测的技术标准是十分必要的。

　　建议二噁英类生物检测技术标准或技术规范的制订可分期、分批进行，现阶段优先考虑技术成熟的生物检测方法。随着国内二噁英类生物检测技术的发展，会有更多的具有自主知识产权的生物检测技术问世。今后，可根据国内外生物检测技术的发展，适时制订、推广及应用更多的二噁英类生物检测技术标准。

　　在生物检测法的实际应用方面，建议首先就生物检测法对飞灰中二噁英类的测定展开示范运行，提出生物法检测飞灰中二噁英类的技术规范。同时，建议开展生物检测法对土壤、底泥中二噁英类测定的示范运行，制定土壤、底泥中二噁英类快速检测技术规范，指导利用生物检测法开展全国土壤、沉积物中二噁英类筛查，及时发现二噁英类污染高风险区。在我国建立起以仪器分析（HRGC-HRMS）为核心，以生物检测为补充的二噁英类监测技术体系，显著提高我国二噁英类监测能力，从而削减二噁英类环境污染，保障人民身体健康。

6　专家点评

　　该项目开展了我国典型重点城市环境空气中二噁英类污染水平及污染来源分析，研究了大气二噁英类在时间、空间、气—固两相间的分布规律，并在此基础上提出了《城市环境大气二噁英监测技术规范（建议稿）》。项目成果在国家二噁英监测分中心日常开展的大气二噁英类监测工作中得到应用，为未来我国开展大气二噁英类监测提供了重要的技术保障。本研究建立了基于 HRGC-LRMS 的二噁英类快速检测法，以及基于二噁英类生物学作用机制建立起来的生物检测法。上述部分方法在地方环境保护部门得到应用，对未来我国构建满足不同监管需求的、多层次的二噁英类监测技术体系具有重要的参考价值。

项目承担单位：中日友好环境保护中心、环境保护部华南环境科学研究所、浙江省环境监测中心、辽宁省环境监测实验中心、重庆市环境监测中心

项目负责人：刘爱民

毒杀芬的检测技术及环境检测方法研究

1 研究背景

　　毒杀芬是一种曾经大量使用的高效有机氯杀虫剂,1950—1993 年总产量超过 1.33×10^6 t,因具有典型的持久性有机污染物的特性,于 20 世纪 90 年代初在世界范围内被全面禁止使用。但由于毒杀芬的半挥发特性,它能够随大气长距离迁移,已对两极地区的生态环境造成污染,而且因为其具有生物富集特性,可通过食物链的传递危害人类的健康。为了减少或消除毒杀芬给人类造成更大的危害,2001 年 5 月,毒杀芬被列为《关于持久性有机污染物的斯德哥尔摩公约》(以下简称《公约》)首批控制的持久性有机污染物(POPs)。2007 年公布的全球环境监测导则要求各缔约国要对大气和母乳中的三种指示性毒杀芬进行监测,而我国并不具备其监测能力。

　　毒杀芬同类物数量众多、组分复杂,毒杀芬的分析方法仍是分析领域中一个大难题。早期毒杀芬的定量方法采用工业品毒杀芬作为参考标准,采用总量定量,但这种方法误差较大,结果存在不可比性。由于毒杀芬种类繁多,目前很难将其准确分离及定性,而且在环境中痕量存在,多氯联苯等化合物可能对其分析产生干扰,所以研究环境介质中指示性毒杀芬的预处理和分析方法尤为迫切。我国在二噁英类和多氯联苯等 POPs 研究领域取得了一定的成绩,但并没有毒杀芬的分析方法,成为履约的障碍。本课题拟开展指示性毒杀芬同类物的同位素气相色谱—质谱分析方法研究不同环境基质中毒杀芬的预处理方法,达到对指示性毒杀芬的准确定性和定量,并对我国不同区域多种环境介质中毒杀芬的污染现状开展研究,初步了解我国毒杀芬的污染状况。

2 研究内容

　　(1)毒杀芬分析方法研究

　　1)样品前处理技术研究:主要包括不同提取装置的提取条件、提取效率以及试剂的选择,多种净化方法的组合和优化、不同组分的分离方法和条件等研究。

　　2)仪器检测技术研究:主要包括 HRGC-QQQMS/HRMS 进样技术的适用性评价、色谱条件的建立与优化、质谱条件的建立与优化等。

　　3)分析方法质量控制技术研究:分析全过程质量评价体系,如方法的精密度与准确度、回收率等。

4）标准方法的编制：在建立分析方法的基础上，开展毒杀芬分析方法验证试验，编制毒杀芬的标准分析方法。

（2）我国环境中毒杀芬污染现状研究

在我国环境背景监测点和一些典型区域采集空气、土壤等环境样品，分析环境样品中毒杀芬的含量，初步评估我国环境中毒杀芬的污染状况。

3　研究成果

（1）建立了毒杀芬提取剂净化方法

对毒杀芬提取条件进行了优化，首先对影响加速溶剂提取（ASE）效率的多种因素进行了考察，通过实验对比最终确定了 ASE 提取指示性毒杀芬的提取条件及仪器参数。对前处理方法进行了研究，利用国产化色谱填料，实现了针对大气、土壤和底泥等不同环境介质中指示性毒杀芬的净化方法的优化，另外，考虑到方法的实用性，选择硅胶和硫酸涂渍硅胶作为净化用填料，采用手工装填的方式，利用柱层析色谱对影响指示性毒杀芬定性与定量的干扰物质进行分离。

（2）建立了同位素稀释高分辨气相色谱—三重四极质谱法

在建立样品前处理方法基础上，根据环境样品中指示性毒杀芬检出限量的要求，建立同位素稀释高分辨气相色谱—三重四极质谱检测指示性毒杀芬的方法。对于土壤样品的分析，在取样量 10 g 的条件下，该方法的检出限低于 1 ng/g，并且以所开发方法为范本，组织编写了《土壤质量　毒杀芬同类物的测定　同位素稀释高分辨气相色谱—三重四极质谱法（建议稿）》。并通过了 6 个环境监测部门和 6 个科研院所的验证，证明本方法具有较高的准确度和很好的实用性。

（3）建立了同位素稀释高分辨气相色谱—高分辨质谱法

为了适应痕量指示性毒杀芬分析的需要，开发了准确度和灵敏度更高的同位素稀释高分辨气相色谱—高分辨质谱检测毒杀芬的方法，对于空气样品，为了满足分析的需要，利用主动式大流量采样器分别收集颗粒物吸附态和气态的毒杀芬单体，并利用建立的前处理方法进行净化后，利用高分辨气相色谱—高分辨质谱进行定性和定量。对于空气样品，方法的检出限低于 $0.01 \sim 0.02$ pg/m^3，对于土壤样品，方法检出限低于 1 pg/g。根据所建立的方法，撰写了《环境空气　毒杀芬同类物的测定　同位素稀释高分辨气相色谱—高分辨质谱法（建议稿）》和《土壤质量　毒杀芬同类物的测定　同位素稀释高分辨气相色谱—高分辨质谱法（建议稿）》。此方法具有高灵敏度、高准确度等优点，能够满足履约分析方法的需求。毒杀芬分析方法的建立表明我国全面具备了对《公约》首批控制的 12 种 POPs 的监测能力，是履约工作的一项重要成果。

（4）评估了我国典型环境介质毒杀芬的污染现状

对我国环境介质中毒杀芬的污染现状进行了评估，编写了我国毒杀芬残留报告。在全国范围内采集了 60 个大气样品，发现大气中毒杀芬的含量为 P26 ＜ 0.01pg/m³，P50 ＜ 0.02pg/m³，P62 ＜ 0.02pg/m³。对我国松辽流域、海河流域、黄河流域、长江流域和珠江流域 5 大流域共计 71 个底泥样品进行监测发现，毒杀芬含量均低于 1pg/g。对我国毒杀芬农药施用地辽宁省（大豆）、江苏省（棉花）和浙江省（棉花）利用网格布点，采集土壤样品 769 个，毒杀芬含量均低于 1pg/g。在毒杀芬的废弃污染场地浙江龙游农药厂和安徽宁国县农药厂采集环境样品发现，虽然毒杀芬在该企业已经停止生产 30 余年，但土壤中毒杀芬的残留仍处在较高的污染水平，毒杀芬的含量（以总量计）在 1.1 ～ 103μg/g 干重，该数据远远高于国外使用区域土壤中毒杀芬的含量。这是我国首次对全国范围的毒杀芬的污染状况进行评估，通过此次评估得知我国大气、土壤、沉积物中毒杀芬的背景值较低，历史上曾经生产毒杀芬的农药厂周边环境存在毒杀芬的高残留，为相应的环境管理提供了重要的基础数据。

通过本课题研究，有 4 名骨干研究人员晋升为副研究员；培养研究生 13 人，其中 9 人取得博士学位，4 人取得硕士学位。同时本课题建立的分析方法发表 SCI 论文 1 篇，中文核心论文 1 篇，国际会议论文 1 篇。

4 成果应用

本课题建立了指示性毒杀芬的同位素稀释—气相色谱—质谱/高分辨质谱的分析方法，并编写了 3 个分析方法的建议稿。为了进一步考察方法的可行性和实用性，已通过 6 家科研单位及 6 个环境监测部门验证了方法的准确性和可行性，并且在中国环境监测总站的配合下，组织召开了针对所开发方法实用性的技术研讨会，结合各监测站的硬件配置情况，将该方法在环境监测部门试用，经过严格的实验室间方法应用的验证，证实该方法具有很好的稳定性和实用性，具有在环境监测部门推广应用的前景。目前本课题研究的《土壤和沉积物指示性毒杀芬的测定气相色谱—质谱法》已在环境保护部标准司立项。同时本研究为履约提供了技术支持。

5 管理建议

（1）加强《指示性毒杀芬同位素稀释—高分辨气相色谱—三重四极质谱法》技术推广

在本课题建立了同位素稀释—高分辨气相—三重四极质谱法的基础上，尽快完成《土壤和沉积物指示性毒杀芬的测定气相色谱—质谱法》的分析方法的标准化工作。在各省级环境监测部门开展毒杀芬预处理及仪器分析方法培训，针对不同复杂环境介质中的痕量毒杀芬，掌握其分析方法，全面提升我国POPs的监测水平。

（2）在我国各区域监测中心开展《指示性毒杀芬同位素稀释—高分辨气相色谱—高分辨质谱法》技术推广

针对我国环境介质中毒杀芬含量极低，建立不同层次的毒杀芬分析方法。在拥有高分辨气相色谱-高分辨质谱的各区域监测中心，开展同位素稀释—高分辨气相色谱—高分辨质谱法测定毒杀芬的分析方法培训，掌握其分析方法，为我国履约成效评估提供技术支持。

（3）我国背景大气，土壤，沉积物等不作为毒杀芬的污染防治重点

建议我国未使用过毒杀芬的区域大气，土壤，沉积物不再进行大范围监测。

（4）加强对毒杀芬废弃污染场地的监测及治理

根据本课题研究，曾经生产毒杀芬农药的场地周边存在高毒杀芬残留，对我国曾经的毒杀芬农药生产进行调研，针对已确认的毒杀芬生产厂，在其生产场地开展不同深度的土壤样品采集，并对其周边的环境样品（土壤、生物样品、水等）进行监测，全面评估我国曾经生产毒杀芬场地及其周边环境中毒杀芬的污染，并提出相应的治理建议。

6　专家点评

毒杀芬是《公约》要求首批控制的持久性有机污染物，分离分析困难。我国并没有其监测方法，无法按《公约》要求报告我国毒杀芬污染现状，已成为我国履约的重要技术挑战。本课题建立了多种环境介质中微量/痕量毒杀芬的高分辨气相色谱—三重四极/高分辨质谱的分析方法，编写了标准方法建议稿。方法具有较低的检出限，能够满足环境中痕量毒杀芬的监测需求，并通过了环境监测部门验证了其准确性和实用性，表明我国全面具备了对《公约》首批控制的12种POPs监测能力，是履约工作的一项重要成果。另外，该项目首次提供了我国环境中毒杀芬残留的信息，还提出历史上曾经生产毒杀芬的农药厂周边环境存在较高的毒杀芬含量，为相应的环境管理提供了重要的基础数据。

项目承担单位：中国科学院生态环境研究中心、中国环境监测总站

项目负责人：郑明辉

短链氯化石蜡的分析方法与环境中的含量研究

1 研究背景

短链氯化石蜡（SCCPs）是指碳链长度为 C10—C13 的直链氯代烷烃，主要用于金属加工、油漆、黏合剂、密封剂、阻燃剂以及纺织和聚合材料中。有研究表明，SCCPs 在相对浓度较低时仍然对某些水生生物和哺乳动物具有毒性。因对大鼠有致癌性，SCCPs 被国际癌症研究委员会（IARC）列为对人可能致癌物。欧盟、世界卫生组织、美国等都已经对 SCCPs 展开了广泛的环境监测和毒理学研究，并提交了多份风险报告。SCCPs 曾经在欧盟和北美具有相当产量（超过 10 000 t/a），从 2002 年起，在欧盟范围内用于金属加工和皮革加脂剂的 SCCPs 使用已经受到欧盟的限制，被欧洲水架构指令列为优先危险物质，SCCPs 也被列入美国环保局毒性物质排放清单和加拿大环境保护法令列为优先毒性物质。目前德国、澳大利亚和加拿大已停止其生产。SCCPs 作为第二批被提名的增列 POPs，目前已通过持久性有机污染物审查委员会（POPRC）的附件 D 的审查，SCCPs 有可能进入公约受控范围。2004 年 POPs 公约正式对我国生效，一旦受禁或受限，我国需严格按照公约规定限制或禁止 SCCPs 及相关产品的生产、使用及进出口等。

我国是世界上氯化石蜡（CPs）第一生产和使用大国，2003 年产能达 15 万 t。我国虽然没有生产 SCCPs 的历史，但由于我国对 CPs 产品没有按照碳链长短有意区分，目前生产和使用的 CPs 产品大多混有 SCCPs，因此 SCCPs 受控将使大多数 CPs 产品的生产使用受限。环境保护部组织的行业调查初步表明，我国 CPs 产品中不同程度地含有 SCCPs。中国作为公约成员国中 SCCPs 的最大生产国，正面临来自国际社会的压力，如何在保护环境和人民健康的基础上，尽可能维护中国企业的利益，将是中国谈判小组面临的重大挑战，对于这一问题利弊的权衡取决于对 SCCPs 进行全面的环境含量水平、健康风险和经济效应评估。然而，国内关于 SCCPs 还缺乏普适性的分析方法、环境介质大量一手的环境数据、污染控制技术、排放标准与控制对策等。

本项目目标在于率先在我国开展 SCCPs 的研究工作，建立其普适性的分析方法，测试不同环境介质和生物体内的 SCCPs 污染水平，为对其进一步进行毒性评估、国际履约、制订环境管理对策提供技术和数据支持。

2　研究内容

项目研究内容如下：

（1）国外 SCCPs 分析方法资料调研与分析方法筛选；

（2）SCCPs 标样的不同仪器分析定量方法；

（3）SCCPs 低分辨色谱质谱联用（GC-MS）分析过程中干扰物质的影响及去除方法研究；

（4）实际环境样品中 SCCPs 分析的前处理、仪器分析和质量控制体系研究；

（5）环境介质和生物体中 SCCPs 的含量和分布。

3　研究成果

（1）建立了可靠、经济和优化的 SCCPs 分析方法体系

在研究国内外相关分析方法的基础上，对样品前处理净化的主流方法进行了对比，并对前处理方法进行了优化，建立了经济性较好的 SCCPs 分析的 GC-MS 分析方法，其分析仪器相对普遍，使用耗材大部分为国产，使分析方法具有一定的普适性并适合推广使用。同时还建立了分析方法的质量保证和质量控制体系。并参加了由荷兰 VU 大学环境研究所组织的 2011 年氯化石蜡国际实验室间的分析比对，取得优良成绩。在此基础上，编制了《土壤/沉积物和生物短链氯化石蜡的测定 GC-ECNI-MS 法（草案）》。

（2）掌握了我国不同地区土壤、沉积物和生物体中 SCCPs 的含量水平和分布特征的大量一手数据

对成都、广州和澳门地区土壤，对珠江口沉积物，对上海市售鱼、东江和珠江口野生鱼中的 SCCPs 的含量水平和分布特征进行了研究，取得了大量一手 SCCPs 研究数据。结果表明，整体上我国土壤和鱼类中 SCCPs 的污染处于世界中低端水平，但一些重污染点（如污染区、电子垃圾拆解区等）SCCPs 含量处于较高水平。

4　成果应用

（1）研究成果应用于 POPs 履约

报告提交给环境保护部环境保护对外合作中心，用于 POPs 国际履约，并获得应用证明；分析方法应用于澳门环保局项目"关于持久性有机污染物（POPs）补充调查与后续研究"，此项目为"中华人民共和国履行《关于持久性有机污染物的斯德哥尔摩公约》国家实施计划"3 部分之一的澳门特别行政区实施计划的重要支撑项目。

（2）研究成果应用于地方环境管理

研究成果应用于广东省 POPs 污染防治管理，并获得应用证明。

（3）研究成果将来的可能应用

1）SCCP 的分析方法可成为国家标准分析方法

建立了环境介质中可靠的 SCCP 分析方法，并编写《土壤／沉积物／生物短链氯化石蜡的测定气相色谱—质谱法（草案）》，为建立国家 SCCP 环保标准分析方法奠定基础；

2）支撑后续相关环境管理政策或对策的出台

先前由于缺乏 SCCP 的分析方法，我国 SCCP 的含量水平、排放清单、环境风险、控制对策等都无法开展相关工作，环境管理一直基本处于空白状态。在建立可靠的分析方法后，上述相关内容都可相应开展。例如大量一手数据和研究报告可提交环境保护部污染防治司化学品处，用于制订 SCCP 化学品的管理控制对策。

5 管理建议

（1）尽快出台和推广 SCCPs 国家标准分析方法

基于本项目研究成果，联合国内几家开展相关工作的科研院所和高校，推出 SCCPs 的环境介质（水、土壤和沉积物）标准分析方法，并在实力强的环保系统单位验证分析方法的可靠性，形成 SCCPs 统一的国家标准分析方法。

（2）进一步开展 CPs 产品、含 SCCPs 废物中 SCCPs 的分析方法研究

本项目开发的方法针对较复杂的环境介质样品，而对 CPs 工业产品而言，其产品中成分并没有环境样品复杂，基本无其他杂质干扰，可开发方法对这类样品进行简单前处理后进行仪器分析。此外，对更复杂的废物样品（如污水处理厂污泥等），需进一步验证本项目建立方法的可靠性，或进一步改进分析方法。

（3）开展特定区域和特定环境介质中 SCCPs 的定期监测

研究结果表明，我国在某些斑点区域（如电子工业重要生产基地、电子垃圾拆解地和农业污灌区等）SCCPs 含量较高，而在其他非点源区域 SCCPs 含量水平处于国外中低端水平。因此，应对特定区域（如经济发达地区、氯化石蜡主产区、氯化石蜡主使用区、背景区）的主要环境介质（污水处理厂、土壤和重点河流或海域水体和典型生物体）中 SCCPs 的含量水平进行定期监测。有效掌握我国 SCCPs 污染的基本现状并进行风险评估。

（4）尽快将 SCCPs 纳入有毒化学品进行管理，控制重点在于源头控制

尽快将 SCCPs 纳入国家有毒化学品管理，并联合其他部门建立相关产品质量标准，严格监控在相关产品（如塑料、橡胶等）和相关行业（固废处置和废物回收行业）中的含量范围和排放标准，制订相关管理法规，在源头控制 SCCPs，防止其进入环境。

6 专家点评

在前人工作基础上，项目优化并建立了普适性的土壤 / 沉积物 / 环境生物中 SCCPs 的低分辨气相色谱—质谱分析方法，分析方法通过了国际比对，并应用检测分析了珠三角、长三角和西南典型区域环境介质（沉积物、土壤和鱼）中的 SCCPs 含量水平与分布特点，初步评估了 SCCPs 环境风险。项目研究成果为我国 SCCPs 履约增列谈判提供了数据支持，并为澳门和广东等地方的 SCCPs 环境管理提供了技术支持，分析方法经相关程序后有可能成为国家标准分析方法。

项目承担单位：环境保护部华南环境科学研究所、同济大学、成都信息工程学院
项目负责人：陈来国

环境激素类农药识别方法与风险评价技术研究

1 研究背景

    环境激素是指环境中存在的一些能够像激素一样影响人体内分泌功能的物质。目前据国外相关的报道：已被确认的环境激素为 60 ～ 70 种，除重金属镉、铅和汞等外，主要是有机化合物，包括农药、表面活性剂、增塑剂等。环境激素大多属脂溶性物质，化学性质稳定，不易降解，易通过食物链在生态系统内富集，环境中微量或痕量的雌激素类物质通过食物链三至四个营养级的富集即可达到惊人的浓度而发挥其毒害作用。因此即使在很低浓度下环境激素也能影响动物和人类的正常生理活动。我国是农业大国，也是农药生产和使用大国，目前基本确定的环境激素类农药在我国均有生产和使用的历史。由于我国缺乏相应的检测方法及评价体系，没有相应的管理措施，因此一旦环境激素类农药进入环境，对整个人类及生态系统将会造成巨大的危害影响。目前我国对环境激素效应快速筛选方法的研究还处于摸索阶段，方法标准化程度不够，与国际水平存在很大差距，同时也缺乏系统的评价体系。对我国现有环境激素污染状况缺乏基础数据，流行病学调查资料匮乏。我国对环境激素的识别、检测、毒性和危害等方面研究均较为薄弱，风险评估及管理尚未系统的开展，相关控制政策也有待出台。

    该项目通过对发达国家及国际组织环境激素研究现状分析，以水生生物毒理学为试验基础，以斑马鱼为试验物种；通过研究典型环境激素效应物质林丹、硫丹等对受试生物的环境激素效应，以建立第一层级"鱼类 21 天短期繁殖测试方法"和第二层级"鱼类两代生殖毒性测试方法"的研究，具体技术路线如下图：

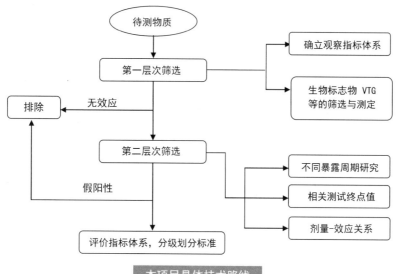

本项目具体技术路线

2　研究内容

通过对典型环境激素类农药的研究，建立符合我国国情的环境激素类农药鱼类第Ⅰ层级及第Ⅱ层级筛选方法。在对国内外现有农药生态风险评价模型进行分析研究的基础上，结合我国农药基础研究的现实状况，建立环境激素类农药生态风险评价技术。具体如下：

（1）对国内外环境激素研究现状分析；

（2）研究环境内分泌干扰物对鱼类生殖生态毒性效应研究；

（3）建立环境雌激素酵母生物检测技术研究；

（4）研究并建立 Tier1 筛选方法—鱼类 21 天短期繁殖测试方法和 Tier2 筛选方法—鱼类 2 代繁殖测试方法；

（5）环境雌激素及其类似物下游蛋白 VTG 重组合成及快速检测研究；

（6）农药生态风险评价程序与技术研究；

（7）结合国内外研究，初步筛选出我国环境激素类农药优先名录。

3　研究成果

本项目通过开展环境激素类农药识别方法研究、环境激素类农药生态风险评价程序与方法研究、环境激素类农药生态风险评价技术研究，取得了以下几方面研究成果：

（1）建立了《鱼类 21 天短期繁殖测试导则（草案）》

在对国外鱼类内分泌干扰筛选测试方法进行深入研究的基础上，结合我国现有测试鱼种资源及典型环境激素类农药类型，形成了我国《鱼类 21 天短期繁殖测试导则（草案）》。

该导则规定了方法的适用范围、测试的原则、试验条件、试验设计、质量控制、数据处理、报告等。导则适用于有毒化学品、杀虫剂、杀菌剂、杀鼠剂，以及食品、药品与化妆品测试要求。本测试导则将测量鱼类的生殖力表现作为潜在内分泌干扰的基本指示，并进行形态学、组织病理学和生化指标测定以确保能检测出受试化合物潜在的毒性和内分泌机制。本导则属于体内测试第一层级筛选方法，其建立为环境激素类农药的筛选测试提供了重要的方法学依据。

（2）建立了《鱼类两代繁殖测试导则（草案）》

在建立《鱼类 21 天短期繁殖测试导则（草案）》的基础上，针对我国缺乏系统的环境内分泌干扰物水生生物鱼类层级筛选方法，以美国环保局鱼类两代繁殖测试方法为基础，结合我国现有研究经验和研究基础，形成了我国《鱼类两代繁殖测试导则（草案）》。该导则规定了方法的适用范围、测试的原则、试验条件、试验设计、质量控制、数据处理、报告等。导则适用于有毒化学品、杀虫剂、杀菌剂、杀鼠剂，以及食品、药品与化妆品测试要求。本测试导则是在运用鱼类第一层级筛选方法初筛后，进行内分泌干扰机制确认及效应大小确认的测试。本导则属于体内测试第二层级筛选方法，对内分泌干扰机制研究和确认具有重要的意义。

（3）建立了《环境激素类农药生态风险评价技术导则（草案）》

针对我国环境激素类农药生态风险评价缺乏有效而统一的导则这一问题，在对国外生态风险评价准则进行深入研究的基础上，结合我国环境激素类农药环境污染的特点，形成了我国《环境激素类农药生态风险评价技术导则（草案）》。导则规定了环境激素类农药生态（水生生物、陆生生物）风险评价相关的生态受体选择、评价终点确定、暴露评价模型选择、风险表征方法。导则适用于环境激素类农药生态风险评价者和生态风险管理者及环境激素类农药登记前的风险评价和农药施用后的跟踪评价。导则的建立对于指导与规范我国农药生态风险评价工作具有重要现实意义。

（4）发明国家专利《优化的斑马鱼卵黄蛋白原基因及其表达载体和应用》

卵黄蛋白原（Vitellogenin，VTG）等蛋白是雌激素和雌激素受体（Estrogen receptors，ER）调控的下游蛋白，因此 VTG 可作为一种重要的、可反映雌激素水平的生物标志物。检测生物体内的 VTG 蛋白含量的常规检测方法为 Western Blot 和 ELISA，使用的前提条件是需要有 VTG 蛋白标准品。目前，VTG 蛋白标准品主要来自模式生物的天然 VTG 蛋白 nVTG（natural VTG），但其天然含量少，给分离纯化带来很大的难度，而使用基因工程重组技术生产 rVTG（recombinant VTG）是先进而有效的方法。本发明涉及一种人工改造合成的编码完整的斑马鱼（Danio rerio）卵黄蛋白原 VTG 的新基因 nvtg1 以及依其构建的表达质粒及其含该表达质粒的工程菌，属于遗传工程领域。通过本基因工程菌的构建可制备大量的高纯度和广谱的 VTG，并用其诱导制备的抗体可大大地提高检测的特异性和灵敏度。

（5）建立了我国环境激素类农药优先名录

针对我国缺乏环境激素类农药优先名录的现状，在对美国、日本、欧盟等国家、组织在环境激素类农药优先名录筛选的原则、方法及已形成的优先名录进行深入研究的基础上，建立了我国环境激素类农药优先名录筛选方法，并根据建立的方法从我国常用农药品种中筛选出一部分品种作为我国环境激素类农药优先筛选品种。最终得到的优先名录包含 3 类物质：类别 1，至少有一项研究表明对活体生物有内分泌干扰作用的农药有效成分有 19 种；类别 2，除活体试验以外的试验数据表明具有内分泌干扰作用的农药有效成分有 26 种；类别 3，通过暴露资料筛选出的、可能具有内分泌干扰作用的农药有效成分（其中又包括 3a 和 3b 两类），3a 类为美国保护局根据食物、饮用水、居住场所及职业四种暴露途径筛选出的且在我国登记使用的农药有效成分有 48 种，3b 类为从我国目前常用的近 200 种农药有效成分中筛选出的、可通过食物、水体、居住场所及职业四种途径会对人类产生暴露的品种，有 29 种。优先名录的建立对我国环境激素类农药的筛选工作具有重要的现实意义。

4 成果应用

本项目研究成果已在南京大学环境学院和江苏省农药检定所两个单位进行了成功应用。南京大学环境学院应用建立的酵母雌激素筛选试验技术开展了具有环境雌激素效应物质或环境样品的第一层级生物识别试验，节约了大量的人力、物力、生物资源，产生了良好的环境效益。江苏省农药检定所根据建立的优先名录筛选出了重点关注品种名单，对加强重点农药的登记管理、防止环境污染起到了重要作用，成果的应用产生良好的社会和环境效益。

5 管理建议

（1）建立环境激素类农药测试方法体系

国外已建立了很多第 I 层级和第 II 层级的初筛和测试方法，如第 I 层级的雌激素受体结合试验、雌激素受体转录激活试验、雄激素受体结合、子宫增重试验、Hershberger 试验、两栖动物变态试验、鱼类 21 天繁殖试验等，可以根据受试物的作用机制从中选择合适的方法进行组合测试。第 II 层级试验则包含有两栖动物发育与生殖试验、鸟类两代繁殖试验、鱼类生活史试验、无脊椎动物生活史试验、哺乳动物两代繁殖试验等。本研究虽然建立了鱼类 21 天短期繁殖测试方法、重组酵母雌激素筛选试验方法及鱼类两代繁殖测试方法等环境激素类农药测试技术，但建立的方法仍不全面，不能满足对具有不同内分泌干扰效应的农药进行筛选。因此，有必要在国外已有基础上，积极研究建立环境激素检测方法，完善我国环境激素类农药测试方法体系。

（2）开展重点品种环境激素类农药识别和风险管理

鉴于我国在环境激素类农药研究和管理工作刚刚起步，一是应充分考虑美国、日本、欧盟等国家、组织在优先名录建立方面已取得的研究成果，将国外优先名录中包含的、目前在我国登记使用的重点农药有效成分直接列入我国环境激素类农药优先名录；二是借鉴美国环保局优先名录筛选方法，考虑食物、水体、居住场所及职业四种最有可能对人类产生暴露的途径，优先从我国目前常用的近 200 种农药有效成分中筛选出一部分重点品种列入我国环境激素类农药优先名录，开展重点品种环境激素类农药识别和风险管理工作。

（3）协同多部门共同研究、推进环境激素类农药评估和管理工作

环境激素类农药识别方法与风险评价技术项目研究仅是我国目前对环境激素类农药评估和管理工作的一个起步工作，其包含非常丰富的研究内容，不仅仅涉及环境保护部、农业部等牵涉农药登记管理和环境影响的管理部门，环境激素类物质污染还会危及人类健康，与公共卫生管理部门也密切相关。因此必须加强多部门跨专业领域的联合，共同推进重点问题评估标准和技术方法的制定等工作，加强环境激素类农药评估和管理工作。

6 专家点评

该项目建立了《鱼类 21 天短期繁殖测试方法及导则（草案）》，《鱼类两代繁殖测试方法导则（草案）》填补了国内空白，为我国环境激素类农药的筛选测试提供技术支持，同时为环境激素类农药的生态风险评价提供基础数据；此外，通过对斑马鱼卵黄蛋白原基因重组合成技术的研究，首次实现了 VTG 蛋白的体外重组表达，克服了天然 VTG 蛋白标品提取、纯化不易，且广谱性差等缺点，为 VTG 的检测提供了有效的解决方案，可广泛应用于环境、食品等领域；最后，从我国 200 多种常用农药品种中筛选出了 122 种农药有效成分列入我国环境激素类农药优先筛选名录，名录的建立为后续的测试评价排出了优先秩序。

项目研究成果为我国环境激素类农药的筛选测试及评价管理提供了技术支撑，大大推动我国环境激素类农药筛选测试及生态风险评价水平的提高，成果的受益范围广泛，在保护人民身体健康、维护生态系统安全等方面将取得良好的社会效益。

项目承担单位：环境保护部南京环境科学研究所、中国人民解放军第 454 医院
项目负责人：单正军

汞生产和使用行业最佳环境实践研究

1 研究背景

汞污染物减排已成为全球关注的热点问题。近期，国际上正在制订全球化汞污染防治对策，旨在全球采取行动，对各种来源和途径造成的汞污染进行严格管理和控制，限制甚至最终淘汰汞的开采和使用。我国面临的不仅是国内汞减量减排问题，同时也将面临履行国际公约问题。

目前我国汞的年生产和使用量均在千吨以上，位居全球首位。汞作为唯一常温下呈液态的重金属，有着广泛的应用。由于国内企业的技术和环境管理水平普遍较低，加之汞回收和处理处置行业发展滞后，汞的生产和使用过程产生的汞排放严重。但因企业的汞污染防治意识、管理水平等方面的因素，加之汞尚未列入大气污染物常规监测范畴，多数企业缺乏针对汞的综合减排管理手段，使得汞生产和使用领域汞减量减排空间较大。

最佳环境实践（Best Environmental Practice，BEP）是国际上普遍推行的一种旨在减少和控制目标领域或场所产生的环境污染与健康危害的综合管理手段。本项目研究建立的汞生产和使用行业最佳环境实践体系，借鉴了国际做法但又区别于国际做法。其特色在于充分考虑了我国国情和企业现状，使其在我国企业中的推广应用更具可行性和实用性。项目的实施，有利于推进目标行业生产工艺技术的改进，提高企业生产管理水平；有利于降低企业的治污成本，降低国家立法和监督管理成本；有利于改善作业场所及其周边的环境状况，改善操作工人和周围居民的生活质量；也有利于推动公众对环境质量的社会监督。

2 研究内容

（1）调研 BEP 的提出、定义以及国内外关于 BEP 的研究成果及示范实例，分析和研究构建 BEP 的原则及方法。

（2）调研国内汞的生产工艺现状，筛选确定目标行业；调研汞使用行业及用汞工艺现状，依据编制的汞使用排放清单筛选确定目标行业。评估各目标行业汞使用和排放现状、工艺运行和操作水平、汞减量减排管理情况等。

（3）调研国际方面 BEP 研究成果，确定目标行业建立 BEP 的原则、关键环节及影响因素，研究编写各目标行业 BEP 体系实用导则（试用本）。

（4）筛选确定规模大且基础好的企业进行示范研究并进行现状评估；BEP 体系应用于示范企业后，评估 BEP 体系中各项措施的可行性。

（5）分析目标行业中、小企业应用 BEP 体系的优、劣势，分析 BEP 体系在全国推广应用的可行性。

3 研究成果

（1）汞生产和使用行业 BEP 体系研究

为准确把握汞生产和使用行业 BEP 的原则和方法，首先对目前国际上普遍推行的 BEP 做法进行了专门研究，在调研分析 BEP 的含义和《关于持久性有机污染物的斯德哥尔摩公约》、《控制危险废物越境转移及其处置巴塞尔公约》以及欧、美等发达国家实施 BEP 的做法和经验的基础上，分析了 BEP 与清洁生产和循环经济等的关系，结合我国汞生产、使用行业的具体现状和行业发展特点，归纳提出建立我国汞生产和使用行业 BEP 体系的原则、方法和考虑的因素。

（2）汞生产和使用行业现状评估

通过调研我国汞生产和回收工艺现状，确定汞生产领域为汞采、选、冶行业，该行业汞年产量在千吨以上，而汞回收行业汞年产量不足 200t。为充分了解汞采、选、冶行业现状，针对该行业开展了现状调查和评估工作，编制完成了现状评估报告。我国汞采、选、冶行业生产企业数量少、从业人数少，环境管理政策、法规、标准等相对比较健全。同时，随着我国汞矿资源逐渐枯竭，我国在逐步加大对含汞产品、工艺的管控力度，汞需求量的逐步下降是必然趋势，汞需求的减少必然会制约原生汞生产行业的发展。全球汞公约将严格管控原生汞的生产供应，我国为履行国际公约必将采取必要的管控措施限制原生汞的生产。

通过调研汞使用行业及用汞工艺现状，并依据编制的汞使用排放清单筛选确定了我国汞使用领域的主要行业，即电石法聚氯乙烯（PVC）生产、电光源生产、电池生产以及体温计和血压计生产行业，将上述 4 个行业作为汞使用领域建立 BEP 的目标行业。为全方位了解行业现状，针对此 4 个行业开展了现状调查和评估工作。首先选择了 2 家电石法 PVC 生产企业、2 家电光源生产企业、3 家电池生产企业、1 家体温计和 1 家血压计生产企业进行现场调研，结合各企业自身特点，各筛选了 1 家示范企业进行了 BEP 示范前现状数据的收集和取样测试，以获得示范研究量化评估数据。在前期调研工作的基础上，由各协作单位完成了对目标行业的综合评估，主要内容包括行业总体概况、现状评估的目的、方法和指标、行业的社会经济影响、产品／工艺生产现状、汞污染物产生和处理处置现状、管理现状等。

（3）汞使用行业 BEP 体系

通过目标行业的现状评估和 BEP 的系统研究，初步完成了汞使用行业 BEP 体系的研究。各行业的 BEP 包括企业建设 BEP 的目标、汞污染控制技术和最佳环境管理体系。汞污染控制技术分源头控制技术、过程控制技术、末端治理技术三类，详细介绍了技术的内容、特点及行业应用进展等，并从中筛选出适应行业发展目标要求的最佳可行技术。最佳环境管理体系介绍了不同行业在建设环境管理机构、汞污染控制管理制度、监测机制、污染预防与应急管理制度、培训制度、检查和考核制度等方面的要求。

（4）汞使用行业 BEP 体系示范研究

将汞使用行业 BEP 体系应用于示范企业一年之后，对所得成效进行评估。BEP 体系的成效评估是指对企业建立 BEP 体系采取的各项措施所取得的汞削减成效的综合评估。综合评估包括汞使用、排放削减量的评估、企业的汞回收率和循环利用率以及车间空气环境质量，但不包括对各项措施所产生的增量成本的评估。BEP 体系建设越完善，汞使用量和排放量越低，汞回收再利用率越高，厂区和作业场所空气环境质量越好。

（5）汞使用行业 BEP 体系推广应用可行性研究

从应用现状、技术可行性、经济可行性以及产业政策支持等方面，分析汞使用行业 BEP 体系在全国推广应用的可行性，同时总结了各行业生产企业最佳可行技术的应用情况。

（6）汞使用行业 BEP 实用导则

通过以上研究，完成了《汞使用行业最佳环境实践（BEP）实用导则（试用本）》的编写，其主要内容包括总论、电石法 PVC 生产行业、电光源生产、电池生产、医疗器械生产行业的 BEP 实用导则。总论中论述了导则编制的必要性和意义，阐明了导则编制的原则和依据，解释了导则中涉及的相关术语和定义，明确了导则的适用范围和各目标行业企业建设的具体目标。各目标行业导则中包括了行业含汞产品／工艺生产概况、汞污染物产生和处理处置、汞污染控制技术、最佳环境管理体系、最佳环境实践成效评估以及工程案例等。

4　成果应用

（1）为行业汞污染防治工作措施制定提供依据

《汞使用行业最佳环境实践（BEP）实用导则（试用本）》直接服务于环境保护部汞污染防治管理，并可转换为相应的标准或技术规范，为环境保护部汞污染防治管理提供理论依据与技术支持，对汞污染防治管理工作的开展具有积极的推动作用。

环境保护部正在制定的"关于加强主要含汞产品生产行业汞污染防治工作的通知"借鉴和应用了本项目的部分成果。电池行业的现状评估数据已为工信部制定的《电池行业清洁生产实施方案》提供了信息依据。电光源生产行业内发布的《中国照明电器行业停止荧光灯生产中使用液态汞自律公约》，向全行业倡议停止使用液态汞，且出版的书籍《紧凑型荧光灯设计与制造》中的"汞污染控制内容"均借鉴了本项目成果，为行业提供指导。

（2）为全球汞公约谈判工作提供数据支撑

本项目开展的各目标行业的现状评估工作所获得数据信息正在为环境保护部国际司牵头的全球汞公约谈判提供技术支持。

（3）完善涉汞行业法规标准

针对项目实施过程中发现的问题已向主管部门提出了政策制定建议。研究中发现，荧光灯生产采用的固汞技术虽可以控制和减少单只灯管的汞注入量，但固汞生产存在污染隐患，为此向环境保护部污染防治司提出制定固汞生产行业环境保护技术规范的建议，已被采纳并上报。

5　管理建议

（1）建立汞生产使用行业环境准入指标体系

对于汞生产行业，建议从企业规模、汞产品流向和用途、污染物排放管理等方面设定量化控制指标，限制新建企业，控制新增产能。

对于汞使用行业，建议针对汞触媒生产、电池及其含汞原材料生产、荧光灯及含汞原材料固汞生产、体温计和血压计生产行业建立环境准入指标体系，针对不同行业特点，从生产规模、原材料及产品种类、生产工艺、环保技术和措施等方面提出环境准入指标及标准，控制行业的无序扩张，推广低汞和无汞替代技术，控制和减少行业对汞的使用和排放。

（2）加快制定重点涉汞行业环保技术规范

重点推广聚氯乙烯行业的低汞触媒技术、盐酸脱析技术、废低汞触媒回收技术等，推广荧光灯生产行业的固汞技术、自动注汞的圆排机技术以及固汞生产环节的清洁生产技术等，有效减少生产过程中汞的流失和排放。

（3）制定汞加工利用行业汞排放控制标准

建议针对含汞电池、荧光灯、体温计和血压计、汞触媒、固汞生产等以无组织排放为主的行业制定专门的大气汞排放控制标准，考虑单位产品汞消耗量、车间以及周边大气汞浓度、职工汞中毒程度和比例等指标，制定综合评价标准，有效控制大气汞排放产生的环境污染及健康危害。

（4）制定强制性清洁生产审核规范

对电石法聚氯乙烯生产、荧光灯生产及其上下游原材料生产及废物回收处置等重点行业，实施强制性清洁生产审核，建立定期审核机制，制定审核程序，确定审核指标及评价标准，制定和实施整改措施，监督企业严格遵守环保技术规范，确保行业健康发展。

6 专家点评

该项目通过资料调研和现场调研，确定目标行业为汞生产领域的汞采、选、冶行业；汞使用领域的电石法聚氯乙烯（PVC）生产、电光源生产、电池生产以及体温计和血压计生产行业。对上述行业进行了现状评估和对示范企业开展了最佳环境实践研究，完成了《汞使用行业最佳环境实践（BEP）实用导则（试用本）》。本项目成果直接服务于环境保护部汞污染防治管理和全球汞公约谈判，并可转换为相应的标准或技术规范，为环境保护部汞污染防治管理提供理论依据与技术支持，对汞污染防治管理管理工作的开展具有积极的推动作用。

项目承担单位：环境保护部化学品登记中心、中国环境科学研究院、石油和化学工业规划院、中国照明电器协会、中国电池工业协会、中国医疗器械行业协会

项目负责人：菅小东

废铅酸蓄电池收集、处理和处置管理技术研究

1 研究背景

　　废铅酸蓄电池中含有铅、铜、锑、镉、铋、砷和锡等重金属和具有极强腐蚀性的废酸液，极易造成环境污染，危害人体健康。废铅酸蓄电池铅回收行业是铅污染的最大污染源，我国对回收利用过程中的污染过程及机理缺乏研究，在生产、流通以及回收利用环节缺乏相应的技术和经济政策，致使该领域环境管理技术依据不足。近年来，以废铅酸蓄电池铅回收企业为代表的个别企业擅自停运污染防治设施、偷排、直排以及超标排放污染物等，造成了多起重金属污染事件，引发巨大社会反响。国家针对近几年重金属污染事故频发，严重危害当地群众尤其是儿童身体健康的情况，在全国开展重金属污染企业的排查和执法大检查活动，并组织编制了《重金属污染防治规划》，将铅、汞、镉、砷和铬等重金属作为防控重点，统筹规划重金属污染治理，废铅酸蓄电池的收集、处理和处置无疑将成为该过程的关键所在之一。　．

　　本项目旨在加强对我国废铅酸蓄电池收集、处理和处置过程的管理，建立规范的废铅酸蓄电池回收技术应用和管理技术体系。项目的开展符合"国家环境保护'十二五'规划"的主要目标，对全面推进我国重金属污染综合防治工作的顺利开展，加强重点领域环境风险防控具有重要意义。另外，本项目也符合"国家'十一五'国家环境技术管理体系建设规划"的核心内容，是本规划中危险废物污染防治技术政策的重要内容之一。因此，本项目的设定符合我国环保行业发展计划和行业发展需求。

2 研究内容

　　开发铅污染累积风险评估数学模型和铅污染迁移转化规律模型，提出废铅酸蓄电池铅回收最佳可行技术和最佳环境管理模式，开展酸蓄电池铅回收清洁生产标准及清洁生产审核方法研究，提出废铅酸蓄电池铅回收系列技术规范。从我国废铅酸蓄电池收集、处理和处置过程中铅等重金属污染控制的实际需求出发，提出我国废铅酸蓄电池收集、处理和处置过程污染防治技术体系框架，为我国废铅酸蓄电池污染防治提供了重要技术支撑。

3　研究成果

（1）开发了铅污染累积风险评估数学模型和铅污染迁移转化规律模型，明晰废铅酸蓄电池回收企业铅污染的形成及排放规律

研究显示，土壤中铅的迁移能力极弱，土壤一经铅污染，就难以消除，当其积累量超过土壤承受能力或土壤容量时，就会对作物和人体产生危害。由于铅污染物在土壤中不易被自然淋溶迁移，土壤年残留率一般可高达 90%，导致铅污染物在土壤中年残留量很大。

（2）提出了废铅酸蓄电池铅回收最佳可行技术和最佳环境管理模式

在对各种废铅酸蓄电池铅回收污染控制技术进行系统分析和评估的基础上，结合国际发展趋势和要求，提出了最佳可行技术和最佳环境管理要求，对于推进废铅酸蓄电池铅回收处置设施建设中技术选择、工程设计、工程施工、设施运营、监督管理等方面工作具有重要的指导意义。

（3）提出了废铅酸蓄电池铅回收清洁生产标准及清洁生产审核指南

在对国内外废铅酸蓄电池清洁生产工艺及管理现状进行调研和评估的基础上，结合我国实际状况，分别从装备要求、产品指标、资源能源利用指标、污染物产生指标、废物回收利用指标、环境管理等 6 大指标对废铅酸蓄电池铅回收行业的清洁生产指标进行了规定，完成了《废铅酸蓄电池铅回收业清洁生产标准（发布稿）》（HJ 510—2009）和《废铅酸蓄电池铅回收清洁生产审核指南（建议稿）》。

（4）提出了废铅酸蓄电池铅回收系列技术规范

我国目前对于废铅酸蓄电池收集者、运输者、再生产者、综合利用者等都尚无明确和具体的要求，管理极其薄弱。在对国内外相关行业进行系统研究的基础上，针对废铅酸蓄电池的收集、贮存、运输、回收利用等过程中的污染控制、设施运行以及监督管理 3 个环节开展系列研究，完成《废铅酸蓄电池处理污染控制技术规范》（HJ 519—2009）、《废铅酸蓄电池处理设施运行管理技术规范》和《废铅酸蓄电池处理设施运行监督管理技术规范》等建议稿，为规范废铅酸蓄电池回收提供了技术依据。

表 1 为项目提出的标准规范及政策建议一览表。

表 1　项目提出的标准、规范及政策建议一览表

序号	标准类别、规范或政策建议名称	采用范围
1	废铅酸蓄电池铅回收污染防治最佳可行技术指南（建议稿）	环境保护行业标准
2	废铅酸蓄电池铅回收技术筛选和评估指南（建议稿）	环境保护行业标准
3	清洁生产标准 - 废铅酸蓄电池铅回收业（已颁布）	环境保护行业标准
4	废铅酸蓄电池铅回收清洁生产审核指南（建议稿）	环境保护行业标准

序号	标准类别、规范或政策建议名称	采用范围
5	废铅酸蓄电池处理污染控制技术规范（已颁布）	环境保护行业标准
6	废铅酸蓄电池铅回收处理设施运行管理技术规范（建议稿）	环境保护行业标准
7	废铅酸蓄电池铅回收处理设施监督管理技术规范（建议稿）	环境保护行业标准
8	废铅酸蓄电池铅回收经济运行机制政策建议（建议稿）政策建议	

（5）将课题的研究成果编著了《废铅酸蓄电池资源化与污染控制技术》、《废电池处理处置现状及管理对策研究》和《环保科普丛书——重金属铅污染及危害》等书，主要面向污染事件多发、易发企业和周边社区、农村群众宣传普及铅污染防控知识。

4 成果应用

（1）已发布和即将发布的标准及规范

相关标准规范的发布和征求意见为规范废铅酸蓄电池铅收集及处理过程，防止废铅酸蓄电池铅收集和处理过程对环境的污染，保护环境，保障人体健康提供了依据和支撑。有利于实现废铅酸蓄电池收集和处理过程中的资源再生利用全过程环境污染防治，并指导相应的生产运营及回收利用工作。

（2）已出版和拟出版的出版物

根据项目研究成果编著的出版物有利于增强企业和公众参与铅污染防控的积极性和主动性，更有利于铅酸蓄电池行业健康有利发展。

（3）典型企业环境管理实践应用

围绕废铅酸蓄电池铅回收过程污染过程及规律研究、清洁生产、设施运行、监督管理等内容开展案例研究，相关成果在湖北金洋冶金股份有限公司和浙江汇同电源有限公司得到应用，为废铅酸蓄电池铅回收企业推进污染控制，探索最佳技术和管理实践，实现环境污染综合控制、提升环境管理能力发挥了重要作用。

5 管理建议

我国政府部门应健全法律法规，规范回收体系，加强执法和宣传力度，制定经济促进政策，完善铅酸蓄电池回收利用体系。在充分发挥市场自身调节作用的同时，通过宏观管理来引导再生铅行业的健康发展。

（1）健全蓄电池铅回收领域政策标准体系

建立完善的政策法规和标准是控制废铅酸蓄电池回收污染、保护环境的基础。通过对美国、欧洲等国的废铅酸蓄电池污染控制情况进行研究发现，建立健全的法规体系是实现污染控制最重要的、也是首要的一步。我国目前铅酸蓄电池回收的相关法规和标准的缺失、相关法律主体责任不明确造成了该行业管理混乱。因此，提高我国废铅酸蓄电池铅回收行业污染控制水平的当务之急是建立相关的管理法规和标准体系。

1）建立废铅酸蓄电池铅回收最佳可行技术和最佳环境管理模式。应借鉴国外先进经验，并在此基础上建立科学的方法规范技术的应用和实践管理行为。制定蓄电池铅回收行业污染防治技术政策，建立废铅酸蓄电池最佳可行收集管理模式，探索废铅酸蓄电池铅回收污染控制最佳可行技术和最佳环境管理模式，开发废铅酸蓄电池铅回收技术筛选和评估方法。以便从技术角度为提高我国铅酸蓄电池回收行业污染控制水平提供技术和管理依据。

2）推进铅酸蓄电池铅回收清洁生产标准的贯彻落实以及清洁生产审核方法的开发工作。循环经济和清洁生产是对传统经济发展观念、资源利用模式和环境治理方式的重大变革，有利于提高经济增长质量、节约资源能源和改善生态环境，是建设资源节约型、环境友好型社会，落实科学发展观、实现可持续发展的必然要求。循环经济和清洁生产要求在生产、流通和消费过程中遵循减量化、再使用和资源化原则，其直接效应就是节能、降耗、减排，而废铅酸蓄电池铅回收环节也必然应成为中国发展循环经济的必要组成部分。建议全面落实废铅酸蓄电池铅回收清洁生产标准，并推进废铅酸蓄电池清洁生产审核指南编制工作的立项工作，为我国推进废铅酸蓄电池铅回收企业的清洁生产工作的开展，减少重金属污染提供技术依据。

3）推进废铅酸蓄电池铅回收系列技术规范。对于废铅酸蓄电池收集者、运输者、再生产者、综合利用者以及监督执法者等都尚无明确和具体的要求。为加强我国废铅酸蓄电池回收和再生产管理，建议制定切实可行的废铅酸蓄电池处理污染控制、设施运行及监督管理技术规范，为规范铅回收企业的设施运行行为，为地方环境保护行政主管部门实施监督管理提供科学的方法和依据。

（2）建立科学规范的经济运行机制

鉴于回收环节的管理难度大，国家有必要建立相关经济激励机制以改变这种散乱而危害环境的回收现状。为使符合国家环保要求、技术先进的企业快速发展壮大，国家应建立相应的经济激励制度，运用税费、信贷、拨款、价格、奖金等价值工具，贯彻经济利益原则，调动再生铅企业保护环境的积极性。

在税收方面，国家应减轻再生铅企业的税负，使进销项增值税平衡；对于达到较高的环保、安全、能耗、资源利用率等指标的企业减免增值税等相关税收，鼓励先进企业发展；或将再生铅列为给予优惠政策的资源综合利用产品目录中，对取得生产许可证企业生产的再生铅产品给予税收优惠。

在资金方面，国家在已出台的一系列经济激励政策中，如国债资金贴息项目、资源综合用专项资金项目、企业技术创新基金和循环经济试点单位的建立等，应对再生铅产业加大倾斜力度，激励再生铅企业发展，使优秀的再生铅企业能够迅速发展起来，为国家资源循环利用和环境保护作出更大的贡献。

（3）建立健全相关回收管理体系及制度

通过分析国外发达国家的废旧铅酸蓄电池污染控制情况，可以总结出废旧铅酸蓄电池的两个主要回收途径：第一条途径是由蓄电池制造商通过其零售网络组织回收，如美国。第二条途径是由依照政府法规批准的专门收集废旧铅酸蓄电池和含铅废物的联盟和回收公司运作，这些废料商从各种可能的途径收集到废旧铅酸蓄电池、杂铅等含铅废弃物后，再转卖给有规模、有经营许可证的再生铅厂，如法国。国家应基于我国废铅酸蓄电池应用市场以及铅回收市场的实际需求，兼顾考虑技术、经济、管理以及社会可接受性，推进相关回收体系的建设和维护。

综上所述，健全的政策标准体系和铅回收管理制度是基础，严格的执法是保障。不论我国采取何种废铅酸蓄电池回收模式，有法可依是基础，有法必依是行为，执法必严是监管，违法必究是责任。环保、工商等部门应加强监管和执法力度，对于不符合相关法规标准的行为要坚决打击。同时加大宣传力度，提高消费者的环保意识，加强科普宣传，使消费者自觉投入废电池环保回收事业，形成良好的社会风气。逐步解决我国废铅酸蓄电池回收混乱、污染严重的现状，建立环保、高效、公平的资源回收利用体系。

6　专家点评

项目分析了国内外废铅酸蓄电池污染防治现状，研究了废铅酸蓄电池收集和再生过程铅污染的形成和排放规律，提出了废铅酸蓄电池铅再生最佳可行技术和最佳环境管理模式，参与编制了《清洁生产标准　废铅酸蓄电池铅回收业》（HJ 510—2009）、《废铅酸蓄电池处理污染控制技术规范》（HJ 519—2009）、《再生金属冶炼污染防治最佳可行技术指南——铅（报批稿）》和《铅酸蓄电池生产及再生污染防治技术政策（报批稿）》等多项标准和技术指南。项目研究成果对我国废铅酸蓄电池收集、处理和处置过程的环境管理提供了技术支撑，也支持了我国重金属污染防治工作的开展。

项目承担单位：中国科学院高能物理研究所、沈阳环境科学研究院、中国环境科学协会、
　　　　　　　中国汽车技术研究中心
项目负责人：陈扬

废干电池污染控制指标体系及
技术规范研究

1 研究背景

废干电池包括废一次干电池和废二次干电池两大类，用量最大、群众最关心、媒体报道最多的是废一次干电池。我国是一次性干电池生产和消费大国，2010年总产量432亿只，按中性锌锰、碱性锌锰（圆柱、扣式、方型）分类，产量分别为中性锌锰电池246亿只，碱锰电池94亿只，扣式碱锰电池约90亿只，方型碱性锌锰电池约2亿只。一次性废干电池含有酸碱和汞、镉、铅、锌、锰等重金属，且废干电池产生量大，污染面广。因此，废干电池的污染不容忽视。

多年以来，废电池污染及其治理一直是我国公众最为关注的环保问题之一，也得到过中央政府的高度重视。2003年10月9日，原国家环境保护总局、国家发展和改革委员会、原建设部、科学技术部和商务部联合发布了《废电池污染防治技术政策》（环发 [2003]163号），成为指导我国废电池污染防治工作的一份纲领性文件。之后，我国的废电池污染防治工作取得了一定的进步。至今，距《废电池污染防治技术政策》发布已10年，废干电池的污染及回收利用问题依然是社会广泛关注和争议的焦点，公众普遍困惑到底该不该回收废干电池，已经回收的废干电池应该到哪里去？

目前，我国98%以上废干电池同城市生活垃圾一起处置，而生活垃圾无害化恰恰是我国环境保护的薄弱环节，我国混合垃圾的末端处置场所，如垃圾填埋场和焚烧厂的污染防治还处在发展初期。填埋是我国生活垃圾处理最常用的方法，据调查，全国符合环保标准的垃圾填埋场太少，大多城市生活垃圾填埋场未按国家要求配套建设渗滤液处理系统，尤其农村地区，很多田头、路旁、水边以及干涸的河道均成了天然垃圾场，废干电池中的重金属可能通过渗滤作用污染水体或土壤。国家环保总局2001年7月对全国生活垃圾处理处置设施的污染物排放情况及其对周围环境的影响调查结果显示，全国17个垃圾焚烧厂中，有12个排放烟气中的部分指标不能达到国家控制标准，即使是投资过亿元的深圳市龙岗区中心城环卫综合处理厂和深圳市市政环卫综合处理厂亦不能全部达标。可见，废干电池与生活垃圾混合处理存在环境隐患。那么，回收利用废干电池是不是可行呢？调查显示，近几年，随着国家环保工作的加强和民众环保意识的提高，北京、上海、成都、武汉、重庆等各地纷纷组织废电池回收活动，然而回收的废干电池却面临无处可去的尴尬处境，我国废干电池管理陷入两难困境。

随着技术的发展，低汞甚至无汞的干电池正成为电池市场主体，干电池含汞量已经通过技术手段得以控制，不会对环境和人体健康产生显著影响，然而废干电池具有危害小、数量大、分布广的特点。单从干电池消费的全过程来看，涉及电池的设计、生产、销售、消费、收集、运输、储存、处置和处理等各个环节，其管理工作是一项复杂的系统工程。因此，迫切需要调查我国废干电池处置和回收利用现状，研究提出废干电池污染控制指标体系及相应的环境监管技术与对策，为国家环境管理提供技术支撑。

2 研究内容

以一次性废干电池为主要研究对象，首先对国内废干电池处置、回收利用现状和国内外废干电池污染控制技术及相关立法进行全面调查研究，在完成国家实施废干电池限汞政策成效评估、废干电池与生活垃圾混合填埋环境风险评估、废干电池与生活垃圾混合焚烧环境风险评估以及废干电池单独回收处理环境风险评估研究的基础上，对废干电池处理技术路线进行筛选，并研究建立废干电池污染控制指标体系和环境监管技术规范，探索研究废干电池回收体系，最终提出符合我国国情的废干电池管理对策和建议，为国家管理废干电池提供技术支撑。

3 研究成果

（1）首次评估了我国实施电池限汞政策成效

采集大、中、小型城市和偏远乡村地区销售的不同品牌干电池，测试其含汞量，并调查相应电池企业生产规模和电池行业总用汞量削减情况，结合国家质量监督部门电池产品质量抽查结果对电池限汞成效进行全面评估，找出我国电池限汞政策的不足之处，有针对性地提出完善、加强电池产品汞污染防治工作建议。

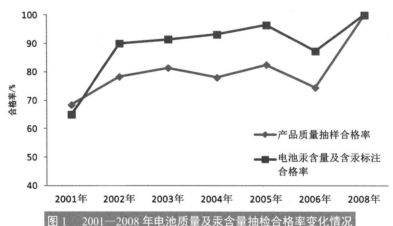

图 1 2001—2008 年电池质量及汞含量抽检合格率变化情况

（2）系统评估了我国当前废干电池处理处置方式环境风险

通过调查我国废干电池处置现状和实验室实验，评估废干电池与生活垃圾混合填埋、焚烧及单独回收处理等不同处置方式存在的环境风险。我国当前废干电池主要随生活垃圾混合处置，废干电池仍是我国含汞最多的生活垃圾，主要原因是含汞扣式电池和低汞一次干电池仍然被大量生产或使用，汞含量超标几千倍的假冒电池依然在市场流通。与此同时，干电池中的镉和铅也存在超标现象。而生活垃圾无害化是我国环境保护的薄弱环节，垃圾填埋场和焚烧厂的污染防治还处在发展初期，我国现行废干电池与生活垃圾混合处置方式存在较大环境风险隐患；我国政府部门和民间组织的回收废旧电池活动仍处于初级阶段，回收率不足2%，回收电池不能得到安全的处置，不能从根本上解决问题，依然存在环境风险隐患。

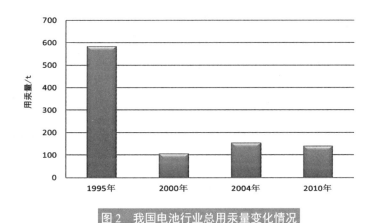

图2　我国电池行业总用汞量变化情况

（3）建立了国内首个废干电池污染控制指标体系

通过调查国内废干电池处置、回收利用现状及存在的环境问题，并对废干电池成分进行检测分析，测定一次性废干电池中 Hg、Cd、Pb、Mn、Zn、Fe、Cu、As、Ni 等重金属含量，确定电池中主要有害成分；结合废干电池当前处置方式环境风险评估结果，对废干电池当前处置方式和典型回收利用工艺污染环节进行分析，根据干电池分布特点和我国废干电池管理现状，从源头控制、回收利用、末端治理 3 个方面提出建立"废干电池污染控制指标体系"（详见表1）。

（4）研究提出了《废干电池污染控制技术规范（建议稿）》

在对我国废干电池环境管理现状进行调查的基础上，研究提出《废干电池收集、贮存、运输技术规范》；《废干电池回收处理污染控制技术规范》和环境监管技术规范。

（5）筛选提出了符合国情的废干电池回收处理技术路线

通过调研，采取指标对比方式，对国内外废干电池回收处理工艺的环境友好型等方面进行了综合比较分析，筛选提出"采用物理分选—化学提纯处理技术"和"机械分离

表 1 废干电池污染控制指标体系

控制阶段	控制过程	主要污染因素	污染控制指标及排放限值		管理要求及污染控制措施	备注
源头控制	电池生产	电池生产过程有毒有害原辅材料及添加剂的使用，如汞和镉、铅	电池汞、镉、铅含量限值	汞含量：纽扣电池：≤ 1 μg/g；非纽扣电池：≤ 20mg/g；碱性电池：镉≤ 20 μg/g，铅≤ 40 μg/g；非碱性电池：镉≤ 200 μg/g，铅≤ 2000 μg/g	1. 打击假冒伪劣产品；2. 取消电池低汞标准，实现电池无汞化；3. 加强对汞销售的监督管理、淘汰糊式电池及民用市场汞限量供应；4. 调整产业结构，淘汰镉镍电池，提倡使用二次电池，推广绿色产品；5. 借鉴欧盟生产者责任延伸制出台政策，建立废电池回收体系，逐步实现回收所有废干电池目标	指标参考 GB 24427—2009 结合本课题研究建议修订限值
	电池销售					
	电池进口					
回收处理	集中焚烧	含汞、镉、铅重金属烟气污染大气环境，同时产生大量含重金属废渣		—	禁止	
	集中填埋	渗滤液重金属浸出和迁移,污染土壤、地下水,最终危及食品安全和众人民群健康	渗滤液污染物排放限值	pH: 6～9，汞≤ 0.05mg/L，镉≤ 0.1mg/L，铅≤ 1.0mg/L，镍≤ 1.0mg/L	1. 实施单位优先考虑电池生产企业，回收主体必须具备危险废物处置资质；2. 标准化危险废物填埋场，需经预处理后方可入场填埋	指标参考 GB 8978—1996
	采用干法工艺回收处理废干电池	含重金属废气、废渣排放，重金属迁移污染大气环境	废水污染物排放限值	pH: 6～9，汞≤ 0.05mg/L，镉≤ 0.1mg/L，铅≤ 1.0mg/L，镍≤ 1.0mg/L	1. 实施单位优先考虑电池生产企业，回收主体必须具备危险废物处置资质；2. 电池行业全面停止使用汞之前，必须套承回收装置；3. 工艺废气治理和工艺废水治理必须配套可掌握的重金属污染治理措施；4. 企业试运行期间，必须委托有资质单位鉴定工艺废渣性质，并按相应标准规范要求管理和处置；5. 处理企业必须设置卫生防护距离	指标参考 GB 8978—1996
	采用湿法工艺回收处理废干电池	含重金属废气、废水、废渣排放污染环境	废气污染物排放限值	汞≤ 0.015mg/m³，镉≤ 1.0mg/m³，铅≤ 0.9mg/m³，镍≤ 5.0mg/m³		指标参考 GB 16297—1996
	采用干—湿法工艺回收处理废干电池	含重金属废气、废水、废渣排放，重金属迁移污染环境	固体废物按 GB 5085—85 判定性质			

控制阶段	控制过程	主要污染因素	污染控制指标及排放限值		管理要求及污染控制措施	备注
末端治理	堆肥	重金属浸出和迁移、污染土壤、地下水，污染粮食、蔬菜，最终危及食品安全和人民群众健康	—		禁止	
	与生活垃圾混合处置　填埋	渗滤液重金属浸出和迁移，污染土壤、地下水，最终危及食品安全及食品安全人民群众健康	渗滤液污染物排放限值	pH: 6～9 汞≤0.001mg/L 镉≤0.01mg/L 铅≤0.10mg/L 镍≤1.0mg/L	1. 加强生活垃圾管理，提高生活垃圾收集率，保证生活垃圾集中进入标准化填埋场处置； 2. 若为简易填埋：必须分选废电池	指标参考 GB 16889—2008 和 GB 8978—1996
	焚烧	含汞、镉、铅重金属烟气污染大气环境，同时产生大量含重金属废渣	焚烧废气污染物排放限值	汞≤0.2mg/m³ 镉≤0.1mg/m³ 铅≤1.6mg/m³	1. 加强生活垃圾管理，提高生活垃圾收集率，保证生活垃圾集中进入标准化焚烧场处置； 2. 必须分选废电池	指标参考 GB 18485—2001
			焚烧飞灰	按危险废物处置		
			焚烧废渣	按一般固体废物处置		

与干法相结合处理技术"是当前符合我国国情,且具有发展前景的废干电池回收处理技术路线。技术优势是:这两种处理工艺均考虑了电池中汞的回收和治理,综合回收率高,可有效控制二次污染。

(6)研究提出了《废电池污染防治技术政策》修订建议

《废电池污染防治技术政策》发布已 10 年,政策明令淘汰的高汞电池仍有流通,政策提出的淘汰糊式电池和镉镍电池工作也无进展。废干电池污染防治的效果更大程度上取决于政策的落实,更需要废干电池污染防治管理细则的尽快出台和有效实施。该研究项目就该政策中若干条款提出了修订建议。

(7)研究提出了我国电池汞含量限值修订建议

采集国内大、中、小型城市和偏远乡村地区流通的不同品牌干电池,测试汞含量,结合国外电池汞含量标准或限值调查结果,对我国现行《关于限制电池产品汞含量的规定》和《锌 - 氧化银、锌 - 空气、锌 - 二氧化锰扣式电池中汞含量的限制要求》中有关电池汞含量限值提出了具体修订建议。

(8)探索研究废干电池回收体系,提出废干电池回收利用的政策需求和资金补贴建议

1)废干电池收集试验

本研究在兰州市开展废干电池收集试验,研究总结废干电池收集方法和经验,为我国探索建立废干电池回收体系提供技术支撑,对于我国探索建立废干电池回收体系具有重要参考意义。

2)废干电池处理企业调研

通过对废干电池回收处理企业调研,发现我国废干电池进行再生利用是单从技术角度考虑是可行的,由于回收难,导致该项工作经济不可行。回收处理废干电池企业需要政策鼓励和补贴,才能勉强维持运行。不考虑建厂需求,平均每节电池需要补贴 0.05 ~ 0.06 元。

4 成果应用

(1)服务于决策

《我国实施电池限汞成效评估报告》和《废干电池管理对策及建议》等 3 篇研究报告选为甘肃专报信息上报环境保护部。

(2)服务于管理

废干电池污染控制指标体系应用于甘肃省固废防治工作中。

(3)服务于标准、规范的修订

1)向环境保护部提交《废电池污染防治技术政策》修订建议,为《废电池污染防治技术政策》修订工作提供了很好的理论支撑。

2)依托于项目研究成果,对我国电池汞含量限值提出了修订建议。

5　管理建议

废干电池管理是一项复杂的系统工作，其管理过程应根据国情综合考虑环境、经济、技术水平和行业发展等多方面的因素循序渐进，不能走向极端，更不能一蹴而就。因此，结合我国在废干电池处置、回收利用及管理方面存在的问题，建议废干电池管理工作本着无害化、减量化和资源化的原则分期开展：近期建议开展有关废干电池分类及回收方面的宣传教育、调整电池行业产品结构等工作；远期考虑建立废干电池回收体系，促进废干电池回收利用。

（1）近期管理对策及建议

1）结合我国实际，加快《废电池污染防治技术政策》的修订和废干电池污染控制相关标准规范制定。

2）加强有关废干电池知识的正确引导和宣传，尤其需要重视有关电池分类知识的宣传；大力推广无汞电池、高功率、可充电池等"绿色环保"产品的应用。

3）加强干电池质量监督执法力度，剔除假冒伪劣产品。电池产品限汞至今，市场上仍有汞含量超标上千倍的假冒伪劣电池流通，其销售总量无法估计。当前首先应严厉打击假冒伪劣产品，查处取缔废干电池假冒产品生产厂家，追溯批发者、生产者的责任。通过有奖举报活动，动员全社会广泛参与举报销售、生产劣质电池的企业，构筑从生产到批发、流通和使用全过程执法体系，最大限度地阻止高汞电池流向社会。

4）调整电池行业产品结构，限期淘汰糊式电池和民用市场镍镉电池，限制普通锌锰电池和扣式碱锰电池的生产，鼓励干电池生产向碱性电池、镍氢电池、锂电池等低污染或无污染的环保型电池方向发展。

5）借鉴欧盟生产者责任延伸制度经验，立法或出台相关政策，强制回收纽扣锌锰电池和镍镉电池。

据调查，2010 年我国扣式碱锰电池的用汞量约 100 t，镍镉电池的用镉量约 5 800 t，均居行业首位。我国《重金属污染综合防治"十二五"规划》明确提出重金属污染实行总量控制，汞、镉属于重点防控的第一类重金属污染物。重金属污染具有持续累积、不易降解的特性，而环境容量有限。从可持续发展角度考虑，我国应强制回收纽扣锌锰电池和镍镉电池。

6）继续推进、深化电池行业限汞

①彻底实现一次干电池的无汞化

目前，虽然电池用汞量已基本达到国家九部委规定的要求，但电池用汞总量仍然是一个不可忽视的数据。近 10 年来的技术进步，使电池的无汞化技术已经成熟，就目前的无汞或低汞化技术来看，碱性电池和纸板锌锰电池已完全可实现无汞化，普通锌锰电池无汞化技术已成功应用，且市场占有率接近 50%，扣式碱锰电池已实现低于 2% 的标准，国内最新的技术可实现完全无汞化（扣式碱性锌锰电池无汞化技术与装备已列入电池行业重点清洁生产技术推广应用名录）。因此，要有效削减电池行业的用汞量，需要继续深化电池限汞政策，在普通锌锰电池企业重点推广无汞化技术，强化扣式电池低汞化标准的执行力度，尽快出台普通锌锰电池和扣式碱锰电池无汞化的法律法规，彻底实现一次干电池的无汞化。

②加强对汞销售的监督管理，电池行业用汞限量供应

建立汞原料销售渠道的管理机制。如果在国家实施电池限汞政策控制的同时，对电池生产企业进行汞原料限量供应，电池行业汞的领取和使用采取执行登记、严格审批和总量控制制度，将会更加有效地降低电池中汞的用量。

7）加快城镇及农村生活垃圾处理设施建设

目前，我国 98% 以上废干电池同城市生活垃圾一起处置，全国符合环保标准的垃圾处理厂太少。在短期还无法实现废干电池回收利用的形势下，应加快城镇及农村地区生活垃圾处理设施建设，排除废干电池随生活垃圾共同处理潜在的环境污染隐患。

（2）远期管理建议

1）探索干电池的生命周期管理，建立电池社会化管理体系。

2）探索建立废干电池回收体系。

6 专家点评

该项目全面调查了国内废干电池处置、回收利用现状和国内外废干电池污染控制技术及相关立法情况，首次评估了我国实施电池限汞政策成效，系统评估了我国当前废干电池处理处置方式和环境风险，建立了国内首个废干电池污染控制指标体系，筛选提出了符合国情的废干电池回收处理技术路线，研究提出了《废干电池污染控制技术规范（建议稿）》，并探索研究废干电池回收体系，先后凝炼提出了"加强我国废干电池管理相关政策"若干建议。项目研究提出的《废电池污染防治技术政策》修订建议和电池汞含量限值修订建议，具有重要的参考价值；项目研究成果对促进我国废干电池污染防治和相关政策措施制定，推进废干电池污染控制指标体系及回收体系建设，有效应对废干电池污染具有重要技术支撑作用。

项目承担单位：甘肃省环境科学设计研究院、兰州大学
项目负责人：高发奎

农村生活垃圾收集处理关键技术研究

1 研究背景

随着农村经济发展和农民生活水平的不断提高，我国每年农村生活垃圾的产生量已经超过 1 亿 t，且在以每年 10% 的速度增长，农村生活垃圾成为农村环境整治中亟须解决的问题。由于农村地区环境管理基础薄弱、居民环境保护意识不高，垃圾随意丢弃现象严重，不但严重影响了农村地区的空气质量与环境美观，而且垃圾中的大量污染物经由地表径流渗入地下或进入水体，对农村周边地表环境产生极大的影响。

长期以来，我国只注重城市垃圾收集与处理，每年投入大量资金用于城市垃圾处理，且已相继出台城市生活垃圾卫生填埋、焚烧处理等相关技术规范，城市生活垃圾收集、转运、处理正在走向常规化、标准化。与之相对比，我国大部分农村地区每年产生的大量生活垃圾基本未经过任何处理，农村地区生活垃圾的堆放、收集、转运与处理也缺乏行之有效的监管政策制度，没有任何规范性的技术要求，农村生活环境不断恶化，土壤和水资源正承受着严重的污染威胁。因此，我国亟待开展农村生活垃圾收集处理关键技术与监督管理政策方面的研究。

2012 年党的十八大胜利召开，把生态文明建设放在突出地位，作为农业大国，农村将是生态文明建设的主战场，农村环保工作必将以更快的速度向前推进。

本项目开展农村生活垃圾收集、转运与处理关键技术研究，探讨农村生活垃圾监管政策、法规与制度，符合《国家中长期科学和技术发展规划纲要（2006—2020 年）》、《国家环境保护"十一五"规划》和《国家环境保护"十一五"科技发展规划》中的发展要求，符合当前国家农村环境管理的需求，可为我国农村地区生活垃圾收集与处理工作提供基础性技术指导，同时还可推广适用农村地区的生活垃圾处理工艺、强化农村生活垃圾资源化与循环利用，对建立完善的农村生活垃圾防治与监管政策体系，强化农村地区综合环境管理提供基础性的技术支撑与政策保障具有重要意义。

2 研究内容

（1）农村生活垃圾污染特征及其收集布点技术研究

研究我国不同地区、不同经济社会条件下农村生活垃圾污染特性及其现状；剖析农村生活垃圾来源、组成及去向，探讨生活垃圾源头分类可行性；形成适合我国不同地域、不同经济社会条件的农村生活垃圾收集布点方式。

（2）农村生活垃圾转运技术研究

对现有生活垃圾转运技术在典型农村地区应用对环境改善或造成的影响进行评估，并从环境效益、经济效益等方面对生活垃圾转运技术在农村应用的可行性进行综合评判，构建农村生活垃圾转运系统设备优化配置模型。

（3）农村生活垃圾处理技术评估与优选研究

考虑典型农村地区自然地理条件与经济条件，选用综合分析评价方法开展农村生活垃圾处理技术评估与优选研究，筛选出技术成熟、运行成本低廉、符合我国农村实际情况的农村生活垃圾处理技术。

（4）农村生活垃圾污染防治监管政策研究

以基于改善农村环境为目的，从强化政府监察职能入手，针对乡镇级及以下行政单位，提出农村环境监察职能方案，为切实改变农村环境的监督管理现状提供政策依据。

3 研究成果

（1）通过对广东、四川和黑龙江等地农村垃圾产生与收集现状的调查研究，基本明晰上述区域农村生活垃圾的产生强度，以及区域差异、能源结构、经济收入等因素对垃圾产量和组分的影响关系；基于 GIS 的地理空间网络数据库，采用最短路径分析方法，建立了农村生活垃圾收集布点优化技术方法，可为农村生活垃圾收集点选址提供数据与技术支持。

（2）构建了低成本农村生活垃圾转运系统设备优化配置模型，在此基础上建立了农村垃圾转运站布点技术，综合考虑空气污染、噪声污染、废水污染等环境因素对周边居民的影响，合理设置垃圾堆放收集点和转运站，提出低成本转运工艺、配置转运系统，为改变农村周边环境的"脏、乱、差"现状提供有力技术支撑。

（3）针对农村自然特征与社会特征，提出适宜的农村垃圾分类处理与资源化途径，建立了农村生活垃圾处理技术评估优选方法，可为农村地区选择垃圾处理处置技术提供技术指导。

（4）以广东、黑龙江和四川省典型村镇为研究实例，借助于项目研究建立的农村生活垃圾收集布点优化技术方法、农村生活垃圾转运系统设备优化配置模型和农村生活垃圾处理技术评估优选方法，提出了较为合理的农村生活垃圾收集、转运和处理方案。

（5）研究分析了我国农村生活垃圾污染防治和环境监督管理工作现状和存在的问题，明确了农村环境监督管理需求，提出了强化农村环境监督工作政策建议，为环境保护部相关职能部门制定管理政策、标准与规范提供了参考与借鉴。

4　成果应用

（1）向环境保护部上报了《农村生活垃圾处理及污染防治技术建议》和《农村生活垃圾污染防治监督管理政策建议》，为加强我国农村生活垃圾的环境管理提供了参考和借鉴。

（2）项目研究成果已在广东省和黑龙江省部分市县乡镇制订环境卫生设施专项规划与城乡清洁工程实施方案、编制农村生活垃圾收集处理规划工作中得到应用，为上述地区垃圾收集点的建设和管理、垃圾收运处理方式的选择提供了重要的技术支撑。

5　管理建议

（1）从技术政策层面提出我国农村生活垃圾收运处理和污染防治建议：加强农村生活垃圾源头分类、灵活采用收运方式；因地制宜选择农村生活垃圾处理处置与资源化模式；通过各种途径保证农村环保资金投入，探索收运处理设施长效运行机制；加大科研投入和成果转化力度，提高农村生活垃圾污染防治现代化水平；促进环保产业向农村环境污染防治领域发展；将环境监测常态化工作向农村延伸；开展与农村环境保护相关的标准规范预研究。

（2）从监督管理层面提出我国农村生活垃圾收运处理和污染防治建议：加强农村生活垃圾污染防治国家和地方政策法规建设；建立健全农村环境监管机构，将环境监察工作向农村延伸；制订与农村环境保护相关的标准规范；出台地方农村生活垃圾污染防治方案和规划；加强宣传培训、在有条件地区探索推行垃圾源头减量、分类收集工作；继续深入推行农村环境综合整治目标责任制度和考核制度；探索"以奖促治"长效运行机制。

6　专家点评

该项目研究建立了农村生活垃圾收集布点技术方法、构建了农村生活垃圾转运系统设备优化配置模型、提出了农村生活垃圾处理技术评估与优选方法，并在不同地区开展了农村生活垃圾收运处理实例分析，上报了《农村生活垃圾处理及污染防治技术和监管政策建议》。研究成果已在部分地区得到应用，为农村生活垃圾收运处理提供了参考，也可为我国农村生活垃圾管理提供技术支持。

项目承担单位：环境保护部华南环境科学研究所、广州大学、东北林业大学
项目负责人：蔡美芳

高产量有毒化学品调查及其
名录管理技术研究

1 研究背景

近年来,有毒有害化学品的环境安全性已成为国际社会及各国关注的重大环境问题,妥善管理化学品也成为各国可持续发展的趋势和目标之一。面对众多的化学品,发达国家在化学品管理中提出了一种从环境暴露角度入手对化学品开展研究与管理的方式,在危害属性未知的情况下,对具有潜在高环境暴露风险的高产量化学品开展调查研究,筛选出需优先关注的高产量有毒化学品。许多发达国家已建立了一套成熟的高产量化学品环境管理体系,对于预防和控制高产量化学品所带来的潜在环境风险发挥了重要的作用。而在化学品环境问题已日趋严重的我国尚未开展高产量化学品研究工作,没有任何管理部门对该类化学品开展系统的调研、筛查与管理工作。这就使得管理部门不能准确、全面地掌握高产量化学品对环境及人体健康所存在的潜在高风险,难以在科学合理的环境管理体系框架内对其实施重点管理。因此,有必要开展我国高产量化学品调研以及高产量有毒化学品筛选研究。

本项目通过调研分析发达国家高产量化学品管理的相关模式与制度,研究建立了适合我国国情的高产量有毒化学品识别标准,在全面掌握我国高产量化学品现状的基础上,应用该标准筛查出我国的高产量有毒化学品,同时研究提出了高产量有毒化学品名录管理技术框架,初步构建高产量有毒化学品管理信息系统,为我国高产量有毒化学品的管理提供了参考性管理思路与管理手段,对于补充完善整个化学品管理体系具有重要意义。

2 研究内容

(1)收集、调研发达国家高产量化学品环境管理状况,分析总结在管理思路、运作模式等方面的经验,可对我国高产量化学品研究与管理提供借鉴作用;

(2)对环境关注类有毒化学品的国内外情况进行调研,研究建立适合我国国情的高产量有毒化学品识别标准;

(3)研究性进行我国高产量化学品调查与信息收集工作,提出高产量化学品清单;

(4)筛查提出高产量有毒化学品清单,为化学品管理提供针对性管理目标;

(5)研究建立我国高产量有毒化学品名录管理技术框架,开发设计我国高产量化学品环境管理信息系统。

3　研究成果

（1）初步研究建立了我国高产量化学品清单

从分析目前我国常见化工产品的角度入手，以 16 383 种化工产品和涉及的 12 117 家企业作为调查的目标对象，采取问卷调查法、电话调查法、文献调研法、专家咨询法和实地调研法等相结合的综合调查方法，重点对于化学品的产量、产能、主要用途、生产企业信息等进行了调研。对于总产能（基于调查企业）超过 1 000 t/a（含）的化学品，经过行业专家的多次讨论以及必要信息的补充调查，最终提出了包含 2 075 种化学品的高产量化学品清单。

（2）筛查提出了高产量有毒化学品清单

从环境管理的角度入手，研究建立了有毒化学品判别标准，如下表。

项目研究界定的有毒化学品判别标准

指标	判别标准描述	对应标准
（1） PBT／vPvB	在环境中具有持久性且易蓄积在生物体内、长期接触可能对人体健康和生物产生严重危害；或在环境中具有高持久性和高生物蓄积性	《持久性、生物累积性和毒性物质及高持久性和高生物累积性物质的判定方法》（GB/T 24782—2009）
（2） 水环境毒性	● 96 小时鱼类急性毒性试验 LC_{50} 小于等于 10 mg/L；或 ● 48 小时甲壳纲类急性毒性试验 EC_{50} 小于等于 10 mg/L；或 ● 72 小时或 96 小时藻类或其他水生植物急性毒性试验 ErC_{50} 小于等于 10 mg/L；或 ● 鱼类、甲壳纲类、藻类或其他水生植物的 NOEC 或 ECx 小于等于 1mg/L，并且不能快速降解；或 ● 能够快速降解且 NOEC 或 ECx 小于等于 0.1mg/L	《化学品分类、警示标签和警示性说明安全规范对水环境的危害》（GB 20602—2006）
（3） 致癌性	根据人类流行病学证据，已知对人类具有致癌能力；或根据动物致癌性数据，可疑对人类有致癌能力	《化学品分类、警示标签和警示性说明安全规范致癌性》（GB 20597—2006）
（4） 致突变性	根据人类流行病学研究的阳性证据，已知能引起人体生殖细胞可遗传的突变的化学品；或根据动物试验的阳性结果，应认为可能引起人体生殖细胞可遗传的突变的化学品	《化学品分类、警示标签和警示性说明安全规范生殖细胞突变性》（GB 20596—2006）
（5） 生殖发育毒性	根据人类的数据，已知对人类的生殖能力、生育或发育造成有害效应的；或根据试验动物的数据，推定对人的生殖能力或对发育具有有害影响的	《化学品分类、警示标签和警示性说明安全规范生殖毒性》（GB 20598—2006）
（6） 急性毒性	● 急性经口毒性试验 LD_{50} 小于等于 50 mg/kg；或 ● 急性皮肤毒性试验 LD_{50} 小于等于 200 mg/kg；或 ● 气体急性吸入毒性试验 LC_{50}（4 小时）小于等于 500 ppm，或蒸汽急性吸入毒性试验 LC_{50}（4 小时）小于等于 2.0mg/L，或粉尘和烟雾急性吸入毒性试验 LC_{50}（4 小时）小于等于 0.5 mg/L	《化学品分类、警示标签和警示性说明安全规范急性毒性》（GB 20592—2006）
（7） 内分泌干扰毒性	列入 WWF 的内分泌干扰物名单、欧盟内分泌干扰物 GROUP I 类物质名单或美国内分泌干扰物名单，具有通过内分泌系统对生物体的生理功能造成不利影响或伤害的外源性化学品	—

依据所建立的上述标准，对我国高产量化学品清单中的化学品进行筛查，研究提出了包含 369 种化学品的高产量有毒化学品清单，清单中每种高产量有毒化学品均附有相应的理化、健康和环境危害性等信息，为我国化学品环境管理工作提供了一定的信息支撑。

（3）高产量有毒化学品名录管理技术框架研究

在目前的化学品管理模式下，我国高产量有毒化学品名录管理技术的实质是为管理部门提供一套针对高产量有毒化学品实施环境管理的综合技术手段，核心在于如何依托化学品管理法规、制度以及技术力量，实现对高产量有毒化学品信息的维护、编辑、更新、统计以及如何更好地为化学品管理服务。通过对高产量有毒化学品开展的筛查研究，以及对高产量有毒化学品管理流程的分析，研究建立了高产量有毒化学品名录管理技术框架，为今后开展高产量有毒化学品管理提供综合性的技术指导。

（4）开发设计高产量化学品环境管理信息系统

以 Microsoft SQL Server 为建库软件，构建了高产量化学品数据库。在此基础上，基于目前主流的微软 .Net 开发平台，采用 C 语言设计开发出"高产量化学品环境管理信息系统"（网络版），系统主界面如下图所示。

高产量化学品环境管理信息系统主界面示意图

该信息系统的开发设计是以项目研究中调研的所有数据信息为基础，包括 16 383 种化工产品信息、近万家生产企业基本信息等。其中，对于属于高产量有毒化学品的物质，还收集了每种化学品的持久性、生物蓄积性、生态毒性、急性毒性、CMR 毒性等健康与环境安全信息。

4　成果应用

（1）依托项目研究成果，向环境保护部提交了《我国高产量有毒化学品环境管理对策建议》等，为我国化学品环境管理提出了一些管理建议。

（2）在环境保护部开展的全国性化学品调查、筛选重点环境管理危险化学品等工作中，本项目研究成果提供了基础研究数据，为建立化学品参考名单提供了直接的技术支持；

（3）"高产量有毒化学品清单"使化学品环境管理的对象更加明确化，更加具有针对性，为环境保护部筛选重点环境管理化学品提供了优选对象，同时也为各级环境保护部门开展化学品重点监管提供了必要的技术支持、基础数据和科学决策依据。

（4）"高产量有毒化学品名录管理技术框架"为深入开展针对具有潜在高暴露风险的高产量有毒化学品的环境管理，提供了参考性管理思路与管理手段，对于补充完善整个化学品管理体系具有重要意义。

（5）"高产量化学品环境管理信息系统"为化学品环境监管提供了一个便捷的管理工具，可供我国各级环境保护主管部门使用。

5　管理建议

（1）**完善立法，全面实施高产量有毒化学品环境管理**

建议在相关化学品管理法律法规的修订或新制定法律法规的过程中，明确将高产量有毒化学品的管理内容体现于法规文本中，配套制定高产量有毒化学品筛查、鉴别、信息收集、环境监测等方面的技术标准。

（2）**建立综合优选机制，对风险较大的高产量有毒化学品实施优先行动**

建议管理部门加大综合优选机制的研究，在采取行动补充完善危害信息的基础上，按照化学物质风险评价的标准程序和方法，对高产量有毒化学品开展深入、量化的风险评估，明确物质的风险特征，提出针对性的风险减少措施。

（3）**加强监管，推进化学品释放与转移登记制度在高产量有毒化学品管理方面的实施**

建议环境保护部门加强对高产量有毒化学品的监管，依托环境保护部发布的《危险化学品环境管理登记办法》，对这些化学品实施化学品释放与转移登记（PRTR）制度，要求生产、使用高产量有毒化学品的企业，依据 PRTR 制度的要求，定期提交高产量有毒化学品的环境释放数量，主管部门依据分析与评价结果，制定控制与减少高产量有毒化学品环境释放的有效措施。

（4）**全面深入地开展高产量有毒化学品的筛查工作**

建议由主管部门结合管理需求，根据全国化学品调查结果，建立高产量化学品名录，并根据现有掌握的化学品危害属性信息，建立首批动态的高产量有毒化学品名录，循序渐进，逐步扩展。采取强制性或自愿性的方式，要求生产、进口高产量化学品名录中化学品的企业，按照信息规范提交高产量化学品的危害属性信息，管理部门对信息进行审核并依据该信息全面开展高产量有毒化学品筛查。

（5）收集完善高产量有毒化学品的所有危害信息

建议环境保护部制定化学品危害信息收集规范，对于危害信息不完整的高产量有毒化学品，要求生产、进口企业必须单独（或联合）提交危害信息，必要时需开展测试对信息进行补充完善。

（6）建立高产量有毒化学品信息公开制度，调动一切力量参与高产量有毒化学品环境管理

建议主管部门设计高产量有毒化学品信息公开的方式，研究建立信息公开门户网站，并最终通过该门户网站将高产量有毒化学品的基本数据向公众公开。一方面能够体现管理的科学性和透明度，保障公众知情及参与权利，另一方面也推动高产量化学品生产使用企业自觉采取措施，保护环境安全，减少环境释放。

6 专家点评

该项目综合运用了多种研究方法与手段，开展了从化学品潜在环境暴露角度进行环境管理的研究，首次明确提出了高产量有毒化学品的筛选标准，并建立了我国高产量有毒化学品清单，提出了高产量有毒化学品名录管理技术框架，设计开发了高产量化学品环境管理信息系统。整个研究工作基础扎实、资料丰富、内容翔实，取得的研究成果强调社会公益性、实用性、创新性和前瞻性。目前，研究成果已经在环境保护部开展的"全国性化学品调查"、"筛选重点环境管理危险化学品"等工作中得到直接应用，对于提高化学品环境管理的针对性和实效性具有积极意义，为环境保护部门化学品环境管理宏观决策提供技术支持和科学依据。

项目承担单位：环境保护部化学品登记中心、中国化工信息中心
项目负责人：孙锦业

第七篇
环境监测与监管领域

2009 NIANDU HUANBAO
GONGYIXING
HANGYE KEYAN ZHUANXIANG
XIANGMU
CHENGGUO HUIBIAN

环保档案信息资源共享框架构建关键技术与示范研究

1 研究背景

环保档案是环境管理、环境保护和应急决策的重要基础，也是制定我国中长期发展纲要和主体功能区规划，开展国际环境问题谈判，维护我国环境权益的重要依据，环保档案的管理水平将直接影响到环保业务的开展及相关工作的质量。

目前，在信息技术突飞猛进的环境下，我国环保档案管理标准规范大都还是纸质文件时代的产物，难以满足信息化时代保障数字环保档案信息资源管理规范化、信息化的需求；我国各地、各级环境保护部门目前独立、分散地管理环保档案，不同区域、不同部门之间没有形成统一的管理和共享架构，各级环境保护部门管理的信息资源形成"信息孤岛"，纵向上下级以及横向跨行政区域的环保档案难以实现全国"一盘棋"的集成管理与共享服务。因此，迫切需要开展环保档案信息资源共享的基础研究工作，为促进环保档案信息资源的共享管理与开发利用提供成果支持。

2009 年环境保护部启动了环保公益性行业科研专项项目——"环保档案信息资源共享框架构建关键技术与示范研究"（项目批准号：200909110）。该项目通过研究环保档案信息资源共享框架及其保障机制，编制系列环保档案信息资源共享规范，研发环保档案信息资源共享原型系统，并开展环保科技档案的整合集成与共享利用示范，填补我国环保档案信息资源共享框架的缺失；提高我国环保档案信息资源管理的标准化、规范化程度；奠定环保数字档案馆建设的基础，具有较大的应用推广价值。

2 研究内容

研究内容包括 3 个层次 6 大内容：第一层次，共享基础理论研究，即环保档案信息资源管理业务流程重组研究、环保档案信息资源共享管理架构研究、环保档案信息资源共享规范研制；第二层次，共享技术实现研究，包括：环保档案信息资源共享关键技术研究、环保档案信息资源共享原型系统研发；第三层次，共享应用示范研究，即环保科技档案整合集成与共享服务应用示范。共享规范、关键技术及软件系统的研究都需要在共享管理架构下进行。在整个共享支撑体系中，软件系统是纽带，一方面是管理架构、技术规范、关键技术的支撑载体，另一方面又是应用示范的窗口。

3 研究成果

"环保档案信息资源共享框架构建关键技术与示范研究项目"自 2009 年 9 月立项以来，按照项目实施方案和实施计划，从环保档案信息资源共享理论研究、环保档案信息资源共享技术实践和环保档案信息资源共享应用示范 3 方面开展了一系列研究工作，完成了项目任务书规定的全部考核指标。具体完成情况如下：

（1）研究形成了环保档案信息资源共享框架及其保障机制

项目研究通过对环保档案信息资源管理业务流程现状的调研，分析了电子环境下环保档案数据管理业务流程的变化，提出涉及环保档案的形成者、管理者和使用者 3 个主体的环保档案信息资源共享业务流程及共享支撑体系架构，设计了环保档案信息资源共享的总体模式和业务流程，完成了环保档案信息资源共享框架及其保障机制研究报告。

环保档案共享总体上采用分布式共享的模式，即：物理上分布、逻辑上统一的各级环保档案管理系统，实现各级环保档案信息资源的自治管理、安全交换和分级共享。项目分别从组织管理、资源整合、知识产权和安全保密等方面对环保档案信息资源共享服务保障机制进行了分析研究。

（2）研究提出了环保档案信息资源共享标准规范体系，编制了 22 项环保档案信息资源管理与共享服务标准规范

项目研究提出了包括指导性标准、通用性标准和专用性标准，涵盖环保档案信息资源的著录、审查、发布、交换和共享利用全过程的环保档案信息资源共享标准规范体系。在此基础上，按照基础性、急用性原则，开展了环保档案信息资源共享服务核心标准规范的研制，形成了涉及环保档案信息资源采集 / 管理标准、交换标准、共享标准和其他基础性标准等方面的 22 项标准规范建议稿，其中 6 项已经纳入环境保护部 2013 年标准规范立项。

（3）研究解决了 5 项分布式环保档案信息资源共享关键技术

环保档案的来源广、数量大、存储分散等特性对其信息资源的共享技术提出了较高要求。项目对环保档案信息资源共享系统的分布式架构、基于 XML 的环保档案元数据著录与管理技术、分布式环保档案目录交换技术、异构环保档案信息资源访问模型以及环保档案数据挖掘等关键技术进行了研究，用于指导环保档案信息资源共享系统构建。

（4）研发了可定制和跨平台部署的环保档案信息资源共享原型系统

在研究分析分布式环保档案信息资源共享业务流程的基础上，提出并设计了环保档案信息资源共享系统的逻辑层次、功能体系等。基于 J2EE 环境，采用 Web Services 技术，实现了环保档案后台著录管理子系统和前台共享服务子系统的开发。编制完成了系统概

要设计、测试报告、系统安装管理、用户使用手册等一系列技术文档。

（5）在国家和地方两个层面，开展了环保档案信息资源整合集成与共享服务的应用示范

环保档案信息资源共享原型系统在环境保护部办公厅文档处、沈阳市环保局信息中心进行了部署。依托上述两个节点，对项目标准规范科学性、适用性、实用性，以及原型系统功能完整性、实用性、性能及安全性等进行了测试验证。重点以环保科技档案和建设项目环境影响评价档案为例，对地方环保档案信息资源的整合、著录、发布和查询及共享交换应用示范。

（6）项目发表论文 18 篇

其中：EI 检索 2 篇，国内核心期刊 16 篇，特别是《分布式环保档案信息资源共享系统研究》一文被中国人民大学复印资料全文转载；取得软件著作权 3 项，专著 2 部（待出版）。

4 成果应用

（1）项目研究提出了环保档案信息资源共享框架，填补了我国环保档案信息资源共享框架的缺失。

（2）项目研究提出了环保档案信息资源共享标准规范体系，编制了标准规范，为指导环保档案信息资源共享标准规范的建设提供了顶层设计。

（3）通过环保档案信息资源共享原型系统在环境保护部办公厅文档处、沈阳市环保局的应用示范，为在全国推广环保档案信息资源集成共享提供了应用实践。

（4）项目研究提出的基于语义和统计模型结合的环保档案信息资源挖掘模式和方法，为环保档案信息资源的挖掘利用提供了可借鉴的技术方法，进一步指导环保档案信息资源产品的生产和利用开发。

（5）项目研究为即将开展的环保档案资源共享工程建设、环保数字档案馆建设提供了重要的解决方案。项目编制的标准规范和原型系统软件可直接应用于各级环境保护部门档案管理机构。

5 管理建议

（1）健全完善环保档案法规标准规范体系

1）创新环保档案工作机制与体系。以环保档案信息资源共享为导向，重点建立和完善四大机制：一是依法管档和科学管档的机制，二是环保档案共享服务长效运行机制，三是环保档案编研与开发利用机制；四是环保档案人才队伍培养和业务培训机制。

2）建立健全环保档案法规标准规范体系，保障环保档案事业持续、健康发展。根据

环保档案的特点，依据本项目提出的"环保档案信息资源共享标准规范体系"，建立健全与现代电子文件管理和开放利用相适应的制度与标准规范体系。

（2）强化环保档案信息化基础设施，启动数字环保档案馆建设

加强环保档案信息化基础设施建设。以切实推进环保档案信息资源共享利用为目标，加强用于环保档案数字化和网络化服务的数字化扫描、在线离线存储设备、计算机服务器、网络环境以及触摸屏等辅助设备的建设。建立集档案、图书资料、展览、阵列为一体的现代化的数字环保档案馆。

（3）**重点推进环保档案信息化建设，加强环保档案信息资源共享服务**

1）环保档案资源数字化。依托环保电子政务信息化、环境监管体系信息化等，加快建设环保档案全文数据库、多媒体档案数据库、业务档案数据库等的建设，推进电子档案接收、自动归档和管理维护，建立配套的软件系统。重点加强重要历史档案的抢救、整理与数字化工作，逐步实现环保档案资源的数字化存储。

2）环保档案传输、交换网络化。在环保档案网络传输、交换制度与标准规范的支撑下，依托环保四级专用网络，推进基于网络的环保档案信息资源内部传输，跨区域、跨部门交换，实现环保档案传输、交换的网络化，促进环保档案信息资源的共享。

3）环保档案服务在线化。基于项目研发的原型系统，推进"一站式"环保档案信息资源共享服务平台建设，为环保系统和社会公众提供在线、高效、便捷的环保档案信息资源网络服务，拓宽环保档案信息资源利用渠道，环保档案利用工作向基层和社会公众延伸，大力提升环保档案服务能力和水平。

4）环保档案信息资源安全化。加强环保档案信息资源保管与开放利用安全教育，落实环保档案信息资源恢复、备份、安全利用制度，在环境保护部和有条件的省市地方机构建立环保档案信息资源异地备份中心。

（4）**面向环保档案信息资源服务，扎实做好环保基础资料归档与编研开发工作**

1）坚持"四同步"，加强前端控制，扎实做好环保基础资料归档工作。依据项目研究提出的现代环保档案信息资源管理业务流程，坚决执行"四同步"制度，按照环保档案工作前移的理念，加强各门类应归档文件的前端控制，做好各级、各地环保档案的归档和管理工作，特别是各项重大活动、环境突发事件等档案材料的收集、归档工作。不断拓展环保资源归档的范围和内容，确保归档文件准确、完整、规范。

2）加强环保档案的抢救、鉴定与整理工作。加快历史重要环保档案资料的抢救、整理工作；环保档案信息资源质量是环保档案信息资源开放共享的核心和价值所在，为此，应加强已有归档资料的鉴定与整理工作，定期公布和出版环保档案汇编目录。

3）深化环保重大建设工程专项档案编研与开发利用。加强污染物减排、民生环境保障、生态环境保护、污染源普查、重点领域环境风险防范、绿色环境经济政策、核与

辐射安全、环境基础设施公共服务、环境监管能力基础建设等环保重大建设工程资料的归档整理与编研挖掘工作，形成环保重大建设工程档案信息产品，大力拓展重大建设工程专项档案的开发利用，有效评估环保重大建设工程实施的绩效。

4）深化环保科技专项档案编研与开发利用。加强水体污染控制与治理国家科技重大专项、环保公益性行业科研专项等环保科技资料和成果的归档整理与编研挖掘工作，形成环保重大科技专项档案信息产品，大力拓展重大科技专项档案的开发利用，提升科技创新服务环境保护事业发展的能力。

（5）发展适应现代环保档案信息资源管理与共享服务的人才队伍

建立环保档案人才评价激励机制。加强人才交流和培训，特别是各省、区、市之间开展对口交流、支援和联系，引导和支持实现引智引力并举，实现区域优势互补和协调发展。重视引进和培养既有档案专业知识、环保知识，又掌握计算机信息技术的复合型人才，不断充实、壮大和优化环保档案人才队伍，逐步形成一支年龄和知识结构优化、业务素质高、讲奉献的适应现代环保档案信息资源管理与共享服务的人才队伍。

6 专家点评

"环保档案信息资源共享框架构建关键技术与示范研究项目"自 2009 年 9 月立项以来，按照项目实施方案和实施计划，从环保档案信息资源共享理论研究、环保档案信息资源共享技术实践和环保档案信息资源共享应用示范 3 方面开展了一系列研究工作，研究了环保档案信息资源共享框架及其保障机制，提出了环保档案信息资源共享标准体系，研发了分布式环保档案信息资源共享关键技术，建立了可定制和跨平台部署的环保档案信息资源共享原型系统，完成了项目任务书规定的各项研究任务和考核指标。项目研究成果经环境保护部和沈阳市环境保护局等相关部门的示范应用，为环保档案业务管理和信息化建设提供了技术支持。

项目承担单位：中日友好环境保护中心、苏州大学、中国科学院地理科学与资源研究所、沈阳市环境信息中心

项目负责人：徐敏

我国静脉产业园区布点规划技术研究

1 研究背景

静脉产业已经成为我国解决资源和环境问题的重要手段。因静脉产业以再生资源为原料，具有资源回收潜力大和潜在污染重的双重特性。一些再生资源回收处理的集散地或集中区环境污染严重，受到国内外广泛关注。为规范静脉产业发展，防止再生资源资源化过程中造成二次污染，国务院、环境保护部、国家发展和改革委员会、商务部等相关部门出台了一系列相关技术政策和技术规范。作为静脉产业最具有代表性的载体，以资源和环境双赢为目标的静脉产业园区化发展成为静脉产业健康可持续发展的最佳选择。

在我国将资源再生产业作为战略性新兴产业的新时期，静脉产业发展需要构建有效的回收体系、技术体系、监管体系、政策保障体系，以满足静脉产业快速发展需求。但是我国静脉产业发展面临着再生资源量统计数据缺失、可回收资源量不明、资源化技术和污染防治技术支撑不足、静脉产业园区环境监管和园区关键点不清、静脉产业推动技术政策无力等问题。环境保护部作为废物处理处置监管主要职能部门和国家静脉产业类生态工业园区主导部门，如何推动静脉产业园区健康发展，将环境优化经济理念融入静脉产业发展全过程，通过提高资源回收水平降低末端废物处理量，有效防治资源化利用过程的污染排放，均需要深入系统研究。

本课题力争通过静脉产业链全过程系统研究，提出我国静脉产业环境管理体系、资源回收体系、资源化技术体系、政策保障体系，为环境管理提供全面支撑。

2 研究内容

分析国内外静脉产业发展现状，确定影响静脉产业发展的关键影响因素，提出推动我国静脉产业发展的政策措施。以静脉产业园区处理的12种典型再生资源为重点，分析其在回收阶段和进入园区后拆解资源化阶段，直至无害化处理阶段的污染物产生环节和排放方式，提出具有针对性的污染防控措施和管理建议。构建基于已有统计数据基础的各省市再生资源可回收量预测分析方法，预测我国各省市各类再生资源的可回收量，绘制静脉产业资源回收区域分布图。对不同情景下静脉产业园区布点进行优化，提出我国静脉产业园区布点优化方案。在分析静脉产业园区功能和核心要素基础上，对静脉产业园区发展模式、产业链构建、污染防控措施、风险防控措施等进行全面系统分析。

3 研究成果

本研究共完成研究报告 7 份，发表相关论文 11 篇，出版《我国静脉产业发展战略》专著 1 部，获得国家发明专利 4 项，提出"我国静脉产业发展问题及对策建议"1 份，培养研究生 4 名。主要研究成果分述如下：

（1）我国静脉产业正处于发展期向成熟期的过渡阶段，静脉产业园区化发展是静脉产业发展的必然结果

从日本和德国静脉产业发展历程看，都经历了萌芽、快速发展、成熟几个阶段。我国目前推动静脉产业的相关法律、法规、规划逐步完善，政策体系和激励机制作用初步显现。产业以政府推动为主向市场机制逐渐发挥主导作用转变。企业在静脉产业发展中的核心作用逐渐显现。政府、科研单位、企业、社会多方参与的产业格局初步形成，具备了产业发展由发展向成熟阶段转型的必要条件。但本阶段仍离不开政府的推动和引导，特别是在资金方面的支持。

（2）完善的回收网络、便利的物流条件和有效的政策保障是静脉产业园区发展的必要条件，产业链、技术创新和龙头企业带动对静脉产业园区发展具有重要作用

回收网络、物流和政策是静脉产业园区发展的必要条件，是静脉产业园区发展的基础。回收网络是保证园区充足物流的基础。静脉产业具有逆向物流的特征，物流成本在生产成本中占有非常大的比重，方便的物流条件是园区降低生产成本占据市场的重要条件。静脉产业与政府的管理政策和经济政策关系密切。产业链、技术创新、龙头企业带动对提升静脉产业园区发展质量具有决定性的作用。

（3）完成了可再生资源可回收量关键参数选择及计算方法，对各省市可再生资源量进行了预测分析

不同种类再生资源来源不同，从类别上可以分为原料类和产品类两大类。原料类包括钢铁、铜、铝、铅、塑料，产品类包括冰箱、空调、电视机、洗衣机、计算机、汽车和轮胎。根据研究，到 2015 年我国可再生利用的废钢铁、废铜、废铝、废铅、废塑料、废轮胎重量将达到 1.4 亿 t，废空调、废洗衣机、废冰箱、废电视机、废计算机、报废汽车报废量达到千万台。其中计算机报废量将近 2 亿台，成为数量最大的报废电子电器。经济发展水平较高和人口较多的省市可再生资源量较大，西部地区相对较少。静脉产业园区建设需要根据各省市各类可再生资源的数量有序推进。

（4）构建了再生资源物流图框架，分析了不同种可再生资源物质流环境监管的关键节点

通过再生资源物流图的分析得出，废塑料的加工利用环节、废铅酸电池的物流配送环节、报废汽车和废弃电器电子产品的回收环节和利用环节、废轮胎的加工利用环节是

环境污染监控的重点，废塑料、废有色金属、废弃电器电子产品是静脉产业园区需要规划监管的重点。

（5）提出了静脉产业园区环境管理的举措及环境风险防控措施，建立了静脉产业园区产业链模式

分析了典型再生资源拆解及资源化典型工艺，明确了其拆解环节、资源化环节污染物排放形式，确定了各类再生资源拆解产生的废物量和可回收再用资源量。以综合处理多类再生资源的静脉产业园区为案例，绘制了静脉产业园区内物质流图，并构建了废旧家电静脉产业链、废旧汽车拆解产业链、废旧机电静脉产业链、深加工产业链、无害化处理产业链，明确了静脉产业园区内典型物质流向。

在全面系统分析静脉产业园区污染物排放点和排放方式的基础上，提出了静脉产业园区项目环境准入条件和产业发展指导目录，制定了静脉产业园区环境风险防控措施。

4　成果应用

本课题全面分析了我国静脉产业发展存在的问题，系统分析了影响静脉产业发展的关键因素，分别预测了我国各省市各种再生资源可回收量，构建了再生资源物质流图，给出了我国静脉产业园区布点规划的建议。这些成果可为我国静脉产业园区布点规划提供依据。为我国构建再生资源回收网络体系、确定静脉产业园区建设规划和处理再生资源种类提供依据。

静脉产业全产业链污染防控关键节点，各节点污染物排放种类及污染防控措施可以为静脉产业环境监管提供依据。静脉产业园区发展存在的问题，园区内产业链构建和环境污染防控措施将为静脉产业园区环境管理提供全面的指导。

本课题是环境管理部门针对静脉产业园区建设的第一个科研项目，研究成果系统梳理了静脉产业及静脉产业园区发展存在的问题，提出了推动静脉产业发展和静脉产业园区建设的政策建议，对加快我国静脉产业有序健康发展具有非常重要的指导意义。

5　管理建议

我国处于静脉产业快速发展时期，存在政策机制不完善、技术水平低、资金支持力度不足、静脉产业园区发展速度缓慢、技术研发力度不够等问题，需要政府和社会多方面参与和支持静脉产业的发展。基于我国静脉产业发展现状和本课题研究成果，提出以下建议：

（1）加强和稳定政府对静脉产业的政策支持和法律建设；

（2）充分发挥市场机制作用，充分调动生产厂商、商业企业、行业协会等相关方的作用，各司其职建立完备的产业体系；

（3）加大技术研发投入，建立产业技术研发体系、产业技术咨询体系、产业技术交流体系，为产业发展提供全面的技术支撑；

（4）加强对静脉产业园区的支持力度，加快静脉产业园区建设，发挥静脉产业在节能环保产业战略性新兴产业中的核心作用；

（5）加强静脉产业园区内以及与其相配套的回收系统的物流综合系统管理，降低园区内污染处理成本，提高环境监管水平；

（6）补充完善静脉产业园区建设标准和技术规范，推动静脉产业园区规范化发展。

6 专家点评

本项目在分析国内外静脉产业发展现状的基础上，开展了我国静脉产业园区布点规划的技术研究，预测了我国各省区主要再生资源的可回收量，构建了静脉产业发展政策体系，提出了我国静脉产业园区布点优化方案，提交了"我国静脉产业发展战略"等报告。超额完成了任务书规定的研究内容和考核指标。项目研究成果已在全国静脉类产业园区规划中得到应用，可为我国《静脉产业类生态工业园区标准（试行）》的修订提供技术参考，增强了我国静脉产业园区建设的技术支撑能力。

项目承担单位：中国环境科学研究院、中国物资再生协会、中日友好环境保护中心、
北京工业大学
项目负责人：刘景洋

环保投资核算体系优化与绩效评价体系建立研究

1 研究背景

环境保护是我国的一项基本国策,环保投资是执行基本国策和实施可持续发展战略的必要保证。我国从 20 世纪 70 年代后期起就充分注意到环保投资对改善环境质量和保证经济发展的重要作用,并一直致力于增加环保投资,但多年来环保投资存在的一些基础性问题尚未解决。突出表现在环保投资的内涵没有合理界定,概念不规范统一同时难以与国际接轨,没有明确的环保投资科目及其统计核算方法,环保活动与设施分类体系尚未建立,导致环保投资数据混乱、失真,与管理需求脱节,环保投资缺乏有效的绩效评价及投资效益总体不高,并直接影响了环境决策和科学发展观的落实。本项目与环境管理实际需求衔接,其产出主要用于解决困扰环保投资统计、分析、宏观决策等方面的多年来的瓶颈问题,符合环境公益科研项目的特点。

2 研究内容

本项研究是在对环保投资调查现状分析的基础上,借鉴国外有关经验,分析环保投资科目和数据分析核算存在的问题,并基于环保投资内涵、环保活动识别,结合国内外环保投资科目核算与绩效评价和典型行业环保投资科目,明确环保活动与设施分类,设计环保投资科目、核算体系、数据质量控制方法,建立投资绩效评价方法,审计分析方法,创新环保投资体制与机制创新,开展环保投资核算体系优化以及评估综合案例研究。

3 研究成果

(1)完成了 3 个典型行业环保投资分析

以煤电、钢铁和水泥三个行业为典型行业,开展了环保投资统计核算分析,研究了各行业环保投资领域与构成,明确了节水节能以及与生产工艺配套项目的投资归属问题。

(2)研究建立了环保投资、环保投入、环保支出内在差异辨析矩阵

系统分析了环保投资、环保投入、环保支出的差异性,界定了适于新时期环保投资核算分析需要的环保投资内涵。

（3）形成一套 5 级的环保投资分类科目

基于环保投资概念界定，结合国外环保活动划分与环保支出分类，提出了随环保活动增加呈现动态开放特征，环保投资绩效相对明显，统计内容全面，层次结构清晰，能够满足环保投资管理新需求的"要素—领域—属性—活动—设施"的 5 级环保投资核算科目体系，明确了环保投资的核算范围与构成。

（4）建立一套环保投资核算方法与数据采集方法

构建了由"工业环保投资"、"生活污染防治投资"、"农业环保投资"、"交通环保投资"、"生态保护和环境综合整治投资"、"环境管理投资" 6 个部分组成的"十二五"环保投资统计制度，同时制定了相关的 18 张统计报表，构建数据采集体系的基本框架，提出了环保投资核算方法与分析程序。

（5）提出了环保投资数据质量控制方法

研究提出了正态分布采用"3σ"方法、非正态分布采用箱型图法和核密度估计方法 3 种具体的数据审核方法，在数据满足正态分布或通过变换满足正态分布的前提下，主要通过"3σ"方法来确定离群值。在不满足正态分布的情况下，通过箱型图法和核密度估计方法两种方法来确定。

（6）初步建立了一套基于项目层面的环保投资绩效评价方法

应用逻辑框架法，分析项目内部存在的"目标—投入—产出—结果"逻辑，基于该逻辑，首先建立项目的绩效评价模型，通过该模型设立的指标体系框架，结合研究提出的 6 条指标体系构建原则，得出包括"资金投入与保障、项目实施与管理、项目产出、项目效果与影响" 4 个方面、共 16 个指标在内的工程类环保投资绩效评价指标体系；在此基础上，研究提出非工程项目环保投资绩效评价指标体系和资金层面的环保投资绩效评价指标体系。其次，采用专家评议法确定指标体系的权重，对单个指标评价分别采用定量目标—结果对比评分法和定性分档定额评分法，最后采用线性加权法对指标进行综合评价，得出项目的绩效分值。

（7）初步构建了一套基于区域层面的环保投资审计方法体系

从投资决策、资金管理使用、投资监督、投资效益 4 方面建立了环保投资审计评价指标体系与方法及环保投资审计评价程序。

（8）形成了创新环保投资体制机制的政策建议

从合理划分环保事权、完善财政性环保投融资渠道、推动建立环保投资快速、稳定和持续增长的长效体制和机制、构建统一、完整、全面、准确的环保投资统计信息发布制度等方面提出了创新环保投资体制机制的政策措施。

4 成果应用

阶段研究成果为环境管理提供了有效的支撑。本研究中建立的环保投资分类科目、核算方法、绩效评价方法、审计分析方法，真实反映环保投资状况，为指导环保投资决策及强化环保投资管理提供科学依据。环境统计相关内容研究为我国"十二五"环境统计报表制度建立提供了有效的技术支撑。环保投资科目体系、统计报表、数据质量控制，环保投资核算、环保投资绩效评价、环保投资审计评价在湖北省黄石市的综合试点工作中为优化环保投资统计核算工作奠定了良好基础。

本项目成果可用于完善环保投资统计核算、指导环保投资绩效评价工作。项目实施有利于优化环保投资结构，提高环保资金使用效率，指导环保投资决策，增强环保投资管理水平。基于同样的环保投资总量，能够产生更大的经济效益、社会效益以及环境效益，促进经济社会协调可持续发展，成果进一步推广应用的前景广阔。

5 管理建议

（1）完善环保投资统计核算范围及科目体系

现行环保投资统计主要来自 3 个领域，即工业污染源治理投资、建设项目"三同时"环保投资以及城市环境基础设施建设投资。上述 3 项环保投资归类没有反映水污染防治、大气污染防治、固废污染防治、噪声污染防治、土壤污染防治、生态保护、核安全与非核辐射以及环境监管能力建设等要素投资情况，需要建立规范的环保投资核算范围及科目体系。

（2）建立环保投资五级分类科目体系，提高投资决策与管理水平

由于现有的工业污染源治理投资、建设项目"三同时"环保投资以及城市环境基础设施建设投资的统计体系难以反映各环境要素投资情况，不利于环保投资决策与管理。本研究构建的"要素—领域—属性—活动—设施"5 层科目体系框架结构能够全面反映各环境要素的投资情况，为提高环保投资决策与管理水平提供了理论依据。

（3）基于新口径调整环保投资统计框架结构

基于新建立的环保投资口径，以强化固定资产投资，着重反映具有直接环保投资效益的投资为目标，构建由"工业环保投资"、"生活污染防治投资"、"农业环保投资"、"交通环保投资"、"生态保护和环境综合整治投资"、"环境管理投资"6 个部分组成的"十二五"环保投资统计框架结构。

（4）完善环保投资数据采集方法

基于新型环保投资统计报表，建立重点调查、抽样调查与典型调查相结合，重点企业定期直报的数据采集方法体系。在环境要素、环保投资活动属性、设施建设分类的基

础上，就工业环保投资、生活污染治理设施环保投资、农业环保投资、交通环保投资、生态保护和环境综合整治投资、环境管理投资 6 个方面，结合环保投资统计调查表涵盖的不同领域，分别从不同被调查主体及其活动领域建立分科目数据采集方法。

（5）规范环保投资统计环节，控制数据质量

为强化环保投资统计的数据质量控制，应建立环保投资数据质量管理制度。针对环保投资数据采集、录入和汇总等各个环节，制定各个环节的填报技术规范和质量控制要求，建立统计填报人员岗位负责制，明确各个环节的质量保障责任。

（6）逐步建立健全适用于我国环保投资的绩效评价体系

我国当前应以试点为突破口，加强绩效评价方法研究，逐步建立健全适用于我国环保投资的绩效评价制度。

（7）建立环保投资审计评价体系

结合环保投资的全过程审计理念，从投资决策、资金管理使用、投资监督、投资效益 4 个方面逐步建立环保投资审计评价框架。根据指标筛选的可得性、公平性、相关性等原则，筛选建立环保投资审计评价指标体系。同时，建立环保投资审计评价程序，明确环保投资审计审前调查、工作方案制定、证据收集与整理、证据分析与评价、报告编制等方面内容。

（8）创新环保投资体制、机制

环保投资权责划分要按照建设有中国特色的社会主义市场经济体制，充分发挥市场在资源配置中的基础性作用与建立有限政府、公共服务政府和完善公共财政体制的要求，按照公平、公正和效率原则，明确政府与企业和个人、中央和地方不同层级政府的环保投资权责范围和领域。积极探索建立推动环保投资快速、稳定和持续增长的长效体制和机制，合理划分投资范围，明确各类投资主体的投资分工和职责。按照环保投资项目分别构建分类化的投资资金来源渠道，加快推进环保投融资领域的对内对外开放。努力建立健全国家环保投资宏观调控体制和调控方式，不断完善环保投资活动的协同监管体制，加快推进环保投融资领域的法律法规建设等环保投资体制机制创新的思路和对策。

6　专家点评

本项目针对我国环保投资统计口径不一致、统计领域不完整等问题，结合对典型行业的研究分析，设计形成了"要素—领域—属性—活动—设施"5 级科目的环保投资核算体系，建立了环保投资科目与核算方法、绩效评价方法和审计分析方法，提出了环保

投资体制与机制创新的建议。项目研究成果在环境保护部和湖北省黄石市等得到了应用，为我国"十二五"环境统计报表制度建立以及优化环保投资决策与管理提供了有力支撑。

项目承担单位：环境保护部环境规划院、中国人民大学、国家发展和改革委员会投资研究所、中国环境监测总站

项目负责人：吴舜泽

道路交通噪声监测与评价新方法研究

1 研究背景

环境噪声监测与评价是反映声环境质量的技术依据，是环境管理与决策的技术支持，因此合理、有效、科学的监测与评价方法至关重要，需要不断探讨改进与提高。另一方面，随着我国国民经济与城市化建设的迅猛发展，道路路网规模的扩大与机动车保有量的过度增加，使我国道路交通噪声压力越来越大，也需要不断提高噪声监测与评价水平。因此，开展道路交通噪声监测与评价新方法研究，是一项十分必要、十分有意义，也是十分迫切的任务。

2 研究内容

道路交通噪声评价主要有宏观评价和针对性评价两个方面。本研究重点侧重宏观评价，在结合我国现行的道路交通监测与评价总体评价方法利弊的基础上，力求从监测与评价角度，探讨与老百姓感受更接近、与管理和治理效果更相关的道路交通噪声监测与评价方法。

本项目主要研究内容有：我国城市道路现状与发展趋势研究；我国道路交通噪声监测与评价现状及现行评价方法的利弊分析；国外道路交通噪声评价方法调研；结合资料与实测分析各相关因素对道路交通噪声影响的程度；通过大量监测数据分析各类道路交通噪声时空分布特性；各种类型道路交通噪声监测与评价方法研究；结合研究目标建立更有效的道路交通噪声监测与评价方法等。

3 研究成果

本项目经过国内外调研、居民调查、历史数据收集、现场测试、数据处理、资料分析、方法研究等大量工作，得出的主要结论是：未来我国城市道路仍面临巨大压力，道路交通噪声有加重趋势。实验条件下车型、车速、车流量是影响道路交通噪声的主要因素，路宽、坡度、路面材质等是次要因素；道路两侧临街建筑物的道路交通噪声垂直分布一般随着楼层的升高，噪声值呈先增后减的规律；噪声最大值出现的楼层主要与路面宽度、路面高度以及建筑物与道路距离相关；道路交通噪声随距离水平衰减，但63Hz以下的低频带噪声衰减较小，在开阔地200m外仍然受到交通噪声的影响；对于相同车型，车速每增加 10km/h，声级约增高 2 dB（A）。相同车速时，1 辆大型车贡献的声能量相当于 8 辆小型车贡献的声能量；采用线性、对数和 2 次多项式函数对车速与噪声数据的拟合结果表明，2 次多项式函数的拟合度高于对数函数和线性函数。在此基础上，结合国外前沿技术与国内监测技术现状及发展前景，根据以人为本的理念，提出了道路交通噪声监测与评价的源强评价法、敏感点评价法和噪声地图评价法三个角度的评价方法。并根据条件成熟程度，针对源强评价法，编制了《城市道路交通噪声自动监测技术规定（建议稿）》。

本研究发表主要学术论文 20 篇，包括：EI 检索论文 1 篇，核心期刊 17 篇。通过本项目带动培养了年轻人，形成了本领域专家团队，并建立了国际交流渠道，为今后交流与合作创造了条件。

4 成果应用

本项目研究成果所形成的"道路交通噪声监测与评价技术规定"，为我国道路交通噪声自动监测与评价提供了技术依据。可应用于环境监测系统道路交通噪声点位数量确定、监测点位设置、噪声监测与声环境质量评价，生产噪声自动监测系统时软件平台的设计及科研单位声环境质量分析与噪声地图软件开发等。

本成果为我国实施更有效的道路交通噪声监测与评价做了技术储备，为后续建立相关国家标准打下了基础。项目成果可推进我国噪声监测的技术水平登上新台阶，其在管理应用、监测评价、噪声治理的作用与优势不仅具有环境效益，也具有显著的经济效益和社会效益。

5 管理建议

《道路交通噪声监测与评价技术规定（建议稿）》与现有监测与评价方法在监测点位数量、点位布设、评价指标等方面有区别，需要解决与现有方法的转换问题，由于新方法主要依托自动监测，也需解决自动系统投入问题；另一方面，更好地落实"道路交通噪声监测与评价技术规定"在全国的使用，还需要进一步完善技术细节，验证其在全国范围内的适用性，制定国家标准。因此，为加速项目成果的转化和应用，建议管理部门尽快配套制定相关的管理规定政策，并启动国家标准制定工作，尽快将成果转化为国家标准。

本研究提出道路交通噪声监测与评价的源强评价法、敏感点评价法和噪声地图评价法 3 个角度的评价方法。后两种评价方法还需要做大量的基础研究工作，如：敏感点点位的代表性、噪声地图的相关技术、不同声级下人口数量统计方法等，这些都需要管理部门给予支持，设立后续研究课题。

6 专家点评

项目系统分析和评价了多种道路交通噪声监测与评价方法，研究了道路交通噪声影响因素与分布规律，提出了道路交通噪声监测与评价的源强评价法、敏感点评价法和噪声地图评价法的技术方向，编制了《道路交通噪声自动监测与评价技术规定（建议稿）》。完成了项目任务书规定的各项研究内容和考核指标。项目研究成果在国内多家监测单位获得应用，提高了相关单位的监测与评价效能，对促进我国噪声污染防治提供了技术支持。

项目承担单位：中国环境监测总站、上海市环境监测中心、沈阳市环境监测中心站、
　　　　　　　天津市环境监测中心、山东省环境监测中心站、江苏省环境监测中心
项目负责人：刘砚华

重点领域环境监测技术体系研究

1 研究背景

环境监测作为环境保护的重要基础工作，环境保护部十分重视，明确把建设先进的环境监测预警体系作为环境监测建设方向，要求环境监测做到反映环境质量的状况、变化与趋势。经过近 30 年的发展，我国的环境监测已经初步形成了监测要素相对齐全、覆盖全国城市区域的环境质量和污染源监测网络，定期分析全国环境形势和监控污染源排放状况的形势，为国家污染防治、产业结构调整提供了重要的科学依据和技术支持；同时，环境监测技术、监测管理、质量控制与质量保证体系也得到了相应的发展，在分析测试与检测方法、样品采集、环境评价标准/规范等方面形成了符合当时发展水平的环境监测技术和评价方法体系，为环境监测数据质量和分析评价提供了可靠依据。但也要看到，我国目前的环境监测技术体系也存在一些亟待解决的问题，特别突出的是综合性的生态环境监测与评价技术方法滞后于新形势新阶段下环境管理和环境监测的需求，制约了我国环境监测学科体系的发展和环境监测功能的充分发挥。建设先进的环境监测预警体系目标的提出，对以环境系统时空特征、演变规律与趋势为研究对象的环境监测全流程的科学技术体系建设提出了新要求，即要求环境监测开展综合性、集成性研究，建立科学、先进、高效的环境监测技术体系，形成天—地一体的立体环境监测理论与技术体系。

本项目为适应建设先进的环境监测预警体系的新要求，以天地协同的全球环境变化（以湿地生态系统甲烷监测为例）和生态环境监测为重点研究领域，以生态环境监测技术与生态环境质量综合评价为研究内容，以天—地一体化的立体监测为技术手段，构建重点领域环境监测技术体系和环境质量评价方法。

2 研究内容

（1）生态环境监测及质量评价技术体系研究

在分析现有生态环境质量评价方法基础上，针对生态系统的属性特征和变化规律，建立基于"3S"技术的生态环境质量评价规范化方法，研究提出用于生态环境质量评价规范化的指标体系框架；从国家、区域、景观 3 个尺度，基于生态系统服务、生态系统胁迫因子与生态反应，建立生态环境质量评价指标体系和技术方法与标准。

（2）湿地生态环境甲烷监测技术规程／规范研究

研究构建湿地生态环境甲烷监测技术规程，将湿地生态环境布点网络设计、样品采集、保存、分析测试与检测、数据传输、质量控制、数据表征分析以及环境监测全流程的质量管理（质量保证／质量控制）要求，形成具有科学性、操作性的技术流程；针对我国湖泊、河流、沼泽、池塘、稻田、人工湿地等不同湿地类型，研究制定湿地生态环境监测网络布设技术方案；同时，基于地面测量／遥测协同技术，研究基于遥感的湿地分类提取方法，并反演水体指数及植被指数等指标，构建天—地一体化的湿地环境监测技术系统。

（3）湿地生态环境甲烷通量综合估算技术研究

根据湿地生态系统甲烷排放原理，综合利用湿地生态系统甲烷地面监测、遥感监测、空间建模等技术手段，研究建立不同湿地类型甲烷通量与湿地遥感分类结果直接经验关系模型，定量估算湿地生态系统甲烷通量；根据影响甲烷排放过程的水位、土壤温度、NPP 等环境要素，建立湿地甲烷排放过程模型，定量估算湿地生态系统甲烷通量；分析湿地甲烷季节性排放规律和空间分布格局及湿地甲烷通量对全球气候变化的影响。

3 研究成果

（1）建立了生态环境监测与质量评价技术方法体系

建立了以遥感为主要技术手段，以生态环境质量评价为目标的生态环境监测指标体系。该指标体系分为土地利用／覆盖类型、景观格局指标、植被状况指标、土壤状况指标、生态系统物质生产力及地表能量状况 6 个类型 40 余个指标，都是目前生态环境监测与质量评价中的常用指标。

构建了国家、区域和景观 3 个空间尺度 7 个生态环境质量评价方法，并完成典型区应用与分析测算，初步形成针对不同目标、不同对象或生态环境问题的多目标、多层次、多对象的生态环境质量评价方法体系，满足多种需求。

（2）建立了湿地生态环境监测网络布点技术方案

建立了国家和区域两个空间尺度的监测网络布点方案，其中国家尺度的布点方案根据我国主要的湿地类型及其空间分布，按照主体性、差异性、方便管理性、可操作性及空间分布均匀性原则，采用单因素布点和综合布点相结合的方法，首先按照湿地排放源类型、温度带及满足监测管理需求三个因素分别建立布点方案，其次综合各单因素的布点方案，形成综合布点方案，建立了覆盖我国不同湿地类型的监测网络，该网络由 80 个不同类型湿地区域组成。区域尺度的布点方案针对在每个具体湿地开展甲烷监测时的布点方法。主要方法有：①基于栅格单元的布点，包括网格法和随机法。②基于生态类型的布点，包括随机平均值法布点和中间值法。③基于多参数的布点，按照土壤类型、植被覆盖度、地表水位等多因素综合布点。

（3）建立了湿地甲烷业务化监测技术流程与规程

建立了湿地甲烷从监测方法筛选、监测布点、样品采集、样品实验室分析及质量控制全程序的技术流程。在监测方法上，分析了微气象法、箱法和土壤空气浓度法 3 种常用方法的优点与不足，从可操作性、易推广性及经济性角度综合分析，以箱法作为监测方法，并按照箱法监测的原理自行设计了采样箱。在监测布点上，提出了采样区域筛选应综合考核区域可能受污染的风险、生态类型的全面性和代表性以及交通可达性等多种因素；监测点位布设应综合考虑差异性、代表性、均匀性和交通便利性。在甲烷样品采集上，按照箱法采样，建立从采样箱安装、环境要素指标采集、甲烷样品采集的详细流程及所需仪器设备。甲烷样品实验室分析上，建立气相色谱法的样品分析流程及质控方法。

（4）建立了湿地生态环境甲烷排放通量估算方法

建立了基于遥感的排放通量估算方法、基于回归分析的排放通量估算方法和基于生物地球化学过程的排放通量估算方法，3 种方法相结合，能够实现对不同湿地类型的排放通量、长时间序列（如几年或数十年）排放通量和生长季排放通量的估算。

（5）完成了湿地生态环境监测综合应用示范研究

选择湖南省洞庭湖湿地作为综合应用示范区，开展了湿地生态环境甲烷监测综合应用示范研究，主要内容包括湿地甲烷监测及样品分析、甲烷排放通量估算及甲烷排放通量特征研究，了解了洞庭湖湿地甲烷排放的规律及影响因素，对湿地生态环境温室气体减排具有借鉴意义。

4　成果应用

该项目的部分研究成果已应用于环境管理工作，对环境管理工作起到重要支撑作用，其中生态环境监测与质量评价技术体系研究的区域尺度和景观尺度评价方法已经应用于环境管理中。基于县域的国家重点生态功能区生态环境质量评价方法已经应用于国家重点生态功能区县域生态环境质量考核工作。用于评估国家重点生态功能区财政转移支付资金的生态环境保护效果，评估结果直接用于财政转移支付资金的调节。区域尺度的另外一个评价方法即基于生态功能区的生态环境质量评价方法已经用于部分省生态功能区生态环境状况评估，纳入省级生态环境质量报告的组成部分。

随着生态文明建设的不断推进，项目研究成果今后会应用于全国生态环境状况整体评估以及各级政府的环保绩效考核及生态环境问题的监管。甲烷温室气体的监测逐渐会成为应对气候变化环境监测业务的　部分，在构建温室气体监测网络、制定监测技术流程方面得到应用和推广。

5　管理建议

生态环境是人类社会生存和发展的基础，党的十八大提出把生态文明建设与经济建设、政治建设、文化建设、社会建设并列为党和政府的五大建设内容，提出"加大自然生态系统和环境保护力度，增强生态产品生产能力"。因此，建议将区域生态环境质量状况纳入各级党政领导班子的考核工作中，不断完善和改进基于省级、市级或县级不同行政单元的生态环境质量监测与评价技术。

温室气体减排是目前世界各国特别是经济大国博弈的焦点之一，要想在国际谈判中获得主动，必须要摸清家底。鉴于湿地是温室气体的主要来源，但是目前我国尚未建立温室气体业务化监测网络，温室气体监测尚未成为环境监测的例行工作，建议尽快建立国家温室气体监测网络，开展温室气体业务化监测。

6　专家点评

该项目以目前环境监测业务领域尚未成熟的生态环境监测及湿地甲烷温室气体监测为研究内容，初步建立了不同空间尺度、针对不同目标的生态环境监测与质量评价技术方法以及我国湿地监测网络布设方案及湿地甲烷监测技术流程与规程，对于拓展环境监测新的业务领域具有重要价值。

项目承担单位：中国环境监测总站、中国环境科学研究院
项目负责人：张建辉

挥发性氯代烃混合环境气体标准样品研究

1 研究背景

随着我国经济社会的快速发展，以煤炭为主的能源消耗大幅攀升，机动车保有量急剧增加，经济发达地区氮氧化物（NO_x）和挥发性有机物（VOCs）排放量显著增长，灰霾天气不断加剧。我国VOCs污染呈现区域性强和组分复杂的特征，京津冀、长江三角洲、珠江三角洲等区域的城市空气中均检出挥发性烷烃、烯烃、芳香烃、氯代烃等，其污染状况接近国外典型灰霾污染城市20世纪80年代中期污染水平。

2010年环境保护部等九部委联合发布的《关于推进大气污染联防联控工作改善区域空气质量的指导意见》中指出需解决酸雨、灰霾和光化学烟雾污染等重点环境问题。2012年新修订的《环境空气质量标准》，要求2012年在京津冀、长三角、珠三角等重点区域以及直辖市和省会城市开展细颗粒物与臭氧等项目监测工作。我国VOCs气体标准样品起步晚，环境空气中VOCs分析和监测研究依然依赖于进口标准样品。购买国外的标准样品无论从经济角度还是从时间角度都会制约污染控制的时效性，不符合我国环境监测工作的实际需要，已经严重制约了我国VOCs的监测和控制工作。为了解决环境空气中VOCs监测的需要，2009年环境保护部在环保公益性科研专项中设立了"挥发性氯代烃混合环境气体标准样品研究"（项目编号：200909014）。

2 研究内容

（1）制备方法研究

依据《标准样品工作导则》（GB/T 15000）和ISO 6142《气体标准样品的制备——称量法》以及气体标准样品的制备原理，通过实验确定挥发性氯代烃气体标准样品的制备方法，该方法应该具备准确性和可操作性。

（2）分析方法的选择与优化研究

根据美国环保局TO14方法，采用气相色谱法测定，考察应用GC-MS法和GC-ECD法分析氯代烃气体标准样品的一致性，优化分析方法，确定准确度高、精密度高、操作简便、分析时间较短的实验条件。

（3）气瓶的筛选及气瓶内壁吸附研究

筛选适用于制备挥发性氯代烃气体标准样品的气瓶，经过实验考察确保组分气体与气瓶内壁不发生化学或物理反应，以保证气体标准样品的量值准确。

（4）样品的制备重现性研究

制备重现性是标准气体研制单位保证样品量值准确的根本要求。研究中拟采用不同的原料气体制备多个挥发性氯代烃气体标准样品，考察该项目的制备重现性，从而确保不同时间制备的标准气体量值一致性。

（5）均匀性和稳定性评价研究

均匀性和稳定性是标准样品必须具备的基本特性。为确保所制备的挥发性氯代烃气体标准样品具有良好的均匀性和足够的稳定性，通过压力稳定性实验和时间稳定性实验来评定气体标准样品组分量值在气瓶中随气体压力和存放使用时间的变化情况，并根据 ISO 指南 35 ： 2006《标准样品定值的一般原则和统计方法》对实验数据评定，并确定样品的有效使用期限。

（6）量值评定技术研究

对制备完成的挥发性氯代烃气体标准样品进行定值，分析量值所有可能的不确定度来源，并逐个计算不确定度分量，确定标准样品的标准值和不确定度。

（7）量值比对研究

本项目拟将所研制的气体标准样品与国际同类标准样品进行量值比对研究，确保本项目研制的标准样品与国际同类标准样品的量值具有可比性、等效性和一致性。

3 研究成果

（1）完成了一项实物标准研究

22 种氯代烃混合气体标准样品的组分包括氯甲烷、氯乙烯、氯乙烷、1,1- 二氯乙烯、二氯甲烷、反 -1,2- 二氯乙烯、1,1- 二氯乙烷、顺 -1,2- 二氯乙烯、三氯甲烷、1,1,1- 三氯乙烷、四氯化碳、1,2- 二氯乙烷、三氯乙烯、1,2- 二氯丙烷、1,1,2- 三氯乙烷、四氯乙烯、氯苯、1,1,1,2- 四氯乙烷、1,1,2,2- 四氯乙烷、间二氯苯、对二氯苯、邻二氯苯。浓度为 1μmol/mol，相对扩展不确定度为 5%，样品有效期为一年。

（2）自主开发了一组液态组分气化填充装置；自主研究了一种分别加入液态组分和气态组分的填充方法，国内首次研究制备了组分多达 22 种氯代烃的混合气体标准样品

该制备技术操作简便，重现性好，克服了高沸点组分不易气化、低沸点组分易挥发不易称量等问题，实现了多达 22 种挥发性有机物气体标准样品的制备，为我国挥发性有机物气体标准样品的制备技术奠定了基础。

（3）实现了挥发性氯代烃气体标准样品制备用气瓶的国产化

针对挥发性氯代烃与气瓶内壁易发生吸附和解吸作用造成样品量值不准确的问题，开展了气瓶筛选技术研究，结果表明挥发性氯代烃在国产普通气瓶内壁的吸附解吸作用

不可忽略。国产涂层和进口涂层气瓶的内壁吸附解吸作用可以忽略不计。因此本研究考察的国产涂层气瓶和进口涂层气瓶均可用作制备挥发性氯代烃混合气体标准样品，实现了挥发性氯代烃混合气体标准样品制备用气瓶的国产化，大大降低了环境监测和分析方法研究用标准样品的成本。

（4）研究确定了挥发性氯代烃气体标准样品的最低使用压力

围绕挥发性氯代烃沸点差异大，部分组分分子量大，有可能在气瓶内出现分层从而造成在使用过程中随着压力的变化量值不稳定等问题，开展了瓶内均匀性研究。实验结果表明 1,1,2,2- 四氯乙烷、间二氯苯、对二氯苯、邻二氯苯四个组分在使用压力低于 2MPa 以后，量值有轻微变大，会造成量值的不确定度变大；其他组分在使用压力从10MPa 变化到 1MPa 时量值没有明显变化，但是为了保证 22 种氯代烃混合气体标准样品的所有组分在使用压力范围内量值准确，给出气体标准样品的最低使用压力为 2MPa。建议今后开展挥发性有机物特别是沸点高、分子量大的挥发性有机物气体标准样品研究时应开展样品随使用压力变化时量值是否也发生变化的瓶内均匀性评价。

（5）研究建立了常温下液态气态混合气体标准样品的制备不确定度的计算方法

本项目以称量法计算得到的配制值作为基准气体的标准值，以比较法所得的测定值作为气体标准样品的标准值。研究了组分在常温下液态、气态混合气体标准样品的制备不确定度的计算方法。基准气体标准值的不确定度主要由原料称量和纯度以及稀释气体的称量和纯度的不确定合成而得；影响基准气体标准值不确定度的最大因素是组分的纯度，因此选择纯度高并且纯度的不确定度小的原料对于降低浓度的最终不确定度有着至关重要的作用。氯代烃混合气体标准样品的不确定度包括：特性量值的定值不确定度、样品的不均匀性变化所引起的不确定度、样品的不稳定性变化所引起的不确定度。研究发现不稳定性引起的不确定度可能被放大。

4　成果应用

本研究的氮气中氯代烃混合气体标准样品主要应用于为氯代烃样品赋值，分析方法验证、能力验证样品、考核样品等。经江西省环境监测中心站、云南省环境监测中心站、常州环境监测中心等单位应用于未知浓度样品赋值、标准曲线的绘制以及挥发性氯代烃类物质分析方法的研究，结果显示，本项目研究的 22 种挥发性氯代烃混合环境气体标准样品量值稳定、准确。

5　管理建议

（1）筛选提出我国 VOCs 优控名单

以 113 个重点环保城市为基础，结合 VOCs 重点排放行业特点，参考美国、欧盟、日本等国的 VOCs 污染因子和排放标准，研究确定我国 VOCs 主要监测指标，并组织开展我国 VOCs 污染状况专项调查工作。通过对城市环境空气中 VOCs 实时污染水平调查，探索建立并形成 VOCs 在线监测控制网络；根据行业污染特点，开展重点行业 VOCs 排放清单和浓度水平调查。根据调查结果，结合 VOCs 对环境大气的污染和人体健康的危害，筛选符合我国国情的大气污染 VOCs 优先控制名单，从而明确 VOCs 的监控范围和控制要求。

（2）完善 VOCs 排放控制标准体系

根据 VOCs 优先控制名单，明确我国 VOCs 定义和控制范畴，提出控制要求和指标体系，开展环境空气 VOCs 控制指标预研究以及环境污染源 VOCs 排放标准的制定。针对石油炼制、有机化学品、精细化工、储存、涂装、皮革加工等行业的工艺特点和排放特性，确定各个行业 VOCs 排放控制指标，并按照我国经济发展与环境管理的要求，制订相应的 VOCs 的排放控制标准。

（3）健全 VOCs 标准样品体系

加大 VOCs、臭氧前体物等气体标准样品的研究力度，加强我国多组分混合 VOCs 制备技术的研究与开发，建立具有自主技术特点的多组分 VOCs、臭氧前体物研究和制备技术，以摆脱 VOCs 监测依赖进口标准样品的现状，全面满足 VOCs 监测对环境标准样品的需求，进而保证我国 VOCs 监测数据的准确性和可溯源性。此外，还需要加强我国在环境标准样品研究和生产领域能力建设的投入，提升环境标准样品研发的整体实力，进而促进我国环境监测和环境分析测试技术的发展，使得环境标准样品更好地为环境科研、监测和管理提供标准技术支撑。

6　专家点评

该项目研究完成了 22 种挥发性氯代烃混合环境气体标准样品，相对不确定度为 5%。项目组自主研发了一套液态组分气化填充装置，解决了沸点范围在-23 ～ 180℃的氯代烃气体标准样品的制备难题，同时实现了挥发性氯代烃混合气体标准样品制备用气瓶的国产化，大大降低了环境监测和分析方法研究用标准样品的成本。该项目研究确定的制备方法和定值方法为我国挥发性有机物气体标准样品的制备技术奠定了基础，项目研究的实物样品为国内首次，将为我国环境空气中挥发性有机物监测提供标准样品支撑，进而为我国解决灰霾污染问题提供技术支撑。

项目承担单位：中日友好环境保护中心
项目负责人：程春明

基于温室气体控制的环境影响评价技术研究

1 研究背景

气候变化已关系到国家经济安全和社会可持续发展，世界各国已将"应对气候变化"作为国家战略重要组成部分。我国是温室气体排放量大国。从哥本哈根大会到多哈大会，我国在应对气候变化问题上采取了更加积极主动的策略，控制温室气体排放逐渐进入实施进程。党的十八大报告提出"着力推进绿色发展、循环发展、低碳发展"，标志着我国政府积极应对气候变化、控制温室气体排放的态度和决心。

如何控制温室气体排放、实现"低碳发展"，有关管理机制和科研能力建设亟待探索。环境影响评价制度是与经济社会发展联系最为紧密的环境管理制度之一，是各省（自治区、直辖市）实现碳强度下降目标的有效途径。规划处于决策链的前端，在规划环评阶段通过"调结构、促减排"对温室气体控制提出要求，同时可以基于气候变化可能对当地产生的影响分析提出规划实施过程中应考虑的适应气候变化对策，能够促使规划实施中的项目建设在高层次、高水平上开展考虑气候变化因素的前期设计，从而积极应对气候变化。另外，对建设项目的全过程控制和源治理可减少温室气体排放，明确温室气体排放总量的区域可达性。

本项目针对将气候变化因素纳入现有环评体系的关键问题，研究建立基于温室气体控制的环境影响评价技术方法体系，结合试点研究，编制《基于温室气体控制的规划、建设项目环境影响评价技术指南》，旨在通过环境影响评价制度控制规划、建设项目的温室气体排放，实现"低碳发展"。

2 研究内容

为应对气候变化、落实我国温室气体控制政策目标，本研究开展基于温室气体控制的环境影响评价技术方法研究。主要研究内容如下：

（1）调研国外发达国家温室气体控制与环境影响评价制度的结合情况，分析相关法律法规、政策、标准和技术规范，总结可供我国借鉴的温室气体控制国际经验。

（2）总结国内外温室气体排放评价指标的特点，分析环境影响评价技术体系对温室气体控制的适用性，构建基于温室气体控制的环境影响评价指标体系。

（3）分析国内外温室气体控制标准、基准线的建立方法，探讨基于区域碳平衡控制温室气体排放的可能性，研究适用于环境影响评价的温室气体控制基准的建立方法。

（4）根据政府间气候变化专门委员会（IPCC）指南和行业分析，针对建设项目和规划特点，建立适用于环境影响评价的温室气体排放源的识别与估算方法。

（5）调研我国温室气体排放与减排现状，分析重点行业温室气体控制措施减排效果和发展趋势，提出温室气体减排措施选择与可行性分析方法。

（6）选取典型煤化工产业带规划、火电和水泥建设项目，开展温室气体控制试点环评，应用和完善研究建立的评价方法。

通过以上研究和试点应用成果，提出具有较强可操作性和适当前瞻性的《基于温室气体控制的环境影响评价技术指南（建议稿）》。

3 研究成果

（1）建立了基于温室气体控制的环境影响评价指标体系

考虑到行业与地域差异、经济影响、能源利用效率以及直接碳排放和间接碳排放贡献，分别提出适用于规划环评和建设项目环评的基于温室气体控制的评价指标体系。

推荐规划环评的基本指标为"温室气体年排放量、单位 GDP 温室气体排放量、单位产品温室气体排放量"，参考指标为"单位土地利用面积温室气体排放量、人均温室气体排放量"。推荐建设项目环评的基本指标为"温室气体年排放量、单位产品温室气体排放量、单位工业增加值温室气体排放量"，参考指标为"综合能耗、单位产品能耗、单位工业增加值能耗"。

（2）建立了基于温室气体控制的环境影响评价基准的确定方法

对于区域规划，参照基准年，执行单位 GDP 温室气体排放控制的规划目标和下放各地区的相应指标值。对于工业和能源专项规划，参照区域规划推算行业控制目标，将某地区的单位 GDP 降低温室气体排放目标，按照具体工业或能源类别在国内生产总值中所占比重，推算出该行业的单位工业增加值，降低温室气体排放量。

建设项目环评基准线的设立可使用最近 5 年内开展的，在社会、经济、环境和技术等方面条件类似，并在绩效方面居于同类型前 20％以内的项目温室气体排放数据。在统计数据缺乏、我国尚未发布行业排放水平信息的情况下，可采取类比法和间接法，通过调研先进企业的温室气体排放水平以及参照能耗标准进行评价。

（3）建立了环境影响评价中温室气体排放源的识别与估算方法

根据我国规划、建设项目环境影响评价的特点，以二氧化碳（CO_2）环境影响评价的可操作性和相关数据可获得性为前提，对国内外温室气体排放核算方法进一步改进，建立规划、建设项目温室气体环境影响评价中 CO_2 排放量的估算体系，包括估算范围、计算公式、数据来源等。

能源利用方面可用的估算方法为 IPCC 部门方法（3 种）和参考方法、改进的参考方法等，其中水泥厂外购电产生的 CO_2 排放量和余热发电减排量估算可采用国家标准《水泥生产二氧化碳排放量计算方法（报批稿）》。钢铁生产过程 CO_2 排放量的估算主要采用 IPCC 三种方法，分别为基于产品产量的估算、基于材料使用的估算、基于具体技术（实测排放因子）的估算。水泥项目生产工艺过程估算方法首选国家标准《水泥生产二氧化碳排放量计算方法（报批稿）》规定的计算方法，也可采用 IPCC 方法。

（4）建立了环境影响评价中温室气体减排措施效果与可行性分析方法

约束规划和项目建设活动采取有效的温室气体控制和减排措施是环境影响评价的最终目的。温室气体的减排措施可分为两类，即技术减排和管理减排。技术减排是通过采取工程措施和技术方法减少温室气体排放；管理减排是通过执行宏观管理政策或企业内部制度减少温室气体的产生。

区域规划、能源规划和工业规划环评温室气体减排措施的实施，对实现减排目标具有重要的战略意义。区域规划的温室气体减排措施主要是产业结构和能源结构调整。专项规划（能源和工业规划）措施，以管理减排为基础，推进新型能源和能效利用技术的开发和应用。规划措施可行性的分析，重点关注 4 个方面：与应对气候变化相关政策、规划的相符性；在区域、行业、企业层面的实际可操作性；是否带来其他环境问题的可能性；最终实现减排目标的可达性。

对于建设项目减排措施选择，首先要执行国家对行业的产业结构、能源结构调整的政策措施，符合产业政策和环境准入要求，其次对项目本身，采用节能的工艺技术和设备、选用低碳的原辅料及燃料、生产低碳产品等技术措施，以推进资源能源节约实现碳减排。建设项目措施可行性分析，重点关注四个方面：与国家应对气候变化政策的相符性；在项目建设和运营期的经济可行性；考虑技术成熟度、设备稳定性、原辅料可获取性、产品性能可靠性等方面的技术可行性；预期实现减排目标的可达性等。

4　成果应用

（1）向环境保护部提交的《基于温室气体控制的环境影响评价技术指南（建议稿）》，已经在建设项目和规划环评中进行应用，实践证明该指南提出的评价技术方法具有较强的可操作性。该成果的提交为减缓气候变化提供了有效的环境管理手段，解决了开展环境影响评价必要的关键技术方法。

（2）依托项目成果，向环境保护部提交政策信息专报《积极应对气候变化的环评体系》，为相关管理部门决策提供重要的技术支撑。

5 管理建议

（1）发展应对气候变化的环境影响评价制度，设立绿色低碳发展准入门槛

为应对气候变化，环境影响评价管理应重点关注 3 个方面：一是加强温室气体排放源控制管理，充分利用现行评价技术和管理体系，发展关于温室气体排放和评价的技术方法和管理程序，发挥环境影响评价对温室气体减排的作用；二是重视一般污染物和温室气体的联合减排和综合控制，通过环境影响评价发展协同减排技术、联合减排技术，提高污染物减排的效率和效果；三是关注在发展低碳经济过程中产生的新的环境问题，基于碳足迹分析，对"低碳"相关项目建设和规划过程进行环境影响和风险的评价跟踪和监测，使应对气候变化与环境保护协调一致。

（2）加强基于温室气体控制的项目和规划环评，促进能源和工业过程温室气体减排

出台一系列适合温室气体排放重点行业建设项目和规划的环境影响评价技术指南，对在环境影响评价中如何开展温室气体排放与控制评价进行指导。在环境影响评价程序中增加温室气体排放控制的有关内容，包括温室气体排放指标、控制基准、核算方法、减排措施分析等，在强调一般污染物控制的同时强化温室气体的协同控制。同时，由于各行业工艺过程复杂，排放量核算方法和减排措施存在较大差异，应出台针对各行业的基于温室气体控制的环评导则。

（3）探索减缓和适应气候变化的战略环评，预防气候变化引起的环境风险

因气候气象条件参数发生变化给生态脆弱地区带来的影响以及大规模温室气体排放造成所在区域气候参数的变化是长期、渐进和累积的过程，一般的建设和规划项目与气候环境之间的相互影响从时间和空间上都难以衡量和判断，通过战略环评途径预防效果较明显。应及时开展相关研究，推进战略环评从减缓和适应气候变化方面考虑气候变化因素。在减缓气候变化方面，可重点关注两类影响：一是战略规划的实施可能导致当地土地利用类型发生较大变化，需要考虑对碳汇分布的影响和固碳量的变化；二是"两高一资"的行业快速发展导致温室气体排放量剧增，需要针对主要温室气体排放行业，预测评价温室气体排放贡献和减排潜力。同时，考虑气候变化对规划和工程的影响同样面临各种挑战，各种研究还在进行。将适应气候变化因素纳入环境影响评价，需要开展关键技术研发，例如对气候变化趋势分析、气候变化对环境影响预测分析技术，气候变化脆弱性资源环境评价方法等。

（4）建设加强温室气体控制的环保法律法规，构建长效机制

开展基于温室气体控制的环境影响评价需要国家、地方出台相应的法律法规、行业政策和环境标准等作为其推广的基础和依据。我国尚未颁布关于温室气体排放与控制的环境标准、监测技术规范、核算规则、统计方法，造成评价基准、现状监测、排放速率、

排放浓度等基础数据的缺乏，以及相关数据的有效性不足等问题，因此将无法对温室气体开展有效控制。因此，开发环境标准、环境监测技术、核算规则、统计申报方法等温室气体控制的技术体系，就成为当前必须解决的问题。

6　专家点评

该项目在对国外环境影响评价过程中气候变化的管理政策、技术方法和实践经验调研的基础上，借鉴了国内温室气体控制的相关研究成果，提出了环境影响评价中温室气体排放评价指标、温室气体控制评价基准的确定方法和温室气体排放源的识别和估算方法，温室气体减排措施效果与可行性分析方法，研究成果表明，温室气体控制可纳入环境影响评价技术体系。

项目承担单位：中日友好环境保护中心
项目负责人：王亚男

能源（煤）化工基地生态转型及其环境管理技术研究

1 研究背景

　　能源及煤化工产业是国民经济重要支柱产业之一。依托大型煤炭基地建设以煤炭采选为基础产业，集火力发电、煤化工及其相关配套产业为一体的能源煤化工基地，是充分发挥煤炭资源优势，实现资源增值，降低环境压力，保障国家能源安全和经济安全的重大举措。2005 年，国家发改委发布的《煤炭产业政策》指出，要加快西部地区煤炭资源勘查和适度开发，并鼓励建设坑口电站，优先发展煤、电一体化项目。全国已有 14 个大型煤炭基地获得国家相关部门批复。

　　受煤炭资源分布的影响，能源煤化工基地主要分布在水资源短缺、生态环境脆弱的地区，煤炭、电力、煤化工等主导产业均属于资源高耗型、污染密集型的产业，多产业高度聚集的能源煤化工基地必然对区域生态环境造成极其深远的影响，甚至可能导致灾难性的环境后果。建立能源煤化工基地绿色、循环发展模式，加强环境综合调控和管理，十分必要且紧迫。

　　本项目符合国家中长期科技规划纲要和国家环境保护科技发展规划要求，围绕国家节能减排目标和环境管理科技需求，以产业生态学和循环经济等相关理论为指导，采取"文献调研、实地调查、重点剖析"的技术思路，在系统分析我国大型煤炭基地和煤化工产业区建设现状、存在的主要生态风险和环境污染问题的基础上，以宁东能源化工基地为例，识别和分析能源煤化工基地开发建设可能带来的环境问题和生态转型制约因素，建立生态风险评价指标体系和方法、物质流分析框架、物质代谢通量模型，构建以"煤—电"、"煤炭—煤化工"等生态产业链网为核心的能源煤化工基地循环经济发展模式，提出生态产业链优化技术途径和水资源循环利用、工业固废资源化技术清单。针对能源煤化工基地建设环境管理技术需求，提出我国能源煤化工基地循环经济政策保障体系。研究成果能够为我国能源煤化工基地环境管理和环境保护提供技术支撑。

2 研究内容

　　本项目围绕国家节能减排目标和环境管理科技需求，采用文献调研、实地调查、重点剖析的技术思路，在对国内已建和在建的 14 个大型煤炭基地和规划的 7 个煤化工产业区的建设现状、生态环境影响进行系统调查和分析的基础上，选取"宁东能源煤化工基地"为典型案例，主要完成了以下研究内容：

1）能源煤化工基地主要生态环境问题及其成因分析；

2）能源煤化工基地生态环境风险与生态转型影响因素识别；

3）能源煤化工基地物质能量流动特征及集成优化技术途径；

4）能源化工基地生态工业系统设计与优化模式研究；

5）面向生态转型的能源煤化工基地环境管理技术框架。

3　研究成果

（1）**主要研究结论**

1）能源煤化工基地是以煤炭采选为基础产业，集火力发电、煤化工及其相关配套产业为一体的多产业集中发展区。煤炭采选、火力发电及煤化工等资源和污染密集型产业的集聚化发展在空间布局上存在重大生态风险，将对区域水资源、生态环境系统产生巨大压力。

2）影响能源煤化工基地生态化、循环化、绿色化发展的主要因素包括产业结构、产业关联、环境基础设施、区域水资源状况及生态脆弱性等。提高资源利用效率，降低过程损耗、减少污染物排放，是实现能源煤化工基地清洁、集约、循环发展的关键所在。

3）建立了能源煤化工基地物质流分析框架、物质代谢通量模型，筛选出了 3 大主导行业水循环利用技术清单，以及煤矸石、粉煤灰、脱硫石膏和煤化工气化渣等 4 大主要工业固体废物资源化技术清单。

4）煤炭、火电和煤化工 3 大主导行业是能源煤化工基地中重要的生态风险源，其空间布局和规模是构成生态风险的主要因素；区域水体、土壤、大气、生物系统是生态风险受体；大气和水体承载力、地下水埋深、土地占压、生物多样性、生物生产力、景观破碎度、植被盖度等为生态终点。

5）生态产业链网类型可划分为散点型、线型、环型、簇型和混合型等 5 大类；政策、经济、网络空间布局、网络链接形式、供需和技术等是影响生态产业链稳定性的 6 大主要因素；生态产业链稳定性取决于结构、功能及其相互匹配关系，可采用表征结构状况的"关联度"、"循环路径比"和表征功能状态的"废物资源化率"进行评价。

6）煤炭开采、火力发电、煤化工、建材等主导产业之间具备潜在的关联关系，通过煤炭资源的开采、加工转化可延伸煤炭生态产业链。生态产业链的构建和优化方法包括"延链"、"补链"和"耦合"等。

7）针对能源煤化工基地建设中存在的重大环境污染和生态风险问题，为满足环境管理需求，研究提出了《能源煤化工基地环境准入管理办法（建议稿）》、《能源煤化工基地建设和生态风险管理指南（建议稿）》及《能源煤化工基地发展循环经济环境保护导则（建议稿）》，可作为加强能源煤化工基地环境管理的技术手段和工具。

8）现行的煤炭、电力、煤化工、建材等单个行业相关政策对能源煤化工基地发展循环经济的绩效不显著，由于存在市场失灵问题，企业之间共生的动力不足，不利于构建形成稳定的生态产业链，导致产业链"断链"或"缺环"。提出了促进能源煤化工基地发展循环经济的政策建议。

（2）项目成果产出

本项目实施过程中，课题组共完成了 5 大类研究成果，包括论文论著、成果简报、指南标准、技术清单、规划报告等。

本项目共发表会议及期刊学术论文 20 篇，其中，中文期刊论文 10 篇，EI 期刊论文 9 篇，会议论文 1 篇；拟出版 1 部专著。结合研究成果撰写提交了 5 份政策建议报告，编写了 4 份关于标准类的建议稿，筛选提出了我国能源煤化工基地煤炭、火电、煤化工 3 大主导行业工业废水循环利用和工业固废资源化等 4 份技术清单。此外，结合本项目研究成果编制完成了《宁东能源化工基地生态工业园区建设规划》报告。

4 成果应用

（1）应用情况

本项目研究完成了包括 1 个管理办法、2 个指南、1 个导则，提交了 5 份政策建议，筛选提出了 4 份技术清单，公开发表学术论文 20 篇。上述研究成果对加强我国能源煤化工基地环境管理，促进能源煤化工基地绿色、生态转型发展具有指导意义。

本项目在集成研究成果的基础上完成的《宁东能源化工基地生态工业园区建设规划》，为宁夏回族自治区环境保护主管部门指导宁东能源化工基地开展生态工业园区建设提供了技术支撑。

（2）推广建议

加快成果转化。本项目已经完成的 1 个导则、2 个指南、1 个管理办法均为建议稿，尚需在相关管理部门指导下进一步完善并纳入发布程序。

继续深化研究。我国大型能源煤化工基地的建设进入一个快速发展阶段，由此引发的生态和环境风险问题将日渐凸显。建议设立"重大资源开发活动生态风险评价、预警和应急技术研究"等相关项目深入研究。

5 管理建议

（1）强化能源煤化工基地规划和建设综合调控

建议重点加强中西部生态脆弱地区能源煤化工基地规划和建设的综合管理，以区域水资源和环境承载力为约束条件，严格按照规划有序开展建设，以水资源量为依据科学量定煤炭资源开发和相关产业发展规模，以区域环境容量为约束优化产业结构、引导产业合理布局。编制和实施能源煤化工基地循环经济专项规划，将发展循环经济与发挥地区资源优势、提高经济增长质量、保护生态环境相结合，促进能源煤化工基地集约、节约和绿色发展。积极推动能源煤化工基地规划环境影响评价，以规划环境影响评价为手段，从决策源头防止发生因产业规模和布局不合理可能引发的资源和环境问题。

（2）加强能源煤化工基地环境准入管理

在西部能源煤化工基地建设中，新建项目必须符合我国现行相关法律法规和国家相关产业政策。同时，必须符合基地所在区域的城市发展规划、土地利用规划等总体规划。新建项目必须结合基地内煤炭资源的地理分布，按照煤炭资源的开发、加工、利用的工序关系，成组设计，优化空间布局，促进形成产业链。

新建项目必须采用资源能源消耗低、污染物产生量少的绿色低碳工艺、技术和设备，禁止采用国家或各地区明令淘汰或禁止使用的工艺、技术和设备。鼓励煤化工装置与整体煤气化联合循环发电（IGCC）、大型超临界发电等装置的合理衔接。煤炭开采和洗选项目的清洁生产水平必须达到《清洁生产标准煤炭采选业》（HJ 446—2008）二级标准，新建火电、煤化工及其他行业项目必须达到同行业清洁生产先进水平。

新建煤炭产业项目的电耗、新鲜水耗水平必须高于同行业先进水平；要求新建燃煤发电机组单位产品供电能耗、发电煤耗不高于《常规燃煤发电机组单位产品能源消耗限额》（GB 21258—2007），鼓励采用空冷式汽轮机组；要求新建煤化工项目综合能耗、新鲜水耗水平必须高于同行业先进水平。鼓励煤矸石、粉煤灰、化工废渣、矿井水等副产物的综合开发与利用，鼓励瓦斯抽采利用，变害为利，推动煤矸石发电、建材、煤层气等资源综合利用产业的发展，促进发展循环经济。

新建项目必须明确主要污染物排放量的具体指标来源，并制定污染物总量减排实施方案。必须在报批并获得主要污染物排放总量指标后，才可申请对其进行环评审批。严禁新建项目突破总量控制指标，对无法满足总量控制要求的建设项目，一律不予受理和审批。

所有新建项目的废水、废气的排放必须符合国家相关排放标准。一般工业固体废弃物进行的处理处置必须符合国家相关标准。危险废物必须交由具备相应资质的单位处理处置，并符合《危险废物贮存污染控制标准》（GB 18597—2001）。

（3）实施企业全过程污染防治

在过程控制阶段，首先应加强清洁生产审核。对于入驻能源煤化工基地但尚未投产的企业，应在正式投产一年内进行清洁生产审核，并按计划实施中高费方案；对于已经投产运行的企业，应定期开展清洁生产审核和评估。其次，环境监测主管部门应加强对基地内企业的环境监测和监督工作。入驻企业应积极配合环境监测主管部门开展污染物取样和在线监测仪器的维护等工作。

在循环利用阶段，首先应按照循环经济模式建立现代能源煤化工产业体系，充分挖掘能源煤化工基地主导产业之间的前后向关联效应，实行上下游产业联产联营，适度延伸产业链；其次，应针对能源煤化工基地各类废物的可利用性，引进和发展废物循环利用项目，加强对废物资源的循环利用。

在末端治理阶段，应针对能源煤化工基地工业"三废"产生和排放特点，采用先进的污染治理技术，加大对水、大气和固废污染物的治理力度。各项污染物排放应达到国家规定的污染物排放标准。

（4）落实能源煤化工基地生态风险防控措施

明确能源煤化工基地的功能分区，合理规划产业布局，避免生态风险源的生态位重叠。在布局入驻项目时，应尽量避开或远离生态敏感点。加大能源煤化工基地生态建设力度，加强生产区、生活区防护绿地建设，完善基地范围内的城镇道路、绿地（或林地）环境绿化系统。

加强生态风险本底调查，建立生态风险源动态管理数据库，加强对重点生态风险源的监控和管制。编制自上而下的生态风险管理体系，制定和完善能源煤化工基地生态风险应急预案。重点加强监测预警技术体系和监测队伍建设，提升风险应急能力建设。制定能源煤化工基地生态风险事故后处理预案，建立健全能源煤化工基地生态风险事故应急处理专项基金和物质储备制度，提高事故应对能力和效率。

（5）建立健全能源煤化工基地循环经济政策保障体系

加快建立能源煤化工基地环境准入指标体系。完善支持循环经济发展的关键、核心技术，如污染源头预防和末端治理技术、产业链共生耦合技术等，重点完善支撑循环经济发展的资源综合利用技术政策。加快煤炭等关键性资源性产品的定价机制改革。在现有排污收费政策的基础上进一步研究提高煤矿瓦斯、矿井水、选煤废水、煤矸石、粉煤灰等排放收费标准，并将排污收费由浓度收费过渡到排放总量收费。同时加快构建规范有效的排污权有偿使用和交易机制，包括规范初始排污权分配、形成有效的排污权交易机制、建立排污权储备与调控机制，要加大税收减免优惠政策的力度，完善财政补贴政策，设立循环经济发展专项基金，完善环境保护相关政策。

6　专家点评

本项目采用全面调查、重点剖析的技术思路，调查了我国大型煤炭基地和煤化工产业区建设现状，以宁东能源化工基地为研究案例，分析了宁东能源煤化工基地开发建设可能带来的环境影响和生态风险问题，建立了能源煤化工基地环境管理技术体系，结合我国能源（煤）化工现状提出了能源化工基地发展循环经济的政策保障体系，编写了《能源（煤）化工基地生态风险管理指南（建议稿）》、《能源（煤）煤化工基地发展循环经济环境保护导则（建议稿）》等报告。

本项研究成果能够满足我国能源煤化工基地建设环境管理技术需求，对于合理开发和高效利用煤炭资源，降低煤炭资源开发和加工利用过程可能带来的环境影响和生态风险，促进能源煤化工基地清洁、集约、循环发展具有现实指导意义。

项目承担单位：中国环境科学研究院、宁夏环境科学设计研究院（有限公司）、中国人民大学
项目负责人：傅泽强

环境影响评价中电磁环境精确测量技术与精确预测系统的研究

1 研究背景

本项目研究和解决我国在电磁辐射环境影响评价和管理中的两个突出问题，对电磁辐射环境的影响作精确的测量和预测，提高电磁辐射环境影响评价的科学性和准确性。

（1）在某一频率测量某一大型电磁辐射源附近的电磁环境时，背景噪声中的同频信号对测量结果的准确性影响很大。这种干扰与被测设备电磁辐射的频率相同，测量接收机无法识别和区分。例如最近国内许多地方在作高压输电线路电磁辐射环境影响评价时，都发现有由于周边背景电磁噪声的影响，测量结果超过国家标准的现象，在这种情况下，利用现有的测量设备和技术就无法确定被测高压输电线路对电磁辐射环境的影响，给电磁辐射环境影响的评价和管理带来很大的困难。

本项目将研究和解决电磁辐射环境测量中的这一技术难题，拟采用信号处理技术（包括信号特征的提取、信号的相关性、相位同步识别技术等）、无线通信技术建新的测量系统，去除测量信号中的同频干扰，实现电磁辐射环境的精确测量。

（2）国内目前在电磁环境影响评价中计算、预测大型电磁辐射源附近的电磁环境（包括中波广播、短波广播、电视、调频广播、微波发射、移动通信基站等）时都是采用 HJ/T 10.2—1996 标准中介绍的理论公式。在这些公式中，第一没有考虑大型辐射源周围地形、地物的影响（例如高大建筑物或建筑物群的分布等），都是假定发射天线是架设在平整、开阔的场地上；第二没有区分大型辐射源近区场和远区场计算方法的差别，所以理论计算的结果和辐射源投入运行后实际的场强分布的误差往往很大。因此按照目前通用的方法，正确预测城市中的电磁环境非常困难。本课题组的成员曾多次主持河南省环保局组织的电磁辐射环境影响评价、验收工作，对此深有体会。研制"电磁环境精确预测模型"已经成为当前电磁环境影响评价、管理工作中迫切需要解决的重要课题，对于优化电磁场的空间分布、合理布局场源建设和防止人口稠密区的电磁辐射污染具有重要作用。

本项目将深入地研究建立大型电磁辐射源周边三维仿真地形、地物模型的通用方法和在电磁环境预测模型中多径反射和多径衍射路径搜索的方法，进而建立大型电磁辐射源周边的电磁环境精确预测模型和预测系统。

2　研究内容

本项目的总体目标包括：

（1）去除测量信号中的同频干扰，实现电磁辐射环境的精确测量。

（2）建立大型电磁辐射源附近的电磁环境预测模型，考虑大型电磁辐射源附近地形、地物的影响，比较准确地计算、预测大型电磁辐射源附近的电磁环境。

研究内容包括：

（1）研究采用信号处理技术去除测量信号中同频干扰的理论和方法。

（2）研究利用无线通信技术和互联网技术即时传送测量数据的方法。

（3）研究能够去除背景噪声中同频干扰的电磁环境测量系统。

（4）研究建立大型电磁辐射源附近三维地形、地物模型的通用方法，从而对于给定的大型电磁辐射源，可以快速地建立其附近三维地形、地物模型，比较准确地模拟其周围的地形、地物环境（例如高大建筑物或建筑物群的分布）。

（5）深入研究多径反射和多径衍射路径的搜索方法，对于给定的观测点，要能快速地确定多径反射和多径衍射的路径，进而计算该点的电磁辐射场强。

（6）建立大型电磁辐射源附近的电磁环境预测模型。重点研究高压输电线路、广播电视发射塔、通信基站附近的电磁环境预测模型。

（7）设计实用的计算预测软件，预测大型电磁辐射源附近的电磁环境。

（8）对《辐射环境保护管理导则　电磁辐射监测仪器和方法》（HJ/T 10.2—1996）中介绍的计算、预测方法提出具体的补充、修正意见。

（9）通过实地测量和计算仿真研究手机信号屏蔽器在不同类型的教室中产生的电磁辐射场强分布，并通过实地测量验证仿真计算的方法和结果。在此基础上研究手机信号屏蔽器电磁辐射预测模型，设计手机信号屏蔽器电磁辐射预测系统，提出《关于加强手机信号屏蔽器使用管理的建议》，申请制订国家标准《手机信号屏蔽器使用规范》。

3　研究成果

（1）研究了采用信号处理技术去除测量信号中同频干扰的理论和方法，已在核心期刊和国际学术会议发表研究论文4篇。

（2）研究利用无线通信技术即时传送测量数据的方法，研究了能够去除背景噪声中同频干扰的电磁环境测量系统，制作了样机并进行了调试。即时传送测量数据的误码率低于万分之一，测量系统识别并去除同频干扰的概率在60%以上，该测量系统操作简单、使用方便。申请一项发明专利。

（3）研究建立大型电磁辐射源附近三维地形、地物模型的通用方法。本项目研究大型辐射源附近电磁辐射预测模型，一个重要的改进和创新是考虑了电磁辐射源附近建筑物（群）对电磁辐射环境的影响，这就需要建立电磁辐射源附近逼真的三维地形、地物模型。

研究了利用 OSG 技术建立大型电磁辐射源附近三维地形、地物模型的通用方法，包括三维场景的建模、三维场景模型数据库的管理、建筑物（群）模型的装配母版、三维场景快速布局、显示及控制。建立了电磁辐射源附近三维地形、地物模型数据库。对于大型电磁辐射源，已经能够快速地建立起其周围三维地形、地物模型。

（4）研究了多径反射和多径衍射路径的搜索方法，包括射线跟踪中的求交算法，反射点和绕射点的计算，射线跟踪的基本算法。根据给定的电磁辐射源（例如通信基站、广播电视发射塔、高压输电线路）其周围的地形、地物环境（例如建筑物群）和观测点的参数，可以迅速地确定电磁辐射多径反射和多径衍射的路径，为精确计算观测点的电磁辐射场强创造了条件。射线跟踪效果如图1、图2所示。

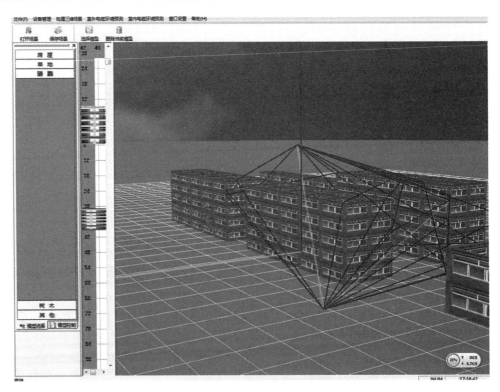

图 1　通信基站射线跟踪结果

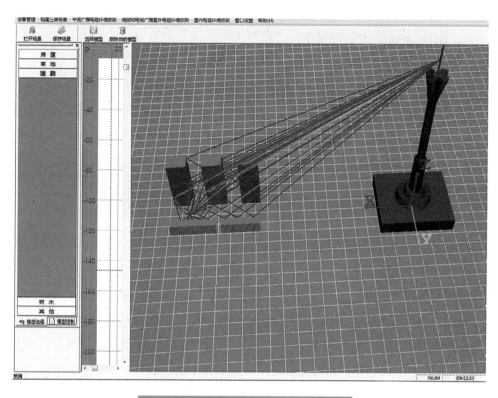

图2　一个广播电视发射塔射线跟踪结果

（5）研究大型电磁辐射源附近的电磁环境预测模型（高压输电线路、通信基站、广播电视发射塔）。设计了实用的电磁辐射环境预测软件，包括"高压输电线路附近电磁环境预测系统（图3）"、"通信基站电磁环境预测系统（图4）"、"广播电视发射塔附近电磁环境预测系统（图5）"、"手机信号屏蔽器电磁辐射评估系统（图6）"。预测误差一般不超过 ±6dB、软件使用方便、界面美观。以上4项成果均通过河南省科技厅组织的技术鉴定。

1）研究了高压输电线路附近的电磁环境预测模型，在模拟电荷法的基础上，定量地研究了电晕对工频电场的影响，建筑物（群）对工频电场的影响；利用激发函数法研究了特高压输电线路无线电干扰的预测计算。解决了特高压交流输电线路电磁环境影响预测计算中几个关键技术问题（采用正六边形的蜂窝式网格代替传统的正方形网格，网格的合并与分隔，优化了网格设计），可以有效地提高预测的精确性、提高预测计算的速度。

项目研究设计的高压输电线路附近电磁环境预测系统的特色和创新是：①能够计算、预测110～1000kV高压输电线路附近的电磁环境；②能够计算、预测高压输电线路附近有建筑物（群）时其周围的电磁环境；③采用激发电荷法，计算、预测多回路或500kV以上的高压输电线路附近的无线电干扰，提高了计算、预测的准确度。

图3 高压输电线路附近电磁环境预测系统

2）研究了通信基站附近电磁环境的预测模型，设计了通信基站电磁环境预测系统。主要的创新点包括：①在通信基站附近电磁环境的预测计算中考虑了通信基站附近建筑物（群）对电磁环境的影响，例如可以预测通信基站附近高层建筑物面向发射天线一侧阳台上的电磁辐射环境；② 可以计算、预测通信基站附近高层建筑物面向发射天线一侧室内的电磁辐射环境。为电磁辐射环境影响的评价和管理提供强有力的技术支持。

以上技术和方法同样适用于广播、电视发射塔附近电磁环境计算、预测。

图4 通信基站电磁环境预测系统

3）研究了广播、电视发射塔附近电磁环境预测模型，本项目的创新是研究了中波广播辐射场近区、中间区、远区的划分方法，定量地给出了各个区域的范围和辐射场强表达式。为广播电视发射塔附近电磁环境影响评价和电磁环境的精确预测提供了理论依据。

图 5　广播、电视发射塔附近电磁环境预测系统

4）通过实地测量和计算仿真研究手机信号屏蔽器在不同类型的教室中产生的电磁辐射场强分布，并通过实地测量验证了仿真计算的方法和结果。在此基础上设计了"手机信号屏蔽器电磁辐射影响评估系统"。利用该系统，监考教师可以了解在不同类型的教室中手机信号屏蔽器的辐射场强分布情况，指导其正确使用手机信号屏蔽器以减小电磁辐射对学生健康的影响。

项目设计的手机信号屏蔽器电磁环境预测系统的特色和创新是：① 能够定量地确定不同大小的教室内电磁辐射场强的分布；② 能够确定使用手机信号屏蔽器时的安全距离。

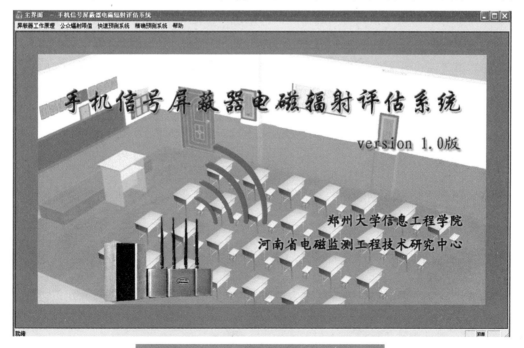

图 6　手机信号屏蔽器电磁环境预测系统主界面

4 成果应用

（1）测量某一大型电磁辐射源附近的电磁环境，在某一频率测量时，背景噪声中的同频信号对测量结果的影响很大。这种干扰与被测设备电磁辐射的频率相同，测量接收机是无法识别的。最近国内许多地方在作高压输电线路电磁辐射环境影响评价时，都发现有背景电磁噪声超过国家标准的现象，在这种情况下，利用现有的测量设备和技术就无法确定被测高压输电线路对电磁辐射环境影响的贡献，给电磁辐射环境影响的评价和管理带来很大的困难。

本项目研究了自适应噪声抵消技术的原理和算法，设计了能够去除背景噪声中同频干扰的电磁环境测量系统，解决了电磁辐射环境影响的评价和管理中的这一难题。

（2）研究了建立大型电磁辐射源附近三维地形、地物模型的通用方法，研究了确定建筑物等效电参数的方法，研究了多径反射和多径衍射路径的搜索方法。在大型电磁辐射源的电磁辐射环境影响评价中，给定辐射源、附近建筑物（群）和观测点的参数，就可以搜索出从辐射源到观测点的直射波、各条反射波和衍射波的传播路径，计算观测点的电磁辐射场强。为精确预测电磁环境提供了技术支持。

（3）设计了实用的电磁辐射环境预测系统，包括"高压输电线路附近电磁环境预测系统"、"通信基站附近电磁环境预测系统"、"广播、电视发射塔附近电磁环境预测系统"、"手机信号屏蔽器电磁辐射评估系统"。这些研究成果已在解放军信息工程大学、郑州航空工业管理学院、河南恩湃高科集团有限公司、郑州迈克电子技术有限公司、河南美通电子技术有限公司等单位试用，效果很好。可以在电磁辐射环境影响评价中推广使用，为电磁辐射环境影响评价和管理提供理论依据、监测方法和计算预测系统，提高电磁辐射环境影响评价的科学性和准确性。

5 管理建议

建议加强手机信号屏蔽器使用管理，申请编制国家标准《手机信号屏蔽器使用规范》。

6 专家点评

本项目研究了采用信号处理技术去除测量信号中同频干扰的理论和方法，设计了能够去除背景噪声中同频干扰的电磁环境测量系统。解决了电磁辐射环境影响的评价和管理中的一个技术难题。

本项目研究了建立大型电磁辐射源附近三维地形、地物模型的通用方法，深入研究多径反射和多径衍射路径的搜索方法，为精确预测电磁环境提供了技术支持。在此基础上，研究了大型电磁辐射源附近的电磁环境预测模型，设计了实用的电磁辐射环境预测软件。这些研究成果已在一些单位试用，效果很好。可以在电磁辐射环境影响评价中推广使用，为电磁辐射环境影响评价和管理提供理论依据、监测方法和计算预测系统，提高电磁辐射环境影响评价的科学性和准确性。

　　本项目对《辐射环境保护管理导则电磁辐射监测仪器和方法》（HJ/T 10.2—1996）中介绍的计算、预测方法提出了具体的补充、修正意见。

项目承担单位：郑州大学、河南省辐射环境安全技术中心
项目负责人：邹澎

环境 γ 辐射应急监测系统研究

1 研究背景

核能作为一种洁净的重要的新能源已成为人类的共识，面对传统能源紧缺的今天，核能的进一步开发利用是解决能源危机的重要手段之一。近年来，随着核技术在很多领域的应用和核电站的建设，核能给人类带来巨大利益的同时，也存在着危险。核事故、核恐怖事件都给人类带来了危害、破坏甚至是灾难。1986 年发生在苏联的切尔诺贝利核事故和 2011 年的日本福岛核事故，都造成了相当的危害，甚至引发了众多"反核"甚至是"废核"的行为。1994 年 6 月，国际原子能机构通过了《核安全公约》。中国常驻国际原子能机构代表团于 1996 年 4 月底正式向国际原子能机构总干事布利克斯递交了中国参加《核安全公约》的批准书，从而使中国成为第 18 个递交批准书的国家。条约的第 16 条"应急准备"第一款规定："每一缔约方采取适当的步骤，以确保核设施备有厂内和厂外应急计划，并定期进行演习，并且此类计划应涵盖一旦发生紧急情况将要进行的活动。"

因此，在发展核能的同时做好核安全工作，对核电站及其周围环境实行有效的辐射监测是非常必要的。应急监测系统是核应急中一个重要环节，其作用在于为辐射事故的探查、评价以及事故控制缓解行动和紧急辐射防护行动的决策提供依据。

2 研究内容

根据目前国际上环境辐射监测系统的发展趋势，结合项目组现有辐射监测仪表设备的开发经验和技术基础，研究开发先进的 γ 剂量率测量自适应数据处理方法和 GPRS 自动组网技术，将环境 γ 辐射连续监测技术和 GPRS 通讯技术优化集成设计，实现开发完成适用于核事故应急及核恐怖事件响应的环境 γ 辐射应急监测系统的目标。

该系统以数台至数十台多功能环境 γ 辐射监测仪为主干构成，在辐射事件预警和应急情况下，可以在事件发生场所周围迅速布设，对事件发生场所及其周围的环境辐射水平及相关气象因素进行大范围的布点测控构成一个现场环境 γ 辐射监测网络，实现区域性测量数据共享，在应急情况下可提供科学、全面、翔实的环境辐射监测数据。

3　研究成果

（1）环境 γ 辐射应急监测系统

该系统以多台多功能环境 γ 辐射监测仪为主干构成，包括气象传感器、数据服务器、现场工作站、系统管理软件等。如图 1 所示。

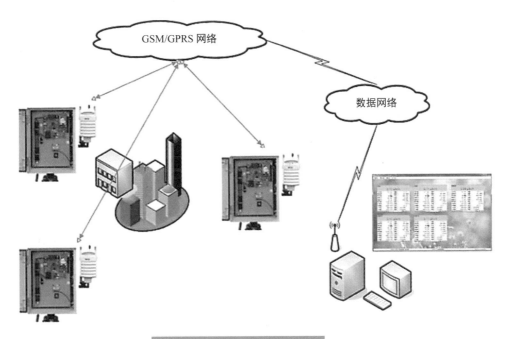

图1　环境 γ 辐射应急监测系统

（2）多功能环境 γ 辐射监测仪

该仪器包括主控制板、探测器部分、气象传感器、GPS 定位模块、GPRS 通讯模块以及电源部分，在设计时已考虑模块化原则，测量主机、气象传感器、安装支架等相对独立。如图 2 所示。

图2　多功能环境 γ 辐射监测仪

探测器部分采用两只能响补偿 GM 管，保证量程覆盖，且高低量程计数管可自动切换。探测器采集的数据通过滤波整形最终传输到主控制板进行数据处理，同时主控板也控制着探测器的高压模块，并对高压模块的输出电压进行实时采集，确保探测器工作在有效的工作电压下。主控板同时也采集 GPS 终端和气象传感器的数据，将这些数据按一定格式汇总后通过 GPRS 无线通讯的方式定时发送到系统主机。

（3）GM 计数管计数率平滑自适应数据处理技术

本研究使用两只能响补偿 GM 计数管级联作为 γ 探测器，分别对应高低量程，当剂量率变化时，两只计数管可以自动切换，将量程扩展到 50nSv/h ~ 10Sv/h。

本研究提出了一种 γ 剂量率测量自适应数据处理方法，可以使得在测量较稳定的辐射场时能获得相对稳定的读数，而当辐射场发生变化时又可以迅速跟踪。这主要通过对历史数据的分析来建立对下一次测量结果判断区间，如果新的测量结果落在判断阈值内，就认为辐射场是稳定的，可以通过增加积分时间的方法计算长时间的平均值，获得稳定的读数；如果新的测量结果落在判断阈值外，就认为辐射场发生突变，就需要尽量缩短积分时间，以获得快速的响应。

根据上述原理，项目组建立了相应的软件算法，并与国外类似的便携式设备 SSM1 辐射防护测量仪进行了比较，结果如图 3 所示。

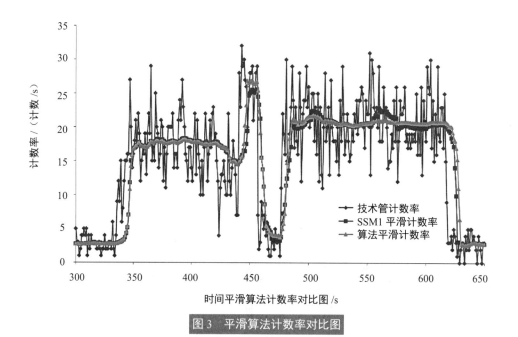

图 3　平滑算法计数率对比图

图中，"计数管计数率"是 SSM1 环境 γ 探头中低量程计数管实际测量到的每秒计数值，"SSM1 平滑计数率"是 SSM1 经过数据处理的平均计数率，"算法平滑计数率"是经本项目提出的算法进行处理的平均计数率。可以看出，两种算法的处理结果在多数情况下都较为符合，满足预期要求。

（4）计算机管理软件

环境 γ 应急监测系统计算机管理软件采用 VS2008 编制而成，该软件具有实时接收仪器的数据、对仪器进行参数设置、查看仪器的工作状态和报警记录以及生成报表等功能，可实现对仪器的参数控制及对仪器测量数据的处理。

软件通过 GPRS 方式与各设备建立连接，即时获取探头测量数据，在终端上以图形、曲线等方式直观显示。测量数据全部保存在数据库中，随时可以进行历史数据的查询。软件还具有输出查询结果、打印历史记录曲线等功能。系统软件采用 C/S 架构，用户安装只需安装一个客户端程序软件，就可监测到测量的数据信息。如图 4 所示。

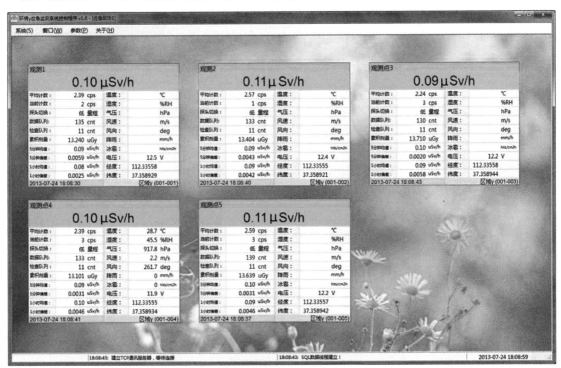

图 4　计算机管理软件

（5）技术指标

1) γ 剂量率量程：　50 nSv/h ～ 10 Sv/h

2) γ 累积剂量量程：0 ～ 10 Sv

3) 能量响应：　50 keV ～ 1.3 MeV

4) GPS 定位误差：<15 m

5) 气象参数测量：

温度：−30 ～ 50℃

湿度：0 ～ 100% RH

风速： 0.5 ～ 50 m/s

风向： 0 ～ 360 度

气压： 600 ～ 1 100 mbar

6) 监测仪表数据远程采集及网络管理

4 成果应用

项目成果可用于核与辐射事故发生时的应急响应，在事故发生的早期提供环境剂量率的实时监测，可以为事件评估、处理决策提供数据支持。当采用交流供电时，该成果也可以用于常规环境辐射连续监测。项目成果中的数据处理技术、无线通讯技术可以在同类仪器设备中获得推广应用。

项目成果中的数据处理技术已应用于向红沿河核电、宁德核电、阳江核电、防城港核电和台山核电供货的 MPR200 多探头辐射测量仪中，目前已销售约 800 台套，合同金额 700 万元，创造了良好的经济和社会效益。

5 管理建议

目前，我国已投运 17 台核电机组，容量超过 1 474 万 kW，在建机组 28 台，容量超过 3 000 万 kW，2020 年总装机容量将超过 5 000 万 kW。国内核电的快速发展使得核电站辐射监测设备的市场需求剧增，核电站辐射监测设备制造业步入一个前所未有的黄金发展时期。

但是，在全行业面临良好发展机遇的同时，也面临着严峻的挑战。目前，我国核电站辐射监测设备市场主要被国外产品占有（占有率约 80%），国产化份额比较低（占有率 20%）。在核电大力发展的同时，我国提出到 2020 年国产化占有率将逐步达到 80%，国外产品占有率 20%。这对国产厂商是一个非常重要的扶持措施。

目前，存在的主要问题还是基础性科研工作有待深入。虽然国内也有几款可用于核电站环境监测用的仪表，但大多设计较早，功能较单一，难以形成与外商竞争的能力。

应该鼓励相关仪器生产企业主动向世界一流看齐，以核辐射监测技术产业化为方向，以发展自主核心技术、填补国内产品空白为目标，围绕百万千瓦级核电站设备技术要求，完善产品种类，提高配套能力，实现主产品的升级换代。鼓励企业通过技术引进、消化、吸收及再创新，选择相应的产品方向，形成相关仪器的批量生产能力。同时，也需要在政策方面给予有关企业相应的政策支持，努力培养几个行业领域规模较大、技术领先、品种齐全的专业化核电站装备制造企业。这样，才能有力保障环境和公众的辐射安全，更好地促进核技术利用行业健康可持续发展。

6 专家点评

该项目在国内现有环境辐射监测仪器基础上，建立了 GM 计数管计数率平滑自适应数据处理算法，使得在测量较稳定的辐射场时能获得相对稳定的读数，而当辐射场发生变化时又可以迅速跟踪，同时通过系统集成的方式，掌握了 GPRS 通讯的基本原则，并在研制的样机中成功应用，最终完成了可用于应急和环境监测的多功能环境 γ 辐射应急监测系统样机，并对"计数率平滑自适应数据处理算法"进行了实测验证。

项目成果可用于核与辐射事故发生时的应急响应，在事故发生的早期提供环境剂量率的实时监测，可以为辐射事故的探查、评价以及事故控制缓解行动和紧急辐射防护行动的决策提供数据支持。当采用交流供电时，该成果也可以用于常规环境辐射连续监测。

项目承担单位：中国辐射防护研究院

项目负责人：程昶